ATLAS OF CITIES

ATLAS OF CITIES

폴 녹스 엮음

손정렬 · 박경환 · 지상현 옮김

헌사

귀도 마르티노티를 위해

엮은이

폴 녹스(Paul Knox)

옮긴이

손정렬 교수는 2006년부터 서울대학교 지리학과에서 도시지리학자로 재직하면서 도시지리학, 수도권지리 등의 학부 강좌와 도시지리학세미나, 세계도시론, 도시분석기법, 네트워크의 지리학 등의 대학원 강좌들을 통해 도시공간에서의 흐름과 변화에 대한 지리학적 이해에 대해 강의해 왔다. 연구자로서는 도시의 성장이라는 주제를 중심으로 집적경제, 정보통신기술, 네트워크 도시 등 다양한 요인들의 역할에 주목하여 연구를 수행해 왔다.

박경환 교수는 2006년부터 전남대학교 지리교육과에 재직 중이다. 그동안 사회지리학을 중심에 두고 도시, 정치·경제, 개발, 이주, 환경 등 인접 분야와의 교차점을 탐색해 왔다. 특히 도시 분야에서는 로스앤젤레스, 서울, 인천, 샌디에이고, 광주 등을 경험적 사례로 하여, 도시 재개발과 도시 재생, 초국가주의, 이주노동자, 도시 내 불평등과 차별, 소수민족집단 및 소수자의 공간 정치, 공간의 젠더화 등에 관한 연구 성과를 출간해 왔다.

지상현 교수는 정치지리학자로 2012년부터 경희대학교 지리학과에서 도시지리학, 문화지리학, 지정학 등을 강의하고 있다. 그동안의 연구는 지정학, 갈등과 분쟁의 지리학, 도시마케팅 등을 넘나들고 있다. 최근에는 접경지역의 변화와 역동성을 그려 내는 데 집중하고 있으며, 지정학적 위기 속에서 중국-북한의 접경지역이 생존해 나가는 과정, 남북한의 대결로 숨죽이던 경기도와 강원도 접경지역의 삶과 사람에 대한 연구를 이어 가고 있다.

초판 1쇄 발행 2019년 1월 30일
초판 2쇄 발행 2022년 5월 25일
엮은이 폴 녹스
옮긴이 손정렬·박경환·지상현
펴낸이 김선기
펴낸곳 (주)푸른길
출판등록 1996년 4월 12일 제16-1292호
주소 (08377) 서울특별시 구로구 디지털로 33길 48 대륭포스트타워 7차 1008호
전화 02-523-2907, 6942-9570~2
팩스 02-523-2951
이메일 purungilbook@naver.com
홈페이지 www.purungil.co.kr

ISBN 978-89-6291-591-4 93980

이 도서의 국립중앙도서관 출판예정도서목록(CIP)은 서지정보유통지원시스템 홈페이지(http://seoji.nl.go.kr)와 국가자료공동목록시스템(http://www.nl.go.kr/kolisnet)에서 이용하실 수 있습니다.(CIP제어번호: CIP2019001966)

차례

서문

리처드 플로리다

우리의 세계는 도시의 세계이다. 현재 세계인구의 반 이상이 도시에 살고 있다는 말은 이미 진부한 표현이 되어 버렸지만, 그렇다고 그런 사실이 희석될 수는 없다. 오히려 보다 더 중요한 점은 우리가 다음 세대 또는 그다음 세대에 걸쳐 도시로 수백만 명의 사람을 더 보낼 것이며, 전 세계에 걸쳐 기존 도시를 재건하고 새로운 도시를 만드는 데 수조 달러보다 훨씬 많은 돈을 지출하리라는 것이다.

도시가 인류의 가장 위대한 발명이라고 하는 말도 역시 진부한 표현이기는 하지만, 사실 도시는 그러하다. 인류역사의 태동기로부터 문화적, 기술적 발전은 인구밀도의 증가와 밀접하게 연결되어 왔다. 선사시대에 점진적으로 규모가 더 크고 보다 복잡한 도시로 사람이 모여 도시권을 형성함으로써 도구 제작, 농업, 예술, 종교의 등장을 가능하게 했다. 위대한 사상가, 예술가, 기업가—세계적인 레오나르도 다빈치, 윌리엄 셰익스피어, 벤저민 프랭클린, 앨버트 아인슈타인, 그리고 스티브 잡스—는 거의 대부분 각 시대에 도시에서 나타났다. 이는 오늘날 더욱 그러해서, 도시가 지식을 동력으로 삼는 새로운 창조경제의 핵심적인 사회조직 단위가 되어 가면서 호모 크레아티부스(homo creativus)는 동시에 호모 우르바누스(homo urbanus)이기도 하다.

이제 세계는 평평하다는 허구를 던져 버릴 시점이다. 도시는 점점 더 상호 연결되는 우리의 행성을 만들고 조직해 간다. 세계는 뾰족뾰족하다. 세계의 부는 위대한 도시에 집중되어 있고 이들은 인재와 기업을 모으고, 혁신에 동력을 제공하며, 거래를 조직하고, 상업을 만들어 간다. 밀집되어 있는 상호작용의 연결자인 도시는 경제적, 사회적 조직을 만드는 기계이다. 도시는 사람과 아이디어를 모두 모아 그들이 무수히 많은 방식으로 결합하고 또 재결합할 수 있는 플랫폼을 제공한다. 도시는 경제적 진보를 위한 필수적 동력장치로 예술적, 기술적, 경제적 성장이 동시에 일어날 수 있게 해 준다.

도시는 또한 고대 아테네와 로마 시대부터 민주주의와 자유의 원천이었다. 1871년의 파리 코뮌, 1917년 상트페테르부르크의 10월 혁명, 1968년의 (민주당) 시카고 전당대회, 1989년 톈안먼 광장 봉기, 2011년 카이로의 타리르 광장 봉기 모두는 철저히 도시적이다. 도시는 사람들이 언제나 보다 나은 세계를 찾는 과정에서 모여드는 장소이다.

　도시는 흔적이 지워진 곳에 덧쓴 가치 있는 고대의 문서와 같다. 도시가 끊임없이 변화하면서 도시의 과거 흔적은 그 속의 건조환경, 관습, 정치제도에 흘러 들어간다. 유럽 도시를 거닐다 보면 제2차 세계대전의 폭탄에 의한 상흔과 후기 산업사회의 브라운필드 가운데에서 고대 로마식의 격자형 가로망을 알아차릴 수 있다. 초현대식 건축물이 1,000년 이상 동안 사람들이 예배를 드려 왔던 교회 옆에 치솟아 있다.

　이 아틀라스는 지구를 가로지르면서 고대 아테네, 로마와 알렉산드리아로부터 런던, 베네치아, 브루게와 다른 중세 교역도시로, 콘스탄티노플과 같은 위대한 제국도시로부터 맨체스터, 뒤셀도르프, 디트로이트와 같은 산업수도로, 뉴욕과 런던 같은 현대의 범지구적 거대도시로부터 뭄바이, 카이로, 자카르타와 신흥국의 다른 메가시티로, 프라이부르크와 도쿄 같은 스마트시티와 녹색도시로부터 밀라노, 파리, 포틀랜드, 로스앤젤레스와 같은 창조중심지로, 고대와 현대의 위대한 도시로 우리를 데려갈 것이다. 이 아틀라스의 글, 지도, 도표, 그림은 유형의 것이든 문화적인 것이든, 도시가 보여 주는 가장 다양한 면을 하나로 묶을 수 있는 유사성과 이들을 구분 짓는 믿기 어려울 정도의 차이를 보여 줄 것이다.

리처드 플로리다는 토론토 대학교 로트만 경영학부 마틴 번영연구소 소장이자 뉴욕 대학교 글로벌 연구교수이다. 그는 *Atlantic*의 편집장이자 *Atlantic Cities*의 공동설립자면서 객원편집자이다.

머리말

1: 도시의 의사결정 능력
도시는 공공 및 민간 기관과 조직의 의사결정 시스템을 한데 모으기 때문에 정치적, 경제적 권력의 중심지이다.

도시는 언제나 사회의 발전과 경제의 성장에 중심적인 역할을 해 왔다. 역사상 어떤 시기에든 그리고 어떤 지리적 상황에서든 도시는 경제적 혁신의 엔진이었고, 문화적 팽창, 사회적 변환, 정치적 변화의 중심지였다. 오늘날 세계에 분포하는 여러 도시가 매우 다른 물리적 환경을 물려받고 점점 통합되어 가는 범세계적 시스템 속에서 이전과 달라진 역할과 전문화에 적응해 왔음에도 이는 여전히 사실이다. 가끔은 사회적, 환경적 문제를 제기하기도 하지만, 도시는 인간의 경제적, 사회적 조직에 필수적인 요소이다. 이런 맥락에서 우리는 도시역동성을 설명하는 네 가지 기본적 측면을 확인할 수 있다.

4: 도시의 생성기능
사람들의 도시로의 집중은 더 많은 상호작용과 경쟁을 만들고, 이는 혁신을 장려하며 지식과 정보의 생성 및 교환을 촉진한다.

도시의 네 가지 기본 기능

이 책을 관통하는 공통적인 주제는 도시역할의 네 가지 기본 기능과 관련되는데, 이 기능의 발전은 역사적으로도 추적이 가능하며 지구상에 퍼져 있는 도시 중에서도 찾아볼 수 있다. 이 책의 각 도시유형은 이 기능에, 그리고 이 기능을 지탱하는 기반시설이나 사회적 맥락을 만들고 유지하는 과정에서 어디에 강조를 두는지, 어떤 조합을 만드는지에 따라 차이가 있다.

다시 말해서, 도시는 단순히 사람들의 집중지가 아니다. 그럼에도 불구하고 도시가 보여 주는 숫자는 인상적이다. 도시는 현재 전 세계 인구의 반 이상을 수용하고 있다. 1980년과 2010년 사이에 범세계적으로 도시 거주자의 수는 17억 명 증가했다. 다수의 선진국에서는 거의 완전히 도시화가 이루어졌으며, 많은 저개발지역의 경우도 현재의 도시화율은 선례가 없을 만큼 높다. 멕시코시티와 상파울루 같은 대도시권에서는 매년 50만 명의 인구가 증가하고 있다. 이는 사망과 전출에 따른 손실을 고려

하더라도 매주 거의 1만 명씩의 증가이다. 런던이 50만에서 1000만으로 성장하는 데는 190년이 걸렸다. 뉴욕에서는 140년이 걸렸다. 이와는 대조적으로 부에노스아이레스, 콜카타(캘커타), 멕시코시티, 뭄바이(봄베이), 리우데자네이루, 상파울루 그리고 서울에서는 50만에서 1000만의 인구로 성장하는 데 75년 이하의 시간만이 소요되었다. 이런 규모의 도시화는 엄청난 지리적 현상이며, 세계의 경관을 형성하는 가장 중요한 과정 중 하나이다.

세계의 많은 대도시는 오랜 기간 동안의 발전, 부와

창조성의 '황금시대', 또는 보다 많은 경우에 발전과 인구, 사회, 문화, 정치 및 행정적 변화의 산물이다. 도시사의 각 장은 좋은 것이든 나쁜 것이든, 도시 가로망 배치에, 건물구조에, 제도의 성격에, 그리고 거주자의 문화적 유산에 표식을 남긴다. 물론 이들이 겹겹이 쌓여 만들어진 층과 새긴 자국은 불균등하다. 어떤 요소는 다른 것보다 오래가며, 어떤 것은 보다 잘 간직되고, 어떤 것은 관심을 받지 못한 채 단순히 지나쳐 버려지거나 변하지 않은 채로 남는다. 이 책은 도시화, 과거, 현재에 의해 만들어지는 도시의 서로 다른 유형에 초점을 두고 세계도시의 다양성을 지도로 표현한다.

토대

여러 가지 면에서 오늘날 도시의 토대는 그리스와 로마 제국에 의해 만들어졌다. 이들의 유산은 1장에서 기술된다. 고대 그리스인은 지중해 연안을 따라 요새화된 일련의 도시국가를 발전시켰는데, 기원전 550년경에는 그 수가 약 250개에 달했으며, 이 중 몇몇은 결국 번성하는 도시, 즉 이성적 탐구와 개방성의 중심지로 성장했다. 로마공화국은 기원전 509년에 설립되어 기원후 14년경에는 유럽 대부분을 정복했다. 오늘날 대부분의 주요 유럽 도시는 로마식 취락에 그 기원을 가지고 있는데, 이를 통해 시민사회, 도시행정과 거버넌스 그리고 기반시설에서의 혁신이 도입되었다. 이들 많은 도시에서 로마식 가로배열뿐만 아니라 성곽, 포장도로, 수도관, 하수체계, 목욕탕, 공공건물 등의 흔적을 찾아볼 수 있다.

그리스와 로마의 도시성의 흔적과 울림은 오늘날 많은 도시에서 살아남았으나, 이후 유럽에서는 매우 전원적이고 내향적이며 전혀 도시 지향적이지 않은 암흑시대가 이들의 전성기를 뒤따르게 된다. 그러나 11세기로부터 암흑시대의 봉건제도는 연이은 인구적, 경제적, 정치적 위기에 직면하면서 불안정해지고 분해되어 간다. 이런 위기는 상당한 수준의 기술적 진보가 없는 상태에서 제한된 양의 경작 가능한 토지만으로는 서서히 증가하는 인구도 감당할 수 없었기 때문이었다. 소득을 높이고 서로 간에 대항하기 위한 군대를 키우기 위해 봉건귀족은 점점 더 높은 세금을 거두기 시작했다. 결과적으로 농민은 현금을 얻기 위해 보다 많은 생산물을 동네 시장에 내다 팔 수밖에 없게 되었다. 점차적으로 기본 농산물과 수공예제품 교역의 시작과 함께 보다 광범위한 화폐경제가 발전되었다. 몇몇 장거리 교역에서는 향신료, 모피, 비단, 와인 등 사치재까지

2: 도시의 변화역량
도시인구의 규모, 밀도, 다양성은 사람들을 전통적인 농업사회의 경직성으로부터 탈출할 수 있게, 그리고 다양한 생활양식과 행동에 참여할 수 있게 함으로써 그들을 해방시키는 효과를 가지고 있다.

3: 도시의 동원기능
물리적 기반시설과 거대하고 다양한 인구를 가진 도시는 일이 성공적으로 추진될 수 있는 장소이다. 그 지방의 경제적 또는 정치적 체제가 무엇이든 관계없이 도시는 노동, 자본, 원료를 조직하고 완성품을 분배하는 데 효율적이고 효과적인 환경을 제공한다.

도 포함되었다.

새로이 등장한 지역특화와 교역 네트워크는 상업 자본주의에 바탕을 둔 새로운 국면의 도시화의 토대가 되었다. 그러한 네트워크 중 하나로 북해와 발트해 연안 도시국가의 연합인 한자동맹이 2장에 지도로 표현되어 있다. 도시 간 교역은 성장의 엔진이 되었으며, 도시는 문화의 교차로, 정치의 발전소가 되었다. 중세 후기 도시성의 유산 중 도시 거버넌스와 민주적 과정이 체계화된 결과이자 핵심적인 공공기관으로 형성된 길드라고 하는 동업자조합이 있다. 몇몇 경우에 구도심은 중세 유럽 도시성을 아름답게 보존한 사례로 남아 있는데, 이들은 관광객을 끌어들이면서 한편으로 역사적 보존과 관련된 흥미로운 이슈를 제시하기도 한다.

교역에 기초한 도시와는 극명하게 대조적으로 그 존재 이유가 제국의 행정에 있었던 도시도 있다. 서로 다른 시대에 서로 다른 세계의 지역에서 아테네, 베이징, 부다페스트, 콘스탄티노플, 교토, 런던, 모스크바, 멕시코시티, 로마, 빈 등 도시는 벽돌과 돌로 지은 제국의 힘과 위엄의 표현 결과이다. 3장이 보여 주듯이, 이들 도시의 배치, 주요 건물, 근린 등은 제국 시절의 중앙집권적 권력을 반영한다. 제국

도시는 지식과 아이디어의 교환이라는 측면에서 도시의 생성기능에 관한 전형적인 사례가 되는 한편, 이 도시의 선언적 건조환경은 예술, 권력 그리고 도시 간의 관계를 표현한다.

산업화

산업화는 많은 도시의 경관을 다시 쓰면서 완전히 새로운 유형의 도시—산업도시—의 등장을 촉진시켰는데, 이 도시의 기본적 존재 이유는 이전에 그랬던 것처럼 군사적, 행정적, 종교적 또는 교역 기능을 수행하기 위해서가 아니라 오히려 원료를 수집하고 상품을 제조하고 조립하고 배포하기 위해서였다. 산업경제는 도시가 제공하는 대규모 노동력 풀과 교통 네트워크, 공장, 창고, 상점, 사무실의 물리적 기반시설, 그리고 소비자 시장을 통해서만 조직될 수 있다. 새로운 기반시설과 경제활동 이외에도 산업도시는 새로운 계급구조, 도시빈곤과 불균등, 오염, 사회경제적 거주지 분화, 박애주의와 진보적 개혁 등 중요한 사회적, 문화적, 환경적 영향을 야기했다. 4장의 초점이 맞추어진 맨체스터는 19세기 산업화 과정에서 깜짝 놀랄 만한 성장을 보인 도시로, 1750년에 15,000명의 작은 마을에

세계의 도시성장

도시화는 세계적 현상이지만, 도시가 개발되는 방식, 도시생활의 경험, 도시 미래의 전망 등은 지역에 따라 매우 다르다. 대부분의 선진국에서 도시화는 거의 완료되었으나, 아프리카나 아시아에서 현재 도시화율은 선례를 찾을 수 없을 만큼 빠르다. 북아메리카는 세계에서 도시화가 가장 진전된 대륙으로 80% 이상의 인구가 도시에 살고 있다. 이와는 대조적으로 아프리카의 경우 도시인구의 비율이 40% 이하이다. 이들 그림을 종합해 보면, 1955년에는 세계 인구의 30%만이 도시화되었었다. 현재는 매일 약 20만 명이 세계 도시인구에 추가되고 있다. 2030년에는 세계적으로 10명 중 6명이 도시에 거주할 것이며, 2050년에는 이 비율이 10명 중 7명으로 증가할 것이다.

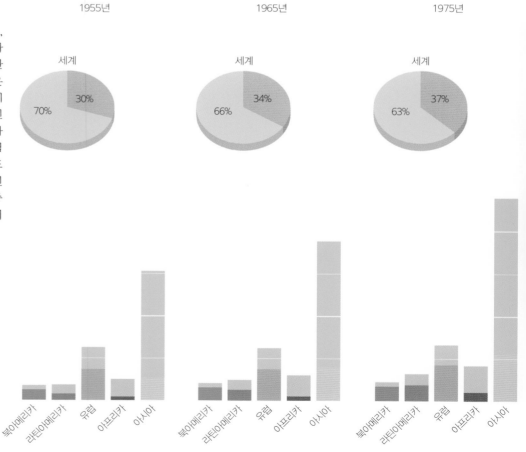

제1부

서 1801년에 7만 명의 도시로, 1861년에 50만 명의 대도시로, 그리고 1911년에는 230만 명의 세계 도시로 성장했다. 오늘날의 산업도시에는 브라질의 상파울루와 중국의 광저우 등이 포함된다. 19세기와 20세기 초에 유럽과 북아메리카에서 등장한 많은 산업도시는 경제가 세계화되고 일자리가 해외로 이전함에 따라 탈산업화를 경험해 왔다.

산업화 과정에서 의도하지 않았던 부분은 새로운 기술진보와 함께 도시계획이 탄생했다는 점이었다. 한편, 도시에 기반을 둔 교육과 의사소통은 전통, 신화, 미신, 종교적 절대성을 누르는 이성, 합리성, 과학의 진보를 가져왔다. 5장에서 나타나듯이, 모든 곳의 도시는 근대화를 시작했는데, 특히 파리는 물리환경적, 문화적 표현의 측면에서 많은 사람이 인정하는 근대성의 수도였다. 19세기 파리는 넓은 가로수길, 새로운 교량, 새로운 물 공급체계, 광범위한 하수 및 가로등 체계, 공공건물, 여가의 장소가 된 대폭적으로 개선된 도시공원 등을 갖추었다. 이런 새로운 틀 안에서 새로운 예술 및 문화 운동, 대중오락, 새로운 소비공간 등과 함께 근대적 산업이 번성했다. 사고의 혁명적 들끓음 가운데에서 파리는 감히 다른 도시가 넘어설 수 없는 예술과 문화의 장면을 끌어들이고 발전시켰다.

세계화
20세기 중반 경제의 세계화는 국제 도시체계의 탄생을 야기했는데, 그 안에서 어떤 도시—'세계도시'—는 초국적 기업조직, 국제 은행업과 금융, 초국가정부, 국제기관의 활동 등에서 핵심적인 역할을 담당하게 된다. 6장의 대상인 세계도시는 경제적, 문화적, 세계화를 집합적으로 지탱하는 정보, 문화상품, 금융의 흐름을 조정·통제하는 중심지이다. 이는 세계와 지방 간의 인터페이스를 제공한다. 이는 한 국가 또는 지방의 자원을 세계경제로 보내고 세계화의 자극을 다시 국가와 지방 중심지로 전송하는 경제적, 문화적, 제도적 기구를 가지고 있다. 세계화된 소비사회의 등장은 한편으로 도시가 점점 더 메가 이벤트와 스펙터클, 유명인사 문화의 촉진, 건축에서 혁신적이고 대담한 표현, 패션, 공연, 영화, 음악, 예술의 발전, 새롭고 도전적이며 사소한 것에 우호적이면서 전통과 관습을 거부하는 장이 되어 가고 있음을 의미한다. 이런 맥락에서 7장은 자동차 도시의 전형이자 포스트모던 도시의 선도자인 로스앤젤레스를 조명하는데, 이곳에서 스펙터클과 소비는 도시생활의 지배적인 특성이 되었다. 이와 동시에 그리고 다소간 같은 이유로 이곳은 반이상향적 도시성의 전형으로 거론된다.

저개발지역의 도시는 이들 모두와는 극명한 대조를 이룬다. 선진국에서의 도시화는 대부분 경제성장에 의해 이끌어진 것인 데 반해 저개발지역에서의 도시화는 경제발전 이전에 발생한 인구성장의 결과이다. 상당한 수준의 산업이나 농촌의 경제발전이 이루어지기 훨씬 전에 발생하는 대규모 인구성장은 '통제 불가능한 도시화'와 '과도시화'를 야기한다. 빠르게 성장하는 농촌인구에게 농업발전의 한계는 종종 고된 일과 빈곤으로 찬 한눈에 보아도 희망 없는 미래를 의미한다. 부유한 국가가 그 장벽을 높임에 따라 이민은 더 이상 인구의 안전한 배출구가 아니다. 증가하는 수의 빈곤한 농촌 거주자가 할 수 있는 유일한 선택은 적어도 고용의 희망이 있고 학교, 병원, 수돗물, 여러 종류의 공공시설과 서비스 등 농촌지역에서 이용할 수 없는 것에 대한 접근 가능성이 있는 도시로의 이주이다. 도시는 또한 현대화의 유혹과 소비재의 매력—촌락지역에도 현재 위성 텔레비전을 통해 직접 노출되어 있는 매력—을 가지고 있다.

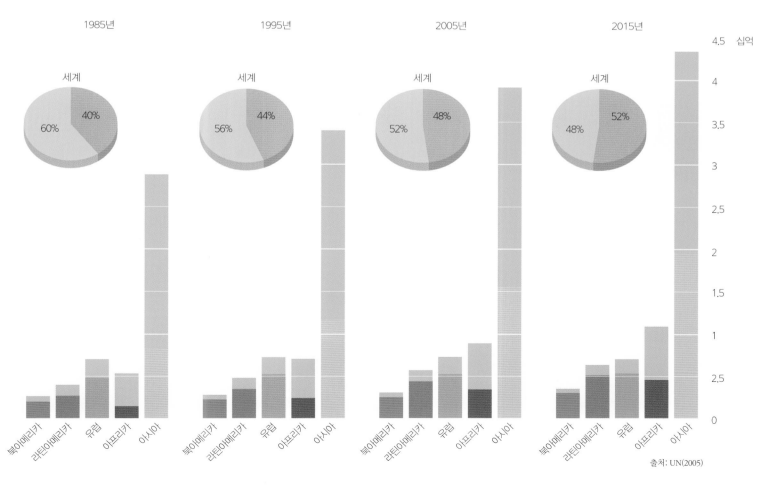

출처: UN(2005)

열세 가지 도시유형

각 장은 뚜렷이 다른 도시유형에 대해 탐색해 보는데, 각 장별로 21세기를 규정하는 형태로서의 생산, 소비, 생성, 쇠퇴 양상을 설명하기 위해 핵심 사례 연구와 기타 사례를 이용한다.

메가시티

이와 같은 현상이 야기하는 극적인 결과물이 8장에서 설명되는 인구 1000만 명 이상의 메가시티이다. 메가시티는 지역 및 지방 경제와 세계경제를 연결해 줄 뿐만 아니라 전통과 현대 간에, 그리고 공식과 비공식 경제부문 간에 접합점도 제공한다. 메가시티의 슬럼과 무허가주택 지구는 종종 사회적 혼란과 환경 악화 등의 심각한 문제를 안고 있다. 그럼에도 불구하고 많은 동네는 버거울 만큼 가난하고 북적이는 여건 속에서 커뮤니티의 토대를 만드는 자조 네트워크와 조직을 발전시켜 가고 있다. 몇몇 국가에서 정부와 계획당국은 미개발 녹지에 계획정착지를 조성함으로써 도시화에 수반되는 문제를 피하고자 했다. 프랑스와 영국에서 20세기 후반에 대도시의 슬럼으로부터 '넘쳐흐르는' 인구를 수용하기 위해, 그리고 경제적으로 침체된 지역에 새로운 도시개발의 거점을 만들기 위해 신도시를 만들었다. 몇몇 국가에서는 '인스턴트' 도시가 수도나 행정중심지로 조성되기도 했는데, 때로는 지역의 정치적 경쟁을 피하기 위한. 그리고 때로는 특별한 목적을 위해 새롭게 만들어진 환경 속에서 정부기관 간 근접성으로부터 기대되는 효율성의 혜택을 추구하기 위한 목적을 가지고 있었다. 9장은 브라질리아에 초점을 맞춘다. 브라질의 새로운 수도는 아마존의 개간지 위에 브라질 역사의 새로운 시대를 상징화하고자 하는 의도로 건설되었다. 이 도시는 흥분을 제공하고 원대하며 희망을 주는 현대화의 상징으로 계획된 새롭고 급진적인 건축형태

뉴욕 · 맨체스터 · 파리 · 브루게

로스앤젤레스

브루게 · 겐트 · 맨체스터 · 루베크 · 런던 · 프라이부르크 · 파리 · 아우크스부르크 · 밀라노 · 인스브루크 · 피렌체 · 베네치아 · 로마 · 이스탄불 · 아테네

뉴욕 · 로스앤젤레스 · 마이애미 · 몸바이 · 브라질리아

■ 선구적 도시
■ 네트워크 도시
■ 제국도시
■ 산업도시
■ 이성도시
■ 세계도시
■ 셀레브리티 도시
■ 메가시티
■ 인스턴트 도시
■ 초국적도시
■ 창조도시
■ 녹색도시
■ 지능형 도시

마이애미 · 브라질리아 · 런던 · 아테네

를 통해 브라질 사회의 변혁을 의미하는 메시지로 가득 차 있는 자의식이 강한 도시이다. '인스턴트' 도시로서 브라질리아는 기반시설과 공간조직에 대해 혁신적인 접근을 담고 있다. 그러나 이곳은 또한 새로운 도시를 만들었을 때 발생하는 몇몇 의도하지 않았던 결과를 보여 주는 좋은 사례가 되기도 한다.

현재 도시화의 양상과 과정은 1980년대 이래로 가속화되고 있는 경제적, 문화적 세계화에 의해 보다 더 크게 영향을 받고 있다. 몇몇 도시—예를 들어 홍콩, 마이애미, 밴쿠버—는 지역의 교차로가 되었으며 그 과정에서 확연히 초국적 성격을 획득해 왔다. 10장은 마이애미가 어떻게 금융과 문화의 중심지가 되었는지뿐만 아니라, 어떻게 미국 남동부를

프라이부르크

이스탄불

뭄바이

밀라노

넘어 카리브해, 중앙아메리카, 남아메리카에 이르기까지 확장된 초국적 지역에 대한 다양한 불법행위의 중요한 허브가 되었는지를 보여 준다. 그 결과로 이 도시는 고유한 문화적 혼합성을 발전시켰는데, 여러 가지 면에서 지중해 유럽 연안이나 라틴아메리카의 한 곳처럼 기질적 특성이 강하다. 이런 세계시민주의는 엔터테인먼트와 요리에서 잘 드러난다. 콜롬비아식 디스코, 유럽식 클럽 풍경, 전통적 미국식 바, 쿠바식 카페, '유라시안', '뉴월드', '누에보 라틴' 요리는 유대교식 가공음식 상점이나 해산물 요릿집을 대체해 왔다.

11장은 경제적, 문화적 세계화의 또 다른 측면으로 점점 더 중요해지는 디자인을 상세히 다룬다. 선진국에서의 도시는 초기에는 제조업 시대의 산물이었으나 소비사회의 이미지 속에서 철저하게 다시 만들어졌다. 부유한 가구 사이의 경쟁적 지출은 모든 규모에서 스타일과 디자인의 중요성을 강화시켰으며, 디자인 종사자는 핵심 사업 서비스의 범세계적 시스템과 긴밀하게 연결된 도시에 불균형적으로 많이 입지하면서 그 규모와 중요도가 점점 더 커지고 있다. 밀라노는 디자인의 몇몇 분야에 특화를 이루어 온 오랜 역사를 가지고 있으나, 이 도시가 스스로를 디자인 도시로 새로이 만들고 새로 브랜드를 붙이는 의도적인 전략에 착수한 것은 1970년대 탈산업화에 대한 대응에서부터였다. 건조환경, 정치, 교육기관, 디자인 지구, 그리고 패션위크 등에서 이미 잘 드러나듯이, 이 도시는 2014년의 세계엑스포 개최를 위한 준비로 기반시설을 개선해 왔다.

지속가능성

한편으로, 의도치 않은 그리고 원치 않은 도시화의 부작용을 통해 지속가능한 도시발전 가능성에 대한 관심이 형성되어 왔다. 세계의 도시는 세계 에너지 중 80%를 소비하며 세계 이산화탄소 배출량의 75%를 생산한다. 지속가능한 도시화는 압축적 대중교통지향형 개발, 건물의 재활용, 보행자 및 자전거 친화적 환경, 공동거주, 습지와 자연서식지를 보존하고 향상시키는 조경, 생태적 목표와 평가기준의 거버넌스 및 정책에의 포함 등을 필요로 한다. 12장에서 볼 수 있듯이 이런 접근의 좋은 예는 독일의 프라이부르크인데, 여기에 있는 바우반과 리젤펠트라는 두 지구는 지속가능한 도시성에의 헌신에 대한 선진적인 사례를 잘 보여 주고 있다. 13장에서 지도로 표현했듯이, 다른 도시는 의도치 않은 그리고 원치 않은 도시화의 부작용에 대해 '스마트' 기술에 투자함으로써 다른 접근을 택했다. 디지털 기술은 거주자의 행동방식과 함께 도시와 도시 내 건물이 운영되는 방식을 변화시키기 시작하고 있다. 인터넷과 사회 네트워크는 도시의 상업적, 사회문화적 조직을 변화시키고 있다. '스마트' 빌딩, 자동차, 교통 시스템, 수자원 및 전력공급은 도시를 보다 효율적이고 회복력을 더 강하게 만들어 줄 수 있는 잠재력을 가지고 있다.

물론 세계의 도시 사이에는 상당한 수준의 지리적 다양성이 존재한다. 많은 도시의 어떤 특성은 고유하다. 광범위한 변화는 언제나 서로 다른 환경에서 특성이 나타나면서 겪게 되는 일정 정도의 변형으로부터 시작된다. 모든 도시는 각자가 고유한 성격과 이야기를 가지고 있지만, 그럼에도 유사한 유산, 공통적인 도전과제, 해결을 위한 공동의 접근을 통해 서로 다른 도시유형에 대한 여러 가지 방식의 의미 있는 일반화가 가능하다. 이 책의 글과 시각화정보는 단순히 도시의 매혹적인 다양성만을 보이고자 하는 것이 아니라 경제적, 사회적, 문화적 발전에서 도시역할의 공통성과 기술적, 인구적, 정치적 변화가 건물과 기반시설에 반영되어 있는 방식을 끄집어내고자 한다.

선구적 도시

릴라 레온티도
귀도 마르티노티

그리스 아테네

선구적 도시: 개요

> "고대 그리스의 도시국가와 로마의 도시문명은 (서로 가깝고 비슷하면서도) 각기 독특한 고대 도시화의 두 사이클을 대표한다."

오늘날 우리가 당연시하는 많은 사실이 아직 알려지지 않았을 무렵, 사람들은 지구는 우주의 중심을 차지한 편평한 원반이라고 생각했고 부족 간의 세력권 외에는 국경이란 존재하지 않았다. 이 무렵 도시는 하나의 이상이자 물질적 실재로 부상했다. 고대 그리스의 도시국가는 폴리스(polis)라 불렸고, 이는 정치와 정책 등의 어원이 되었다. 아테네는 폴리스라는 용어를 만들어 냈고, 민주주의(democratia)의 토대를 마련했으며, 이의 개념적 발전에 기여했으므로 응당 '선구적(foundational)

도시'로 불릴 만하다. 또한 로마는 세계시민주의(cosmopolitanism)를 낳았고 사실상 세계도시라고 불릴 정도로 광대한 영토에 걸쳐 통치 혁신을 이루었으므로, 이와 마찬가지로 선구적 도시의 반열에 오를 만하다.

고대 그리스의 도시국가와 로마의 도시문명은 (서로 가깝고 비슷하면서도) 각기 독특한 고대 도시화의 두 사이클을 대표한다. 아테네와 로마는 불멸의 도시라는 점에서 유사하며, 이들은 유럽 문명의 근

아테네와 그리스 식민지

그리스인은 당시 아포이키에스(apoikies) 또는 파로이키에스(paroikies)라 불리던 융성한 식민지를 건설했다. 헬레니즘 시대의 도시화는 동쪽으로 확대되었는데, 이는 소아시아 지중해 일대 이오니아의 도시와 에게해 일대의 그리스 섬으로부터 마그나그라이키아(Magna Graecia)라고 불리는 남부 이탈리아 서쪽과 시칠리아 일대까지 이르렀다. 식민지는 도시국가의 일부였다.

아테네 도시국가와 그리스 식민지

출처: Toynbee(1967), Dimitrakos & Karolides(1950s)

본적인 원리를 이룩했고 식민도시를 거느렸던 숙명적 도시이다. 그러나 이 두 도시 간에는 중요한 차이도 있다. 사회학자 앙리 르페브르의 표현을 빌리자면, "그리스인은 형태를 기능 및 구조와 통일했으며, … 도시국가는 정신적인 것과 사회적인 것을, … 그리고 사상과 행동을 동일한 것으로 간주했다. 이는 퇴락할 수밖에 없는 운명이었다. 반대로, 로마인의 다양성은 내적 통일성보다는 외적 구성원리에 입각해서 도시를 통치하지 않았을까? 아마 그랬을 것이라고 추정하는 것이 합당한 듯하다"(Lefebvre, 1991).

사실 이 두 선구적 도시의 연대기가 뚜렷이 다른 이유는 이들 간에 여러 차이점이 있었기 때문이다. 고대 아테네는 적어도 기원전 4세기경부터 형성되었고 로마와 오스만 제국의 지배를 견뎌 냈지만, 이 도시가 융성했던 것은 단 1세기에 지나지 않는다. 그러나 로마는 5세기 이상 지배적인 도시로 군림했다. 로마가 탄력적이었던 이유는 다문화 제국에 대해 개방적이었기 때문이라고 할 수 있다. 로마는 하위 도시를 탈중심화된 통치 시스템으로 통합함으로써 거대한 제국을 다수의 반(半)자율적 세포로 나

누었고, 이들을 수호할 다문화 군대를 갖추고 있었다. 달리 말해, 로마는 로컬 문화를 존중했으며, (뒤에서 상술하는) 포용의 원리를 발전시켰다. 반면, 아테네인의 국가가 취약했던 주요 이유는 도시에서 비(非)시민과 이른바 '야만인'을 배제했기 때문이었다. 아테네는 다른 폴리스와 마찬가지로 출생지주의를 원칙으로 했기 때문에 상당 규모의 외국인이 살고 있었다. 이들의 존재는 아테네 민주주의의 중요한 취약점이었으며, 이는 마케도니아 제국이나 로마 제국과는 뚜렷이 다른 점이었다. 로마의 경우 평민과 귀족 간의 차이가 중요하기는 했지만 아테네에서와 같은 구별은 존재하지 않았다. 아테네가 펠로폰네소스 전쟁 동안 재앙을 면치 못했던 것은 아마도 아테네의 군대가 이런 '타자'를 받아들이지 않음에 따라 약화되었기 때문일 것이다.

나아가 아테네는 신화와 상업적 팽창과 아울러 이성, 지식, 예술, 정치문화 등에 기여했던 반면, 로마는 군사, 무역, 정치적·행정적 혁신에 기여했다는 점을 대비시켜 이해할 필요가 있다. 이는 각 도시의 전체적인 스펙터클에 명시적으로 대비되어 나타난다. 아테네에서는 수많은 신전과 (오늘날에도 여전

히 사용되고 있는) 야외극장에서 행사, 의식(儀式), 연극이 행해졌던 반면, 로마는 오늘날 주요 관광지인 콜로세움에서와 같이 화려한 행렬, 공중목욕탕, 투기장에서의 혈투 등을 특징으로 했다. 특히 로마의 공중목욕탕과 투기장은 아마도 최초의 대중문화 사례일 것이다.

아테네와 로마는 이른바 노예적 생산양식을 공유했지만 이 점에서도 상당히 중요한 차이점이 있었다. 고대 그리스의 폴리스에서 이루어진 의사결정 과정은 외국인, 여성, 노예, 미성년자를 제외한 모든 개인의 개별 투표를 통한 것이었다. 이와 달리 로마에서는 정치적 민주주의와 전체 제도적 환경이 집단 편성, 민족집단, 백인대(centuriae)에 토대를 두었고 투표가 집단적으로 이루어졌는데, 이는 합의를 도출하고 갈등을 줄이는 데에 강력한 도구였다. 또한 이는 로마의 법률과 포용적 정치 시스템과 결합됨에 따라 로마 제국이 상이한 문화를 흡수해 나아갈 수 있었다. 그러나 아테네는 오늘날 민주주의에서 통용되는 개인 투표제의 초석을 형성했다. 민주주의라는 용어가 도시국가를 둘러싸고 있는 로컬 커뮤니티를 뜻하는 지역구(demos/demoi)라는 용어에서 차용된 것처럼, 그리스는 민주주의의 원리와 실천의 근간을 마련했다.

아테네와 로마는 오늘날 영국과 미국의 관계를 설명하는 책의 제목에서와 같이 '사촌과 이방인'이라는 특수한 관계에 있었다. 그러나 양자는 언어를 비롯한 여타의 차이점을 고려할 때 사촌보다는 이방인에 더 가까웠다. 로마는 아테네가 멸망한 이후에도 문화적으로 그리스화(Hellenization)되었는데, 이는 미국이 팽창할 때 유럽의 문화적 영향을 지속적으로 받았던 사실을 상기시킨다. 아테네와 로마는 비록 종교에 대한 태도는 달랐지만, 이들이 숭배했던 신은 그리스에서 유래한 것으로서 서로 같았다. 때때로 두 제국은 서로 전쟁을 벌일 정도로 경쟁적이었는데, 이는 특히 남부 이탈리아를 중심으로 치열하게 불거졌다. 그렇지만 양자의 충돌은 그리스와 페르시아 또는 로마와 페니키아 간의 충돌만큼 뚜렷하고 잔인하지는 않았다. 로마는 기원전 41년에 아테네를 정복해서 로마의 부속 지역으로 만들어 버렸지만 아테네에 상당한 독립적 지위를 부여했고, 그 후 고도의 통합이 나타나게 되었다.

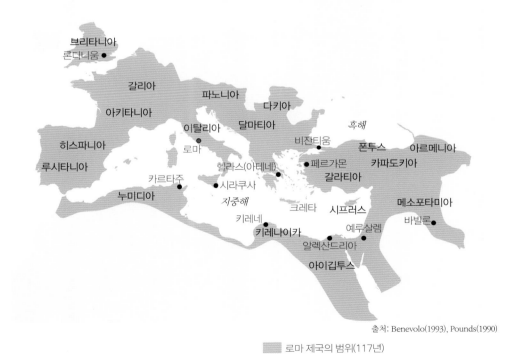

출처: Benevolo(1993), Pounds(1990)

■ 로마 제국의 범위(117년)

로마 제국

그리스와 로마 문명 사이에는 중요한 변동이 나타났다. 고대 그리스 시대에는 도시국가가 발달했고, 마케도니아 시대에는 여러 수도가 등장했으며, 로마 제국이 서방과 동방으로 팽창할 때에는 지역 내 거점 수도가 부상했다. 로마는 보편성을 지향했던 로마법 아래 상당한 정도의 국지적 자율성을 허락함으로써 포용적 통치체제를 발전시켰고, 그 결과 로마 제국은 방대한 지역에 영향력을 행사하면서도 지역 간 차이를 존중했다.

아테네: 폴리스, 지역구, 식민지, 그리고 참주정치에서 직접 민주주의로의 발전

세계에 대한 상상 속에서 아테네는 서양과 동양 사이에 존재하는 선구적 도시로서 살아 있다. 우리는 아테네를 고대 그리스 시대에서 가장 지배적이었던 도시국가로 기억하고 있다. 아테네의 역사는 단절된 역사를 모두 아우르면 거의 6,000년에 달하지만, 실제 번성을 구가했던 기간은 (기원전 5세기경의) 단 100년에 불과하다. 아테네에 처음으로 사람들이 거주했던 것은 신석기 시대로 기원전 4000년경이었다. 당시 사람들은 주로 네 곳에 군집을 이루어 거주했는데, 이 중 가장 넓은 곳이 아크로폴리스 바위언덕 주변이었다. 기원전 600년 이후 소아시아의 이오니아 도시들에서 그리스 문명이 최

초로 꽃을 피울 무렵, 그리스 참주정치(僭主政治)의 격변 중 고대 아테네가 부상하기 시작했다. 아테네인들은 처음에는 아시리아를 물리쳤고, 기원전 510년에는 아테네의 2대 참주였던 히피아스를 축출했다. 그 후 펠로폰네소스 전쟁이 일어나기 전까지 민주주의 문명이 계속되었다. 아테네는 기원전 404년에 스파르타에 항복했다. 민주주의는 산산이 부서지게 되었고 그 후 30참주(the Thirty Tyrants)의 통치가 지속되었다.

유럽 문명의 탄생은 바로 이 짧은 시기 동안 번성했던 도시국가에서 시작되었다. 아테네의 지적 탐구,

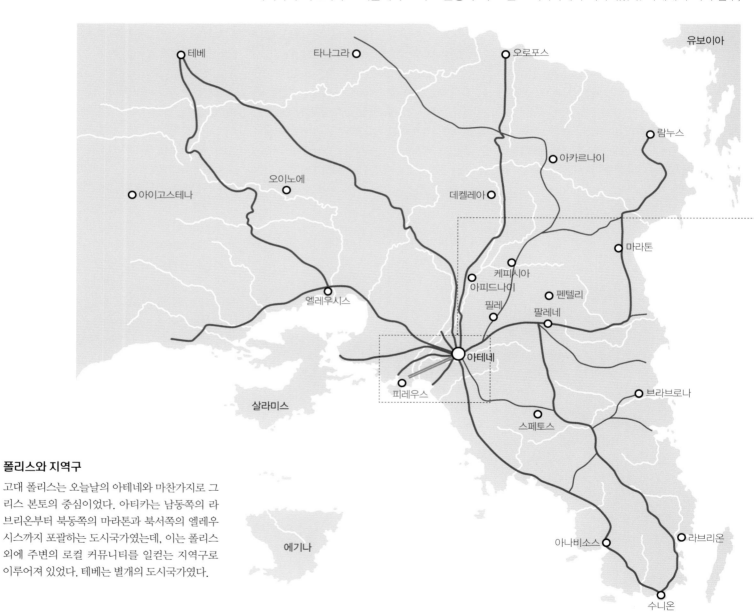

폴리스와 지역구

고대 폴리스는 오늘날의 아테네와 마찬가지로 그리스 본토의 중심이었다. 아티카는 남동쪽의 라브리온부터 북동쪽의 마라톤과 북서쪽의 엘레우시스까지 포괄하는 도시국가였는데, 이는 폴리스 외에 주변의 로컬 커뮤니티를 일컫는 지역구로 이루어져 있었다. 테베는 별개의 도시국가였다.

출처: Pavsanias(1974), Travlos(1960)

간선도로
지선도로
아테네–피레우스 간 장벽

과학, 철학, 공연, 예술, 건축은 14세기 이전까지는 아무도 이에 필적할 수 없었으며, 마케도니아와 로마 도시의 토대 형성에 크게 영향을 끼쳤다. 아테네는 소크라테스의 도시였고, 플라톤의 아카데미 도시였으며, 기원전 335년에 설립된 리시움의 도시였고, 에우리피데스와 소포클레스의 비극과 아리스토파네스의 희극의 도시였으며, 고대 세계를 지적 등불로 밝힌 철학자와 과학자의 도시로 르네상스 동안에 재발견되었다. 또한 아테네에서는 오늘날까지 전해지지는 않지만 음악이 활발했으며, 엘레우시스와 같이 인접한 주변 도시에서는 신비주의 활동이 있었다.

아리스토텔레스가 자신의 저서 『정치학』의 유명한 서문에서 밝혔던 바와 같이, 국가란 개인, 가족, 마을을 모두 아우르는 가장 높은 수준의 공동체로 간주되었다. 이런 계층화된 통치에서 국가는(이는 당시 도시국가를 지칭했다) '자연의 창조물'이라고 본질주의화되었다. 폴리스는 단지 하나의 도시가 아니라 지역구의 네트워크였고, 이는 아리스토텔레스에 따르자면 가족이 자연적으로 연장된 결과로서 국가와 일치했다. 따라서 폴리스, 즉 도시는 하나의 사회이자 하나의 공동체였고, 지역구와 식민지의 집합체였으며, 하나의 국가였고, 평민(idiocy)과는 [마르크스가 '촌뜨기의 어리석음'이라고 표현했던 바와 같이 이는 바보(idiot)의 어원이기도 하다] 구별되는 시민(politis)이 공적 생활에 참여했던 영역이었다. 아테네인은 도시를 토대로 하는 폴리스 주민이었지만, 마치 오늘날 유럽에서와 같이 마을, 도시, 국가 등 복수의 공간 스케일하에 있었다. 시민권과 실제의 자연적 도시에의 참여는 문명과 민주주의의 본질에 대한 선결조건이었으며, 이의 정반대는 참주정치나 독재정치였다.

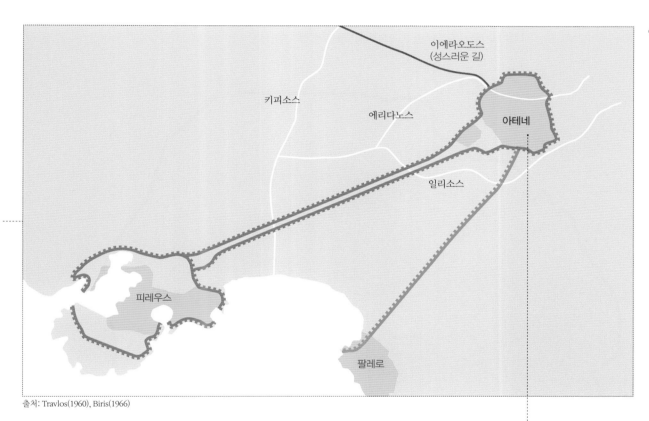

성벽

이에라오도스 (성스러운 길)

키피소스

에리다노스

아테네

일리소스

피레우스

팔레로

출처: Travlos(1960), Biris(1966)

아테나 여신

아테네의 아크로폴리스

해양으로의 진출로

남서부에 위치한 피레우스는 아테네의 항구로서 가장 중요한 지역구였다. 이 도시는 아테네와 긴 성벽(the Long Wall)으로 연결되어 있었는데, 이는 홍수를 피하거나 전쟁 중 도시와 항구 간의 교신을 위해 고대에 건설된 것이었다. 이와 아울러 아테네와 팔레로 사이에도 성벽의 흔적이 남아 있는데, 이 성벽은 펠로폰네소스 전쟁 이후에 파괴되었다.

아크로폴리스, 아고라, 건축, 기반시설

자연의 생명력을 인격화한 올림푸스의 12신에 관한 신화 중 아테네인들에게 가장 중요했던 것은, 지혜의 여신 아테나와 바다의 신 포세이돈이 자신들이 탐내던 도시를 두고 벌인 다툼에 관한 이야기이다. 아테나는 이 도시에 신성한 올리브를 선물로 바침으로써 다툼에서 승리했고, 이 도시는 아테나의 이름을 따르게 되었다. 이 신화는 여러 조각과 그림에 묘사되어 있는데, 특히 파르테논 신전의 서쪽 벽면 위에 묘사된 그림이 가장 유명하다. 파르테논 신전은 익티노스와 칼리크라테스가 아크로폴리스의 신성한 바위언덕 위에 세운 건축물로서 기원전 432년 페리클레스 때에 완공되었다. 이 신전은 아테나를 위해 헌정되었기 때문에 신전 내에 거대한 아테나 조각상이 있고, 대리석으로 제작된 기둥 위 프리즈에는 아테나를 기념하기 위해 신화를 재현하는 그림과 기념 행렬이 새겨져 있다. 아크로폴리스의 조각작품은 오늘날 유럽의 여러 박물관 곳곳에 흩어져 있는데, 이 가운데 대영박물관이 가장 대표적인 곳이다. 2009년에 개관된 아테네의 아크로폴리스 박물관에 흩어져 있는 조각작품을 다시 모아서 소장하자는 주장이 점차 설득력을 얻고 있다. 파르테논 신전은 유럽 문명과 미국 공화주의를 상징하는 현존하는 압도적 아이콘이다. 이는 르네상스 시대의 유럽이나 미국 토머스 제퍼슨의 건축물, 18세기에 시작된(그리고 아테네가 그리스의 수도로 천명되었던 1834년 이후 아테네로 재수입된) 유럽의 신고전주의 건축운동에 잘 나타나 있다.

출처: Travlos(1960), Biris(1966)

고대 도시국가는 아고라(agora)를 중심으로 이루어졌다. 아고라에는 온갖 종류의 공식적인 경제적, 정치적, 문화적 활동이 자연과 조화를 이루었다. 아고라는 문자 그대로 '시장'이라는 의미인데, 이는 상업이 아고라에서 시작되었기 때문이다. 그러나 실제 아고라는 여러 용도로 사용된 복잡한 공간으로 열띤 사회적 상호작용이 활발했던 곳이었으며, 시민성이 육성되는 다기능적, 혼성적 공간으로서 정치 참여에 열려 있는 활발한 '공적' 영역이었다(Leontidou, 2009). 달리 말해 아고라는 개인과 국가 사이의 공간으로서 시민사회를 태동한 곳이었으며, 이는 로마 시대에 포럼(forum)으로 계승되었다.

도시의 공공공간은 단순한 물리적 공간(urbs)이 아니라 민주주의와 시민성이 구체화된 장소였다. 아고라에서는 어떤 검열도 없이 시민이 모여 사상과 정책을 두고 열띤 논쟁을 벌였다. 이는 직접민주주의의 공개 토론장으로서, 아테네에서의 모든 의사결정은 자신의 대표가 아니라 일정한 자격을 갖춘 '시민'에 의해 이루어졌다. 당시 지도자는 오직 사람들의 의지를 실현하려는 목적을 위해 공직자로 선출되었다. 페리클레스는 통치자가 아니라 도시의 지도자적 시민으로서 매년 투표로 선출되었다. 의사결정은 아고라에서의 토론을 거친 후에 이루어졌다. 모든 남성은 소득이나 재산 또는 계층에 상관없이 이에 참여했다. 그러나 아테네는 여러 측면에서 취약한 민주주의 체제였다. 시민권은 영토권, 성

별, 사회적 배제에 따라 제한되어 있어서 노예, 여성, 외국인 거주자 등은 시민 자격을 획득하지 못했다. 여성은 가내 공간에서 생활했고, 당시의 사회는 오늘날 유럽과 비교할 때 여성의 일을 높게 가치평가하지 않았다. 반면, 남성은 공적 영역에서 활동했고 아고라에서 발언할 수 있는 특권을 가졌다. 그러나 아테네나 스파르타에서 이전의 전제(독재)정치 시기나 이후의 로마와 비교할 때 노예의 수는 적었는데 시민 2명당 노예 1명 정도였다. 여성은 예술, 연극, 신화 등에 있어서 자신들의 집단적 상상력을 여신이나 여장부의 형태로 재현해 냈다. 남성의 문학작품에서도 여성이 주인공인 경우가 많았다.

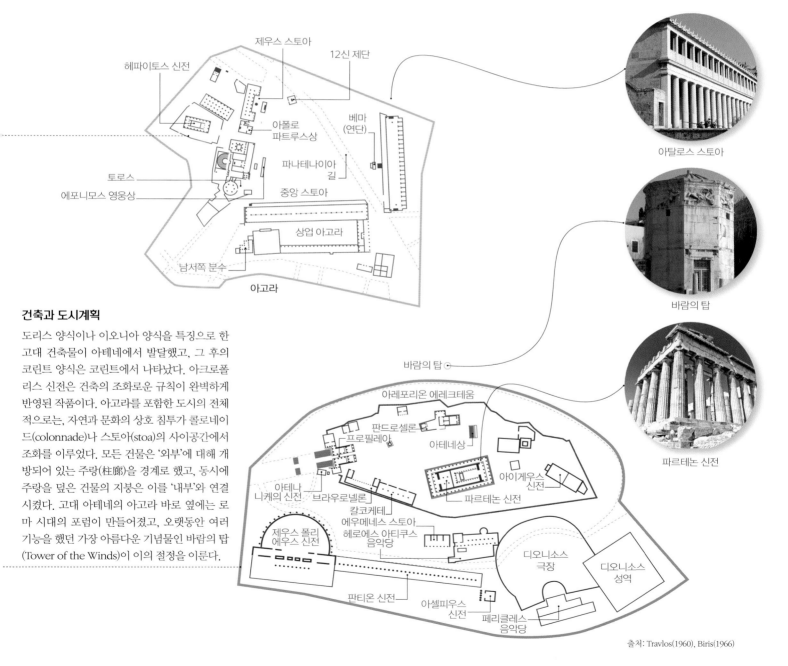

제우스 스토아
12신 제단
헤파이토스 신전
아폴로 파트루스상
베마 (연단)
토로스
파나테나이아 길
에포니모스 영웅상
중앙 스토아
상업 아고라
남서쪽 분수
아고라

아탈로스 스토아

바람의 탑

파르테논 신전

바람의 탑

아레포리온 에레크테움
판드로셀론
프로필레아
아테네상
아테나 니케의 신전
브라우로넬론
아이게우스 신전
칼코케티
파르테논 신전
에우메네스 스토아
제우스 폴리에우스 신전
헤로에스 아티쿠스 음악당
디오니소스 극장
디오니소스 성역
판티온 신전
아셀피우스 신전
페리클레스 음악당

출처: Travlos(1960), Biris(1966)

건축과 도시계획

도리스 양식이나 이오니아 양식을 특징으로 한 고대 건축물이 아테네에서 발달했고, 그 후의 코린트 양식은 코린트에서 나타났다. 아크로폴리스 신전은 건축의 조화로운 규칙이 완벽하게 반영된 작품이다. 아고라를 포함한 도시의 전체적으로는, 자연과 문화의 상호 침투가 콜로네이드(colonnade)나 스토아(stoa)의 사이공간에서 조화를 이루었다. 모든 건물은 '외부'에 대해 개방되어 있는 주랑(柱廊)을 경계로 했고, 동시에 주랑을 덮은 건물의 지붕은 이를 '내부'와 연결시켰다. 고대 아테네의 아고라 바로 옆에는 로마 시대의 포럼이 만들어졌고, 오랫동안 여러 기능을 했던 가장 아름다운 기념물인 바람의 탑(Tower of the Winds)이 이의 절정을 이룬다.

유럽적 유산, 그리고 고대 아테네에서 현대 아테네로 변천

전 세계인은 현대와 고대의 아테네를 상상할 때 뛰어난 상징성이 풍부한 아테네의 문화경관을 떠올린다. 아테네는 하드리아누스와 같은 로마 황제로부터 구스타브 플로베르, 지크문트 프로이트, 르코르뷔지에, 자크 데리다 등의 현대 지식인에 이르기까지 매우 오랜 기간에 걸쳐 사람들을 매혹시켜 왔다. 유럽은 고대 아테네에 대한 선택적인 재해석을 통해 헬레니즘을 '고안해 냈다'. 헬레니즘은 그 개념적 도구나 건축물을 아테네에서 '차용했으면서도', 이와 동시에 현대 그리스의 정체성을 만들어 낸 유럽의 상상물이기도 하다. 아테네의 도시 역사가 불연속적이었다는 점을 염두에 둘 때, 우리는 아테네를 도시지리의 원형으로 만들었던 5개의 주요 시대를 살펴봄으로써 이 도시의 변천을 간략하게 짚어 볼 수 있다.

(1) 아테네는 오스만 제국의 지배를 받은 지 4세기가 지난 1834년에 새로운 그리스 왕국의 수도로 천명되었다. 이에 따라 아테네에서는 근대적 도시계획과 기념비적 건축이 활발하게 이루어졌는데, 이는 대부분 해외에 흩어져 살고 있던 그리스인 디아스포라의 재정적 뒷받침에 의한 것이었다. 이들이 경축했던 고전주의는 유럽의 신고전주의를 매개로 하여 아테네로 역수입된 것이었다. 이 프로젝트의 핵심 목표는 유럽인이 상상하고 있던 현대 그리스의 정체성을 고안해 내는 것이었는데, 이 실험 중 가장 성공적이었던 것은 인위적으로 수도를 만들어 낸 것이었다(Bastea, 2000; Loukaki, 2008; Leontidou, 2013).

(2) 전간기(戰間期) 지중해 일대 급속한 도시화의 원형: 아테네는 1922년 이후 소아시아로부터 난민이 유입됨에 따라 1920~1930년대의 전간기에 임의적으로(또는 비계획적으로) 급속하게 성장했다

아테네의 팽창

19세기 초반에 계획적으로 이루어진 재개발은 20세기 초반이 되자 임의적인 도시발전으로 변천하게 되었다. 이는 도시의 파편적인 팽창, 혼잡한 토지 이용, 그리고 수평적이면서도 수직적인 사회적 격리에 뚜렷하게 드러났다. 이 시기 아테네의 도시경관은 앵글로아메리카와는 정반대로 노동자와 빈곤층이 도시 주변부에 집중적으로 거주했다. 그 후 20세기 동안 비록 임시적이기는 했지만 서민적 교외화와 부분적 무단점유(semi-squatting)를 통해 무주택과 실업의 문제가 해결되어 갔다.

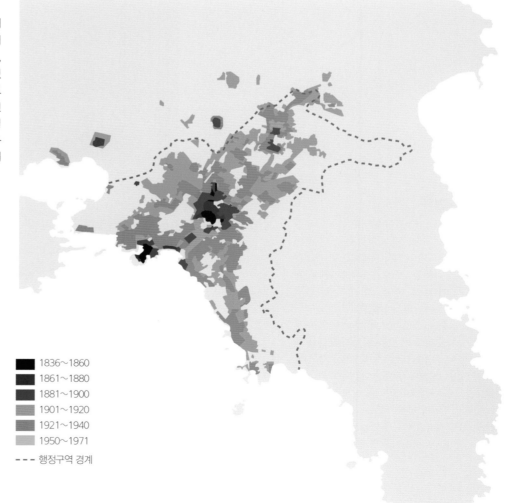

■ 1836~1860
■ 1861~1880
■ 1881~1900
■ 1901~1920
■ 1921~1940
■ 1950~1971
- - - 행정구역 경계

아테네의 도시 주거지역

출처: Leontidou-Emmanuel(1981)

(Leontidou, 1990, 2006).

(3) 제2차 세계대전 이후의 집적: 이 시기 도시의 성장은 고대 도시국가를 토대로 발달한 것이 아니라 오히려 신고전적 유산과 많은 역사적 층위의 파괴를 통한 것이었다. 아테네는 포스트모던 콜라주와 같이 자신의 지난 역사가 현재와 공존하는 도시로서, 임의적인 도시화와 비공식적 경관을 특징으로 했다(Leontidou, 1990, 2006).

(4) 20세기 초반 올림픽 개최 이후의 기업가적 도시: 아테네는 전 세계적인 도시 간 신자유주의적 경쟁 속으로 뛰어들었다. 아테네는 대형 이벤트를 유치함으로써 혁신적 도시계획과 포스트모더니티를 결합하여 도시의 이미지를 재구성하는 한편, 과거의 유산을 (재)가치화하는 전략을 구사하고자 했다. 아테네는 이미 1990년대부터 20년간에 걸쳐 대형 이벤트를 유치하기 위해 기업가적 도시 마케팅 전략을 채택했지만 성공적이지 못했다. 특히

1996년에 '100주년 기념 올림픽을 다시 고국에서' 개최하려던 시도가 수포로 돌아갔다가 2004년 올림픽으로써 그 정점에 달했다(Couch et al., 2007; Leontidou, 2013).

(5) 부채 위기: 갑작스럽게 네 번째 시기가 끝나 버리고 아테네는 부채 위기의 심연 속으로 가라앉게 되었다. 그 결과 도시는 쇠락하기 시작했으며, 현재에도 아테네의 인구가 계속 감소하는 등 지금까지 이어지고 있다. 촌락으로 인구가 이동하고 외국으로의 '두뇌 유출'로 인해 탈도시화가 발생했다. 이는 도시 중심부에서 가장 극명하게 나타나면서 중심부의 황폐화, 빈곤, 정치적 소요 등의 고통을 겪게 되었다. 이에 따라 2010년대에는 이른바 광장 시위가 벌어지게 되면서 다시 아테네의 공공공간이 활력을 되찾게 되었다. 이는 고대 그리스의 아고라에 나타났던 시민적 자발성과 직접민주주의를 소생시켰다(Leontidou, 2012).

아테네는 전 세계인의(특히 유럽인의) 상상 속에 추상적인 의미에서 문명의 요체로 남아 있다. 그러나 이는 오직 고대를 기준으로 했을 때에만 그렇다. 오늘날의 아테네는 유럽의 모더니티를 넘어서지 못한 곳으로 간주되고 있고, 북유럽에서 시작된 특수한 오리엔탈리즘의 희생물이 되어 왔다. 신자유주의적 상상에서 볼 때 아테네는 더 이상 선구적 도시가 아니다.

- 1971~1994
- 1995~2004
- --- 행정구역 경계

출처: Leontidou-Emmanuel(1990, 2006), Couch et al.(2007)

산티아고 칼라트라바가 설계한 올림픽 스타디움 전경

2013년 긴축 조치에 반대하는 아테네 대학 학생들의 시위

쇠퇴 중인 도시?

2004년에 개최된 올림픽은 아테네의 발전에서 가장 큰 격변을 일으켰다. 2001년에 이르러 아테네 대도시권의 인구는 3,187,734명에 달했는데, 이는 전체 그리스 인구의 29%로 대부분 국내의 타지에서 몰려든 사람들이었다. 그러나 이를 정점으로 아테네의 인구는 성장을 멈추었다. 2011년 아테네의 인구는 3,122,540명(전체의 28.9%)으로 감소했는데, 이는 도시 중심부에서 가장 뚜렷하게 나타났다. 1981년 885,737명이었던 도시 중심부의 인구는 2011년에 467,108명으로 감소했다. 금융 위기로 인해 아테네의 도시화와 부동산의 거품경제가 타격을 입었지만, 도시의 외적인 팽창은 여전히 계속되고 있다.

로마: 오두막에서 신흥도시로

로마 사회를 형성했던 핵심 요인은 상이한 민족적 배경을 지닌 사람들의 유입으로 형성된 포용적 사회라는 특징에 있었다. 로마의 왕은 주변 도시 출신이었고(예를 들어, 로마의 마지막 세 왕은 에트루리아 출신이었다), 로마는 정주(定住) 클러스터를 구성하는 도시 중 하나에 불과했다. 로마 사회의 힘은 포용적, 혼성적 원리에서 나왔다. 마치 오늘날의 북아메리카가 이의 유사한 변용인 것처럼 말이다. 로마가 기원전 759년에 건국되어 서로마 제국이 멸망했던 476년에 이르기까지 오랜 기간에 걸쳐 놀라울 정도로 변화무쌍한 역량을 갖추었던 것은 이 원리를 근간으로 했다.

로마는 원래 테베레강 주변의 습지 위에 무법자(추방민)가 모여 살던 곳이었지만, 세계 역사상 가장 광대했던 제국의 부유한 수도로 성장했다. 특히 로마는 건축 및 공공장소 계획에서 뛰어난 역량을 갖추고 있었다. 로마에는 (다른 도시와 마찬가지로) 건축자재가 엄청나게 풍부했기 때문에 수 세기에 걸쳐 도시를 여러 번 건설하는 것이 가능했다. 로마인은 여러 기술을 갖춘 건축가이자 효율적인 조직역량을 갖춘 기획가였다. 그들은 전체 인구를 예속시키거나 적을 완전히 절멸시킬 수 있었을 뿐만 아니라, 로마 문명에의 통합 정도에 따라 동맹(socii) 관계를 능숙하게 활용하는 복잡한 관계 시스템을 고안했다. 이런 조직역량은 로마 경제의 지속가능

도시계획

로마 사회는 기획가와 건축가로 구성된 사회였다. 로마 도시계획의 청사진은 '격자'에 바탕을 두었는데, 이것은 남북(cardo)과 동서(decumanus)를 직교하는 주요 도로망을 근간으로 했다. 이는 원래 로마 군대가 건설했던 주둔지인 카스트럼(castrum)에서 유래한 것이었다.

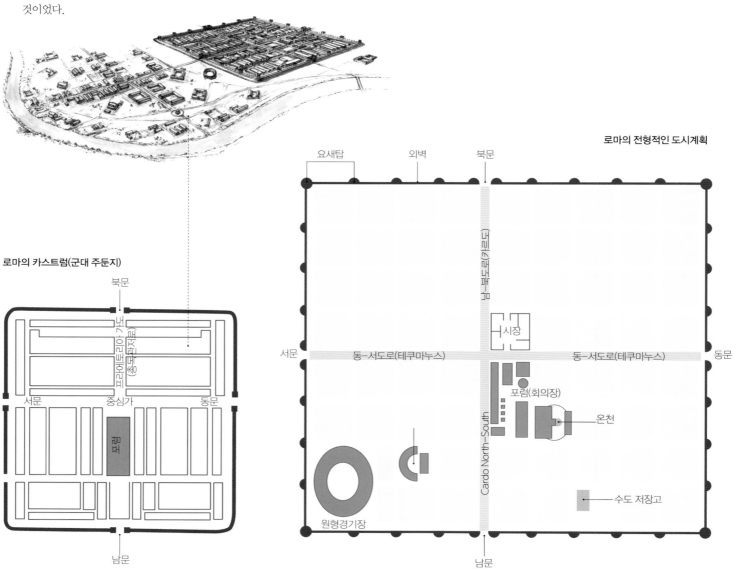

로마의 카스트럼(군대 주둔지)

북문 / 남북의 중심가로(카르도) / 서문 / 중심가 / 동문 / 포럼 / 남문

로마의 전형적인 도시계획

요새탑 / 외벽 / 북문 / 남북도로(카르도) / 서문 / 동-서도로(데쿠마누스) / 동-서도로(데쿠마누스) / 동문 / 시장 / 포럼(회의장) / 온천 / Cardo North-South / 원형경기장 / 수도 저장고 / 남문

성에 잘 나타나 있다. 로마인들은 도로, 교량, 수도교(水道橋) 등 중요 기반시설을 건설했을 뿐만 아니라, 로마 전역에 걸친 광대한 통신능력과 문자의 보급을 확산시켰다. 또한 보편화된 로마 통치법의 중요성, 로마의 여러 공공공간의 위대함, 그리고 로마를 지역 수도에서 세계도시로 변모시키는 데에 물질적 바탕이 되었던 군사조직도 이런 뛰어난 조직역량의 결과였다.

제국주의의 팽창에 뒤따른 권력과 부의 집중은 로마에 풍족함과 더불어 긴장을 가져왔다. 경제의 성장으로 인해 노예를 비롯하여 기술공, 상인, 설비업자, 중개인, 운수업자 등의 서비스계급이 더욱 많이 필요하게 되었다. 이와 아울러 사육해야 하는 가축

의 수도 상당히 늘어남에 따라, 도시 내에 빈곤지역으로서 비교적 고층의 비좁고 비위생적인 공동주택 건물인 인슐라(insulae)에 대한 압력이 더욱 거세어졌다. 부의 증대로 말미암아 로마는 더욱 비좁고 소란스럽고 더럽고 위험한 곳이 되어 갔다. 이에 따라 로마의 부유층은 폼페이와 같은 지방의 도시나 인근의 교외 저택으로 빠져나갔다. 아우구스투스 황제의 거처가 있었던 벤토테네처럼 상당히 멀리 떨어진 섬도 이에 포함되었다(Martinotti, 2009, 2012).

로마 사회는 가능한 곳이라면 로마의 흔적을 남기

는 것을 중요시했다. 로마의 권력은 도시 전역에 걸쳐 건축물이나 기념물의 표준이 되었다. 반역을 그토록 무자비하게 진압했고 똑같은 모델을 완고하게 고수했던 문명이 각 지역 주민에게는 그들 스스로 통치하도록 허용할 정도로 유연했다는 사실은 자못 이상하다. 이는 로마의 포용적 실용주의의 일부였고, 로마인에게 힘과 회복력(resilience)을 부여했다.

아우구스타 트레베로룸 계획도

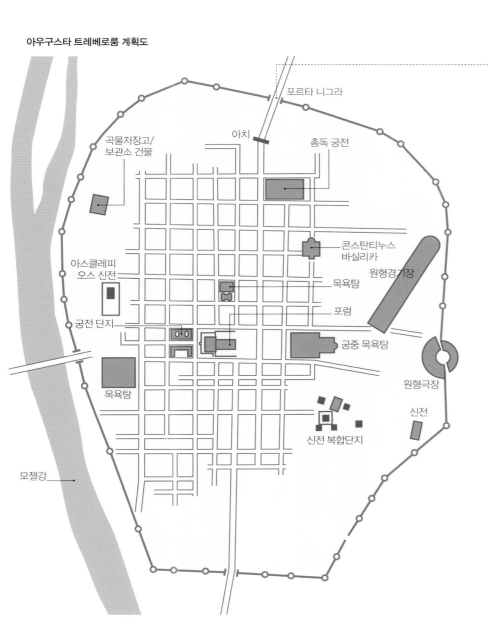

포르타 니그라
아치
곡물저장고/보관소 건물
총독 궁전
콘스탄티누스 바실리카
원형경기장
목욕탕
아스클레피오스 신전
포럼
궁전 단지
궁중 목욕탕
목욕탕
원형극장
신전
신전 복합단지
모젤강

포르타 니그라

로마 트리어(아우구스타 트레베로룸)

이 로마의 도시 격자는 여전히 유럽 대부분의 도시계획의 뿌리로 간주되고 있다. 이탈리아의 나폴리, 폼페이, 시라쿠사, 메디오라눔(밀라노), 아우구스타 타우리노룸(토리노), 아우구스타 프레토리아(아오스타), 루마니아의 사군툼, 아우구스타 트레베로룸(로마 트리어), 루테티아, 마살리아, 엑상프로방스, 바스, 루마니아의 알바이울리아뿐만 아니라 시리아의 아파미아 및 팔미라와 같이 멀리 떨어진 도시를 포함해서 문자 그대로 수백 개의 도시에 영향을 주었다.

건조환경의 조직화

로마 문명의 창조적 역량은 건조환경의 조직화에서 뚜렷이 드러난다. 특히 놀라운 기술로 구축된 공공시설은 로마의 힘을 잘 반영하고 있다. 고대 사회는 결코 기술적인 측면에서 뒤떨어진 사회가 아니었다. 로마의 수도관은 정교한 계획과 건설이 이룩한 위업이며, 로마 제국의 도로는 오늘날에도 여전히 이탈리아반도 너머 교통망의 주축을 이루고 있다. 로마인이 건설한 교량 중 몇 개는 거의 2,000년 동안이나 사용되었지만 여전히 건재하다. 놀랍지 않게도, 고대 로마에서 종교적 권위의 주축이었던 대신관(大神官, Pontifex)은 상징적인 의미에서가 아니라 물리적인 의미에서 문자 그대로 '교량 건설자'를 의미했다. 건축역량은 군대 및 군사력과 시너지를 공유했으며, 군대의 병사는 공공시설을 건축하는 데에 동원되었다.

로마의 신전은 모든 도시에서 중요한 랜드마크였고, 기독교의 교회나 바실리카가 건설된 것은 바로 이런 토대 위에서였다. 오르티지아(시라쿠사)에 있는 대성당(duomo)은 원래 아테나 여신에게 헌정된 신전이었다가 가톨릭 성당으로 바뀐 것이었고, 그 후 아랍의 이슬람 성원으로 사용되었던 것이다. 인류학자는 여러 의식(儀式)이 사회적 응집력을 유지하는 데에 중요했다고 설명한다. 로마인은 엄

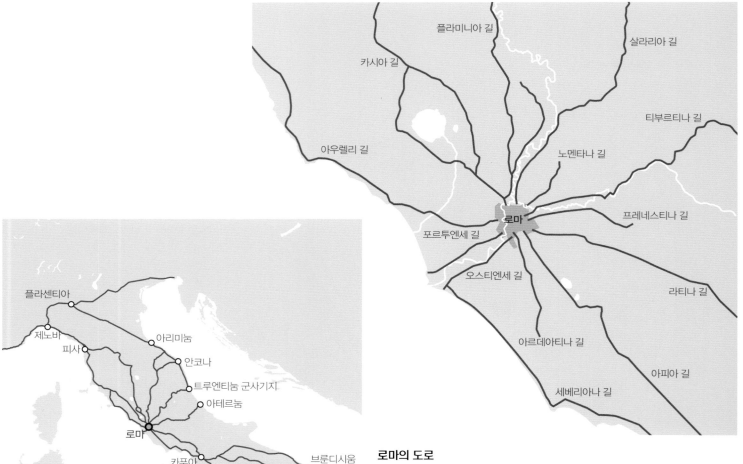

로마의 도로

로마의 도로체계는 군대에 의해 만들어졌는데, 제국의 모든 곳으로 신속하게 이동할 수 있는 통로로 사용되었다. 도로는 편평하게 다진 후에 자갈이나 조약돌로 맨 위층을 덮어서 만들어졌다. 도로의 표면은 봉긋하게 만들어졌기 때문에 물이 도로 양 측면으로 흘러 나가게 고안되었다. 이로 인해 로마인은 날씨에 상관없이 도로를 이용할 수 있었다. 도로에는 1,000보폭마다 이정표가 세워졌는데, 일부에는 로마까지의 거리가 새겨져 있다.

격한 사람들은 아니었다. 상류층의 여가생활인 오티움(otium)과 대중에 개방된 목욕 시스템인 공중목욕탕(thermae)은 도시생활에서 기본적인 것이었다. 그리스의 극장과 마찬가지로, 원형경기장(circus)이나 투기장(arena)은 모든 로마 도시에서 중요한 집단적 랜드마크였다. 잘 먹는 것 또한 중요한 생활이었다. 서민은 빵을 먹을 수 있었고(물론 빵 외의 음식은 다소 부족했을 수도 있지만), 와인은 원래 '와인의 땅'이라는 뜻을 지닌 에노트리아(Enotria)라는 곳에서 언제라도 구할 수 있었다. 상류층은 그리스의 심포지엄에서 유래한(또는 이와 유사한) 연회를 개최했는데, 그리스보다 훨씬 풍성

했다. 초창기 유목사회의 특징이었던 (빵, 치즈, 양파와 같은) 검소함과 그 후로 여가와 관련성을 맺으며 주류로 떠오른 사치스러움 간의 관계는 상당한 논쟁을 불러일으켰다. 아마도 이는 이른바 '지난 시대의 찬미자들'과 새로운 풍족함을 환영했던 사람들 간의 이데올로기적인 논쟁이었던 것으로 추정된다. 이런 공적 논쟁 이후 도시의 경관도 변모했는데, 기념물, 광장, 신전 등은 그 이전에 비해 훨씬 더 화려해졌다. 공중목욕탕과 같이 대중에게 개방된 서비스 시설은 성별에 따라 분리해서 사용할 수 있게 통제되었다. 서커스나 경기장에서의 공연 등 대중적 여가활동은 대중을 행복하게 만들고 사회적

긴장감을 해소시키기 위한 복지의 일부로 매우 중요한 부분이었다. 영국에서 그리스에 이르기까지 유럽 전역에 확산된 로마의 수도교는 로마 제국이 기술적으로 얼마나 정교했는지를 보여 주는 증거이다. 목욕시설 또한 도시 내에 빽빽하게 보급되었다. 최근 폼페이에서 루치아나 자코벨리가 발굴한 교외지역의 공중목욕탕은 이런 활동이 얼마나 널리 확산되었는지를 보여 주는 좋은 사례이다.

테베레강

디오클레티아누스의 목욕탕

네로의 목욕탕

아그리파의 목욕탕　콘스탄티누스의 목욕탕

트라야누스의 목욕탕

티투스의 목욕탕

데키우스의 목욕탕

카라칼라의 목욕탕

── 수도교

디오클레티아누스의 목욕탕

카라칼라의 목욕탕

수도교

목욕탕과 수도교(水道橋)

5세기경 로마에는 이미 여러 황제의 명령으로 11개의 기념비적 공중목욕탕이 만들어져 있었다. 로마의 목욕탕은 단순히 씻기 위한 장소라기보다는 중요한 사교의 중심지로서 사람들이 휴식을 취하고 친구를 만나는 곳이었다. 심지어 빈민조차 아주 적은 요금을 내고 목욕탕을 이용할 수 있었는데, 이들은 로마의 문화를 확산시키는 데 중요한 역할을 했다. 카라칼라의 목욕탕은 1,500명을 수용할 수 있었고, 매일 1,500만 l에 달하는 물을 사용했다.

세계의 수도 로마:
최초의 글로벌 도시

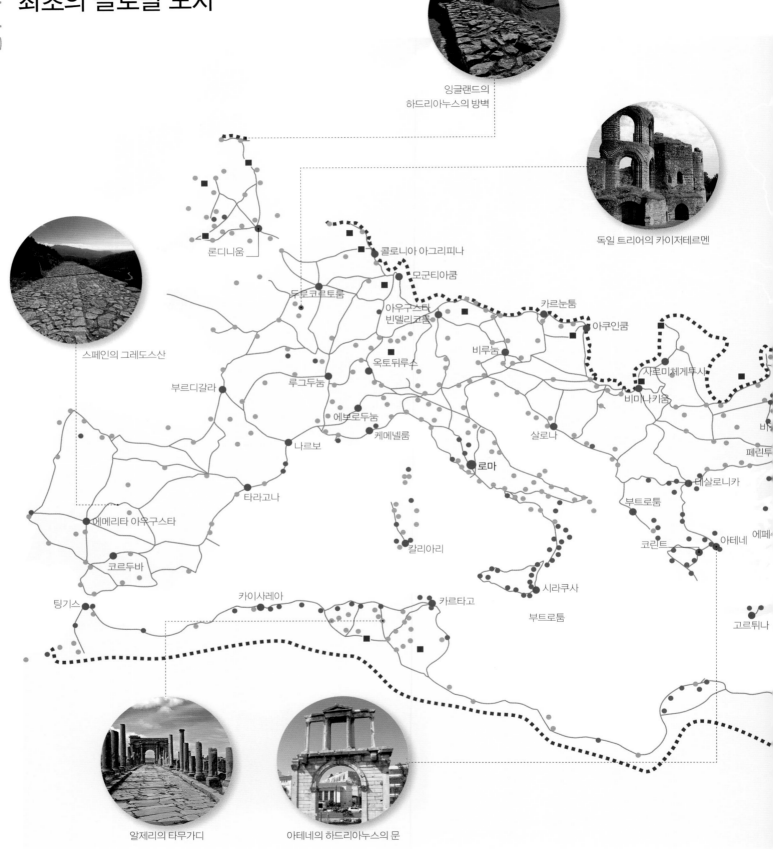

잉글랜드의
하드리아누스의 방벽

독일 트리어의 카이저테르멘

스페인의 그레도스산

론디니움

콜로니아 아그리피나

모군티아쿰

두로코르토룸

아우구스타
빈델리코룸

카르눈툼

아쿠인쿰

비루눔

옥토뒤루스

루그두눔

사로미체게투사

부르디갈라

에브로두눔

케메넬룸

비미나키움

나르보

살로나

로마

바

페린투

타라고나

테살로니카

에메리타 아우구스타

부트로툼

칼리아리

코린트

아테네

에페

코르두바

시라쿠사

부트로툼

고르튀나

팅기스

카이사레아

카르타고

알제리의 타무가디

아테네의 하드리아누스의 문

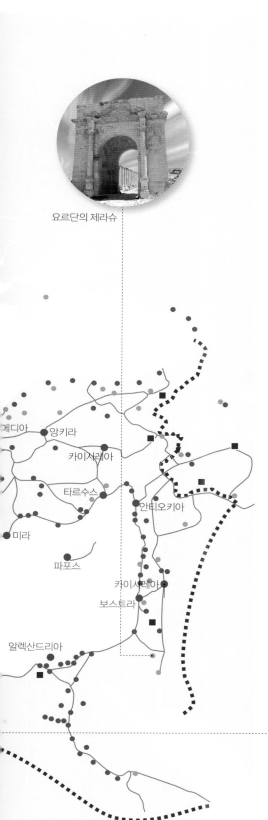

오늘날의 세계화를 지중해를 중심으로 형성된 로마 제국과 비교하는 것이 터무니없을지도 모른다. 그러나 로마의 지배체계는 물질적 힘만이 아니라 비물질적, 조직적 용맹함에 기반을 두고 있었고, 이는 여기에 필요한 통치력을 창출해 냈다. 로마의 지배는 로마를 정점으로 하는 네트워크상의 통신 및 교통의 흐름, 전문화된 거점의 입지와 이들의 전략적 중요성, 주요 배후지의 입지와 이들의 (농산물이나 광산물 등의) 자원을 통해 이루어졌지만, 무엇보다도 가장 중요했던 것은 효율적인 규범 및 관습 체계를 통해 내부의 사회 갈등을 관리할 수 있는 수단을 갖추고 장기간 지속되는 의사결정 제도를 구축하고 있었기 때문이다. 스케일의 차이만 고려한다면 이는 현대 세계화의 여러 양상과 크게 다르지 않다(Martinotti, 1993).

도로 네트워크를 통한 통신과 병참 지원의 결과 로마의 권력이 팽창하게 되었고, 군대의 전진 속도는 군사보폭 단위로 측정되었다. 통신은 로마의 조직화 및 문화의 중요한 요소였다. 이는 제국 내의 상이한 시민 통신만이 아니라 로마의 복잡한 중심지 네트워크를 구성했던 수도와 지방도시 간의 통신까지를 포함한 것이었다. 도로가 메시지를 전달하는 중요한 통로였지만, 이 외에도 (봉우리에서 연기나 불을 이용한) 독창적인 시각적 소통체계도 이용되었다. 귀족계급 간에는 문서화된 메시지가 유통되었지만, 가내노동을 담당했던 노예도 문자를 사용할 수 있었다. 여성은 청소년에 대한 공식적인 교육을 담당했다. '서판(tablet)'은 오늘날과 마찬가지로 필수적인 도구였다. 물론 오늘날의 터치스크린 형태가 아니라 찰흙으로 만들어졌다.

아우구스투스 황제 이후 제국 권력의 중앙집권화가 이루어짐에 따라 로마의 관료조직이 점차 중요해졌고, 황제와 황실이 공표한 규범이나 규칙의 수가 늘어나게 되었다. 이 규모가 비대하게 커진 후에는 일반적인 로마법(corpus juris romani)과 함께 체계적으로 재조직화되어야 했다. 규범에 대한 성문법체계는 모든 종류의 사회적 상호작용과 그 사회적 의미를 체계적이고 세밀하게 기술했다. 이런 법률체계는 판사, 변호사, 경찰, 관료, 그리고 (법률적 의견을 제시하고 선출직 시장과 그 이후에는 촌장을 법률적으로 지원하는 특수하고도 중요한 직업이었던) 이른바 법자문관에 의해 유지되었다. 로마의 법률체계와 이의 정교한 사회적 적용은 세대를 거쳐 전승되어 온 집단적인 조직화의 지식을 제공했고, 이는 그 자체로서 높은 문자해득률을 특징으로 한 로마의 문화를 형성하는 데 중요한 역할을 했을 뿐만 아니라 경제적, 행정적 조직에 막강한 힘을 제공했다. 이런 활동이 이루어진 공공공간은 로마 도시의 위대함을 구성하는 중요한 요소였다.

터키의 아프로디시아스

고대의 초강대국

로마 제국은 도시 네트워크를 훌륭하게 발전시켰다. 이는 주요 거점, 지역 수도 및 기타 도시로 이루어진 계층성에 따라 조직화되었다. 도시 네트워크는 고도로 발달된 교통 및 통신 시스템에 의해 유지될 수 있었다. 로마 문명의 전 세계적 확장은 오늘날 유럽과 서아시아 전역에 퍼져 있는 기념물에 의해서도 증명되고 있다.

요르단의 제라슈

게디아
앙키라
카이사레아
타르수스
안티오키아
미라
파포스
카이사레아
보스트라
알렉산드리아

● 제국 수도
● 지역 수도
● 로마가 건설한 도시
■ 주요 군단 야영지
• 로마 이전의 도시
━━ 도로
▪▪▪▪ 제국의 영토 범위

출처: Wikimedia(Andrei Nacu), Benvolo(1993), Pounds(1990/2007)

어버니즘의 요람:
식민지와 수도

고대 문명은 어버니즘(urbanism) 및 해양과 관련되어 있었다. 고대 이전부터 인류의 문명은 놀라울 정도로 도시적이었다. 유럽의 주요 관념, 사상, 생활패턴 등은 도시 내부에서 발생한 것들이다. 아테네와 로마는 상당한 수준의 도시 문명이 발달한 지역에서 발전했다. 이는 펠로폰네소스반도의 미케네 문명에서부터 카르타고의 페니키아 문명에 이르는, 그리고 에게해의 이오니아와 남부 이탈리아의 마그나그라이키아와 중북부 이탈리아의 에트루리아에 이르는 지역까지를 포함했다. 이 지역 내 여러 도시에서는 세계시민주의와 학습의 덕분으로 풍부한 문화가 나타났다. 이 도시들은 결코 '2차적인'(어쩌면 오늘날 우리의 관점에서는 그럴 수도 있겠지만) 도시가 아니었다. 이 도시들은 그 자체로 매우 중요했으며, 여러 측면에서 아테네와 로마에 도전했던 도시였다.

황소의 모습을 한 제우스에 의해 납치되었던 페니키아의 공주 유로파에 관한 신화는 수천 년 동안 그리스 및 로마 제국의 대중적 상상을 움직여 왔다. 이 신화는 페니키아와 그 너머의 동양으로부터 그리스로 문명이 전래되어 왔다는 것을 말해 준다. 이 문명이 처음으로 융성했던 곳은 크레타섬에 자리한 미노아인들의 도시였다. 크레타는 5,000년 전에 유럽에서 최초의 청동기 문명권을 이룩했다. 이 문명의 핵심 도시는 크노소스였는데, 이 도시는 자연이 만든 천연 요새로 인해 성벽이 없는 왕궁 도시였다. 미노아인의 왕궁 도시가 정복된 것은 미케네인

지중해의 고대 문명

지중해에는 로마와 아테네 외에도 수많은 문명 중심지가 발달했다. 이 중에는 현대 어버니즘의 토대를 마련했던 중요한 도시도 있다. 여기에 제시된 도시 중 알렉산드리아(기원전 331년)와 콘스탄티노플(395~1453년, 비잔티움이라 불림)을 제외한 다른 모든 도시는 기원전 8세기 이전에 번영을 누렸다.

기원전 1800~600년의 도시 문명과 영향권

- ▪ 기원전 27~15세기 크레타인(미노아인)의 도시
- ▪ 기원전 16~10세기 미케네인의 도시
- ▪ 기원전 8세기 마그나그라이키아의 도시
- ▪ 기원전 7~6세기 이오니아 도시와 에게해 일대의 도시
- ▪ 기원전 6세기 서부 지중해 연안의 그리스 식민지
- — 기원전 4세기 마케도니아

마살리아(마르세유)

나폴리

지중해

메시나

시라쿠사

지중해

미노스 문명:
크레타섬의 크노소스 궁전

미케네 문명: 사자의 문

이오니아 도시와 에게해의 군도:
디디마(오늘날 터키)의 아폴로 신전

에 의해서였는데, 이들은 기원전 1450년경에 이미 트로이와 같이 멀리 떨어진 에게해의 군도를 정복했다. 미케네 문명은 펠로폰네소스반도에서 아르고스, 미케네, 에피다우루스, 코린트 등의 주요 도시를 기반으로 했으며 기원전 1200년까지 번성했다. 그 후 미케네인은 에게해의 여러 문명과 함께 쇠락하게 되었는데, 이는 아마도 화산 폭발과 같은 자연재해나 전쟁 때문이었던 것으로 추정된다.

기원전 13세기부터 9세기까지는 에게해 군도 일대가 문명적으로 쇠퇴한 이후부터 고대 그리스 시대가 시작되기 이전의 사이에 해당되는 암흑기였다. 기원전 8세기경에 최초의 과학혁명이 소아시아 해안가의 항구도시인 이오니아 도시와 주변의 에게해 연안 섬에서 화려하게 등장했는데, 이들은 모두

그리스인이 식민지를 구축한 곳이었다. 이오니아 도시에는 멜리토스, 에페소스, 할리카르나소스, 아마시아 등이 있었고, 에게해의 도시에는 사모스, 레스보스, 코스, 로도스 등이 있었다. 그리스 본토에는 아테네가 있었고, 이 외에 군사력을 바탕으로 도시를 이룩했던 스파르타가 있었다.

또한 남부 이탈리아와 시칠리아 일대에도 이른바 마그나그라이키아라는 그리스 식민지가 구축되었고, 이보다 더욱 멀리 떨어진 프랑스 남부(마르세유), 스페인 동부, 그리고 지브롤터까지에도 식민도시가 형성되었다. 그러나 정말로 휘황찬란했던 주요 도시는 동부 지중해 연안에 위치한 도시들이었는데, 여기에는 메소포타미아의 이름난 도시였던 바빌론, 기원전 331년 이집트 땅에 건설된(알렉산

더 대왕의 이름을 딴 여러 신흥도시 중 하나였던) 알렉산드리아, 마케도니아의 찬란한 수도 중 하나였던 (지금은 베르기나와 통합된) 펠라, 다른 어떤 도시도 필적할 수 없는 지식의 중심지였던 디온, 그리고 원래 비잔티움으로 불렸다가 395년에 동로마 제국의 수도로서 부활한 (당시 로마인이 그냥 '폴리스'라고 부르기도 했던) 콘스탄티노플 등이 포함된다. 한편, 콘스탄티노플은 그 후 터키어로 이스탄불로 개칭되었는데, 이는 터키인이 그리스어 'is tan Polin'에서 음차(音借)한 이름으로서 영어로 표현하면 'to the City'에 해당된다.

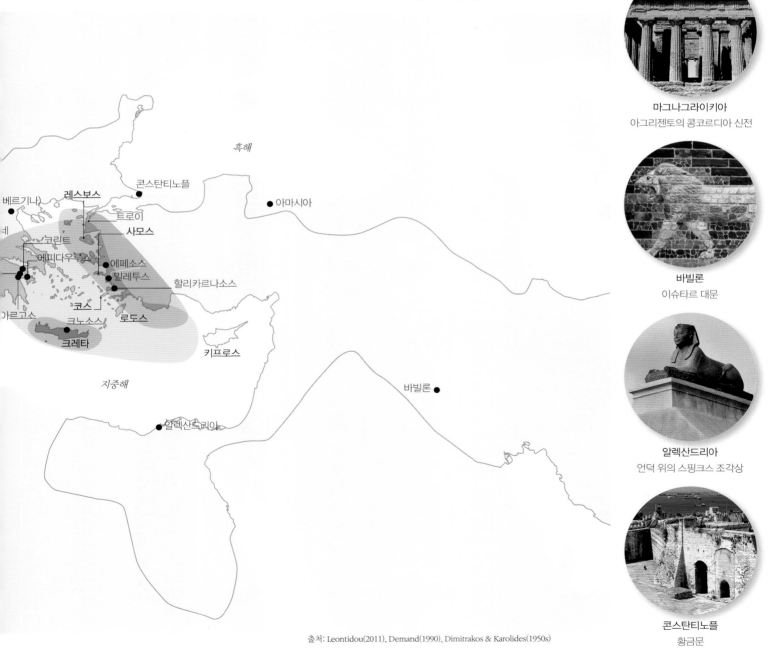

마그나그라이키아
아그리젠토의 콩코르디아 신전

바빌론
이슈타르 대문

알렉산드리아
언덕 위의 스핑크스 조각상

콘스탄티노플
황금문

출처: Leontidou(2011), Demand(1990), Dimitrakos & Karolides(1950s)

네트워크 도시

라프 베르브뤼헌
마이클 호일러
피터 테일러

[핵심 도시]

벨기에 브루게

네트워크 도시: 개요

5세기에 서로마 제국이 멸망한 후 서유럽에 있던 대부분의 도시는 성장을 멈추게 되었다. 11세기에 이르러 도시화가 새로운 국면에 접어들게 되었다. 이 시기에 물론 농업의 발달이 도시의 번영에 중요한 역할을 했지만, 무엇보다도 주요한 원인은 무역의 부흥이었다. 특히 십자군 원정 이후 유럽인은 근동지역의 선진화된 도시경제에 눈을 떴고, 이로 말미암아 유럽 도처에서 도시가 발달하기 시작했다. 라틴어권 기독교계의 유럽 도시 사이에 강력한 무역 연계망이 형성되기 시작했으며, 이는 13세기 상업혁명을 거치면서 더욱 강력하게 발달했다. 이런 점에서 중세 말과 16세기의 유럽 도시는 이른바 '네트워크 도시(networked city)'로 명명되기에 충분하다.

물론 중세 말의 유럽 도시만이 네트워크 도시로 정의될 수 있는 것은 아니다. 어버니즘의 역사를 고찰할 때, 긴밀한 상호관계를 형성했던 도시의 사례는 무수히 많다. 사실 최초의 도시들은 역동적인 무역 네트워크로 서로 긴밀히 연결되어 있었던 것으로 추정된다. 지리학자 에드워드 소자는 기원전 9000년부터 5000년 사이에 형성된 고대 근동지역의 초창기 도시 네트워크는 T자형 지역에 걸쳐 발달했다고 설명했는데, 소자에 따르면 이 지역은 아나톨

1300년경 구세계의 주요 무역권역

중세 말 서양의 기독교계 유럽은 세계의 다른 지역으로부터 고립되지 않았다. 다양한 (향신료, 비단, 귀금속 등의) 물품이 아시아, 유럽, 아프리카 사이에 정기적으로 교환되었고, 1500년경부터는 이런 교역에 아메리카 대륙도 편입되었다. 그러나 15세기 말 아시아로의(그리고 아메리카로의) 직항로가 발견되기 이전에는, 중세 말의 상인이 중국과 유럽 사이를 온전하게 여행하기란 거의(물론 마르코 폴로와 같은 예외도 있었지만) 어려웠다. 이 시기 전까지 구세계의 무역 네트워크는 상호 중첩하는 다수의 무역권으로 쪼개져 있었다. 이를 주도적으로 형성했던 사람들은 중국, 몽골, 인도, 페르시아, 아랍, 유럽 출신의 상인 집단이었다. 이 중 가장 서쪽의 무역권은 당시에 경제적으로 발달하거나 도시화되지 않은 곳이었으며, 라틴어권 기독교계의 여러 무역상 집단에 의해 통제되었다.

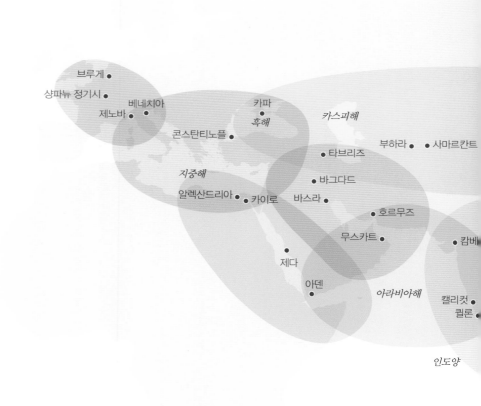

■ 서유럽 권역
■ 지중해 권역
　 중앙아시아 대상(隊商) 권역
■ 페르시아만 권역
　 홍해 권역
　 서인도양 권역
　 중앙인도양 권역
■ 동인도양 권역

출처: Abu-Lughod(1989)

> ## "11세기부터 라틴어권 기독교계 유럽의 도시는 점진적으로 전 유럽을 연결하는 무역 네트워크로 연결되어 갔다."

리아고원의 서부에서부터 동쪽으로는 티그리스강의 상류까지 달했고, 남쪽으로는 레반트 남부에까지 이르렀으며 여기에는 예리코, 차탈 후유크, 아부 후레이라와 같은 도시가 포함되었다. 또 다른 사례로 비단길을 들 수 있는데, 이는 기원전 3세기 말부터 1400년까지 아시아의 동부, 남부, 서부를 지중해 연안 유럽과 북부 및 동부 아프리카까지 연결하는 다양한 무역로를 지칭한다. 1400년대 이후 해상 무역로가 발달함에 따라 비단길의 중요성은 점차 퇴색하게 되었다.

이런 사례는 결코 예외적이지 않다. 합리적 추론을 근거로 한다면, 과거와 현재의 모든 도시는 어떤 식으로든 네트워크화되어 있다고 말할 수 있을 것이다. 사실 도시가 외부 세계와 연결되어 있는 것은 도시의 발생학적 특성인데, 이는 두 가지의 상이하면서도 서로 관련된 도시화 과정을 통해 형성된다. 첫째, 도시는 자신의 재화와 서비스를 배후지에 공급하므로 로컬 수준에서 배후지와 연결되어 있어야 한다. 예를 들어 중세 유럽의 도시는 상업, 행정, 종교, 교육의 중심지로 기능했는데, 이는 해당 도시의 주민뿐만 아니라 도시 주변의 보다 작은 마을이나 촌락에 거주하는 사람들까지도 위한 것이었다. 많은 도시에서는 1주일마다 정기시장이 형성되어 지역 내 수많은 종류의 상품이 이곳에 교역될 수 있었다. 어떤 도시에서는 군주나 주교가 상주하며 권력을 행사했다. 소수이기는 하지만 (피렌체, 베네치아, 밀라노와 같이) 유럽의 큰 도시는 배후지에 대한 공식적, 정치적 통제체제를 수립함으로써 독립적인 도시국가로 발전해 나갔다. 위와 같이 중심지와 배후지 간의 관계는 본질적으로 수직적이기 때문에 정주의 계층성을 형성했다. 이는 도시의 읍성(town-ness, 내적 중심성)이 형성되는 과정이다.

둘째, 도시가 배후지와의 관계를 넘어 다른 도시와 재화, 자본, 정보 등의 호혜적 교역을 수단으로 상호 연결되는 방식에 의한 것인데, 이는 도시 간의 수직적인 관계보다는 수평적인 관계를 형성하는 과정이다. 이른바 도시성(city-ness, 외적 관계성)이라고 명명되어 온 이 과정의 결과는 정주의 계층성이 아니라 도시 네트워크이다. 11세기부터 라틴어권 기독교계 유럽의 도시는 점진적으로 전 유럽을 연결하는 무역 네트워크로 연결되어 갔다. 이는 장거리를 오가는 여행가, 무역품, 화폐, 편지 등의 다양한 흐름을 통한 것이었다. 원래 이 초기의 도시 네트워크는 2개의 핵심 권역을 중심으로 구조화되었는데, 하나는 북부 및 중부 이탈리아의 상업과 금융 중심지였고, 다른 하나는 (벨기에, 네덜란드, 룩셈부르크 등의) 저지대국가 남부 일대에서 발달한 직물 제조 도시였다. 이 도시들은 프랑스 북동부의 샹파뉴에 형성된 거대한 정기시장을 통해 상호 연결되었다. 프랑스를 통한 이런 간접적 연결은 이탈리아와 브루게 간에 해양 무역로가 개발됨에 따라 직접적인 연결로 바뀌었다. 또한 독일 남부의 도시를 통해 보다 동쪽으로 무역이 확대됨에 따라 1300년경 샹파뉴의 정기시장은 점차 쇠퇴하게 되었다. 또 다른 중대한 변화가 16세기에 일어났는데, 유럽의 도시 네트워크 내부의 무게중심이 북서 유럽으로 옮겨지게 되었다. 읍성이 안정적이고 정태적인 과정인 것과 달리, 도시성은 훨씬 역동적이고 변화무쌍하다고 할 수 있다.

이 장의 초점이 도시성에 있긴 하지만, 도시성과 읍성이 상호 배타적이라기보다는 같은 장소에서 같은 시점에 발생할 수 있다는(그리고 발생한다는) 사실을 잊어서는 안 된다. 왜냐하면 중세 말 유럽의 도시 네트워크에서 사실상 모든 결절은 배후지를 위한 중심지의 역할도 동시에 수행하고 있었기 때문이다. 그러나 도시성은 중세 말과 16세기 유럽의 경제적 역동성을 이해하는 데 상대적으로 더 중요하다.

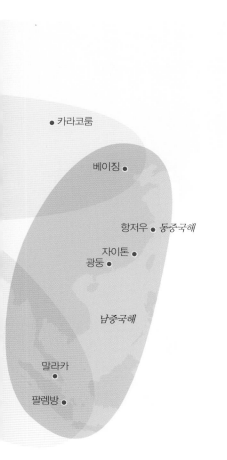

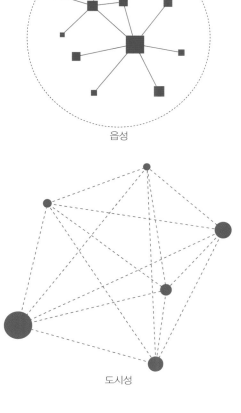

읍성과 도시성

도시는 읍성과 도시성이라는 두 발생적 과정을 통해 외부 세계와 연결되어 있으며, 이는 하나의 동일한 장소에서 동시에 (나타날 수 있고) 나타난다. 읍성은 계층적이고 국지적이며 다소 정태적인 도시-배후지 관계를 만들어 낸다. 이를 상세하게 설명한 전통적 이론은 중심지이론이다. 반면, 도시성은 역동적이고 비국지적인 도시 간 네트워크 관계를 만들어 내는데, 이는 현대 세계도시 연구에서 많은 주목을 받고 있다.

13세기의 상업혁명

13세기에는 장거리 무역에 대한 새로운 조직화 방식이 이탈리아와 발트해 일대의 네트워크 도시에서 동시에 발달하기 시작했고, 이런 혁신은 14세기부터 라틴어권 기독교계의 다른 유럽 지역으로 확산되었다. 이런 이른바 상업혁명 이전까지 유럽의 상인은 상품을 구입하고 내다 팔기 위해 다수의 시장을 반복적으로 이동하는 행상(行商)이었다. 그러나 13세기 동안 이탈리아와 발트해 연안의 상인들은 유럽 도시 곳곳에 분포하는 대리인을 통해 무역품을 교환했다. 이에 따라 특정 도시에서의 상업적 실천은 해당 도시를 도시 네트워크 속으로 편입시켰다.

여전히 여행이 상업에서 중요했지만, 상업혁명으로 인해 두 가지 유형의 중세 사업조직이 등장했고 이는 13세기 후반부터 16세기 말까지 유럽의 무역을 주도했다. 우선, 이탈리아와 남부 독일의 내륙 도시에서는 계층형 사업조직이 발달했는데, 이 중 일부는 중세를 기준으로 할 때 매우 큰 규모로 성장하기도 했다. 피렌체에는 바르디, 페루치, 메디치가 그리고 아우크스부르크에서는 푸거와 웰저가 등장했는데, 이들은 모두 60명 이상의 직원을 거느린 대형 회사였다. 이런 계층화된 회사는 해외에 자회사를 설립하거나 본사에서 직접 파견 혹은 고용된 대리인을 두었다.

또 다른 한편 지중해, 대서양, 북해, 발트해 연안의 항구도시에서는 수많은 소규모의 유연적인 네트워크형 사업조직이 등장했는데, 이들은 각 조직 구성원 간의 호혜적 신뢰관계에 바탕을 두고 있었다. 이런 네트워크 중 일부는 여러 도시에 흩어져 살고 있는 가족과의 비공식적 파트너십으로 구성되어 있었고, 다른 일부는 해외의 거래처에 수수료를 지불하는 대가로 이들을 이용하는 회사나 개별 상인으로 구성되어 있었다. 물론 위의 두 유형이 혼합된 유형의 회사도 많이 존재했다. 행상에서 정착 상인으로 이행한 주요 원인으로는 상인이 자신들이 거주하는 도시에서 발휘하는 정치적 힘이 점차 강력해졌던 점을 들 수 있다. 왜냐하면 이들은 로컬 도시 정치를 관리하기 위해서는 여행을 다니기보다는 도시 내에 머물러 있어야 했기 때문이다. 그러나 이는 오히려 유럽에서의 장거리 상업을 보다 효율적인 체계로 조직화했고, 유럽의 도시 네트워크를 더욱 확대하고 강화하는 데 기여했다. 13세기 상업혁명 동안 형성된 이런 초석 위에서 유럽의 무역은 3세기 이상에 걸쳐 조직되었다. 그 후 16세기 말에 들어서서 네덜란드 동인도회사나 영국 동인도회사와 같은 공동자본 회사가 새로운 형태의 사업조직으로 등장했고, 이들은 유럽의 장거리 무역에 또다시 큰 변화를 가져왔다.

아우크스부르크의 회사 마티아스 만리흐

마티아스 만리흐(Matthias Manlich, 1499~1559)는 16세기 아우크스부르크에서 가장 중요한 상인이었다. 그의 회사는 주로 구리 등의 금속을 교역했고, 합스부르크에 돈을 빌려주는 대가로 얻은(특히 티롤에서의) 광산개발권 덕분에 광산업에 직접적으로 관여했다. 아우크스부르크의 본사와 더불어, 가업을 위해 매우 중요한 지점에 회사의 사무실이나 창고가 설치되었다. 안트베르펜, 뉘른베르크, 크라쿠프, 브로츠와프, 그리고 (티롤의 광산도시인) 슈바츠와 비피테노 등을 비롯한 도처에 지점이 설립된 것으로 추정된다. 다른 곳에서와 마찬가지로 대리인이나 중개인이 개입해서 만리흐 회사의 이익을 대변하기도 했다. 1581년 마티아스 만리흐의 회사는 그의 상속자들에 의해 해체되었다.

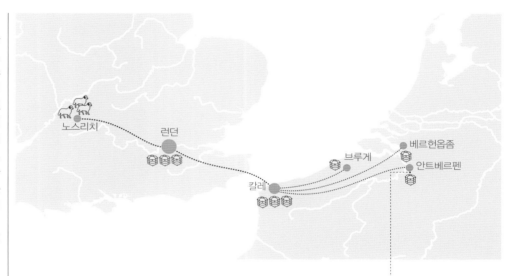

런던 셀리스의 사업 네트워크

셀리스(Celys)는 런던의 한 상인 가문이 시작한 회사로, 15세기 후반 동안에 주로 잉글랜드에서 양모를 수확해 런던과 칼레를 거쳐 저지대국가에 수출했다. 이 회사는 런던에 거주하며 일했던 리처드 형제와 칼레의 가족 대표인 조지 간의 가족 파트너십에 의해 조직화되었다.

아우크스부르크

안트베르펜 시장

중세 말
유럽의 운송

운송 기반시설이 없다면 네트워크 도시도 제대로 기능할 수 없다. 운송은 도시 네트워크의 척추로서 사람과 물자가 도시 내부에서 그리고 도시 간에 이동할 수 있게 한다. 오늘날의 세계도시는 도시 간을 정기적으로 연결하는 데 항공교통에 크게 의존하고 있다. 중세 말기 유럽의 상황도 이와 크게 다르지 않았다. 소형선이나 갤리선 등 다양한 유형의 선박이 유럽 전역의 항구 사이를 왕래했으며, 유럽 대륙에서 내륙 수로, 도로, 산길에서의 운송은 바지선, 마차, 짐 운반용 동물을 통해 이루어졌다. 운송에 있어 필수불가결한 이런 수단이 없었다면, 유

럽의 도시는 서로 훨씬 고립적인 상태에 처했을 것이다.

중세 도로의 상태는 오늘날의 기준으로 볼 때 열악했다. 무엇보다도 도로는 안전하지 못했고, 통행세나 통관세 등의 사용료는 육상 운송에 상당한 장애물이었다. 그럼에도 불구하고 특히 이른바 도로 혁명이 일어난 13세기 동안에는 도로와 교량에 대한 상당한 개량작업이 이루어져 육상 운송이 활발해지게 되었다. 또한 이 기간 동안 각 지역의 운수업이 발달함에 따라 육상 운송은 더욱 촉진되었다.

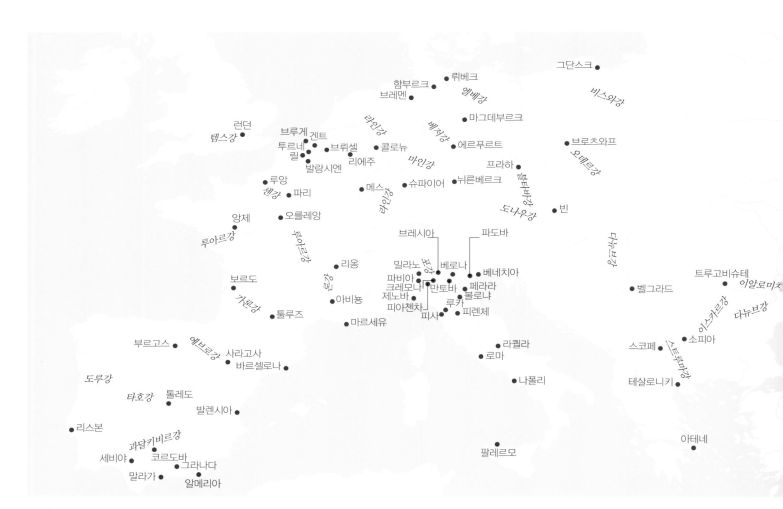

중세 유럽의 주요 도시

이 지도는 1400년 즈음의 유럽에서 인구 2만 명 이상의 도시를 그린 것이다. 지도에서 알 수 있는 바와 같이, 15세기가 시작될 무렵 유럽의 대도시는 대부분 해안이나 항해 가능한(라인강, 센강, 론강과 같은) 하천을 따라 위치하고 있었다. 많은 다른 도시들 또한 내륙의 중요 육로에 위치하고 있었다. 중세 말 유럽에서 훌륭한 운송 연결성은 도시의 발달에 가장 중요한 요소였다.

1380년 당시 한자동맹 상선(商船)의 복원

각 지역의 길드, 운수회사, 뱃사공 조합 등은 특정한 도로나 하천을 이용한 (어떤 도시나 항구에서 다른 도시나 항구로의) 운송에 대해 독점적 권리를 행사하곤 했다. 그러나 화물을 훨씬 먼 거리로 운송하는 전문적인 운수회사가 처음으로 등장한 것은 15세기 말이 되어서였다. 독일 헤센주의 마차꾼이 4륜 헤센 마차로 안트베르펜과 남부 독일 사이의 장거리 화물 운송을 했다는 사실은 특히 주목할 만한 사례이다.

그러나 육상 운송은 이런 개선에도 불구하고 해상 운송에 비해 훨씬 많은 비용이 들었다. 따라서 중

세 말기의 유럽에서는 선박을 이용한 운송이 선호되었고, 특히 14세기와 15세기 초반에는 프랑스와 영국 간의 100년전쟁과 이탈리아반도에서의 내전으로 인해 도로 운송이 매우 위험했기 때문에 선박 운송이 더욱 발달했다. 그러나 15세기 말이 되자 도로 운송이 다시 부활하게 되었다. 왜냐하면 해상에서는(특히 지중해에서는) 이슬람교도와 기독교도 간의 해적 행위가 증가했고, 동부 지중해 연안에서는 오스만 제국의 정복이 확대됨에 따라 해상 운송이 더 이상 안전하지 않았기 때문이다. 해적 행위는 중세 해상 운송에 큰 위협이 되었다. 특히 값비

싼 화물을 운반하는 장거리 항해에는 이런 해적선의 공격을 막기 위해 호위함이 동반하기도 했다. 피렌체의 도시국가가 별도로 갤리선 함대를 보유했던 것처럼, 이런 호위함의 조직화는 많은 경우 국가의 통제하에서 이루어졌다.

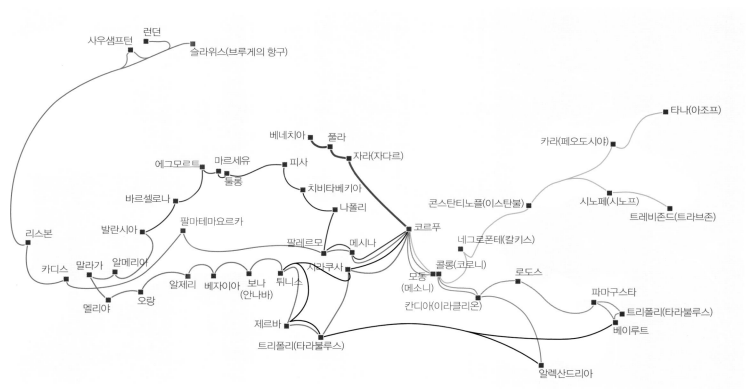

출처: Lane(1973)

15세기 베네치아의 무역함대

프레더릭 레인(Frederic Lane)의 지도를 기반한 이 지도는 15세기 베네치아의 갤리선 함대의 활동범위를 보여 준다. 13세기 말에 이르러 등장한 갤리선 운송체계는 원래 상인들에 의해 사적으로 조직되었지만, 1330년대부터 베네치아 원로원이 엄격히 통제하면서 갤리선의 여정을 결정했다. 베네치아 국가당국은 갤리선의 항해와 운송에 대한 관리업무를 민간 사업자에게 매년 경매에 붙였다.

중세 말의 통신기술

현대적 통신기술이 없었다면 오늘날의 세계화는 상상하기 어려울 것이다. 중세 말도 이와 유사했는데, 당시 네트워크화된 도시는 다른 도시 네트워크에서 어떤 일이 벌어지는지에 대한 정보를 획득할 수 있는 통신 기반시설을 갖추고 있었다. 정부와 사업가는 이런 정보에 의존해서 의사결정을 했다.

중세 말 네트워크 도시 간의 장거리 통신은 초기에는 대면접촉에 기반을 두었는데, 이는 여행에 따른 여러 위험에 노출되어 있었고 상당히 번거로운 일이었다. 우편통신은 이에 대한 귀중한 대안이었다. 중세 사회 말기에 수많은 회사가 주고받은 우편물은 지금까지도 전해지고 있다. 예를 들어, 16세기에 메디나델캄포의 카스티야 도시를 거점으로 활동한 상인이었던 시몬 루이스의 사업 문서에는 5만 편가량의 편지가 포함되어 있고, 토스카나의 상인이었던 프란세스코 다티니(1335~1410)에 관한 기록물에는 최소 12만 건 이상의 편지가 포함되어 있다. 우편은 정보를 소통시켰을 뿐만 아니라 지불수단으로 활용되기도 했다. 환어음과 같은 신용수

중세 말 유럽의 우편배달 속도

우편을 통한 교신의 속도가 유럽 내에서 모두 같았던 것은 아니다. 이 표는 중세 말 가장 중요했던 상업 중심지 20개 도시 사이에 오고 간 20만 편의 편지를 분석하여 우편배달에 소요된 시간을 일자로 나타낸 것이다. 이탈리아에서 지중해 동부로 배달된 편지는 서유럽에 비해 더욱 빨랐다. 이와 같이 된 첫 번째 원인은 자연지리적 차이에 의해 설명될 수 있다. 이탈리아에서 서유럽으로 발송된 편지는 반드시 알프스산맥을 넘어야 했다. 왜냐하면 그렇지 않을 경우에는 해상 운송로를 통해 이베리아반도를 끼고 멀리 우회해서 배달되어야 했기 때문이다. 이에 비해 이탈리아의 동쪽으로 발송된 편지는 해상을 통해 곧장 배달될 수 있었다. 두 번째로 이탈리아와 지중해 동부 간의 통신 기반시설이 서유럽 쪽에 비해 훨씬 잘 발달되어 있었기 때문이다.

	알렉산드리아	안코나	아비뇽	바르셀로나	브루게	콘스탄티노플	피렌체	제노바	리스본	런던	리옹	팔마데마요르카	밀라노	나폴리	팔레르모	파리	피사	라구사(두브로브니크)	로마	베네치아
알렉산드리아	0	35		35	60		46			32							40			38
안코나	35	0		34	28		9			40		7					11	6		4
아비뇽			0	8	10		14	9		16	5	10	8	22		9	14		17	16
바르셀로나	35	34	8	0	23		17	24	27	18	2	18	33	33	20	22			30	21
브루게	60	28	10	23	0	54	27	24	18	6	22	3	25			22	35		31	26
콘스탄티노플				41	54	0	45	41						35			42	30		38
피렌체		9	14	23	27	45	0			30	16	22	6	12	19	21	2	19	5	6
제노바	46	9	17	24	41	6	0	32	30	12	20	3	12	15	18	4		18	15	
리스본				24	18			32	0			20		40			31			
런던			16	27	6		30	30		0		34	26	39		10	32		34	33
리옹			5	18	9		16	12			0	10	26		7	14			17	11
팔마데마요르카	32	40	10	2	29		22	20	20	34		0	19	27	26	26	19		28	24
밀라노			8	18	22		6			16			0	16	7	7			11	4
나폴리		7	22	33	35	35	12	12	40	39	26	27	16	0	6	29	14	20	4	15
팔레르모			33				19	15					26	6	0		6		16	16
파리			9	20	4		21	18		10	7	26	16	29		0	20		26	20
피사	40	11	14	22	25	42	2	4	31	32	14	19	7		14	15	20	0	8	8
라구사(두브로브니크)		6			30	19						20						0		10
로마		17	30	31		5		34	17	28	11	4	16	26	8		10	0		
베네치아	38	4	16	21	26	38	6	15		33	11	24	4	15	16	20	8	10	10	0

범례:
- 0-5일
- 6-10일
- 11-20일
- 21-30일
- 31-40일
- 41-50일
- 51일 이상

지도 도시명: 런던, 브루게, 파리, 리옹, 밀라노, 베네치아, 아비뇽, 제네바, 피렌체, 피사, 안코나, 바르셀로나, 로마, 나폴리, 라구사(두브로브니크), 콘스탄티노플, 리스본, 팔마데마요르카, 팔레르모, 알렉산드리아

단은 일반 편지와 마찬가지로 유럽의 여러 금융 중심지 사이에서 유통되었다.

육상에서의 우편 송달은 이를 전담하는 배달 서비스에 의해 조직화되었다. 과거의 기록에 따르면, 1260년대 이후부터 토스카나와 샹파뉴의 정기시장 간에 ('돈주머니'란 뜻의 이탈리아어가 어원인 '스카르셀라'라는 이름의) 정기적인 우편 송달 서비스가 등장한 것으로 보인다. 이와 같은 도시 간 배달 서비스는 상인조합이나 개별 회사, 도시, 독일(튜턴)기사단과 같은 종교기관, 대학, 국가 등에 의해 조직되었다. 국가가 조직한 우편 서비스는 민간에 비해 상대적으로 늦게 나타났는데, 이 등장은 특히 15세기에 들어 외국 대사관이 설치되었던 것과 밀접하게 관련되어 있다. 근대 초기 유럽에서 가장 광범위했던 우편 네트워크는 합스부르크 왕가의 막시밀리안 1세 당시에 밀라노 출신의 타시스(Tassis) 가문에 의해 만들어졌다.

아직 신문이 등장하지 않았던 시대에 외교관이나 사업가가 보낸 편지는 매우 중요한 '뉴스'로서의 가치가 있었다. 왜냐하면 이 편지에는 해외의 정치 및 시장 상황에 관한 많은 정보가 포함되어 있었기 때문이다. 16세기에 이르러 베네치아의 아비조(avvisi)와 같이 수기(手記)로 제작된 뉴스레터가 나타남에 따라, 해외지역에 대한 지식이 비약적으로 높아지게 되었다. 마찬가지로 16세기 중반 이후에 아우크스부르크의 푸거(Fugger) 회사가 다수의 독자에게 경제, 정치 뉴스를 정기적으로 전달할 수 있는 이른바 푸거소식지라는 통신 시스템을 개발했다. 이런 통신 기반시설은 중세 말 유럽의 네트워크 도시가 기능하는 데 필수적이었다.

아우크스부르크의 타시스 역사(驛舍, 우체국)를 묘사한 독일의 우표

— 주요 노선
— 2차 노선

출처: Laveau(1978)

타시스 우편 네트워크

합스부르크 왕가의 우편 시스템은 15세기 말 베르가모의 타시스(또는 탁시스) 가문에 의해 만들어졌다. 이는 인스브루크의 자네토 데 타시스가 독일의 황제 막시밀리안 1세를 위해 만든 것으로, 처음에는 합스부르크 궁전을 합스부르크의 영토였던 부르고뉴와 연결시켰다. 1500년경 (막시밀리안 1세의 아들인) 핸섬 왕 필리프 1세하에서 우정국 장관이었던 프란츠 폰 탁시스는 합스부르크 우편 네트워크의 중심을 브뤼셀로 옮겼으며, 당시 합스부르크가 상당히 넓은 영토를 관장하고 있던 스페인과 이탈리아 일대로 우편 네트워크를 크게 확장시켰다. 다른 배달 서비스와는 달리 합스부르크 왕가의 우편 서비스는 새로운 말로(그리고 심지어 새로운 승마자로) 교체할 수 있는 일련의 역참을 고정시켜 놓았다. 이에 비해 다른 배달 서비스는 출발지에서 목적지까지 계속 달려야 했으며, (말이 지쳤을 경우에는) 걸어서 이동해야 했다.

상인연합

중세 말 유럽의 네트워크 도시에는 상당한 규모의 이방인이 모여들었다. 여기에는 부랑자, 학생, 탁발 수도사 및 기타 성직자, 떠돌이 장인, 외국인 상인, 외교관, 군인 등이 있었다. 이 중 어떤 사람들은 지역 주민의 큰 환영을 받은 반면, 다른 사람들은 의심 어린 눈총을 받곤 했다. 이런 낯선 이방인 중 외국인 상인의 수가 가장 많았으며, 이들의 영향력 또한 막강했다. 대부분의 도시에는 동향 출신의 상인들이 집단적인 공동체나 상회(商會, merchant nation)를 조직했다.

상회는 로컬 상인의 회사나 길드가 해외지역으로 확장된 조직으로서 유럽의 많은 도시와 소도시에 존재했다. 이런 상인의 모임은 그 조직의 구성원에게 로컬 무역에서의 특권을 촉진하고 보호하며 외적 경쟁을 최소화하기 위해 형성되었다. 한편, 이와 유사한 이유로 해외에서 같은 상업 중심지에 체류하던 동향 출신의 상인들은 스스로 해외 상인 공동체나 길드를 형성하기 시작했다. 이들은 독립된 상인과 그 가족, 대리업자, 도제(徒弟) 등으로 구성되었는데, 해외에 영구 거주하는 사람들뿐만 아니라 일시 체류자와 단기 방문객까지도 포함하곤 했다. 중세 유럽에서 이런 상인 길드는 8세기 무렵에 처음 생겨났고, 11세기에 이를 때까지 널리 확산되었다. 이는 18세기 말에 유럽 대부분의 도시에서 사라졌다.

외국인 상인 공동체는 다소 느슨한 모임으로 비공식적 친목단체 수준을 넘어서지 않았다. 때때로 그들은 종교적 회합의 형태를 띠었기 때문에 특정 수도회에서 모임을 개최하기도 했다. 그러나 여러 경우에서 외국인 상인 공동체는 자체적으로 규칙을 갖춤으로써 보다 공식적 조직으로 진화되어 나갔는데, 대개 공동체 구성원에 대해 법적 권력을 갖고 있는 영사나 참사관이 지도부를 맡았다. 영사는 상

독일의 한자동맹

독일의 한자동맹이 처음 시작된 것은 1160년경 발트해의 고틀란드섬을 정기적으로 왕래했던 독일 상인의 협회였다. 이 협회는 원래 뤼베크를 비롯한 여러 베스트팔렌인과 색슨인 도시 출신의 상인으로 구성되었지만, 점차 발트해 연안을 따라 슬라브인의 섬에 형성된 새로운 도시 출신의 독일계 상인이 합류했다. 정확하게 어떤 도시가 한자동맹을 이루었는지는 뚜렷하지 않지만, 약 200개의 도시가 멀리 해외에서 한자동맹의 무역특권을 활용한 것으로 알려져 있다. 한자동맹 도시는 14세기 중반부터 약 100~150년 동안 발트해와 북서 유럽 간의 동서 무역을 거의 독점하다시피 했다. 특히 러시아산 모피, 호박, 밀랍과 노르웨이 및 아이슬란드의 생선, 플랑드르 및 잉글랜드의 양털과 옷감, 프러시아의 곡물, 목재, 금속, 맥주, 소금 등에서 두드러졌다. 한자동맹의 상인 공동체는 포르투갈에서 러시아에까지 형성되어 있었고, 런던, 브루게, 베르헌, 노브고로드의 4개 콘토르(Kontore)는 한자동맹의 주요 무역 파트너 도시였다. 한자동맹은 16~17세기에 접어들면서 독일 남부와 네덜란드 출신의 상인들로부터 경쟁이 심해짐에 따라 점차 쇠퇴하게 되었다.

베르헌 · 스톡홀름 · 탈린(레발) · 노브고로드 · 비스뷔 · 타르투(도르파트) · 리가 · 슈트랄준트 · 로스토크 · 뤼베크 · 슈체친(슈테틴) · 그단스크(단치히) · 칼리닌그라드(쾨니히스베르크) · 함부르크 · 비스마어 · 엘블롱크(엘빙) · 브레멘 · 뤼네부르크 · 캄펀 · 오스나브뤼크 · 브라운슈바이크 · 토룬(토른) · 데벤터르 · 마그데부르크 · 런던 · 도르트문트 · 조에스트 · 고슬라르 · 브로츠와프(브레슬라우) · 브루게 · 퀼른 · 에르푸르트 · 크라쿠프(크라카우) · 뮌스터 · 할데스하임

■ 한자동맹 본부
● 주요 한자동맹 도시
● 콘토르(한자동맹 내의 주요 외국인 무역소)

잉글랜드의 양털 · 노르웨이와 아이슬란드의 생선 · 프러시아의 곡물 · 러시아의 모피

회의 공식 대표였기 때문에 본국의 정부와 정기적으로 교신했다. 이 중 베네치아에서와 같은 일부 상회는 모국의 도시로부터 엄격한 통제를 받았던 반면, (제노바 식민지와 같은) 다른 상회는 비교적 독립적으로 활동했다.

경제적 측면에서 볼 때 상회 조직은 여러 이점을 가지고 있었다. 이들은 교역에서 특권을 누렸고, 구성원 간의 연대감으로 인해 거래비용을 낮출 수 있었으며, 시장에서의 지배력을 강화할 수 있었다. 그러나 상회는 사회적, 정치적, 문화적, 종교적으로 그리고 사회 공헌의 측면에서도 중요한 기능을 했다. 같은 상회에 소속된 상인들은 같은 예배당에 모여 예배를 드리면서 고향 혹은 고국의 수호성인을(예를 들어, 베네치아 상인은 성 마가를, 루카 상인은 루카 주교좌성당에 그려진 그리스도의 성안(聖顔)을, 잉글랜드 상인은 영국의 순교자 토머스 베켓을 섬겼던 것처럼) 섬겼다. 또한 이들은 집단 행렬을 이루어 행진하거나 기념식을 열기도 했다. 마지막으로, 같은 언어를 사용하거나 같은 관습과 문화적 배경을 지닌 사람들 또한 자신들의 공동체를 형성함으로써 해외에서 고향에 대한 소속감을 갖기도 했다.

해외에 흩어져 살던 상인 공동체는 때때로 지역 주민이나 현지 정부로부터의 박해나 폭력에 노출되곤 했지만, 대부분의 공동체는 도시생활의 일부로 받아들여졌다. 이들은 기념 행진, 종교 축제, 황실 방문 등의 도시행사에 정기적으로 참여했으며, 새로운 터전에서의 도시정치에 관여하기도 했다. 어느 경우에서든 성공적인 도시는 언제나 세계시민주의 도시였으며, 위와 같은 중세 말 유럽 도시에서의 세계시민주의는 도시에서 조직된 협회의 규모와 수가 크고 많았다는 점에서 충분히 유추할 수 있다. 상회는 도시의 외적 관계, 즉 도시성이 얼마나 활발했는지를 직접적으로 반영했다.

카탈루냐인 상인협회의 무역 네트워크

중세 말 지중해 무역을 지배한 것은 이탈리아 상인이었지만, 바르셀로나에 기반을 두고 발달한 카탈루냐인의 상업 또한 무시할 수는 없다. 12세기 후반 카탈루냐를 거점으로 하는 주요 무역로는 지중해 동부를 향해 발달했다. 카탈루냐인은 이곳으로부터 주로 향신료를 수입하는 대신, 아라곤 왕국을 비롯한 서유럽에서 생산된 직물을 수출했다. 플랑드르, 북아프리카, 지중해 서부 등과의 무역로는 이런 주요 무역로와 비교할 때 부수적인 것이었다. 지중해 동부와의 성공적인 무역은 카탈루냐의 상업이 번성하는 데 (특히 1350년부터 1435년 사이 동안) 절대적인 영향을 끼쳤다. 그러나 15세기에 들어 지중해 동부로의 무역이 줄어듦에 따라 카탈루냐의 상업도 쇠퇴하게 되었다.

약 1,287km에 달하는 대역(帶域)임

 카탈루냐인의 주요 무역 중심지　　 카탈루냐인의 기타 무역 중심지　　● 카탈루냐인의 주요 해외 무역 목적지

네트워크 도시의 도시경관

도시가 도시 네트워크의 일부에 소속되면 도시경관에 막대한 영향을 받게 된다. 오늘날 세계도시의 스카이라인은 이런 경관을 보여 주는 살아 있는 증거이며, 이곳 고층 건물에는 다국적기업의 본사와 사무실이 빽빽이 들어서 있다. 중세 말 유럽의 도시는 네트워크 속에 편입되면서 이와 마찬가지의 경관 변화를 겪었는데, 이는 오늘날 베네치아, 피렌체, 브루게, 뤼베크 등 역사적으로 중요했던 도시의 아름다움에 그대로 반영되어 있다.

중세의 네트워크 도시에는 국제적 상업과 금융이 집중되어 있었고, 이는 경제성장을 견인하고 일자리를 창출했다. 많은 사람들이 이런 기회를 찾아 이동했으며, 이로 인해 11세기부터 13세기 사이에 유럽 도시의 인구는 크게 증가했다. 또한 도시의 변두리 일대에는 대개 가난한 전입자의 유입으로 신흥 거주지역이 형성되었기 때문에 도시의 성벽을 크게 확장할 필요성이 생기게 되었다. 그러나 이런 도시성장은 14~15세기에 걸쳐 빈번하게 발생한 전쟁, 전염병, 경제 위기로 인해 갑작스럽게 멈추었다. 이런 중세 말의 위기는 도시의 인구에 막대한

중세 말 브루게의 무역지구

브루게는 중세 말 북서 유럽에서 가장 중요했던 상업 대도시였다. 브루게는 저지대국가에서 생산된 직물의 수출 통로였으며, 북유럽과 지중해 출신의 많은 상인들이 교류하는 장소였다. 브루게에는 작은 항구를 중심으로 많은 외국인 상인이 장기간 또는 단기간 거주했는데, 이 항구들은 시장의 북동쪽으로 발달한 (랑허레이, 하우덴한드레이, 스피헬레이, 크란레이와 같은) 운하 수로를 따라 위치하고 있었다. 이런 거주지에는 다양한 상회가 자신들의 협회 사무실이나 영사관을 설립, 운영했다. 1500년경 여러 이유로 인해 브루게에 거주하던 대부분의 상인이 안트베르펜으로 떠났다.

피렌체 협회 사무소
1420년까지 피렌체 사람들이 사용했던 곳이다.

중개상의 길드 사무소
브루게의 중개상은 다양한 상인협회에 소속된 외국인 상인을 중개함으로써 도시의 국제 무역을 유지하는 데 중요한 역할을 했다.

테어 뷔르세 여관
이 여관은 브루게의 국제 상인들이 서로 만나는 중요 장소로서 환어음 교환의 중심이었다.

베네치아 협회 사무소
1397년까지 베네치아 상인이 사용했던 곳이다.

루카 협회 사무소
1394년에 루카 상인이 매입했다.

제노바 협회 사무소
1399년에 건축되었다. 제노바 상회는 1277년경 제노바에서 플랑드르로 직항으로 도착한 최초의 지중해 상인협회였다.

바터르할러
선박의 하역 작업에 사용된 건물로서 물품창고로도 이용되었다. 이 건물이 착공된 것은 1284년이었다.

크레인
1292년 직전에 제작된 이 크레인은 선박에 화물을 싣거나 내리는 데 사용되었다.

● 항구 기반시설
● 상업 기반시설
● 외국인 상인협회 사무실
••• 크란레이(Kraanrei) 운하 수로

바스크(비스케이) 상인들의 집단주택
비스케이(Biscay) 상회에 소속된 상인들은 1494년에 브루게시로부터 2개의 주택을 얻었으며, 16세기 초반 같은 위치에 새로운 건축물을 세웠다.

영향을 끼쳤는데, 이는 여러 이유로 인해 중세 도시 네트워크에서의 중심적 위치를 상실한 도시에서 가장 뚜렷하게 나타났다.

중세 말 네트워크 도시의 도시경관에는 공통적인 특징이 있는데, 여기에는 시장과 광장처럼 특정한 목적을 위해 건설된 공공 기반시설, 운하와 부두 및 창고 시설을 갖춘 항만 기반시설, 세관, 화폐주조소, 그리고 중량검사소 등이 포함되었다. 이 중 어떤 시설은 도시 및 도시 상업 엘리트의 부를 드러내기 위해 화려하게 건설되기도 했다. 적어도 고딕 양식의 교회와 성당은 상당히 인상적이었는데, 이는

상인의 정기적인 후원을 받아 건설되었다. 일부 상인의 저택 또한 이에 못지않게 인상적으로 지어졌고, 이 중 어떤 저택은 중세 말기 최초의 석조주택으로 건축되었다.

외국인 상인 공동체 또한 도시경관상에 자신들의 흔적을 남겼다. 같은 상인협회에 소속된 외국인 상인들은 특정한 동네에 모여 주택이나 여관에서 함께 거주하는 경향이 있었다. 이들은 동네에 위치한 교회나 예배당에 모여 고향에서 섬기던 수호성인을 숭배하기도 했다. 점차 시간이 지남에 따라 상인협회는 자신들의 사무소나 영사관을 건설하거나

매입하기 시작했다. 일부 도시에서는 외국인 상인이 거주하던 동네가 별도의 지구(地區)를 형성하기도 했는데, 지중해 일대 이슬람 항구에서는 푼두크(funduk), 이탈리아에서는 폰다코(fondaco), 그리고 독일에서는 콘토르(kontor)라고 불렸다. 어떤 경우에 이런 외국인 상인지구는 도시와 성벽으로 분리되어 있었다. 외국인 상인은 이 지구 내에서 사무실, 창고, 부두시설, 거주시설, 교회 등을 건설했다.

카스티야 협회 사무소
1483년에 카스티야 상인이 이곳의 건물을 소유했다. 1494년 이들은 건물 동쪽에 새로운 건물을 매입했다. 1705년 이 건물은 카스티야 영사관으로 기능했다. 카스티야인은 다른 어떤 외국 상인협회보다도 훨씬 오랫동안 브루게에 거주했다.

영국인 상회 사무소
영국계 상인은 중세에 브루게에서 무역을 했지만, 이들이 16세기 후반 이전까지 브루게에 협회를 만들었는지는 아직까지 확실하지 않다.

영국 중량검사소
1315년에 개설된 곳으로 이곳 일대는 지금까지도 '영국인 거리'라고 불린다.

중량검사소
이곳에서는 무역의 공정성을 촉진하기 위해 상품의 중량이 모든 사람들에게 공개된 상태에서 검사되었다.

독일계 한자동맹 사무소
이곳은 독일 한자동맹 상인이 1457년부터 사용했던 곳으로서 브루게 시정부가 선물로 증여한 건물이다.

통행세관
이 사무소는 지역 또는 국제화물에 부과된 관세를 납부하는 곳이었다.

포르투갈 협회 사무소
이 건물은 1494년 브루게 시정부가 포르투갈인들에게 증여한 것이다. 그러나 포르투갈인들은 바로 직후에 안트베르펜으로 떠났다.

스페인 중량검사소
비스케만 출신의 스페인 상인이 사용했던 곳인데, 1556년 혹은 1557년에 파괴된 것으로 추정된다.

제노바인 1/4

피사인 1/4

베네치아인 1/4

✝ 교회
■ 상인의 숙소, 창고, 시장
■ 공용 화덕
□ 목욕탕

13세기 티레에 있던 베네치아인, 제노바인, 피사인 지구

오늘날 레바논에 해당하는 티레(Tyre)는 한때 예루살렘을 정복했던 십자군 왕국의 상업 및 문화의 주요 중심지 중 하나였다. 티레에 있던 이탈리아인 공동체의 역사는 1124년에 십자군이 이 도시를 정복하면서부터 시작되었다. 그해에 베네치아인은 도시 전체의 1/3에 해당하는 영토와 아울러 다양한 법적, 상업적 특권을 수여받았다. 이는 베네치아인이

십자군 원정 당시에 해군력을 지원해 준 대가였다. 피사인과 제노바인은 그 이후에서야 도시 내에서 자치 영토를 얻을 수 있었는데, 베네치아인에 비하면 그들의 특권은 매우 제한적이었다. 각각의 이탈리아인 지구에는 상인협회 사무소, 교회, 개인주택, 상인용 숙소, 창고, 시장, 공용 화덕, 가게, 목욕탕 등을 갖추고 있었다. 1291년에 십자군 국가가 몰락한 이후 이 외국인 지구의 3/4이 소실되었다.

생산과 소비의 중심

중세 말 유럽의 네트워크 도시들은 무역과 금융 부문에서 자신들의 특징을 가장 뚜렷하게 드러냈다. 어떤 도시는 진정한 상업제국으로 발전했는데, 지중해 일대에 수많은 무역 식민지를 거느렸던 제노바와 베네치아는 이를 보여 주는 단적인 사례이다. 그러나 이런 상업적 번성은 생산과 소비가 없었다면 불가능했을 것이다. 따라서 중세 말 유럽의 주요 네트워크 도시의 상당수는 생산과 소비의 거점이기도 했다는 사실에 크게 놀랄 필요가 없다.

유럽의 많은 상업 및 금융 수도는 주요 생산 거점 도시였다. 예를 들어 피렌체는 상당한 규모로 다양한 모직물과 비단을 생산했으며, 베네치아는 직물과 아울러 선박, 유리, 거울 및 기타 사치품을 생산했다. 그러나 피렌체나 베네치아와는 달리 많은 다른 생산 거점들은 해외에서 제품을 판매할 수 있는 자체적 상업 부문을 갖추지 못했다. 대신 그들의 상품은 생산지역과 보다 넓은 무역 네트워크 사이를 연결하는 관문도시를 통해 수출되었다. 예를 들어, (겐트, 이프르, 코르트리크 등) 플랑드르의 산업도시에서 생산된 직물제품은 브루게를 통해 수출되

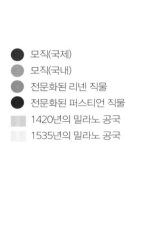

1350~1550년 롬바르디아의 직물산업

중세 말 유럽에서는 저지대국가의 남부를 제외하면 이탈리아의 북부와 중부가 가장 중요한 직물 생산 지역이었다. 롬바르디아 지역의 경우, 수출 지향적 직물 생산은 단지 밀라노에서만 이루어진 것이 아니라 이 일대의 다양한 도시와 마을에 걸쳐 분산되어 있었다. 이들 각 도시의 직물 생산은 리넨, 퍼스티언, 모직물 중 어느 하나에 전문화되어 이루어졌다. 보다 큰 도시는 보다 작은 도시나 마을의 다양한 산업을 지역 및 국제 시장과 연결하는 전문화된 상업 기술과 서비스를 제공했으며, 그 결과 다중심적 도시-지역이 발달하게 되었다. 저지대국가와 독일 남서부의 슈바벤과 같이 고도로 도시화된 산업지역에서도 이런 발전 양상을 찾아볼 수 있다.

출처: Epstein(2000)

었고, 중부 유럽(반스카비스트리차, 슈바츠, 쿠트나 호라 등)의 광업도시로부터 생산된 은과 구리 등은 뉘른베르크나 아우크스부르크 등의 관문도시를 통해 수출되었다. 이와 더불어 생산은 대도시에서만 이루어진 것은 아니었다. 오히려 소도시나 촌락에서 다양한 산업이 발달했는데, 이는 중세 말 유럽의 경제를 특징짓는 중요한 부분이었다.

중세 말 유럽의 주요 소비 중심지는 각 지역의 수도였다. 황실 및 왕실은 각종 사치품을 비롯한 여러 상품의 중요한 소비자였다. 더군다나 수도에는 화실이나 왕실을 위해 일하는 많은 하인, 행정가, 귀족, 예술가, 장인, 상인, 금융업자 등 다양한 사람들이 집중해 있었다. 따라서 파리, 런던, 베네치아, 나폴리, 프라하 등의 수도는 중세 말 유럽에서 가장 큰 도시였고, 이들 도시에 집중된 인구는 상당히 높은 수준의 소비력을 창출했다.

따라서 중세 말 유럽의 네트워크 도시는 생산, 소비, 상업, 교육, 행정 등 다양한 기능을 포괄하고 있었다. 때때로 이런 기능은 특정한 대도시에 집중되기도 했고, 반면 어떤 경우에는 특정 지역 내의 수많은 도시로 분산되어 각 도시에서 전문화가 이루어졌다. 이런 지역은 한 개 이상의 산업도시, 상업적 관문도시, 소비 중심지 등으로 구성되어 있었고, 이들은 각각 상이하면서도 상호 보완적인 기능을 수행함으로써 다중심적 도시–지역을 특징으로 했다. 오늘날의 다중심적 대도시와 마찬가지로 이런 다결절 지역은 그 자체로서 역동적인 네트워크를 형성함으로써, 보다 낮은 수준의 도시를 보다 상위의 도시 네트워크로 연결시킬 수 있었다.

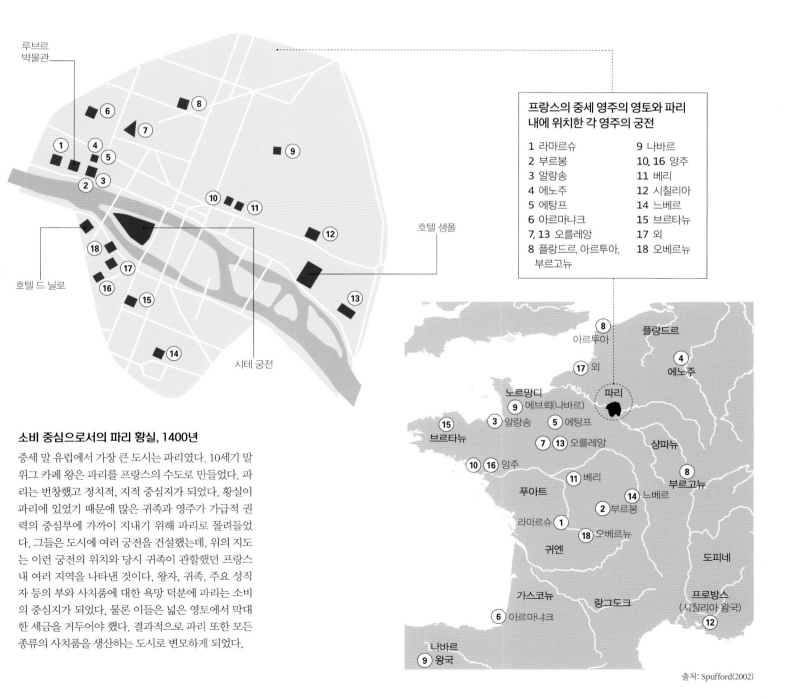

프랑스의 중세 영주의 영토와 파리 내에 위치한 각 영주의 궁전

1 라마르슈
2 부르봉
3 알랑송
4 에노주
5 에탕프
6 아르마냐크
7, 13 오를레앙
8 플랑드르, 아르투아, 부르고뉴
9 나바르
10, 16 앙주
11 베리
12 시칠리아
14 느베르
15 브르타뉴
17 외
18 오베르뉴

출처: Spufford(2002)

소비 중심으로서의 파리 황실, 1400년

중세 말 유럽에서 가장 큰 도시는 파리였다. 10세기 말 위그 카페 왕은 파리를 프랑스의 수도로 만들었다. 파리는 번창했고 정치적, 지적 중심지가 되었다. 황실이 파리에 있었기 때문에 많은 귀족과 영주가 가급적 권력의 중심부에 가까이 지내기 위해 파리로 몰려들었다. 그들은 도시에 여러 궁전을 건설했는데, 위의 지도는 이런 궁전의 위치와 당시 귀족이 관할했던 프랑스 내 여러 지역을 나타낸 것이다. 왕자, 귀족, 주요 성직자 등의 부와 사치품에 대한 욕망 덕분에 파리는 소비의 중심지가 되었다. 물론 이들은 넓은 영토에서 막대한 세금을 거두어야 했다. 결과적으로 파리 또한 모든 종류의 사치품을 생산하는 도시로 변모하게 되었다.

혁신의 확산

중세 말 유럽에서는 비교적 잘 발달된 운송 및 통신 기반시설을 갖춘 도시 네트워크로 인해 사람, 물자, 화폐, 정보가 수많은 도시 사이에 교환되었다. 이와 같이 조밀한 네트워크의 발달로 일어난 비극 중 하나는 바로 이런 교환으로 인해 흑사병이 널리 확산되었다는 사실이다. 14세기 중반에 이 치명적인 전염병은 크림반도의 카파에서 출항한 이탈리아 선박을 통해 또다시 유럽에 출현했고, 그 후 지중해에서 확산된 다음 유럽의 도시 네트워크를 통해 사실상 전 유럽에 영향을 끼쳤다.

그러나 중세 말 유럽의 네트워크 도시 간의 강한 연계는 유익한 영향을 훨씬 많이 가져왔는데, 혁신의 확산은 이의 대표적 사례이다. 예를 들어, 숙련된 장인이 한 도시에서 다른 도시로 영구 이주하거나 숙련공이 도보로 방랑생활을 함에 따라 제조업 분야에서의 기술 혁신과 기능이 확산되었다. 중세 말 유럽에서 혁신의 주요 원천지는 이탈리아였다. 이탈리아 기술 전문가의 이주를 통해 많은 혁신이 유럽 전역으로 확대되었다. 예를 들어, 공중시계는 1370년부터 1500년 사이에 이탈리아에서 유럽 전역으로 확산되었고, 퍼스티언 직물은 14세기 중반 북부 이탈리아에서 남부 독일로 전파되었다.

기술을 전수받기 위해 외국인 기술 전문가를 고용하는 방식이 확립되었고, 이는 영토와 언어의 장벽을 넘어섰다. 그러나 때때로 이런 장인의 이주는 강

흑사병의 확산

흑사병은 8세기에 사라진 후 거의 600년 동안 유럽에서 출몰하지 않았다. 그러나 14세기 중반 이 질병이 다시 유럽에 활발해지게 되었다. 1346년경 몽골 왕자의 군대가 제노바의 무역 식민지였던 흑해 연안의 카파(Kaffa)를 포위하고 있었는데, 이 몽골 부대에 흑사병이 발병했던 것이다. 흑사병은 카파 전역으로 확산되었고, 그곳에서 선박을 통해 1347년에 제노바로 전파되었다. 1348년 6월에 이르자 지중해 일대 전역이 흑사병에 감염되었고, 1350년 말에는 서부 및 북부 유럽으로 전파되었다. 1346년부터 1348년 사이 유럽에서 발병한 흑사병의 평균 치사율은 30%에 달했고, 그 결과 유럽의 인구는 흑사병으로 인해 큰 영향을 받게 되었다. 그러나 유럽 대륙의 모든 지역에서 그 영향이 동일하지는 않았다.

1350년 12월

1350년 6월

1349년 12월

1349년 6월

1348년 12월

1348년 6월

1347년 12월

요크

런던
브리스톨

파리

뉘른베르크

보르도

밀라노
제노바
마르세유

로마
나폴리

바르셀로나

세비야
알메리아

⠿ 흑사병의 영향을 전혀 또는 부분적으로 받지 않은 지역

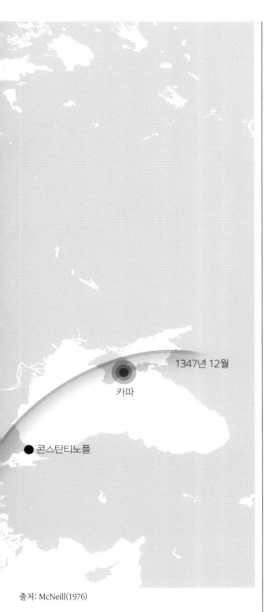

제로 이루어지기도 했다. 예를 들어, 16세기 중반 이후 종교전쟁 동안에 저지대국가 남부 출신의 전문적인 직물 제조공들은 프로테스탄티즘을 신봉하던 다른 유럽 지역으로 뿔뿔이 흩어져 디아스포라를 형성하게 되었다.

또한 뚜렷이 확인하기 어려울 정도로 암묵적인 기술 지식과 기능은 숙련공의 방랑생활을 통해 확산되기도 했다. 중세 말과 근대 초기의 유럽에서는 숙련공이 이곳저곳을 많이 떠돌아다녔다. 이들 대부분은 보다 귀중한 기술을 경험, 터득한 후 다시 고향으로 돌아와 사업을 벌이고자 했다. 이들은 여행 중에 한 군데 이상의 작업장에서 기술을 연마하고 다른 장인과 함께 공동작업을 했기 때문에, 기술과

작업 조직에서 지역적 차이를 학습할 수 있었다. 특히 제본, 허리띠 제작, 금 가공, 마구(馬具) 제조와 같이 보다 작고 전문화된 작업의 경우에는 숙련공이 장거리 여행을 떠나 타지를 방문해서 일하는 것이 아주 보편적인 관행이었다. 이런 경제 부문에서는 특정한 도시가 특정한 기술의 수도로서 명성을 얻게 되어 많은 숙련공이 유입되었다.

제인 제이컵스에 따르면, 경제적 성장이 나타나는 것은 도시 네트워크를 통한 위와 같은 혁신의 확산이다. 수입 대체라는 메커니즘을 통해 로컬 생산은 다른 도시에서 수입된 제품을 대체하며, 이런 과정은 노동의 분업을 보다 다양화함으로써 도시 경제 생활의 확장을 일으킨다. 결론적으로 도시 네트워

크는 경제성장에 가장 핵심적이었으며, 이는 지금도 여전히 그러하다.

출처: McNeill(1976)

출처: Reith(2008)

여행숙련공의 모빌리티

중세 말 여행숙련공(journeymen)은 모빌리티가 매우 높았던 사람들이다. 이 지도는 1600년경 뮌헨의 50군데 여러 작업장에서 일했던 376명의 외국인 숙련공의 고향을 나타낸 것이다. 여러 곳을 이동하며 생활했던 이 숙련공들은 가깝게는 바이에른, 프랑켄, 슈바벤 출신이었고, 멀리로는 이탈리아, 프랑스, 저지대국가들, 폴란드, 헝가리 출신도 있었다. 이동의 패턴은 어떤 작업장인가에 따라서 매우 다양했다. 예를 들어, 모피 가공공은 장거리 이주자가 주류를 이루었던 반면, 모자 제작공은 대부분 가까운 오스트리아의 알프스 근처에서 온 사람들이었다. 이런 모빌리티 덕분에 기술과 지식이 유럽 도시 네트워크 내에서 쉽게 유통될 수 있었다.

여행숙련공의 수

👤 1~5명
👥 6~25명
👥👥 26~50명
👥👥👥 51명 이상

제국도시

이슬리 제일란 오네르

터키 이스탄불

제국도시: 개요

"역사적 의미 위에 건설된 제국도시는 현재에도 중요한 도시로 남아 있다."

제국도시는 도시가 대표했던 제국의 정치, 문화, 경제 및 군사력의 진원지였으며, 제국의 정점에 서 있는 도시는 제국이 지속된 기간에 따라 황금기를 누렸다. 제국도시는 승리를 축하하는 위대한 예술작품과 기념비적인 건축물을 위한 공간을 제공했으며, 동시에 폭동, 내부의 정치적 투쟁과 전쟁의 공간이었다. 제국도시 내에서의 활발한 경제 및 문화활동은 혁신, 지식과 아이디어의 교류로 이어졌으며, 이는 도시의 발생적(generative) 기능을 보여주었다. 역사적 의미 위에 건설된 제국도시는 현재에도 중요한 도시로 남아 있다. 런던, 로마, 암스테르담, 도쿄, 베이징, 마드리드, 멕시코시티, 모스크바, 이스탄불과 같은 몇몇 도시는 세계경제의 지휘통제 센터 역할을 하는 중요한 세계도시이다. 또한 상트페테르부르크, 크라쿠프, 잘츠부르크 및 교토와 같은 제국도시는 역사적, 문화적 중심지로서 역사유산을 활용했다.

제국도시는 흔히 주요 무역로에 접근하거나 보호하기 위해 전략적인 위치에 자리 잡았다. 제국도시는 때로는 전략적인 이익과 도시 기반시설 건설의 난관 사이에서 타협하기도 해야 했다. 예를 들어, 로마의 경우 내륙의 위치로 인해 방어에 유리하고 테베레강을 통해 바다로 나갈 수 있었지만 동시에 물의 공급, 홍수, 강의 오염과 같은 문제에 봉착했다. 주변이 산으로 둘러싸인 분지지형인 텍스코코 호수에 위치한 멕시코시티는 늘 홍수의 위험에 노출되어 있었다. 주요 무역항인 암스테르담은 17세기 이후 인구의 증가를 경험했고, 이로 인해 수자원 관리와 운하 주위에 도시를 건설해야 하는 기술

을 필요로 했다. 일반적으로 수자원, 무역로에 대한 접근성과 무역로의 보호를 위한 위치는 제국도시의 입지에 가장 중요한 결정요인이었다. 잘츠부르크, 부다페스트, 빈과 같은 도시는 무역로로 연결되는 강을 끼고 있었고, 제국도시로서의 베이징의 위상은 해양과 가깝기 때문에 강화될 수 있었다. 암스테르담과 상트페테르부르크는 중요한 항구도시였고 이 점이 제국도시로서의 위상으로 연결되었다.

작은 취락에서 제국의 중심으로 도시가 성장하는 과정에서 상당한 수준의 도시계획 기법이 필요하게 되었다. 제국도시에 도시 기반시설을 공급하고 장소의 웅장함을 창조하기 위한 도시계획의 사례는 많은데, 19세기 빈의 환상도로 링슈트라세(Ringstraβe)는 역사적 건물, 오픈스페이스, 기념물을 둘러싸고 있었고, 오스만(Haussmann)은 19세기 중반 파리 도시계획을 수립했다. 암스테르담의 운하는 무역을 촉진하고 보호하기 위해 계획되었으며, 다뉴브강에 처음으로 놓인 다리는 부다(Buda)와 페스트(Pest) 두 도시를 이어 주었다.

대규모의 도시계획과 관련하여, 기념비적인 건축물, 특히 종교적인 건축물과 궁전은 제국도시의 힘을 과시하는 핵심적인 역할을 수행했다. 도시계획과 공간조직은 흔히 이런 건축물에 맞추어 이루어졌다. 오픈스페이스와 정원 역시 제국도시의 이상을 반영하는 중요한 요소였다. 빈과 잘츠부르크의 바로크식 정원은 왕궁과 콘서트홀과 마찬가지로 인상적이다.

제국도시는 정치적, 군사적 갈등의 중심이었다. 제국도시는 지휘 및 통제의 중심이었을 뿐만 아니라 전략적 위치를 점유하고 있었기 때문에, 제국도시

로마 제국

브리타니아
런디니움

갈리아
아키타니아
판노니아
다키아
달마티아
흑 해
이탈리아
비잔티움
타르타스
폰투스
아르메니아
이스파니아
로마
카파도키아
루시타니아
카르타고
아테테
페르가몬
메소포타미아
시라쿠사
누미디아
지 중 해
키프로스
키레네
키레나이카
알렉산드리아
예루살렘
바빌론
이집트

117년 로마 제국의 범위

가 정복되는 것은 제국의 종말을 초래했다. 제국도시는 다른 민족과 종교적 배경을 가진 범세계적인 인구구성을 보여 주었다. 다른 종교집단은 그들의 전통을 유지했지만 때로는 갈등과 내부적 분쟁을 만들어 내기도 했다. 오늘날 예전 제국도시는 범세계적 인구구성을 지닌 세계도시가 되었다. 제국도시의 높은 인구밀도와 거대한 인구는 해당 국가와 지역의 문화에 주요한 변화를 이끌어 냈다. 여전히 제국도시는 물리적, 경제적, 사회적, 문화적 환경의 측면에서 역사적 발자취를 보여 주고 있다.

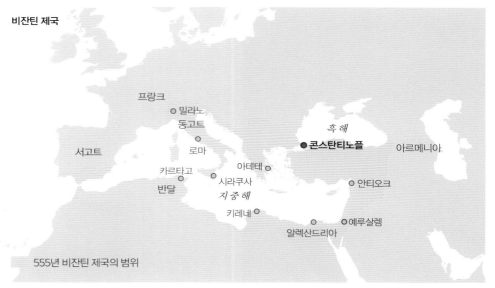

비잔틴 제국

프랑크
밀라노
동고트
흑 해
서고트
로마
콘스탄티노플
아르메니아
카르타고
아테테
반달
시라쿠사
안티오크
지 중 해
키레네
예루살렘
알렉산드리아

555년 비잔틴 제국의 범위

세 개의 제국을 지배하다

제국의 중심으로서 이스탄불은 제국도시를 이해하는 틀로서 매우 흥미로운 사례연구의 장소가 된다. 거의 2,000년 동안 이스탄불은 세계의 중심이었다. 이곳은 1,700년 이상 비잔틴 제국과 오스만 제국의 수도였고, 오늘날 터키 공화국의 경제수도가 되었다. 이스탄불은 초기 콘스탄티누스 대제에 의해 세계의 중심으로 설계되었으며, 오늘날 1100만 명 이상의 인구를 지닌 터키의 대도시이자 아시아와 유럽을 이어 주는 유일한 도시가 되었다. 현재 이스탄불은 제국 시대의 과거가 도시발전에 여전히 중요한 영향을 미치고 있지만, 세계도시로서의 영광을 재현하기 위해 노력하고 있다.

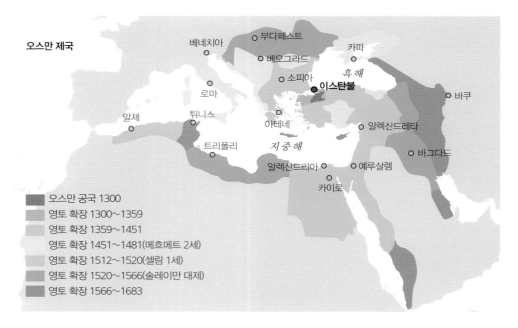

오스만 제국

베네치아
부다페스트
카파
베오그라드
소피아
로마
흑 해
이스탄불
바쿠
알제
튀니스
아테네
알렉산드레타
트리폴리
지 중 해
바그다드
알렉산드리아
예루살렘
카이로

오스만 공국 1300
영토 확장 1300~1359
영토 확장 1359~1451
영토 확장 1451~1481(메흐메트 2세)
영토 확장 1512~1520(셀림 1세)
영토 확장 1520~1566(술레이만 대제)
영토 확장 1566~1683

비잔티움: 제국도시의 기원

제국도시의 공통된 요소 중 하나는 위치의 중요성이다. 중요한 무역로에 쉽게 접근하고, 무역로를 보호하며 통제할 수 있는 위치는 인류 역사 속에서 제국도시의 위치를 결정해 왔다. 런던, 암스테르담, 로마와 같은 제국도시는 모두 이런 이상적 요인에 따라 전략적으로 위치하고 있으며, 이스탄불도 예외는 아니다. 이스탄불은 기원전 7세기 그리스의 식민지인 메가라 지역의 도리아인에 의해 사라이부르누(Sarayburnu)곶*에 만들어진 비잔티움에서 시작되었다. 도리아인은 델포이 신전의 현인에게 새로운 도시의 위치에 대한 의견을 물어보았다. 당

시에 마르마라해 건너편에 칼케돈(오늘날의 카디코이)이라는 도시가 있었다. 이 도시는 '눈먼 자의 도시'라는 이름으로 알려져 있는데, 이는 세라글리오곶이 얼마나 중요한 위치인가를 간과했기 때문이었다.

* 역자주: 현재 이스탄불의 역사지구로 불리는 지역이다. 골든혼(Golden Horn)만의 끝지점으로 토프카피 궁전 등이 위치한 지역이다.

도시의 이름은 식민지의 지도자인 비자스(Byzas)로부터 유래했다. 고대 그리스의 도시 비잔티움은 전형적인 그리스 도시의 특징을 지니고 있었다. 오

유럽과 아시아를 잇는 다리

이스탄불의 지리적 위치는 이 도시의 위상이 만들어지는 데 중요한 역할을 했다. 이는 이스탄불이 유럽과 아시아, 흑해와 지중해가 만나는 문화적, 경제적 교차점에 위치하고 있었기 때문이다. 이스탄불은 비단과 향료의 무역로에 전략적으로 위치하고 있었으며, 기원전 2세기에 아드리아해와 트라키아의 로마 영토를 연결하기 위해 건설된 에그나티아를 통해 로마와 연결되어 있었다. 에그나티아의 동쪽 끝은 이스탄불의 보스포루스 해협이었다. 이스탄불은 에그나티아를 통해 아드리아해를 건너 아피아를 거쳐 로마와 연결되어 있었다.

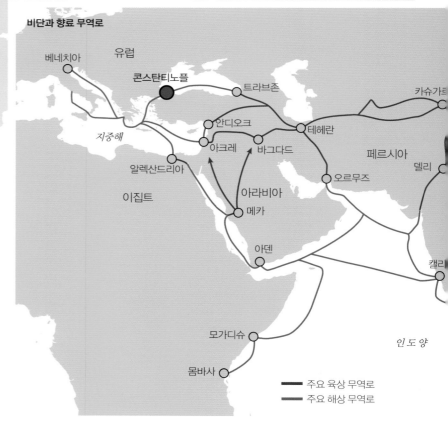

늘날 토프카피 궁전의 앞마당에 위치해 있던 아크로폴리스는 왕궁과 여러 신에 바쳐진 사원을 포함하고 있었다. 아고라는 오늘날의 하기아 소피아(성소피아 대성당) 광장에 위치하고 있었으며, 원형극장인 크네이곤(Kneigon)은 보스포루스 해협을 굽어보는 위치에 있었다. 도시는 마르마라해와 보스포루스 해협 쪽은 자연적으로 방어가 용이했으나, 서쪽에는 성벽이 필요했다. 성벽은 항상 이 도시에서 가장 중요한 관심사였다. 비잔티움의 성벽은 도시 방어에 중요한 역할을 담당했고, 공병 전술의 좋은 사례였다.

많은 침략자들이 이 중요한 위치를 차지하기 위해 시도했다. 기원전 5세기 페르시아의 침입 시에 비잔티움과 칼케돈은 그리스 도시국가의 통솔 아래 페르시아에 대항했다. 기원전 489년 스파르타의 지휘관 파우사니아스는 비잔티움을 페르시아인으로부터 되찾아 기원전 477년까지 통치했다. 이후 비잔티움은 아테네가 주도하는 델로스 동맹(Delian League)에 속하게 되었다. 델로스 동맹이 해체된 이후 비잔티움은 독립도시가 되었으나 펠로폰네소스 전쟁 이후 다시 스파르타에 의해 기원전 390년까지 지배당했다.

헬레니즘 시대를 거치며 비잔티움은 독립도시로 남아 있었다. 도시는 흑해와 지중해의 무역로상에 위치하고 있었으며, 소아시아와 발칸반도를 이어주고 있었다. 헬레니즘 시대 마지막에 비잔티움은 로마와 공식적인 동맹을 체결했다. 비잔티움은 로마의 보호하에 있었지만 자유도시였다. 비잔티움은 에그나티아(Egnatia)라는 가도를 통해 로마와 연결되었는데, 이 도로는 아드리아 해안부터 트라키아까지 연결되어 있었다. 로마인들은 하드리아누스 황제의 통치 시기에 도시에 물을 공급하기 위한 수로를 건설하기도 했다.

사라이부르누곶

사라이부르누곶은 마르마라해와 보스포루스 해협의 교차지점에 있다. 이 지역을 통해서만 흑해로 진입할 수 있다. 또한 사라이부르누곶에는 골든혼이라고 불리는 자연적인 항구가 있다. 이런 위치는 바다를 통한 교역과 방어 측면에서 매우 중요하다.

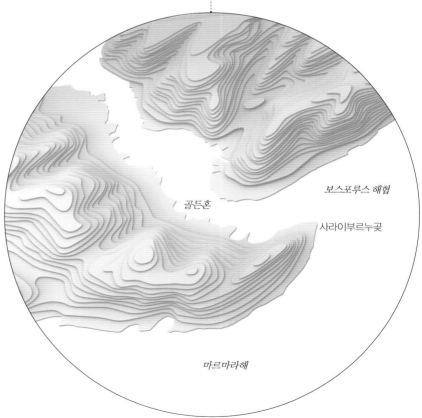

비잔티움에서 콘스탄티노플로: 위대함을 추구하는 도시계획

힘과 위상을 자랑하기 위해 제국도시는 흔히 대규모의 도시계획 기법을 사용했다. 예를 들어, 베이징의 제국도시 구역은 성벽에 가려진 별도의 지역이었으며, 정원 및 성지를 갖추고 중심에는 자금성이 있었다. 도시개발 초기부터 상트페테르부르크는 도시 중심이 사각형의 운하로 이루어진 도시계획을 따르고 있었다. 모스크바의 경우 1300년경부터 크렘린은 요새화된 시설로 궁전, 성당, 첨탑 등을 통해 제국의 힘과 위상을 상징하고 있었다. 빈에서는 환상도로가 도시 중심을 따라 건설되었는데, 이는 특별한 간선도로였다. 1,700년 이상 제국도시의 위상을 이어 온 이스탄불의 도시계획 과정은 특별하다.

2세기 말경 비잔티움은 로마 황제 셉티미우스 세베루스에 의해 함락되었다. 비잔티움은 세베루스와 황위를 놓고 경쟁하는 페스케니우스 니게르를 후원하고 있었다. 도시는 전란 중에 심각하게 파괴되었고, 세베루스의 아들인 카라칼라는 도시의 지정학적 중요성을 인식하고 아버지를 설득해 도시를 재건했다. 세베루스는 성벽을 보수했고, 이는 원래 도시 면적의 두 배에 달하는 지역을 둘러싸게 되었다. 오늘날 블루모스크 앞의 원형경기장과 대규모 공중목욕탕도 이 시기에 건설되었다. 메세(Mese)라고 불리는 중심도로에 가로수가 세워지기도 했다.

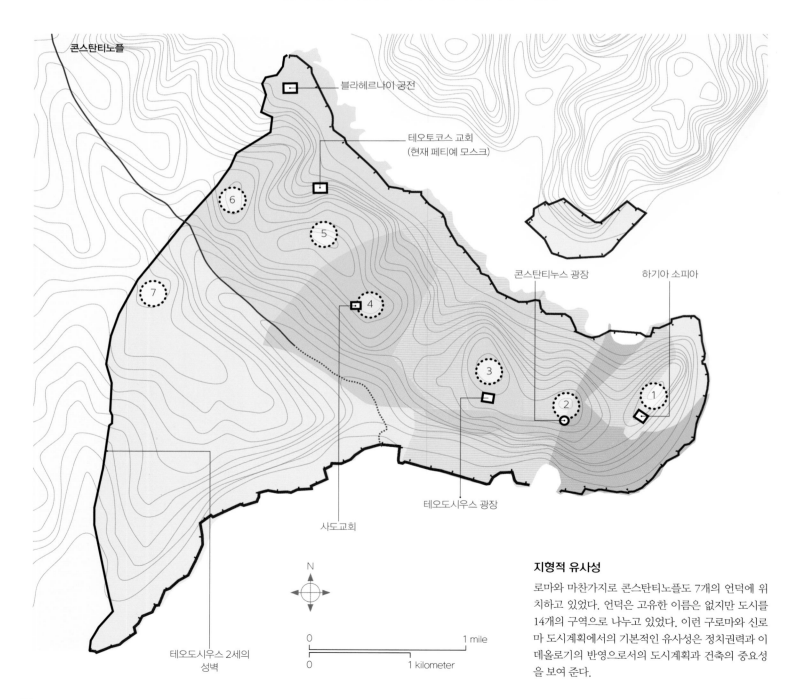

지형적 유사성

로마와 마찬가지로 콘스탄티노플도 7개의 언덕에 위치하고 있었다. 언덕은 고유한 이름은 없지만 도시를 14개의 구역으로 나누고 있었다. 이런 구로마와 신로마 도시계획에서의 기본적인 유사성은 정치권력과 이데올로기의 반영으로서의 도시계획과 건축의 중요성을 보여 준다.

324년에 콘스탄티누스 1세가 로마의 황제가 되었다. 새 황제는 비잔티움의 이름을 콘스탄티노플 또는 노바 로마 콘스탄티노폴리타나(신로마, 콘스탄티누스의 도시)로 바꾸고 로마 제국의 수도로 삼았다. 콘스탄티누스 황제는 제국 내에 기독교를 허용하고 기독교 신앙의 후원자가 되었다. 이로 인해 비기독교 신앙과 사원도 지속되는 동시에 최초의 하기아 소피아, 사도교회 등을 포함한 많은 교회들이 건축되었다. 제국의 여러 지역에서 많은 예술작품과 조각상이 새 수도로 반입되었다. 콘스탄티누스 황제는 더 넓은 지역을 포괄하는 성벽을 세웠으며, 비잔틴 황제들을 위한 대궁전도 건축했다. 콘

스탄티누스 광장은 원로원과 다른 중요한 종교 및 행사용 건물을 포함하고 있었다. 주요 건물과 광장을 연결하는 메세는 여전히 중요 도로였으며, 열주(portico)가 늘어선 새로운 도로가 건설되었다. 콘스탄티누스 황제는 비잔티움을 기독교 세계의 가장 큰 도시로 만들어 냈으며, 이는 예루살렘과 비견될 만한 것이었다.

337년 콘스탄티누스 황제가 사망한 이후, 콘스탄티노플과 로마 제국의 역사는 종교적 갈등과 함께 정치적 투쟁과 전쟁으로 점철되었으며, 특히 페르시아와의 전쟁을 겪었다. 도시는 여전히 로마 제국의 수도였으며, 이런 위상은 무역의 연결, 분주한

항구, 많은 인구, 거대한 건축물과 기념물을 통해 볼 수 있었다. 테오도시우스 황제가 사망한 395년까지 도시의 인구는 약 30만 명까지 늘어났다. 테오도시우스 황제의 죽음은 동서 로마 제국의 분열로 이어졌다. 동로마 제국의 수도는 콘스탄티노플이었고, 서로마 제국의 수도는 라벤나로 옮겨졌다.

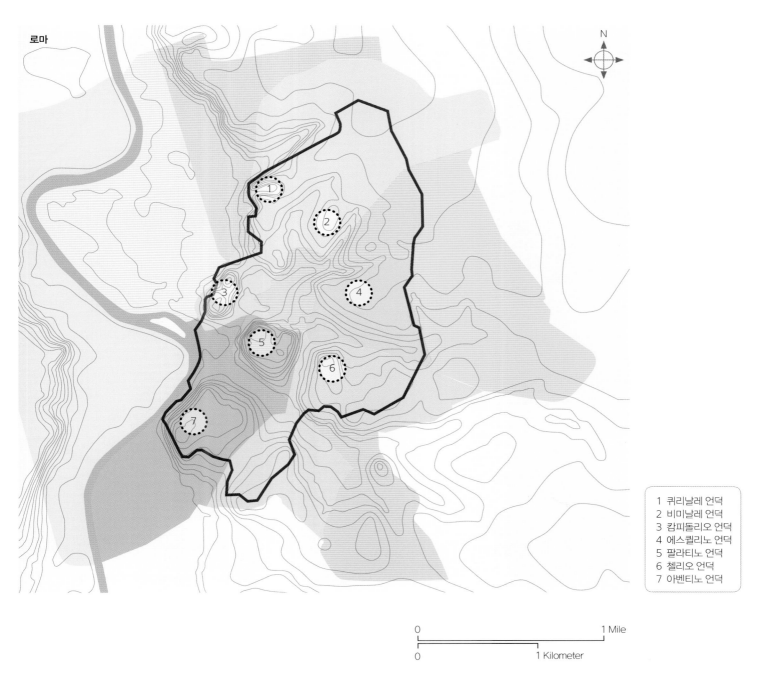

로마

1 퀴리날레 언덕
2 비미날레 언덕
3 캄피돌리오 언덕
4 에스퀼리노 언덕
5 팔라티노 언덕
6 첼리오 언덕
7 아벤티노 언덕

0   1 Mile

0   1 Kilometer

권력과 통제의 중심

정치와 제국 권력의 명시적 상징으로서 제국도시는 내부와 외부의 위협에 대비해야만 했다. 방어용 성벽은 제국의 위엄의 상징인 동시에 군사적 기능을 수행했다. 중세 이후 유럽에서 성벽은 외부의 공격과 포격으로부터 도시를 보호하기 위해 사용되었다. 빈의 성벽은 17세기 오스만튀르크가 유럽으로 더 진격하지 못하게 막아 낸 중요한 요인이었다. 내부의 위협은 프랑스혁명 당시 파리의 반란과 차르의 전제정권에 저항한 1905년 상트페테르부르크의 피의 일요일 사례에서 잘 나타난다. 비잔틴 제

국의 수도로서 콘스탄티노플은 정치적 패권을 장악하기 위한 수많은 투쟁의 무대가 되었다.

527년부터 565년까지의 유스티니아누스1세의 통치 시기는 비잔틴 제국의 전성기로 알려져 있다. 이 시기에 도시의 인구는 50만 명에 달했다. 제국의 영토는 소아시아를 거쳐 페르시아 국경에 이르렀으며, 발칸반도와 이탈리아, 북아프리카를 포함하고 있었다. 가장 큰 내부 소요는 니카 반란(Nika Revolt)이었는데, 이 과정에서 최초의 하기아 소피

하기아 소피아

하기아 소피아 내부

도시의 성벽

4세기 말에 고트족과 훈족의 위협으로 테오도시우스 2세는 추가적인 성벽의 건축을 추진했다. 이로 인해 콘스탄티누스 시대와 비교하여 약 40% 이상의 확장이 이루어졌다. 이 성벽은 비잔틴 시대 서쪽 성벽이었으며, 오늘날에도 남아 있다.

— 골든혼 성벽
— 프로폰티스 성벽
---- 비잔티움 성벽
-·-·- 세베루스 성벽
•••••• 콘스탄티누스 성벽
-- 테오도시우스 2세 성벽
— 도로

아를 포함한 제국의 과거 거주지역의 상당수가 파괴되었다. 유스티니아누스의 궁전은 반란을 진압하는 데 성공할 때까지 일주일 동안 거의 포위상태에 있었다. 도시의 재건은 오늘날 남아 있는 하기아 소피아의 건축을 포함했으며, 새로운 성당은 537년 완공되어 신의 지혜(Divine Wisdom)를 위해 봉헌되었다.

격렬한 정치적 격변은 비잔틴 제국의 특징이었다. 330년부터 1204년 사이 약 70명의 황제가 콘스탄티노플을 통치했는데, 이 중 반 이상이 반란으로 황위를 찬탈당했다. 7세기부터는 아랍과 사산조 페르시아가 도시를 위협하는 세력이 되었다. 이런 위협은 제국을 약화시켰고 콘스탄티노플의 세력도 축소되었다. 750년 이후에서야 제국은 회복되기 시작했다. 1050년 콘스탄티노플의 인구는 37만 5,000명에 달하게 되었다.

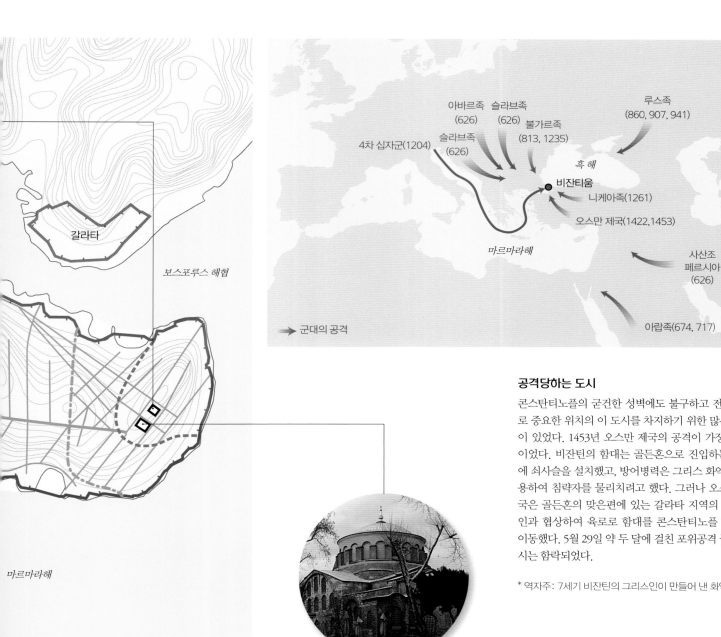

갈라타

보스포루스 해협

마르마라해

아바르족
(626)
슬라브족
(626)
불가르족
(813, 1235)
루스족
(860, 907, 941)
슬라브족
(626)
4차 십자군(1204)
흑 해
비잔티움
니케아족(1261)
오스만 제국(1422, 1453)
마르마라해
사산조
페르시아
(626)
→ 군대의 공격
아랍족(674, 717)

공격당하는 도시

콘스탄티노플의 군건한 성벽에도 불구하고 전략적으로 중요한 위치의 이 도시를 차지하기 위한 많은 공격이 있었다. 1453년 오스만 제국의 공격이 가장 큰 것이었다. 비잔틴의 함대는 골든혼으로 진입하는 입구에 쇠사슬을 설치했고, 방어병력은 그리스 화약*을 사용하여 침략자를 물리치려고 했다. 그러나 오스만 제국은 골든혼의 맞은편에 있는 갈라타 지역의 제노바인과 협상하여 육로로 함대를 콘스탄티노플 항으로 이동했다. 5월 29일 약 두 달에 걸친 포위공격 끝에 도시는 함락되었다.

* 역자주: 7세기 비잔틴의 그리스인이 만들어 낸 화약무기

하기아 이레네

빛나는 건축물

건축은 제국도시의 정치권력의 중요한 척도가 되어 왔다. 다른 세력 간의 권력 이동이 일어나면, 중요한 건물은 상징적으로 전환되거나 파괴되었다. 예를 들어, 1085년 무어인이 마드리드에서 축출되면서 새로운 왕은 기존의 모스크를 가톨릭교회로 개조할 것을 명령했다. 아스테카 문명의 주요 사원이었던 템플로 마요르(Templo Mayor)는 스페인인이 멕시코시티를 통치하기 시작한 1521년 파괴되었다. 나치 치하의 폴란드 크라쿠프에서는 많

은 유대인 기념비와 유대교 회당이 파괴되거나 방치되었다. 스탈린 시대 모스크바에서는 많은 역사적 건축물, 특히 종교적 건축물이 파괴되어 대규모의 광장으로 만들어졌다. 1453년 술탄 파티흐* 메메트(Fatih Sultan Mehmet)에 의해 콘스탄티노플이 점령된 이후 새로운 제국의 수도를 건설하는 작업이 시작되었으며, 건축은 이 개발 과정의 핵심이었다. 이 시기 이후 도시는 여전히 서구에서는 콘스탄티노플로 불렸지만, 동방에서는 코스탄티니예

페라 대로
(Grand Rue de Pera)

15세 이후 페라 구역은 많은 대사관과 유럽인이 정착한 외교와 무역의 중심지였다. 19세기에는 유럽인 인구가 밀집한 곳으로 이스탄불에서 가장 서구화된 지역이었다. 오늘날의 이스티클랄(Istiklal) 거리인 페라 대로는 이 구역에서 가장 중요한 거리로 대사관, 국제적 문화, 고급 패션, 독특한 건축양식의 건물이 있는 곳이다.

파티흐 모스크

술레이마니예 모스크

누루오스마니예 모스크

블루 모스크

(Kostantiniyye) 또는 이후에 더 널리 사용된 이스탄불로 알려졌다.

* 역자주: 정복자(Conqueror)라는 뜻의 터키어

도시의 성벽은 보수되었고 하기아 소피아는 모스크로 개조되었다. 술탄은 도시에 다양한 민족을 유입시키기로 결정했다. 튀르크인, 유대인, 그리스인, 아르메니아인이 오스만 제국의 각지에서 유입되었다. 과거 이스탄불에 거주하던 그리스인은 도시로 돌아오도록 권유되었다. 많은 교회가 모스크로 바꾸었지만, 각 민족집단은 나름의 구역, 종교지도자, 예배의 공간을 가지고 있었다. 점령 이후 10년이 지나자 술탄 메메트는 사도교회 부지에 그의 이름을 딴 거대한 종교 복합건물을 건설하도록 명령했다. 퀼리예(Külliye)라고 불린 이 건물은 파티흐 모스크와 함께 종교학교(medrese), 공동취사장, 병원, 도서관, 공중목욕탕, 시장, 묘지, 구제소, 순례자를 위한 숙박시설인 카라반세라이(caravanserai) 등을 포함하고 있었다. 종교시설로서의 퀼리예 개념은 오스만 제국의 도시계획에서 중요한 양식이 되었다. 퀼리예와 모스크는 여러 근린지구의 중심을 이루었다. 1856년까지 오스만 술탄의 궁전이었던 토프카피(Topkapi) 궁전과 돔 지붕이 있는 시장 중 세계에서 가장 큰 그랜드 바자르(Grand Bazaar) 또한 파티흐 시대에 건설되었다.

1453년부터 1923년 사이 30명의 오스만 황제가 이스탄불을 통치했다. 그중 가장 오랫동안 통치한 황제는 술레이만 대제로 1520년부터 1566년까지 46년 동안 황제의 자리에 있었다. 그의 통치 시기에 제국은 가장 방대한 영토를 확보했고, 이스탄불은 오스만 제국의 정치권력을 반영하는 제국의 수도가 되었다. 술레이만 대제의 직속 건축가는 시난이었다. 그는 지금도 도시 스카이라인의 중요한 형태를 이루는 기념비적인 모스크와 건물을 설계했다. 그의 건축물 중 가장 중요한 것은 셰흐자데 모스크와 술레이마니예 모스크이며, 술레이마니예 모스크는 술레이만 대제를 위해 봉헌되었다. 이 두 개의 모스크 역시 퀼리예의 한 부분을 이루고 있다. 술레이만 사후 오스만 제국은 정체와 쇠퇴의 시기를 겪었다. 그러나 제국의 수도로서 이스탄불의 영광은 지속되었다.

1850년대 유럽 도시화의 이상에 큰 영향을 받은 탄지마트(Tanzimat) 개혁운동이 일어났다. 이 운동으로 인해 새로운 광장, 거리, 보행로와 함께 경찰, 소방, 교통 등 공공서비스를 도입하여 이스탄불을 근대 유럽의 대도시로 만들려는 시도가 이루어졌다. 이스탄불시 도시계획위원회의 설치도 이 시기에 이루어졌다. 1860년대 오스만 술탄을 위한 새로운 궁전인 돌마바흐체(Dolmabahçe) 궁전이 보스포루스 해협가에 세워졌다. 제1차 세계대전 이후 오스만 제국은 종말을 고했다. 여전히 이스탄불이 국가의 경제적 중심으로 남아 있지만 새로운 터키 공화국의 수도로 앙카라가 선택되었다.

탁심 광장

돌마바흐체 궁전

갈라타 타워

토프카피 궁전

예니 모스크

하기아 소피아

오스만 제국의 기념비적 건축물

오스만인은 다수의 중요한 종교적, 정치적 건축물을 건설했다. 파티흐 모스크, 술레이마니예 모스크, 누루오스마니예 모스크, 예니 모스크, 블루 모스크 등이 가장 중요한 종교적 건축물이다. 토프카피 궁전과 돌마바흐체 궁전의 건축양식은 제국이 가진 힘의 구체적 표상이다.

세계시민주의

제국도시의 특징은 다양한 민족과 문화가 혼합되어 있다는 점인데, 이는 도시의 역사적 발전 궤적과 제국의 지리적 확장으로 인한 것이다. 런던의 인구구성은 여전히 대영제국의 식민지 운영을 반영하고 있다. 빈의 경우 1890년 센서스에 따르면 65.5%의 인구가 빈 이외의 지역에서 출생했는데, 이들은 발칸의 이슬람교도, 유대인, 헝가리 집시 등의 민족이 혼합으로 이루어져 있었다. 민족적 다양성은 제국도시의 중요한 요소라고 할 수 있다.

그리스 시대의 콘스탄티노플과 오스만 시대의 이스탄불 모두 제국도시이면서 동시에 성스러운 도시로 여겨졌다. 콘스탄티누스 대제 이전에는 토착 신앙이 이 지역의 지배적인 종교였다. 기독교가 로마 제국 내에서 성장함에 따라, 콘스탄티노플은 당시 가장 큰 기독교 도시 중 하나가 되었다. 로마, 알렉산드리아, 안티오크, 예루살렘과 함께 콘스탄티노플은 해당 도시의 주교가 대주교의 호칭을 얻는 도시였다. 이른 시기부터 비잔틴인은 자신들을 올바른 기독교 신앙의 수호자와 후원자로 인식했고, 이는 그리스어에서 유래된 'Orthodox'라는 단어에 드러난다. 그리스어로 orthos는 '바름', doxa는 '믿음'을 의미한다.

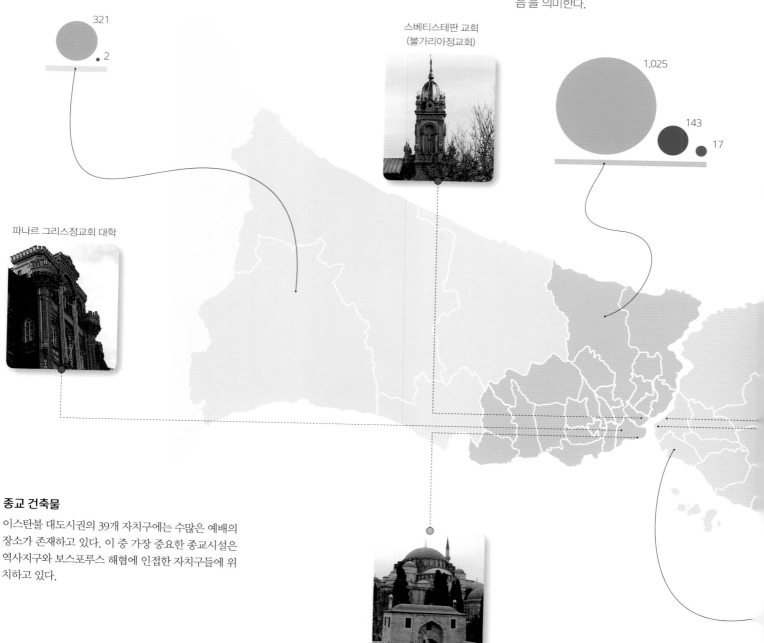

스베티스테판 교회
(불가리아정교회)

321
2

1,025
143
17

파나르 그리스정교회 대학

종교 건축물

이스탄불 대도시권의 39개 자치구에는 수많은 예배의 장소가 존재하고 있다. 이 중 가장 중요한 종교시설은 역사지구와 보스포루스 해협에 인접한 자치구들에 위치하고 있다.

술레이마니예 모스크

1453년 오스만이 도시를 점령했을 때, 그들은 예언자 마호메트 시대 이래로 이슬람 세계의 핵심적인 소원 중 하나를 성취한 것이었다. 도시를 정복한 이후 오스만튀르크인은 이슬람의 중요한 지도자로 보였다. 도시 주민 중 이슬람교도가 아닌 사람들은 '밀레트(millets, 민족)'로 나누어졌으며, 각 밀레트마다 종교지도자가 있었다.

수 세기 동안 다른 종교를 가진 사람들이 이스탄불에서 함께 살았다. 각 집단은 자신들만의 전통과 관습을 유지했으며, 이스탄불을 다른 종교의 용광로로 만들었다. 현재 이스탄불에 존재하는 소수 종교집단 중 기독교와 유대교의 규모가 가장 크다. 이스탄불에는 여러 기독교 교파가 존재하는데, 아르메니아 기독교, 그리스정교회, 레반트 가톨릭 등이 이에 해당한다. 아르메니아인은 약 6만 명 규모의 가장 큰 민족적 종교 소수집단이다. 아르메니아 교구는 쿰카피(Kumkapi) 지역에 위치하고 있는데, 아르메니아 공동체의 역사적인 정착지역이었다. 그리스정교회 공동체는 1950년대에 7만 명 수준에서 현재 2,000명 수준으로 줄어들었지만 이스탄불에서 역사적으로 중요한 집단이었다. 이스탄불은 그리스정교회 교구의 발상지로서 그리스정교회 교도에게는 여전히 중요한 거점으로 여겨지고 있다. 17세기 초반 이후 그리스정교회 교구는 성 조지 교회가 있는 페네르(Fener) 지구에 위치하고 있다. 그리스인은 이스탄불의 여러 지역에 분포해 거주하고 있는데 니샨타시(Nişantaşi), 시슬리(Sisli), 카디쿄이(Kadiköy) 등이 대표적이다. 레반트 가톨릭교도는 대부분 이탈리아와 프랑스계이며 갈라타(Galata) 지역에 거주하고 있다. 이스탄불에 거주하는 대부분의 유대인은 세파르디(Sephardi) 유대인이다. 이스탄불의 세파르디 유대인 공동체의 역사는 1492년까지 거슬러 올라가는데, 이때 유대인들이 스페인의 이단심문을 피해 오스만 제국으로 도망쳐 왔다. 오늘날 이스탄불에는 2만 명가량의 유대인이 거주하고 있으며, 22개의 회당이 운영되고 있다.

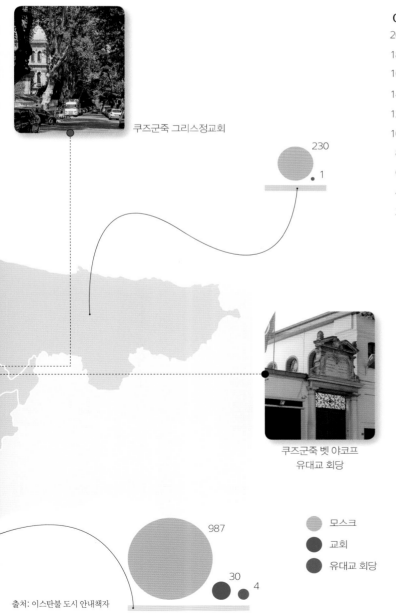

쿠즈군죽 그리스정교회

쿠즈군죽 벳 야코프
유대교 회당

987

30

4

모스크

교회

유대교 회당

출처: 이스탄불 도시 안내책자

230

1

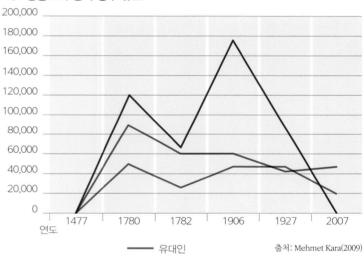

이스탄불 소수민족 인구 규모

연도: 1477, 1780, 1782, 1906, 1927, 2007

출처: Mehmet Kara(2009)

── 유대인
── 아르메니아인
── 그리스인

종교 인구

술레이만 대제 시기 이스탄불의 인구는 50만 명에 달했으며, 이는 유스티니아누스 황제 통치 시기와 비슷한 규모였다. 1535년에 이스탄불(갈라타 지구를 포함하여)에 8만 가구가 거주하고 있는 것으로 보고되었고, 이 중 58%는 이슬람교도, 32%는 기독교도, 10%는 유대인이었다. 17세기 이스탄불의 인구는 70만 명이었고, 유대인과 기독교도 인구는 약 40% 수준이었다. 그리스인이 가장 큰 소수민족이었고, 유대인은 총인구의 5%를 차지했다.

제국도시로부터 세계도시로

런던, 파리, 도쿄, 로마, 베이징, 멕시코시티, 모스크바, 상트페테르부르크와 같은 과거의 제국도시는 오늘날 세계경제에서 통제와 조정 기능을 지닌 세계도시가 되었다. 이들 도시는 자본과 이민자를 끌어들이고 있다. 제국도시의 역사적 중요성은 현재 세계도시의 위상에도 중요한 영향을 미쳤다.

20세기 초반에 이스탄불은 오스만 제국에서 공화정으로 체제가 전환되는 과정에서 정치적, 경제적 쇠퇴를 겪었다. 앙카라가 터키 공화국의 수도였지만, 이스탄불은 여전히 터키의 공업과 경제의 중심지로 남아 있었다. 이로 인해 1950년대 이래 이스탄불로 많은 농촌 인구가 이주했으며, 이는 무계획

적 개발과 어머어마한 도시 스프롤(sprawl)로 이어졌다. 1980년대에 세계화가 진행되면서 도시와 중앙정부는 이스탄불의 세계도시로서의 위상을 되살리기 위해 새로운 길을 찾아야만 했다. 도시 마케팅과 도시재생 프로젝트를 통해 이스탄불의 이미지를 홍보했다. 1990년대 이후 이스탄불은 세계도시로 성장했으며, 중동 금융의 중심지가 되었다. 1980년대부터 터키 경제가 자유화되면서 이스탄불에 지사를 설치하는 외국 기업의 수가 증가했다. 이스탄불이 세계도시의 위상을 되찾는 과정에서 과밀, 오염, 교통 및 교통체증, 주택, 천연자원과 관련된 여러 문제를 겪어야 했다. 현재의 추세대로라면 이스탄불의 인구는 2025년 2200만 명에 달할

새로운 도시

도시전환 프로젝트는 이스탄불 도시권을 근대적으로 바꾸기 위해 기획되었다. 그러나 이런 프로젝트로 인해 쫓겨나게 되는 사람들과 지역 상권에 대한 문제제기가 이루어지고 있으며, 또한 역사지구의 보존과 토지가격 상승에 대한 우려도 존재한다.

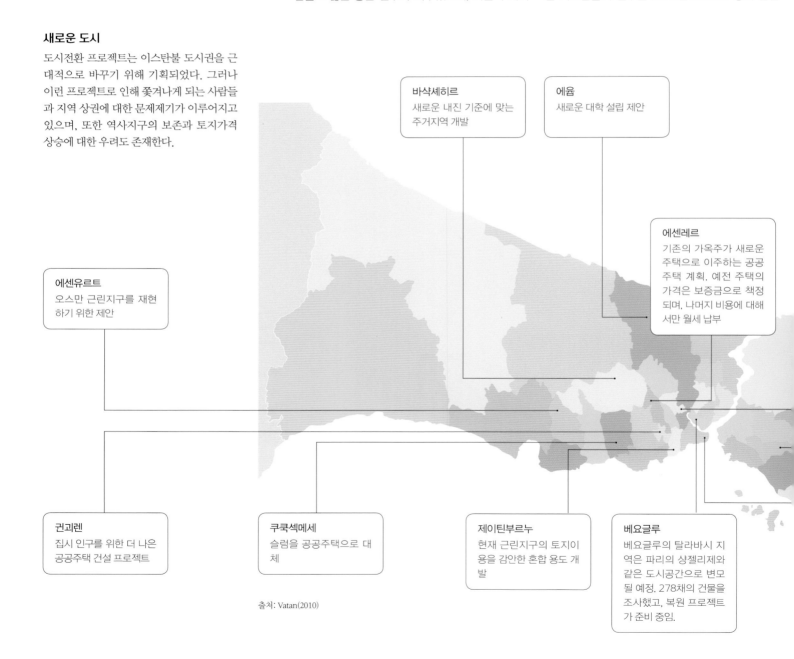

바샥셰히르
새로운 내진 기준에 맞는 주거지역 개발

에윱
새로운 대학 설립 제안

에센레르
기존의 가옥주가 새로운 주택으로 이주하는 공공주택 계획. 예전 주택의 가격은 보증금으로 책정되며, 나머지 비용에 대해서만 월세 납부

에센유르트
오스만 근린지구를 재현하기 위한 제안

권괴렌
집시 인구를 위한 더 나은 공공주택 건설 프로젝트

쿠쿡섹메세
슬럼을 공공주택으로 대체

제이틴부르누
현재 근린지구의 토지이용을 감안한 혼합 용도 개발

베요글루
베요글루의 탈라바시 지역은 파리의 샹젤리제와 같은 도시공간으로 변모될 예정. 278채의 건물을 조사했고, 복원 프로젝트가 준비 중임.

출처: Vatan(2010)

것으로 예상된다. 따라서 런던, 바르셀로나, 도쿄, 상하이, 파리와 같은 도시처럼 현재뿐만 아니라 미래를 고려한 계획이 세계화로 인한 문제점과 영향을 해결하기 위해 매우 중요해졌다.

이스탄불의 고용인구의 약 60%가 서비스 부문에서 일하고 있다. 현재의 계획과 개발전략의 영향으로 2023년까지 서비스 부문의 고용비율은 70%로 증가할 것으로 예측되고 있다. 인구성장과 서비스 부문 고용예측에 대비한 계획을 수립하기 위해 이스탄불 시정부는 다극성장과 '도시전환(transformation) 프로젝트'에 도시개발 노력을 기울이고 있다. 이런 계획은 슬럼의 철거, 건물을 내진기준에 부합하도록 개선함과 더불어 상징적인 건물, 쇼핑

몰, 주거지구, 수변개발을 통해 중심업무지구에 대한 대규모 도시 디자인 프로젝트를 포함하고 있다. 2010년 이스탄불을 유럽의 문화수도로 지정한 이래, 도시개발은 추진력을 얻었다. 2004년 이스탄불 대도시권은 별도의 계획기관인 이스탄불 대도시권 도시계획 및 도시 디자인 센터(Istanbul Metropolitan Planning and Urban Design Center, IMP)를 설립했다. 이 기구는 시장에게 직접 보고를 하며, 학계와 전문가 집단을 망라하여 건축가, 도시계획가, 기술자의 참여를 이끌어 낸다. 550명의 인력으로 시작된 IMP는 현재 유럽에서 가장 규모가 큰 도시계획 기구가 되었다. IMP의 도시계획 우선순위는 현재의 중심업무지구를 분산시켜 경제성장

과 도시개발에서 균형적인 발전을 추구하는 것과 서비스 부문을 위한 고급 사무공간을 갖춘 부도심을 육성하는 것이다. 과거의 제국도시 이스탄불의 오늘날의 발전은 이 도시를 중요한 세계도시로 만들어 나가고 있다.

가지오스만파샤
슬럼 철거와 저소득층 및 중산층을 위한 공공주택 건설

아타셰히르
3,000채의 주택 건설

카르탈
고급 사무공간, 주택, 문화센터, 오페라하우스, 공원, 호텔, 음식점, 요트 등 정박시설

파티흐
집시가 거주하고 있는 술루쿨레 지역은 호텔과 문화센터가 있는 주거지역으로 변화될 것임. 건축양식은 오스만과 터키 양식이 절충될 것임.

1950년 이후 인구성장

출처: UN(2011)

- 도쿄
- 멕시코시티
- 베이징
- 이스탄불
- 모스크바
- 파리
- 런던
- 마드리드
- 바르셀로나
- 로마
- 빈
- 교토
- 부다페스트
- 바르샤바
- 암스테르담
- 크라쿠프

제국도시의 인구성장

국제연합(UN)의 세계도시화 전망 보고서 2011년 수정판(World Urbanization Prospects Report 2011 Revision)에 의하면, 이스탄불은 과거 제국도시 가운데 세 번째로 인구가 많다. 또한 이스탄불은 유럽에서 가장 인구가 많은 도시가 되어 가고 있으며, 연평균 인구성장률은 다른 어떤 서구의 도시보다 높다.

제국도시의 역사를 재발견하다

제국도시의 과거는 정치적·경제적 변화, 사회적 변동, 기념비적 건축물과 도시계획의 이념에 의해 만들어지며, 이는 다시 현재의 도시화 형태를 만들어내는 데 중요한 역할을 한다. 각 시대는 도시환경에 특징적인 흔적을 남겨 놓았다. 이런 흔적 중 상당수는 가시적이고 도시문화의 일부가 되기도 하지만, 어떤 흔적은 현재 개발된 지역 아래에 숨겨져 있다. 이스탄불에서 9,000년의 역사는 발견해야 할 수많은 역사적 층위를 남겨 놓았다.

비잔틴 시대 이후 이스탄불에서는 물을 지하의 수조에 저장했다. 이 중 가장 큰 것은 바실리카 지하 저수조 또는 예레바탄 사라이(지하 궁전)로 불리는 것으로 6세기 유스티니아누스 황제에 의해 건설되었다. 1453년 오스만튀르크가 도시로 진입할 당시 아무도 이 지하 저수조를 보여 주지 않았다. 이후 바실리카 지하 저수조는 1540년대 사람들이 자기 집 지하에서 고기를 낚아 올리기 전까지 잊혀져 있었다. 이 비밀스런 지하 공간은 다신교와 연결된 또 하나의 숨겨진 층위가 된다. 지하 저수조에는 저수조를 지탱하는 336개의 기둥이 있는데, 이 중 몇 개는 메두사와 같은 다신교 조각상을 포함하고 있다.

고고학적 발견

많은 고고학적 유물이 마르마라이 프로젝트의 건설로 발견되었다. 2004년 시작된 고고학적 발굴은 7년 동안 이루어졌다. 발굴 기간 동안 건설사업은 일시적으로 중단되었다.

예니카피

비잔틴의 테오도시우스 항구는 4세기에 건설되어 13세기까지 사용되었다. 발굴 당시 36척의 목선이 발견되었다. 이 발견은 세계 최대 규모의 침몰선 발견으로 여겨지고 있다. 선박이 발견된 층 아래에는 8,500년 이전의 신석기 주거지가 발견되었는데, 가옥 토대, 무덤, 2,000여 개의 족적, 조리도구와 토기가 함께 발견되었다. 이 발굴 성과는 역 주변에 위치한 고고학 공원에서 전시될 계획이다.

마르마라이 터널

해상 크레인이 마르마라이 터널 공사현장에서 작업 중이다. 이 침매(沈埋) 터널은 길이가 거의 1.6km에 달하고, 최대 깊이는 약 56m에 이른다. 터널은 보스포루스 해협 양안의 아시아와 유럽 지역의 40개 역을 잇는 72km 길이의 철도 프로젝트의 일부이다. 터널은 2013년 10월 29일 승객 통행을 개시했다.

시르케시

이곳에서 발견된 고고학적 유적은 비잔틴과 오스만 제국 시기에 해당되는 것으로 로마와 비잔틴, 오스만 시기의 유리, 로마 이전 시기로 비정되는 토기와 유적이 포함되어 있다.

이는 이 도시에서 유스티니아누스 황제가 다신교를 기독교로 대체하는 방식을 보여 주는 것으로, 글자 그대로 다신교를 지하로 몰아낸 것이다. 또 다른 발견은 1912년에 이루어졌는데, 화재로 술탄아흐메트 광장이 파괴되면서 4세기 비잔틴 황제의 궁전 담과 모자이크가 드러난 것이다. 오늘날 궁전의 모자이크는 전시가 되고 있으며, 더 많은 유물이 발굴될 것으로 보인다.

최근의 발견은 이스탄불의 심각한 교통문제를 해결하기 위한 대규모 교통 프로젝트로 인해 이루어졌다. 교통문제는 언제나 이스탄불의 주요 쟁점이었으며, 특히 유럽과 아시아 간의 교통이 문제였다. 2004년 터키 교통국은 '마르마라이 프로젝트(Marmaray Project)'를 시작했는데, 이는 터키 중앙정부, 유럽투자은행, 일본국제협력기구가 투자한 25억 달러 규모의 사업이었다. 이 프로젝트로 한 시간에 75,000명의 승객이 아시아와 유럽 각 방향으로 이동할 수 있으며, 대기오염과 이산화탄소 배출을 줄일 수 있을 것으로 기대되고 있다. 이 프로젝트에 포함된 사업으로는 세계에서 가장 깊은 침매 터널을 보스포루스 해협 바닥에 설치하는 것과 통근열차 시스템을 개량하는 것 등이 있다. 프로젝트는 원래 2009년까지 완료될 것으로 계획되었으나, 제국도시의 각 시대별 유물이 출토되면서 사업이 4년간 연기되었다.

2004년 발굴이 시작된 이래 4만 여 점의 유물이 여러 지역에서 발굴되었고, 발굴 지점은 예니카피(Yenikapi), 시르케시(Sirkeci), 피키르테페(Fikirtepe), 펜디크(Pendik) 등이다. 발굴의 성과로 이스탄불의 역사는 신석기 시대로 거슬러 올라가게 되었다. 가장 중요한 발견은 예니카피 지역에서 이루어졌는데, 이 지역은 4세기 비잔틴 제국의 테오도시우스 항구였다. 발굴된 36척의 배는 각기 다른 시기에 제작된 것으로 밝혀졌다. 또 하나의 놀라운 발견은 펜디크 지역에서 이루어졌는데, 이 지역에서 고고학자들은 8,500년 전의 신석기 주거지를 발굴했다. 주거지에서 가옥의 토대, 무덤, 족적, 다양한 도구가 발견되었다. 이런 고고학적 발견으로 이스탄불의 역사뿐만 아니라 유럽의 도시화 역사를 더 깊이 이해할 수 있을 것으로 보인다.

지하 저수조

336개의 기둥으로 이루어진 바실리카 지하 저수조 또는 예레바탄 사라이(지하 궁전)는 근대 이스탄불의 지하에 존재하는 수백 개의 저수조 중 가장 큰 규모를 자랑한다. 다수의 기둥 주춧돌은 뒤집어진 메두사의 두상으로 되어 있다.

펜디크

기원전 6400년의 신석기 주거지로 집과 무덤(다수의 조리도구와 토기를 포함)이 발견되었다.

트램 노선
경전철 노선
버스 노선
마르마라이 철도 노선
지하철 노선

산업도시

제인 클로식

[핵심 도시]

맨체스터 _____

산업도시: 개요

기와 19세기 초반 동안 가속화된 동력으로 그 정점에 오른다.

수력, 화학공학, 금속공학의 발전은 제조업과 농업의 기계화 과정을 가능하게 해 주는 기계공구의 생산을 촉발했다. 농지에서의 노동력과 제품의 수작업에 대한 수요가 엄청나게 줄어들면서 이로 인한 대규모의 실업노동자는 일을 찾아 이주할 수밖에 없었다. 산업화의 자기강화적 순환과정 속에서 그들은 공장, 창고, 기차역, 항구 등에서 일할 사람들을 필요로 하는 산업도시로 이주했다. 사람들이 모여들수록 도시와 도시의 생산역량은 옛 방식을 더욱더 압도해 갔다. 농촌과 도시 인구의 일상생활은 이전에는 알지 못했던 방식으로 변화해 갔고, 산업도시는 이전의 어떤 도시보다도 빠르게 성장했다. 산업도시는 또한 은행업, 시장, 교통의 중심지였는데, 이는 산업이 유통 네트워크로의 접근이 쉬운 기존의 교역 중심지에 입지하곤 했기 때문이다. 예를 들어, 뒤셀도르프는 산업화 이전부터도 오래전에 형성되어 번성해 왔다. 이 도시는 라인강에 인접하여 14세기에 시장광장이 건설된 이래로 지역의 시장과 문화의 중심지였다. 미국에서는 디트로이트

> "맨체스터에서 도시의 형태는 30여 년의 기간 동안 급격히 변화하여 완전히 다른 도시로 바뀌었다. 이 정도 규모의 도시혁명은 인류 역사상 일어난 적이 없다."

'산업혁명'은 세계에 광범위한 사회적, 경제적 변화의 반세기를 가져왔다. 이는 도시적 측면에서 새로운 유형의 도시인 산업도시의 등장으로 표현되었다. 이 시점까지 도시의 존재 이유는 군사적, 정치적, 기독교적 또는 교역 기능을 수행하기 위해서였다. 이제 산업도시는 원료를 모아 공산품을 가공하고 조립하며 분배한다. 산업도시는 영국(맨체스터, 글래스고, 셰필드, 버밍엄)으로부터 시작되어 수십 년 후 서유럽(예를 들어, 베를린과 뒤셀도르프)과 미국(특히 시카고와 디트로이트)으로 확산된 18세

철 제련

주요 산업도시에서의 인구감소, 1951~2013년

산업화와 연결된 인구폭발 이후에 서구세계의 많은 산업도시는 극적인 감소를 보였고, 그중 몇몇은 거의 절반으로 줄었다. 개발도상국의 새로운 산업도시가 그들의 자리에 부상하고 있다.

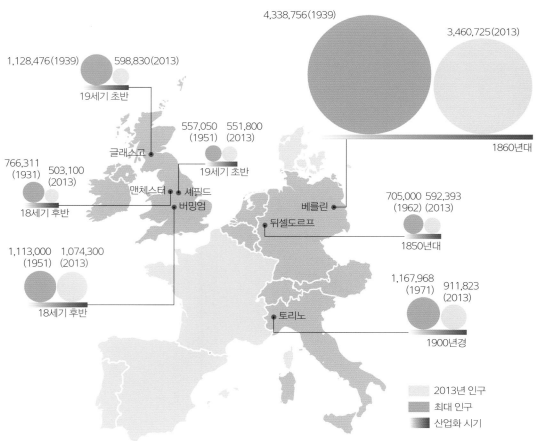

1,128,476(1939)   598,830(2013)
19세기 초반

557,050   551,800
(1951)   (2013)
글래스고   19세기 초반

766,311   503,100
(1931)   (2013)
맨체스터   셰필드   18세기 후반   버밍엄

4,338,756(1939)   3,460,725(2013)
1860년대

705,000   592,393
(1962)   (2013)
베를린
뒤셀도르프   1850년대

1,113,000   1,074,300
(1951)   (2013)
18세기 후반

1,167,968   911,823
(1971)   (2013)
토리노   1900년경

2013년 인구
최대 인구
산업화 시기

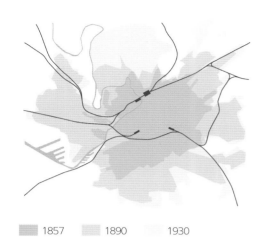

1857	1890	1930

**최초의 산업도시: 맨체스터의 도시화,
1857~1930년**

광범위한 인구팽창은 주변지역에 대한 급격한
도시화와 맞물려, 도시가 성장함에 따라 주변의
마을을 도시 안으로 급격하게 삼켜 나갔다.

3,620,962(1950)

2,714,856 (2013)

1870년대

1,849,568(1950)

701,475
(2013)

1900년경

디트로이트

시카고

방적공장 노동자

가 비슷한 이유로 산업화에 성공했다. 오대호 지역에 위치한 이 도시의 입지는 세계무역의 중심지이자 20세기 초반에 헨리 포드가 자동차 제조업을 시작하기에 이상적인 입지였는데, 여기서는 이미 금속가공, 기계공구 제작, 자동차 차체 제작산업 등의 혜택을 얻을 수 있었다. 교통의 측면에서 산업혁명은 또한 엄청난 기술진보를 이루었다. 인구이동과 같이 새로운 교통 네트워크의 건설은 산업도시의 성장을 지탱하고 강화했으며, 이들은 오래지 않아 지방, 도시 간, 그리고 국유철도의 허브로 자리 잡게 되었다.

근본적으로 도시적 성격을 띤 새로운 종류의 사회가 등장했다. 산업도시는 노동계급의 끔찍한 환경과의 관련성으로 오랫동안 알려져 있기도 하지만, 동시에 중간계급이라고 불리는 완전히 새로운 사회경제적 집단을 만들기도 했다. 이 집단은 산업가뿐만 아니라 새로 등장한 경제 시스템이 필요로 하는 대규모의 관리와 통제에 관여하는 직업종사자(예를 들어, 관리직, 사무직, 공무원, 통계분석직, 지방정부 구성원)로 구성되어 있다. 전통적으로 권력은 상류 지주계층에 있었으나 19세기 선거권의 확대와 지방 거버넌스에로의 진전을 가져온 의회개혁은 권력을 중간계급의 수하로 재분배했는데, 이

들은 도시의 모습과 그 안에서 찾아볼 수 있는 건물에 깊은 영향을 주었다. 부의 교외화는 도시 전체의 모습을 바꾸었으며, 소비주의와 여가의 추구는 산업과 더불어 도심에서의 건물의 모습을 그에 맞게 조직해 갔다. 글래스고가 그 좋은 사례인데, 시청과 같은 위풍당당한 석조건물은 산업적 부에 의해 건설되고 재정지원을 받으며 그 권력을 상징하고 있다.

여기서 우리는 산업혁명의 기간 동안 무슨 일이 있었는지에 대해 풀어 보고 도시형태와의 관계에 관해 고려해 본다. 논의는 비록 산업도시의 공통적인 성격을 보겠지만 어떤 도시유형도 국가적, 세계적, 정치적, 사회적, 문화적 맥락과 떨어져서 존재할 수 없다는 점을 기억할 필요가 있다. 도시는 (물리적으로 그리고 사회적으로) 다층적인 구조를 가지고 있으며, 유형화만으로는 설명하기 어려운 깊이와 특수성을 지니고 있다. 바로 그러한 이유에서 최초의 그리고 원형적인 산업도시인 맨체스터가 이 장에서 초점을 두고 다루어지며, 특정한 내용을 설명하기 위해 다른 도시들로부터 관련된 사례를 가져오게 된다. 맨체스터는 이미 16세기부터 직물 짜기의 중심지였으나, 산업의 힘이 모이면서 '코트노폴리스(Cottonopolis)', 소위 면직물 생산의 세계 중심지가 되었다. 도시는 보통 서서히 변화하며, 커다란 변화는 한 개인의 생애 동안에는 명확하게 관찰할 수 없는데, 맨체스터에서 도시의 형태는 30여 년의 기간 동안 급격히 변화하여 완전히 다른 도시로 바뀌었다. 이 정도 규모의 도시혁명은 인류 역사상 일어난 적이 없고, 이를 통해 도시가 인간의 힘에 의해 변화하고 개선될 수 있으며 또 그렇게 해야만 하는 대상이라는 생각을 가지게끔 되었다. 도시가 변화하고 어떤 형태를 만들어 가며 또 사회에 의해 모양이 만들어지는 대상임을 개념화하는 것은 쉽지 않다. 19세기와 20세기에 걸쳐 지구상에서 산업화에 의해 영향을 받지 않은 곳은 거의 없으며, 산업도시는 어디에나 있어서 이들 도시의 거리를 걸어 다니는 사람들의 삶과 생활을 만들어 가고 있다.

생산의 기계화

산업도시의 존재와 뒤얽혀 있는 기술은 18세기와 19세기 동안에 등장했으며 영국, 그리고 궁극적으로 세계의 도시경관을 새로 짰다. 제조를 위한 연철, 증기동력과 기계는 모두 이 중대한 시기에 발명되었으며 광범위한 사회적, 경제적, 물리적 효과를 가지고 있었다. 이들 발명과 상호 영향을 주고받으면서 '농업혁명'이 정점을 찍었는데, 이를 통해 토지의 생산성이 향상되었으며 경작에 필요한 사람의 수가 줄어들었다. 이는 잉여 노동력의 풀이 생겨남을 의미할 뿐만 아니라 맨체스터, 셰필드, 버밍엄, 글래스고와 같이 성장하는 산업도시를 급양할 수 있는 능력이 갖추어졌음을 의미하기도 한다.

처음에는 '엔클로저(enclosure)' 법에 따라 일자리를 잃은 노동자와 땅을 잃은 소규모 자작농의 생계를 위한 수단으로 가내공업이 꽃을 피웠다. 랭커셔에서 가족단위의 방적 및 방직업 종사자는 가내에서 작업을 수행했으며 생산수단의 소유자이자 운영자였다. 다축방적기, 수력방적기, 그리고 궁극적으로 뮬(mule) 정방기는 이런 것 모두를 바꾸어 버렸다. 볼턴의 이발사 리처드 아크라이트가 맨체스터 슈드힐에 공장을 열었을 당시 건물은 최초로 생산인력 대신 생산기계를 수용할 수 있도록 건설되었다. 철을 저렴하게 대량으로 이용할 수 있게 되면서 내부 버팀벽이 필요 없는 '불연성' 공장과 창고

제련

비싼 숯 대신에 코크스(열처리된 석탄)를 이용해 에이브러햄 다비가 개발한 제련방법을 통해 주물용 철을 대량생산할 수 있었다. 영국은 석탄과 철광석이 풍부했으며, 20세기까지 철 생산의 중심지였다.

플라잉셔틀

존 케이의 플라잉셔틀은 직조 과정에서 두 손 사이에 실을 보내는 수고로운 과정을 기계화했다. 1760년에 케이의 아들 로버트는 상하로 작동되는 북통을 통해 디자인을 개선하여 복수 개의 플라잉셔틀을 이용할 수 있게 되었다.

수력방적기

리처드 아크라이트의 수력방적기는 방적 과정을 자동화함으로써 의류의 산업적 생산으로의 길을 닦았다. 이 기계는 흐르는 물로부터 동력을 얻어 롤러를 돌리면 섬유가 나와 축에 의해 꼬아진다.

1709   1733   1769   1769

1712   1764

'파이어 머신'

토머스 뉴커먼의 '파이어 머신(fire machine)'은 탄광으로부터 물을 퍼 올리기 위해 증기를 동력으로 이용했다. 50년 동안 이것은 사실상 유일한 증기기관으로 광업에, 그리고 런던과 파리의 가정용수 공급에 이용되었다.

다축방적기

제임스 하그리브스가 딸의 이름을 따서 명명한 다축방적기(spinning jenny)는 하나의 물레로부터 여러 축에서의 작업이 이루어질 수 있도록 되어 있다. 이 기계는 상당한 생산성의 향상을 가져와 1778년에는 2만 대의 다축방적기가 영국 전역에서 이용되었다.

기계화 연대표

초창기의 '파이어 머신'으로부터 출발하여, 금속가공 기술은 도구와 기술의 제조를 가능케 하면서 산업의 중심에 자리 잡았다. 산업도시에 필수적인 것은 생산을 극대화하기 위해 일몰 후에도 가동할 수 있는 공장을 짓는 데 필요한 건설 및 조명 기술의 발전이었다. 사람, 기계, 그리고 도시공간은 모두 산업혁명에 필수적인 구성요소였다.

와트의 증기기관

'파이어 머신'은 매우 비효율적이어서 증기를 만들기 위해 냉수를 이용해야 했다. 제임스 와트의 증기기관은 수온을 유지하기 위해 별도의 냉각기를 도입했으며, 피스톤의 상하 운동을 이용함으로써 효율성을 두 배로 늘렸다.

의 골조공사에 이용되었는데, 이를 통해 건물 내의 넓은 공간이 기계로 채워지고 아울러 물건 저장을 위해 이용될 수 있었다. 영국 북부의 산업 대도시에는 이와 같이 새롭고 기술적으로 진전된 건물이 산재해 있었다.

20세기에 접어들어 조립라인 시스템은 디트로이트와 같은 도시에서 미국 산업을 유사한 방식으로 변화시켰다. 이로써 자동차와 같은 복잡한 기계도 대량제작이 가능해졌으며, 새로운 경제모형이 작동하기 시작했다. 초기에 노동자는 잠재적 소비자이기보다는 빈곤상태에 있는 손쉽게 이용 가능한 노동인력으로 여겨졌다. '포디즘(포드주의)' 원리는 노동

자가 높은 임금('5달러 시대')을 받을 수 있도록 만들었고, 그 결과 그들은 자신들이 생산하는 상품의 잠재적 소비자가 되었다. 생산규모와 유통 네트워크로의 접근 필요성 등을 고려하면 맨체스터 등과 같은 산업도시만이 경쟁력 있는 기계화된 제조가 진행될 수 있는 유일한 장소였다. 산업은 본질적으로 자본주의를 도시공간과 연계시켰고, 생산의 기계화에 그 존재기반이 있는 새로운 스카이라인을 만들었다.

가스등
윌리엄 머독에 의해 발명된 가스등은 런던에 설치되어 공장과 상점이 일몰 후에도 가동될 수 있게 해 주었다.

판유리
찬스 형제는 판유리를 개발하여 대규모의 저렴한 산업용 건물의 건설을 가능케 했다. 이 기술의 정점은 1851년 만국박람회를 위해 런던의 하이드파크 내에 건설된 크리스털팰리스였다.

1812

1832

1784

연철 및 압연
헨리 코트는 연철 및 압연 방식을 개발하여 잘 부러지는 선철보다 훨씬 순도가 높고 작업이 편한 탄성 있는 재료를 만들었다.

뮬 정방기
새뮤얼 크럼프턴의 뮬 정방기는 다축방적기와 수력방적기의 결합체로 옷감을 짤 수 있을 정도로 강하고 가늘면서도 균일한 실을 만듦으로써 처음으로 인도에서 수입된 섬유와 경쟁할 수 있게 되었다.

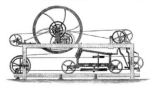

방적공장의 급속한 성장
1782년 맨체스터에는 방적공장이 두 곳뿐으로 수력에 의해 가동되었으나, 1792년에는 증기를 동력으로 이용한 52개의 공장으로 늘었고 1830년에는 100개가 되었다.

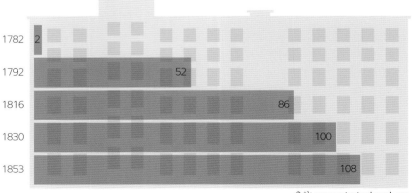

연도	공장 수
1782	2
1792	52
1816	86
1830	100
1853	108

출처: www.spinningtheweb.org

교통의 혁신

큰 도시는 에너지를 갈구하는 도시로, 19세기 초반에 이르러 산업도시는 역대 최대 규모의 석탄을 소비하고 있었다. 방대한 노동력에 주거를 제공하는 벽돌집 지구는 석탄 벽난로를 가지고 있었고, 10마력의 공장은 하루에 1톤의 석탄을 사용했다. 이 시기 영국 북부에 산업이 집중된 것은 풍부한 석탄층의 존재와 관련이 있는데, 유료 고속도로가 대형 차량이 다니기에 용이하도록 개선되었음에도 불구하고 석탄은 비쌌으며 도로 운송이 실용적이지 못했다. 그 결과 공장소유주와 광산업자는 석탄 운반을 절반 가격에 할 수 있는 운하에 투자했다. 저렴한

가격에 수입된 건설자재와 석회석, 석회 등은 창고와 공장을 신속하게 건설할 수 있도록 해 주었으며, 빠른 선박은 시골로부터 상하기 쉬운 물건과 승객을 운반하는 데 이용되었다.

제조업은 의심의 여지 없이 초기 산업도시의 중심이었으나, 증기기관에 연료를, 공장에 원료를, 그리고 사람들에게 식량을 공급하는 교통 네트워크 또한 동등한 중요성을 가지고 있었다. 주요 운하에 연이어 1830년에는 맨체스터에 철도가 건설되었는데, 세심한 주의 없이 도시의 노동계급 거주지를 관

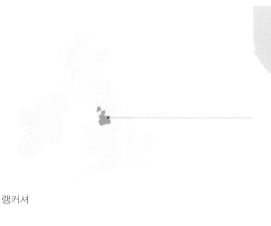

랭커셔

랭커셔 유료 고속도로 지도

유료 고속도로는 통행료를 부과하는 도로로 18세기 동안 영국에서 점진적으로 도입되어 왔으며, 통행료 수입은 유지보수에 이용되었다. (경골재가 표면에 채워진 돌들을 지탱하는 데 이용되는) 매캐덤(McAdam) 도로건설 시스템과 함께 유료 고속도로는 통과경로가 안정적으로 관리되고, 바퀴 달린 차량으로 이전에 수일이 걸렸던 도시 간 통행을 단 몇 시간 이내에 이루어질 수 있도록 해 주었다. 이것은 보다 효율적인 소통과 사람, 물자, 식량의 이동을 촉진했으며 산업혁명을 촉발시킨 핵심 요인이다.

1750년

1755년

1800년

1836년

출처: Lancashire County Council

통하여 건설됨으로써 집과 커뮤니티를 파괴했다. 1844년에 맨체스터와 런던, 리버풀, 버밍엄, 리즈, 셰필드, 볼턴을 연결하는 6개의 노선이 생김으로써 통행시간이 대폭 줄어들었고, 영국은 훨씬 더 조그마한 곳이 되어 갔다. 1851년 철도는 대규모의 승객을 수송했으며, 런던의 크리스털팰리스(Crystal Palace)에서 개최된 만국박람회에는 영국 전역으로부터 600만 명의 사람들이 모여들었고 이 중 많은 수는 기차를 통해 도착했다.

미국에서도 교통은 산업혁명에 필수적이었다. 평범하게 출발했지만 시카고는 오하이오–미시시피강 유역과 연결되는 장거리 운하의 건설 이후 1830년대 들어 번성하는 대도시가 되었다. 1850년대부터 철도가 동부 해안지방으로 연결되면서 1854년에 시카고는 세계 최대의 곡물항구가 되었다. 철도는 필연적으로 교역과 생산의 집중을 가져왔으나, 후에 시카고에서의 교역비용이 감당하기 어려울 정도로 비싸졌을 때 덴버, 미니애폴리스, 오마하와 같은 이웃 도시로의 분산도 가능하도록 만들어 주었다. 운하 또한 19세기 동안 계속 유용하게 활용되었다. 시카고 운하는 시카고강의 물길을 반대로 돌림으로써 산업폐기물을 도시로부터 멀리 밀어냈으며, 영국의 맨체스터 운하는 항해용 선박을 도시 안으로 들여올 수 있게 해 주었다. 이들은 산업도시의 전형적 특성, 즉 위성도시로 구성된 광범위한 배후지의 그리고 훨씬 광범위한 교역이 이루어지는 국가적, 국제적 네트워크의 중심지에서 볼 수 있는 '지리적 망(plexus)'이다.

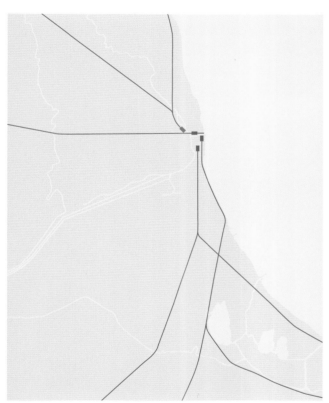

시카고 증기기관차 네트워크, 1855년

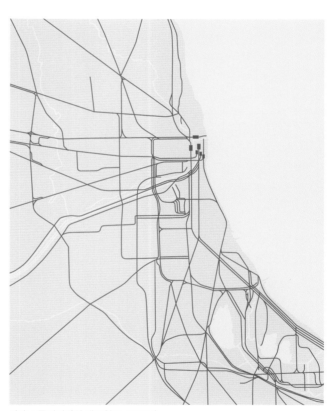

시카고 증기기관차 네트워크, 1900년

출처: Lake Forest College Library special collections

시카고 도시교통 네트워크

1900년 시카고의 인구는 170만 명으로 세계 5위 또는 6위권이었으며, 교통은 주요한 문제였다. 1890년대에 최초의 고가철도가 만들어졌고, 1890년대 말 도시 간 노선은 증기동력 철도를 교외로 연결했다. 전기견인 방식은 전차가 마차나 케이블카를 대체할 수 있게 해 주었다. 도시철도 연계는 교외화를 더 활성화시켜 보다 부유한 사람들은 도시의 산업 중심부로부터 더욱더 멀리 떨어져 살 수 있게 되었다.

시카고 거리의 전차, 1893년

시카고 고가철도 시스템, 1900년

이주와 인간의 고난

산업도시에서 인구성장은 폭발적이었다. 맨체스터의 인구는 1811년로부터 1911년 사이에 10배 증가했고, 버밍엄 또한 마찬가지였다. 미국 시카고의 경우 1837년 4,000명이었던 인구는 1860년 11만 명으로 증가했다. 그러나 통제나 규제 없이 성장하다 보니 번성하는 도시에서 사람들이 추구했던 보다 나은 삶을 찾기는 어려웠다. 임금은 겨우 생존을 유지할 정도였으며, 노동자가 남아돌아 노동력의 대다수는 임시적이고 힘이 없었으며 소모품으로 여겨졌다. 노동 시간과 조건은 냉혹한 수준이어서 소음이 심하고 위험한 기계는 종종 노동자를 불구로 만들거나 죽이기까지 했다. 1830년 맨체스터의 남성, 여성, 어린이의 주당 평균 노동시간은 69시간이었다.

생활여건이라고 더 낫지 않았다. 리버풀과 같은 영국 도시에서는 위생 관련 기반시설 없이 '날림으로 지은' 값싼 주택이 비좁은 골목이나 마당 주변으로 건설되었다. 과밀은 고질병이었는데, 아일랜드 이민자가 거주하는 지역이 최악의 상태를 이루고 있었다. 가장 가난하고 가장 절박한 인구집단이 사는 이곳에서는 보통 방 하나에 한 가족 이상이 살 정

깨끗한 물

1831년에는 맨체스터 인구의 절반 이하만이 깨끗한 물을 이용할 수 있었다. 오염된 배설물이 식수와 접촉될 때 확산되는 병원체 콜레라는 1832년에 영국에서 32,000명, 1848년에는 62,000명의 사망자를 냈다. 런던의 소호에서 존 스노는 오염된 펌프 주위에 콜레라 발병의 클러스터를 인지하여, 이 질병이 수인성이며 특정한 오염된 펌프와 관계가 있다는 사실을 확인한 첫 번째 사람이었다.

변소

변소의 수는 모자랐는데, 어떤 곳에서는 250명이 1개를 함께 썼다. 변소는 개방 하수로 흘러 들어갔다. 어크강의 듀시 다리 위에서 엥겔스는 다음과 같이 말했다. "이 마당 중 하나에서 입구 바로 앞에 포장된 길이 끝나는 곳에 문이 없는 변소가 있는데, 거주자가 고여 있는 소변과 대변의 악취를 풍기는 구덩이를 통과해야만 마당을 드나들 수 있을 정도로 너무 더럽다."

과밀 상태

어크강

새로운 산업도시의 생활여건

최악의 주거인 벽을 맞대고 다닥다닥 붙여 지은 집은 블록의 내부를 채우고 있었으며, 거리를 향하는 업무시설의 고상한 경치로부터 숨겨져 있었다. 배수나 환기 시설이 없는 비좁은 골목과 마당에는 과밀, 질병, 고통이 만연해 있었다.

도로 여건이 나빴다. 극도의 빈곤과 끔찍한 여건의 결과로 콜레라, 발진티푸스, 독감, 장티푸스와 같은 전염병이 빈번하게 발생했다. 1841년 영국에서 노동계급의 기대수명은 고작 26.6세였고, 57%의 어린이가 만 5세 이전에 사망했다. 채소값이 비싸서 사람들은 빵, 감자, 그리고 가끔씩만 맛볼 수 있는 고기로 연명했다. 이런 여건은 동시대의 관찰자들에 의해 공포감이 느껴질 정도의 상황으로 보고되었는데, 가장 유명한 것으로 1844년 출간된 프리드리히 엥겔스의 『영국 노동자계급의 상태』가 있다. "35만 명의 맨체스터 및 주변 노동인구는 거의 모두가 끔찍할 만큼 눅눅하고 아주 더러운 작은 집에서 산다. … 그들을 둘러싼 거리는 보통 가장 비참하고 매우 더러운 상태에 있고, 통풍에 대한 일말의 고려도 없으며, 오로지 계약자에게 보장되는 이윤에 대한 고려만이 있을 뿐이다."

일부 이주자들은 시골에서 왔는데, 비료의 이용이나 새로운 철제 농기구와 같은 기술혁신(종종 산업화 과정의 부산물)에 의해 일자리를 잃은 사람들이었다. 수공업자는 동일한 제품을 훨씬 저렴한 비용으로 만드는 강력하고 효율적인 새로운 공장에 상대가 되지 못했다. 또 다른 이주자들은 바다 건너에서 왔는데, 1845년부터 1852년 사이에 수년간 계속된 감자 기근의 피폐함으로부터 영국과 미국으로 탈출한 아일랜드인이거나 중부 및 동부 유럽에서 온 유대인 이민자였다. 기계를 부수고 변화에 저항해 행진하는 영국의 '러다이트(Luddite)' 시위대처럼 어떤 지구에서는 산업화에 대한 저항도 있었지만 궁극적으로는 헛된 일이었다. 산업도시는 노동력이 필요했고 이 도시가 파괴한 이전의 삶 속에 살아가던 바로 그 사람들 가운데에서 노동력을 찾아갔다.

출처: UK census data

임대 지하실
심지어 지하실도 임대되었으며, 맨체스터 통계협회의 조사에 따르면 1835년에 3,500개의 지하 거주공간에 인구의 12%, 즉 15,000명이 살고 있었다.

다닥다닥 붙여 지은 주택
다닥다닥 붙여 지은 값싼 주택이 부도덕한 개발업자에 의해 급조되었는데, 이 집의 벽은 벽돌 한 장 두께일 뿐이었다. 맨체스터의 백어크 스트리트에 있는 방직공의 집처럼 눅눅하고 통풍이 되지 않았으며, 매우 과밀해서 어떤 집에서는 22명이 살기도 했다.

핵심 산업도시에서의 인구성장

1780년 80%가 촌락 거주였다가 1900년에 80%가 도시 거주로 바뀌는 인구분포의 엄청난 변화는 산업도시를 과밀한 상태로 만들어 버리고 말았다. 가장 극적인 증가를 보인 곳은 글래스고로 이곳의 인구는 10배 증가했다.

- 공장 또는 직장
- 창고/사무실
- 공공주택
- 예배당/교회/학교
- 주택
- 다닥다닥 붙여 지은 주택
- 포장 영역

거버넌스와 사회개혁

산업도시의 지역 거버넌스는 애초부터 존재하지 않았고, 도시는 억제되지 않은 채로 성장했다. 맨체스터와 같은 도시는 상인의 과두체제에 의해 주도되었는데, 이들에게 서민들의 불결한 상태와 고통의 확산은 관심 밖의 일이었다. 19세기 초에 5개의 별도의 지방 권력기구가 맨체스터를 통치하기 시작하면서 경쟁과 혼란이 야기되었다. 1830년대의 법령은 지방정부를 인정했으며, 맨체스터는 맨체스터 코퍼레이션의 설립 및 초대 시장의 선출과 함께 지방정부의 길을 선도해 갔다. 시청은 도시성장에 대한 그리고 서비스 공급의 중앙 집중적 조직의 필요에 대한 대응이었으나, 동시에 빅토리아 여왕 시대의 '새로운 협동조합주의(new corporatism)'를 표방한 것으로, 자치도시는 중앙정부의 실용주의 및 자유방임주의 정권하에서 지방의 창조성을 위한 근원이자 전제조건으로 인식되었다.

당시 영국의 중앙정부는 도시혁명을 감당하기 위한 준비가 되지 않아 1830년대까지도 새로운 산업도시 중 다수는 하원에 대표를 가지지 못했다.

도시개혁의 연대표

맨체스터는 도시구조를 개선하면서 동시에 통제하고자 하는 개혁의 선봉에 있었는데, 그러한 행위는 종종 사회 최빈곤층의 슬럼 거주지와 그곳의 커뮤니티를 파괴하면서 그들에게 미치는 고통을 증가시키곤 했다.

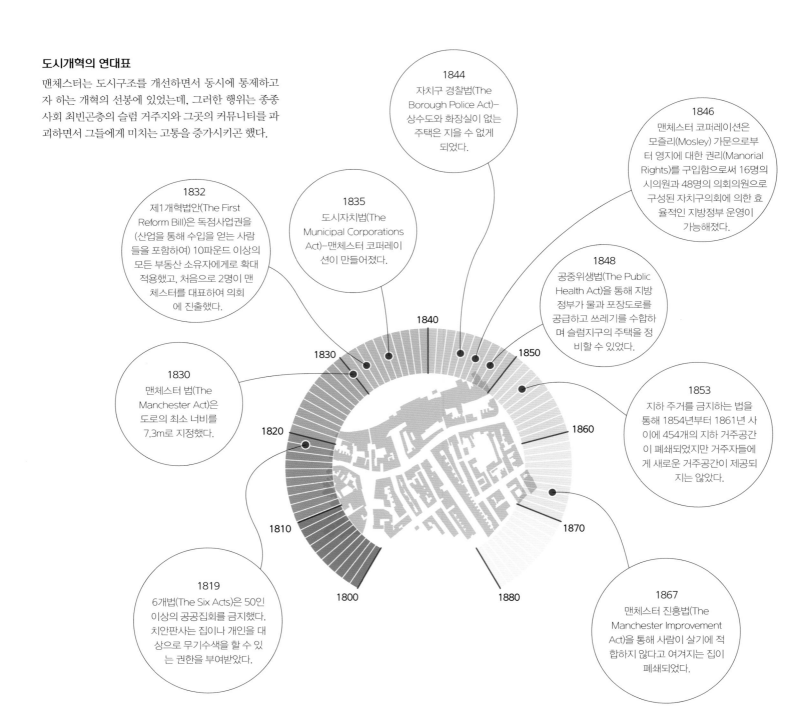

1844
자치구 경찰법(The Borough Police Act)–상수도와 화장실이 없는 주택은 지을 수 없게 되었다.

1846
맨체스터 코퍼레이션은 모즐리(Mosley) 가문으로부터 영지에 대한 권리(Manorial Rights)를 구입함으로써 16명의 시의원과 48명의 의회의원으로 구성된 자치구의회에 의한 효율적인 지방정부 운영이 가능해졌다.

1832
제1개혁법안(The First Reform Bill)은 독점사업권을 (산업을 통해 수입을 얻는 사람들을 포함하여) 10파운드 이상의 모든 부동산 소유자에게로 확대 적용했고, 처음으로 2명이 맨체스터를 대표하여 의회에 진출했다.

1835
도시자치법(The Municipal Corporations Act)–맨체스터 코퍼레이션이 만들어졌다.

1848
공중위생법(The Public Health Act)을 통해 지방정부가 물과 포장도로를 공급하고 쓰레기를 수합하며 슬럼지구의 주택을 정비할 수 있었다.

1830
맨체스터 법(The Manchester Act)은 도로의 최소 너비를 7.3m로 지정했다.

1853
지하 주거를 금지하는 법을 통해 1854년부터 1861년 사이에 454개의 지하 거주공간이 폐쇄되었지만 거주자들에게 새로운 거주공간이 제공되지는 않았다.

1830 1840 1850 1860 1870 1880 1820 1810 1800

1819
6개법(The Six Acts)은 50인 이상의 공공집회를 금지했다. 치안판사는 집이나 개인을 대상으로 무기수색을 할 수 있는 권한을 부여받았다.

1867
맨체스터 진흥법(The Manchester Improvement Act)을 통해 사람이 살기에 적합하지 않다고 여겨지는 집이 폐쇄되었다.

이 시기는 정부가 도시인구의 힘이 커지는 것을 인지하기 시작하면서 혁명을 두려워하는, 정치적으로 억압의 시기였다. 반대자를 척결하고 언론의 자유를 억제하는 시도가 있었으나, 새로운 도시공간은 통제에 대해 적대적이었다. 네트워크가 형성되고 급진주의자가 체제에 위협적인 모임을 갖는 것이 어렵지 않았다. 산업도시로 사람들이 집중하면서 이들 도시는 정치적 불안의 온상이 되었으며, 산업자본주의에 직면하여 사람들은 그들의 무력함과 싸우기 위해 집단을 형성했다. 정치적, 사회적 불안은 산업혁명의 반복되는 경제적 위기(호황과 불황)

와 맞물려 일어난다는 점에서 맨체스터는 노동조합운동의 태동지이기도 했다.

산업도시 개혁은 도시사회를 연구하고 이해하는 데 새로운 접근법을 가져다주었다. 치명적인 전염병에 대한 대응으로 새로운 전염병학 분야가 등장했다. 맨체스터의 마르크스, 베를린의 베버, 베를린과 보르도의 뒤르켐 등 '사회학의 아버지들'은 새로운 사고의 패러다임을 만들기 전에 산업도시에서 사회관계를 관찰했다. 맨체스터 통계협회(Manchester Statistical Society)는 1833년에 설립되어 최초로 아동 노동이나 과밀 등 사회적 이슈

를 체계적으로 연구하고 기록했다. 이후에 20세기 초 시카고학파의 이론가들은 도시를 스스로의 신진대사를 가지는 살아 있는 유기체로 보았다. 처음으로 도시는 연구와 해결의 대상이 되었으며, 19세기 후반 동안 과도한 산업자본주의의 최악의 폐해를 개선시키기 위해 일련의 자유주의적 개혁이 도입되었다.

도시저항-'피털루(Peterloo)'

정부의 탄압은 도시 내 오픈스페이스인 맨체스터의 성 베드로 광장에서 1819년 8월 16일에 발생한 유명한 저항으로 전기를 맞이했다. 새로운 도시문화를 통해 6만 명의 인파가 모여 북잉글랜드에서 참정권과 의회개혁을 요구하는 시위가 이루어졌다. 군인과 기갑병이 군중 사이를 휘젓고 다니면서 11명이 사망했고 400명이 부상당했다. 얼마 지나지 않아 이 사건은 1815년에 발생한 워털루 전쟁의 이름을 따서 '피털루'로 알려지게 되었다.

피털루 대학살

산업건축

산업도시는 생산을 위한 기계를 가지고 있지만 동시에 금융, 무역, 교통의 허브이기도 하다. 연철과 판유리 기술을 활용한 새로운 종류의 건물이 스카이라인을 지배했다. 높은 굴뚝을 가진 창고와 공장은 연기를 뿜어냈고, 기능성은 심미성을 지배했다. 비록 제조업의 상징도시였지만 19세기 전반의 맨체스터는 대부분 창고들로 채워져 있었고, 18%의 노동력만이 공장에 고용되어 있었다. 건축기술자에 의해 만들어진 연철 구조물로 공공, 교통, 교역 목적을 위해 건설된 웅장한 건물과 고가교, 교량 등이 있었다. 그럼에도 이 시기는 불확실성의 시대였으며, 공공건물의 경우에 신고전주의 양식이 새로운 도시 인구에 역사적 무게감과 권위를 부여했다. 건축에서의 고전주의 역사에 대한 이런 고려는 다수의 맨체스터 건축물의 디자인에 반영되었다. 자선단체와 자유개혁주의 단체는 도서관과 노동자 주택을 지었고, 시 코퍼레이션은 공공건물과 시청을 지었다. 민간기업은 건물의 표면을 석재로 바르고 기둥과 주랑현관을 갖춤으로써 그들의 권위를 공고히 했다.

산업도시는 새로운 유형의 경제 시스템으로 지역 및 범세계적으로 생산과 소비가 동시에 이루어지는 도시 산업자본주의였다. 새로운 도시 인구의 규모와 이들이 있었던 문화적 환경은 다양한 유형의 새로운 도시 어메니티(amenity)를 제공할 수 있

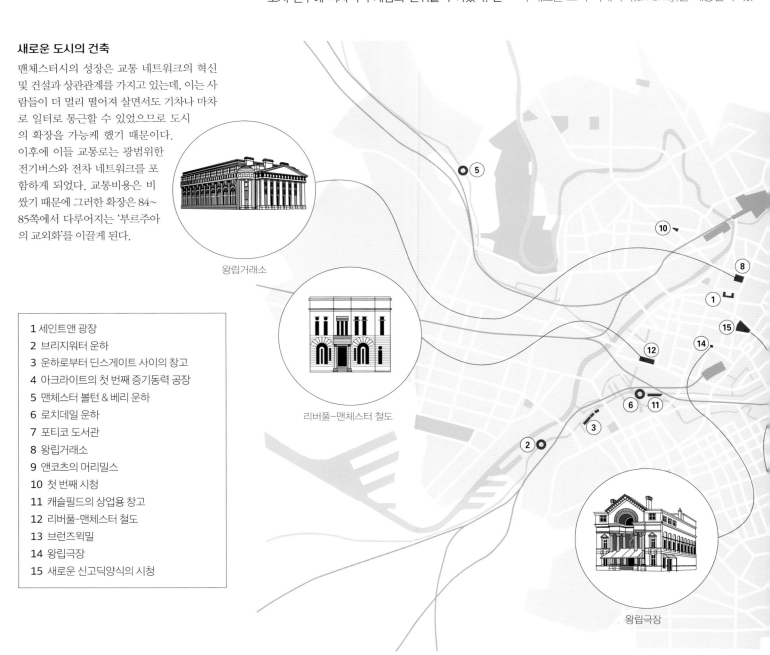

새로운 도시의 건축

맨체스터시의 성장은 교통 네트워크의 혁신 및 건설과 상관관계를 가지고 있는데, 이는 사람들이 더 멀리 떨어져 살면서도 기차나 마차로 일터로 통근할 수 있었으므로 도시의 확장을 가능케 했기 때문이다. 이후에 이들 교통로는 광범위한 전기버스와 전차 네트워크를 포함하게 되었다. 교통비용은 비쌌기 때문에 그러한 확장은 84~85쪽에서 다루어지는 '부르주아의 교외화'를 이끌게 된다.

왕립거래소

리버풀–맨체스터 철도

1 세인트앤 광장
2 브리지워터 운하
3 운하로부터 딘스게이트 사이의 창고
4 아크라이트의 첫 번째 증기동력 공장
5 맨체스터 볼턴 & 베리 운하
6 로치데일 운하
7 포티코 도서관
8 왕립거래소
9 앤코츠의 머리밀스
10 첫 번째 시청
11 캐슬필드의 상업용 창고
12 리버풀–맨체스터 철도
13 브런즈윅밀
14 왕립극장
15 새로운 신고딕양식의 시청

왕립극장

게 해 주었다. 이전에는 런던과 같은 거대 상업도시에서만 볼 수 있었던 엔터테인먼트, 레저, 교육용 건물이 건설되었다. 심지어 소규모 마을을 유랑하던 서커스마저도 도시에 터를 잡게 되었다. 극장, 박물관 및 다른 엔터테인먼트 장소가 대중의 요구에 부합하고자 생겨났으며, 19세기 후반의 교육법(Education Acts)을 통해 도시의 어린이를 위한 공립학교가 설립되었다. 새로운 제조공정이 이용되어 수출용 상품뿐만 아니라 철제 취사도구, 도자기, 사기그릇, 유리잔 등 지역 내 소비를 위한 일상적인 물건도 제조되었다. 소비사회는 초창기에 있었으나 제조업의 결과로 새로운 유형의 식료품 쇼핑이 나타났다. 시장은 이전까지 식료품 쇼핑의 장소였으

나 소비자는 불량식품이나 품질이 떨어지는 또는 심지어 부패한 음식을 구입할 위험부담을 가져야만 했다. 식료품과 식료품을 파는 상점에 대한 브랜드가 만들어지고, 이들 새로운 상점에 공간을 제공하는 하이스트리트(high street)라는 새로운 도시 형태가 나타났는데, 이를 통해 19세기를 거치면서 지역 내 교역의 중심지가 시장광장으로부터 이곳으로 대체되어 갔다.

포티코 도서관

브런즈윅밀

새로운 신고딕양식의 시청

새로운 기반시설의 연대기

1735-1753 세인트앤 광장. 우아한 벽돌집이 있는 도시의 멋진 장소.

1759-1777 브리지워터 운하는 맨체스터를 리버풀, 더 나아가 그랜드트렁크 운하를 통해 미들랜드에 연결하도록 건설되었다.

1770-1829 (어웰강을 가로질러 브리지워터 운하에 연결되는 송수관을 제작한 엔지니어인) 제임스 브린들리가 디자인한 운하와 딘스게이트(구 앨포트 스트리트) 사이의 창고.

1782 수차로부터 물을 끌어올리는 데 증기가 이용된 슈드힐밀러 스트리트에 있는 아크라이트의 첫 번째 증기동력 공장(1940년 소실).

1791 맨체스터 볼턴 & 베리 운하는 볼턴 근처에서 리즈-리버풀 운하와 합류한다.

1804 로치데일 운하는 캐슬필드에서 브리지워터 운하와 합류하면서 맨체스터와 헐을 연결하고 동시에 맨체스터를 동부 해안 방면으로 연결해 준다.

1802-1806 토머스 해리슨에 의해 설계된 모즐리 스트리트에 있는 포티코 도서관.

1806 토머스 해리슨에 의해 설계된 왕립거래소.

1798-1806 앤코츠의 머리밀스. 유니언(현재는 레드힐) 스트리트의 올드밀 1798은 볼턴 & 와트 증기기관을 이용했으며, 맨체스터에 현존하는 가장 오래된 공장으로 특정 목적을 위해 만들어진 공장의 전형이다.

1822-1825 프랜시스 굿윈에 의해 설계된 킹 스트리트의 첫 번째 시청.

1827-1828 캐슬필드의 상업용 창고. 현존하는 가장 오래된 운하창고로, 아치 모양의 적재용 구멍이 만들어져 있어 화물들이 배에서 창고로 직접 옮겨질 수 있었다(1996년에 스튜디오와 사무실로 변경).

1830 리버풀-맨체스터 철도가 개통되었다.

1840년대 애슈턴 운하 제방 위의 브래드퍼드 로드에 데이비스 벨하우스가 건설한 브런즈윅밀. 19세기 중반 전국에서 가장 큰 공장 중 하나.

1844 체스터와 어윈이 설계한 피터 스트리트에 있는 왕립극장.

1868-1877 앨프리드 워터하우스가 설계한 새로운 신고딕양식의 시청은 산업도시의 자치와 제국의 힘을 상징한다.

산업에 의해
형성된 도시

산업도시는 이전에 존재했던 어떤 도시와도 물리적으로 다르다. 빈부의 양극화는 극명했으며, 이런 분리는 도시구조에 아로새겨졌다. 이전에도 도시는 주어진 환경 속에서 만들어진 상품의 교역뿐만 아니라 얼마간의 제조업을 보유하고 있었다. 프러시아의 수도로서 베를린은 다수의 조그만 작업장을 가진 소규모 제조업의 중심지였고, 맨체스터는 그 도시에 고유한 18세기 유형의 작업장 주택이 있어 거기서 한 가족 또는 여러 가족이 공동의 다락 작업장 공간 아래에서 거주하곤 했다. 부유한 상인은 번성하는 마켓 스트리트의 교역지에 가까운 세인트 앤 광장 주변의 매혹적인 거리를 중심으로 거주했다. 그러나 기계화된 산업 또한 상업적 교역의 중심지를 선호하는 성향을 보이면서 공장은 이미 금융과 교통의 중심지인 도시의 중심에 입지하게 되었다.

인구가 폭발하면서 산업 핵심 지역 주변의 거리는 급격하게 슬럼화되고 빈곤층의 인구로 빽빽이 채워져 갔다. 이는 새로운 유형의 빈곤으로서, 도시의 물리적 여건과 불가분적으로 연관되어 있는 도시빈곤이었다. 정치적으로, 공장들에 인접하여 최악의 슬럼이 자리 잡은 것은, 이들보다 형편이 조금 나은 노동자에 대해 만약 현재의 상황을 뒤엎고자 할 경우 그런 슬럼이 그들에게도 닥칠 수 있는 비참한 운명이 될 수도 있다는 일종의 경고 역할을

시카고 부의 교외화

1870년에 시카고 인구의 49%는 이민자였다. 19세기 중반에 아일랜드와 독일로부터 이민자가 도착했으며, 이어 다수의 러시아계 유대인, 슬라브인, 이탈리아인이 뒤따랐다. 동심원적 구획은 시카고학파의 지리학자에 의해 관측되었는데, 그는 도시 중심부에서 시작된 이주자의 유입과 이들이 부와 권력을 획득하면서 점차적으로 외곽으로 이주해 나가는 과정을 지도로 만들었다. 시카고의 센서스 자료를 이용한 아래의 지도는 주택보유, 경제계급, 낮은 도시밀도의 측면에서 교외로의 부의 이출(移出)을 보여 준다.

제곱마일당 인구밀도, 1930년

- 50,000 이상
- 40,000–49,999
- 30,000–39,999
- 20,000–29,999
- 10,000–19,999
- 5,000–9,999
- 5,000 미만
- 녹지

가족의 경제적 지위, 1934년

- 최상위 경제계급
- 상위 경제계급
- 중위 경제계급
- 하위 경제계급
- 최하위 경제계급

주택보유 비율, 1934년

- 70–79
- 60–69
- 50–59
- 40–49
- 30–39
- 20–29
- 10–19
- 10 미만

했다.

산업중심지에서의 더러움, 불결함, 질병 등은 여력이 되는 사람들을 교외로 이주하도록 만들었으며, 이는 도시의 경계가 외부로 확장되는 결과를 낳았다. 맨체스터에서 상인의 주택은 빠르게 방치되면서 창고로 바뀌어 갔고, 이전까지 숙련기능공의 양질의 주택이었던 작업장 주택은 다가구용 공동주택이 되었다. 도시교통 연결은 부르주아의 교외화를 가능케 함으로써 중심부 주변의 동심원 띠별로 빈부 간의 양극화를 강화했다. 도시공간 구조상 지위에 따른 위치의 역전현상이 일어나면서 산업노동자의 교외촌이 나타났다가 빠르게 슬럼이 되었다. 부자들은 18세기에는 중심부에서 살았던 반면, 19세기에는 주변부에서의 삶을 강력히 선호했다. 엥겔스는 도시의 형태가 중간계급의 눈으로부터 노동계급 빈곤의 진정한 본질을 감추고 있다고 지적했다. "도시 그 자체는 독특하게 만들어져 있어서 한 사람이 업무나 산보 정도로 스스로의 공간을 한정시킨다면 여러 해를 살더라도 노동자 지구 또는 심지어 노동자를 마주치지 않고도 매일의 일상을 살아갈 수 있다."

빈부의 양극화

시카고처럼 맨체스터도 부에 따른 동심원적 구획을 가지고 있었다. 도시 중심부로 향하는 간선도로변에는 중간계급의 소비를 위한 상점이 늘어서 있었는데, 이는 하이스트리트라 불리는 새로운 도시형태였다. 청결함과 부유함을 보여 주는 외형적인 모습을 유지하는 것이 상점 주인의 관심사였으며, 상점 전면의 거리는 그 뒷면에 뒤죽박죽 섞여 있는 노동계급 지구를 효과적으로 감추고 있었다. 가난한 사람들은 그런 거리에서 쇼핑을 할 수 없었으므로 도시의 많은 중간계급 거주자의 눈에 띄지 않았다. 두 세계는 매우 가까웠으나 결코 마주치지 않았다.

맨체스터의 주택 상황, 1904년

정원을 가진 교외주택
후기의 조례를 따르는 주택
초기의 조례를 따르는 주택
개조된 다닥다닥 붙여 지은 집
슬럼주택/다닥다닥 붙여 지은 집
철도/운하 부지
창고/사무실
작업장/공장
강/운하
철도
공공공원, 유원지, 묘지

출처: Marr Map of Manchester Housing(1904)

탈산업화

제조업의 자동화, 항구의 컨테이너 시스템화 및 효율적인 통신이 대규모 노동력에의 수요를 감소시킴에 따라 '축소도시'의 현상이 서유럽과 미국의 산업지역에서 전반적으로 두드러졌다. 잉글랜드 북서부에서 산업 부문의 일자리는 1960년부터 1980년 사이에 반 토막이 되었으며, 이는 그 지역의 인구규모에 눈에 띄게 부정적인 영향을 주었다. 미국에서 디트로이트는 원래 자동차와 무기 제조업의 선도도시로, 1950년에 인구 180만 명의 정점을 찍었으나 2000년에 이르러 그 인구는 70만 명으로 떨어졌다. 20세기 후반에 산업생산의 심장부는 광저우나 상파울루와 같은 개발도상국의 메가시티로 이전되었다. 그에 따라 창고 및 제조업 활동으로 넘쳐

났던 도시 중심부는 공동화되었으며, 중심부 인근의 비선호 주거지역 또한 대부분 거주자가 없는 상태로 유지되었다. 텅 빈 채 버려져 있는 땅이 투자를 가로막는 인기 없는 중심부로부터 벗어나 탈도시를 지향하는 사무실, 사업체, 교역을 담당하는 소매업단지와 함께 부의 교외화 과정은 빠른 속도로 진행되었다. 1990년대 초반에 이르러 산업도시의 중심부는 버려졌다. 당시 리버풀의 중심부 인구는 2,300명에 불과했다.

다양화는 많은 산업도시의 해법이 되어 왔다. 면직산업은 영국에서 1913년에 정점을 찍었지만 신기술에 의한 점진적인 잠식과 노동자의 노조결성

앤코츠에 있는 조지 왕조풍의 테라스식 주택

국립축구박물관

샐퍼드 키

날염공장(위티그로브 27가)

은 영국이 극동으로부터의 경쟁에 의해 급격히 타격을 입을 것임을 예견했으며, 실제로 1960년대에 이르러 랭커셔의 공장은 일주일에 한 개씩 문을 닫았다. 그럼에도 맨체스터의 경제는 다양성이 높아서 보다 기술적으로 진보된 다른 부문 제조업의 부상을 통해 손실을 흡수할 수 있는 정도가 되었다. 20세기 후반에 신자유주의적, 보수주의적 경제정책은 도시권의 범세계적 시장성을 강조했는데, 맨체스터는 몇몇 전략, 즉 영연방경기대회(British Commonwealth Games)를 유치하고 (1996년 아일랜드공화국군(IRA)의 폭격 이후) 도시 중심부를 유산과 여가의 장소로 재조직하며, 과거 산업용 건물을 부유층의 주거로 재개발하는 것을 장려하는

등의 전략을 도입했다. 많은 산업도시의 대학은 이 과정에서 핵심적인 역할을 수행했다. 리버풀의 경우 중심부는 현재 약 23,000명 정도가 거주하고 있으며 이 중 상당수가 학생이다. 미국에서는 기후와 같은 또 다른 요인도 역할을 담당했다. 20세기 중반에 냉방기의 도래가 촉매제 역할을 하면서 '프로스트벨트(Frost Belt)'(북동부) 도시와 '선벨트(Sun Belt)'(남부) 도시 사이에 인구이동이 일어났으나, 가뭄과 물 부족이 영향을 미치기 시작하면서 이런 추이는 현재에는 반대로 바뀌고 있다.

모든 산업도시가 범세계적 투자의 경쟁에서 성공한 것은 아니며, 많은 도시는 고착화된 빈곤과 공간적 차별로부터 계속적으로 고통받고 있다. 디트로

이트에서 사람들은 도시 중심부를 계속적으로 방치하고 있다. 리버풀은 도시 내 도클랜즈(Docklands)의 재생을 완료했으나 쓸모없는 공간, '한물간(obsolete)' 건물, 이들과 연계된 도시의 곤궁함은 여전히 문제이며, 전체 인구는 아직도 감소하는 중이다. 많은 경우에 특정한 경제적, 사회적, 정치적 환경의 소산물로 탄생했던 과거의 산업 대도시는 시장의 세계화에 잘 적응하지 못했다. 21세기 이들의 미래는 불확실한 채로 남아 있다.

산업 쇠퇴

시장이 세계화됨에 따라 영국의 주요 산업은 해외로 사라져 갔다. 하지만 비록 중공업은 감소했으나 제조업은 여전히 영국 경제의 중요한 부분이다.

뉴이즐링턴에서의 재생

성공적 재생 프로젝트

1980년대 중반 이래로 맨체스터는 도시의 역사적 산업구조에 대한 보존과 재생을 통해 범세계적 '방문지(destination)'로 새롭게 소개되었다. 새로운 상징적 프로젝트의 예로, 이언 심프슨 아키텍츠(Ian Simpson Architects)의 국립축구박물관[구 어비스(Urbis)]과 샐퍼드 키의 개발이 있다. 이전까지 거주인구가 없었던 앤코츠의 산업지구는 현재 가장 비싸고 품격 있는 도시 중심부 입지이다.

맨체스터 시 스타디움

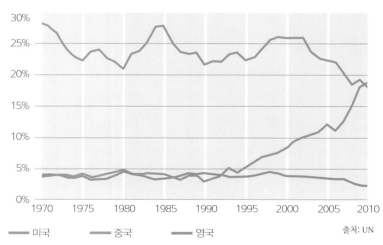

영국에서 면포류의 수입 및 수출, 1951~1964년

(막대그래프: 세로축 0~1000, 가로축 1951, 1954, 1957, 1960, 1962, 1963, 1964)

■ 영국 면포류 수입　　　■ 영국 면포류 수출

출처: www.spinningtheweb.org

세계 총량의 비율로 본 제조업 생산량

(선그래프: 세로축 0%~30%, 가로축 1970, 1975, 1980, 1985, 1990, 1995, 2000, 2005, 2010)

━ 미국　　　━ 중국　　　━ 영국

출처: UN

이성도시

앤드루 헤로드

프랑스 파리

이성도시: 개요

여러 층위로 이루어진 도시

파리의 건조환경은 2,000년이 넘는 시간 동안 다층적으로 건설된 결과물이다. 로마 시대의 파리가 현대 파리의 도로체계에서 여전히 드러나고 있는데, 이는 한 시기의 공간구조가 이후 시대의 공간구조를 만들어 낸다는 점을 잘 설명해 준다.

통치자는 사회가 이성적인 방식에 따라 기능할 수 있도록 도시경관을 디자인하곤 한다. 이는 다시 설명하면 통치자가 사회를 관리하기 위해 공간을 관리하는 것을 말한다. 이런 사고방식이 로마의 도시나 맨해튼의 격자형 도로망 등 많은 장소에서 구현되었지만, 그 정점에 이른 것은 아마도 19세기의 파리일 것이다. 이번 장은 1800년대의 파리에서 이성적인 방식에 따라 도시가 재개발된 사례를 주로 다루게 될 것이다.

기원전 4200년경 파리 지역에 취락이 형성되기 시작했다. 대다수의 학자에 의하면, 기원전 250년경에는 파리의 이름이 유래된 파리시(Parisii) 부족이 오피둠(oppidum, 방어 진지)을 센강에 설치하여

강을 따라 이루어지는 교역을 통제했다. 로마인은 이 지역을 정복한 이후에 센강의 왼쪽 강둑에 루테티아라는 갈로-로만(Gallo-Roman) 도시를 건설했다. 6세기에는 중심이 오늘날 시테섬으로 이동했고, 이곳에서 현대의 파리가 성장하게 되었다.

세계적으로 가장 영향력이 큰 도시 중 하나인 파리의 시작은 매우 초라했다. 그러나 현재 파리 지역은 세계에서 국내총생산(GDP) 6위를 기록하고 있으며(2012년 8130억 달러), 지구상에서 가장 많이 찾는 관광지이다. 이 지역은 유럽에서 가장 큰 상업용 부동산 시장으로 약 4200만m²의 사무실이 거래된다. 또한 이 지역은 유럽에서 두 번째로 큰 내륙항이다. 2012년 에이티커니(A. T. Kearney)와 시카고 국제문제협의회(Chicago Council on

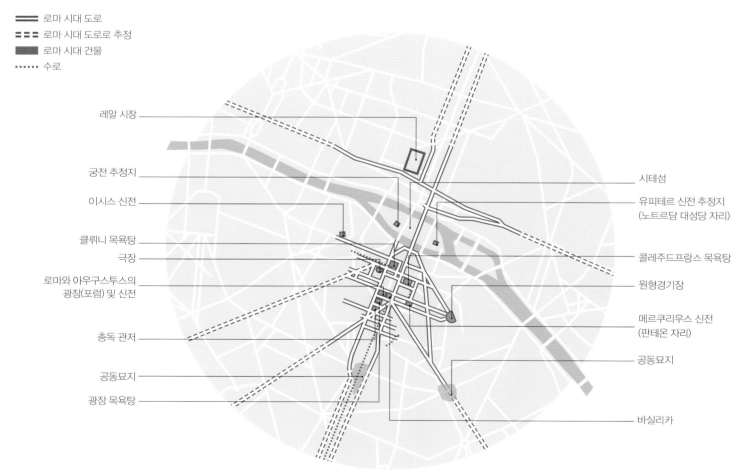

로마 시대 도로
로마 시대 도로로 추정
로마 시대 건물
수로

레알 시장
궁전 추정지
이시스 신전
클뤼니 목욕탕
극장
로마와 아우구스투스의
광장(포럼) 및 신전
총독 관저
공동묘지
광장 목욕탕

시테섬
유피테르 신전 추정지
(노트르담 대성당 자리)
콜레주드프랑스 목욕탕
원형경기장
메르쿠리우스 신전
(판테온 자리)
공동묘지
바실리카

Global Affairs)는 파리를 세계에서 세 번째로 중요한 도시로 선정했다. 파리는 세계경제의 중요한 원동력이다.

의도적인 도시계획으로 인해 도시계획을 추진했던 사람들이 사망한 이후에도, 파리는 경제 및 다른 목적을 위해 동원될 수 있었다. 12세기에 국왕 필리프 오귀스트(존엄왕)가 만들고 작가 에밀 졸라가 '파리의 배(Belly)'로 불렀던 레알(Les Halles)은 1970년대까지 파리 사람들이 이용한 시장으로 남아 있었다.

여러 주요 도로는 로마가 만든 도로를 따라 건설되었지만, 샤를 5세에 의해 건축된 성벽(1356~1383년 축조)과 루이 13세가 건설한 성벽(1633~1636년 축조)은 이후에 파괴되어 17세기 루이 14세가 건설한 대로(grands boulevards)가 되었다. 19세기에 널리 이루어진 재건축은 도시의 기능에 지속적인 영향을 미치게 되었다.

경제, 정치, 문화의 중심으로서의 파리

파리는 오랫동안 중요한 결정이 이루어지는 곳이었다. 508년 프랑크 왕국의 클로비스1세가 파리를 수도로 삼았다. 샤를마뉴는 수도를 아헨(Aachen)/엑스라샤펠(Aix-la-Chapelle)로 옮겼으나, 987년 파리의 백작으로 왕위에 오른 위그 카페는 다시 파리를 수도로 삼았다. 루이 14세가 1682년 베르사유의 자신의 궁을 정치의 중심지로 삼았으나 1789년 프랑스혁명이 일어나자 다시 파리가 정치의 중심지가 되었고, 짧은 기간 동안의 분란 이후에 파리는 수도로 남아 있게 되었다. 오늘날 파리는 프랑스

> "파리는 2013년 『포춘』지 선정 500대 대기업의 본사가 베이징과 도쿄에 이어 세 번째로 많이 입지한 도시였다."

파리의 성벽

파리의 초기 성벽은 도시를 방어하기 위해 축조되었다. 그러나 Wall of the Farmers-General*(1784~1791년 건설되었고 당시의 도시경계)과 62개의 요금징수소는 상품이 파리로 유입되는 것을 통제하고 세금을 부과하기 위해 사용되었다.

* 역자주: 일반적인 방어를 위한 성벽이 아니라 세금 징수(farmer)를 위해 쌓은 성벽

의 중앙집권 정치체제의 논쟁의 여지가 없는 중심지로, 이에 대해 많은 사람들은 "파리가 재채기를 하면 프랑스는 감기에 걸린다"는 표현을 하기도 한다. 파리의 정치적 위상은 '비대한 도시'로 표현되는데, 국가를 '몸'으로 비유하면 수도 파리는 지나치게 큰 '머리'가 된다. 이런 정치적 위상은 많은 정부 건물로도 표현되고 있다. 파리의 수위성은 전화번호의 지역번호에도 나타나는데, 프랑스는 5개의 지역번호가 있으며 파리는 01번을 부여받고 있다.

역사적으로 파리의 정치적, 경제적 중심으로서의 역할은 인구성장으로 이어졌다. 1300년까지 파리의 인구는 서유럽에서 가장 많은 22만 5,000명이었다. 1500년에도 파리는 여전히 서유럽에서 가장 인구가 많은 도시였고, 1800년에는 런던에 이어 두 번째를 차지했다. 이런 인구의 집중은 12세기 중반 파리 대학의 설립으로 이어졌고, 곧 유럽 대륙의 많은 학자가 모여드는 중심이 되었다. 교육 중심지로서의 파리의 중요성은 지속되었는데, 70개 이상의 고등교육기관이 있는 파리는 유럽에서 학생이 가장 많이 집중되어 있는 도시가 되었다. 파리 지역에는 5개의 '혁신 클러스터'가 정부의 주도 하에 설립되었다. 이 클러스터는 수백 개의 소프트웨어, 헬스케어, 멀티미디어, 자동차 및 다른 기업과 대학, 연구소가 연결되어 있다. 국제적으로 파리

는 경제협력개발기구(OECD), 유네스코, 유럽우주기구(ESA) 등을 포함한 국제기구 본부가 브뤼셀에 이어 두 번째로 많이 입지한 도시이다.

12세기 중반 노트르담 대성당이 도시를 고딕건축의 선두주자로 자리매김한 이후, 파리는 건축의 새로운 유행을 만들어 내는 도시였다. 19세기에는 보자르(Beaux Arts) 양식을, 20세기에는 전성기 모더니즘 양식을 창조해 냈다. 최근에는 하이테크/포스트모더니즘 양식의 조르주 퐁피두 센터가 전 세계 건축 디자인의 영감을 자극하고 있다. 발터 베냐민이 파리를 "19세기의 수도", 거트루드 스타인이 파리를 "20세기 자체"라고 칭송했던 사실은 음악, 철학, 예술, 건축, 문학 분야에서 파리가 보여 준 창의력에 근거하고 있다. 오늘날 파리는 다문화 도시로 많은 이민자와 게이 인구가 거주하고 있다. 이런 다양성은 문화적 역동성이 풍부한 도시환경을 만들어 내고 있다.

- 루이 14세의 대로(17세기 후반)
- 루이 13세(17세기 초반)
- 샤를 5세(14세기)
- 필리프 오귀스트(12세기)
- 10~11세기
- 갈로-로만

프랑스혁명 이후 생겨난 합리성의 공간

프랑스 지리학자 앙리 르페브르는, "새로운 사회적 관계는 새로운 공간을 필요로 하며, 새로운 공간은 새로운 사회적 관계를 필요로 한다."라고 언급했다. 1789년의 혁명파도 그렇게 생각했음이 분명하다. 그들이 처음 한 일 중 하나는 건축과 도시계획 담당부서인 시민건축위원회(Conseil des Bâtiments Civils)를 신설한 것이다. 위원회는 파리의 왕정파와 교회의 경관을 합리적으로 계획된 공화정과 세속주의적 경관으로 전환하게 될 것이었다.

건조환경이 이성의 시대의 신념을 반영해야 한다는 것은 혁명파의 목표 중에서도 핵심적인 것이었다. 따라서 혁명파는 많은 오래된 건축물의 용도를 바꾸어 버렸다. 노트르담 대성당은 '이성의 신전'으로 바뀌었으며, 판테온은 교회에서 프랑스 위인의 마지막 안식처가 되었다. 그러나 새로운 사회적 제도는 새로운 형태의 건축물을 필요로 했다. 이로 인해 법원과 감옥은 피고인의 새로운 권리, 즉 밀실이 아닌 공개된 장소에서 재판 받을 권리를 반영하기 위해 다시 설계되었으며, 이는 새로운 평면배치 등

새로운 사회를 위한 새로운 도시

계몽주의에 뿌리를 둔 합리적인 도시계획의 정신은 프랑스혁명 전후 파리의 경관에 구현되었다. 예를 들어, 파리의 수많은 교회 경내에 묻힌 사체가 건강에 위협이 될 것이라는 두려움은 1786년 도시 내의 묘지를 금지하는 법률로 이어졌다. 혁명 후 몇 년 동안 600만 구의 사체를 파내어 도시의 갱도에 이장했는데, 이 갱도는 중세 시대 파리를 건설하기 위한 채석장에 만들어진 것이었다. 1800년대 초에 페르라셰즈(Père-Lachaise), 몽마르트르(Montmartre), 몽파르나스(Montparnasse) 묘지가 만들어졌으며, 이들 묘지는 파리의 교외지역 바깥쪽에 위치하고 있었다. 이들 묘지는 새로운 질서의 비전을 재확인해 주는 것이었는데, 이는 산 자와 죽은 자에게 모두 영향을 미쳤다. 또한 혁명파는 파리의 구역을 다시 건설하는 계획을 수립했다. 이들은 질서 있는 도시구조가 새로운 사회적 관습의 선언이며, 이는 또한 새로운 사회가 등장할 수 있는 토대를 제공한다고 믿었다.

몽마르트르(북쪽 묘지)

레알 시장 주변지역 개선 계획은 예술위원회에 의해 수립되었으며, 위원회는 파리를 재설계하기 위한 아이디어를 찾기 위해 1793년부터 1797년까지 회의를 개최했음

성 이노센트 공동묘지는 파리에서 가장 오래되고 규모가 큰 묘지로 1780년 폐쇄되었고, 1786년 무덤은 모두 비워졌다

몽파르나스 (남쪽 묘지)

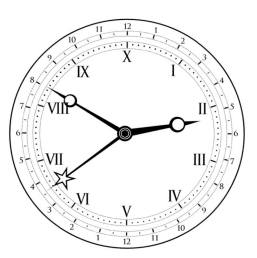

시간의 합리화

도시계획은 혁명파가 보다 합리적인 삶의 방식이 구현되는 장소를 만들기 위해 수행한 일에 국한되지는 않는다. 혁명파는 일주일을 10일로, 하루를 10시간으로, 1시간을 100분으로 하는 시간체계를 고안해 냈다. 이런 십진법 체계에서 1 '혁명 초'는 0.864초였으며, 1 '혁명 분'은 1분 26.4초, 1 '혁명 시'는 2시간 24분에 해당되었다. 시계 제작자는 십진법 체계를 보여 주는 시계를 만들어 내기도 했다.

생쉴피스 교회 앞의 광장은 이신론자들이 교회를 절대자를 경배하는 공간으로 전환하는 계획 속에서 다시 설계되었다.

을 필요로 하는 작업이었다. 또한 혁명파는 삶과 마찬가지로 죽음에 있어서도 평등을 추구했다. 과거에는 특권계층만이 교회 내부에 묻히고 나머지 사람들은 교회 바깥에 묻혔는데, 현재는 부자나 가난한 자 모두 새로운 시립 공동묘지에 나란히 묻히게 된다. 공동묘지 역시 종교적 장소가 아닌 세속적인 장소로 재현되었다.

나폴레옹 1세는 파리를 '역사상 가장 아름다운 도시'로 만들고 싶어 했다. 이는 파리의 실업자를 위한 사업이었으며, 동시에 구불구불한 중세 도로를

질서 정연하게 만드는 작업이었다. 따라서 파리 중심의 리볼리 거리는 동서를 잇는 세련된 거리로 만들어졌으며, 리볼리 거리에서 직각으로 도로가 연결되어 보행자가 명품 매장으로 쉽게 접근할 수 있도록 했다. 원활한 교통흐름을 위해 나폴레옹 1세는 강을 건너는 3개의 다리와 여러 개의 운하를 건설했고, 동시에 홍수를 방지하기 위한 4km 길이의 돌로 된 수벽을 쌓았다.

공간을 합리적으로 계획하기 위한 노력은 이 시기에 다른 도시에서도 나타났다. 프랑스인 피에르 랑

팡은 1791년 워싱턴과 뉴욕 맨해튼의 격자형 도로망을 설계했다. 1920년대 러시아 혁명가들은 이런 아이디어를 차용하여 '소비에트 도시'를 건설했다. 혁명가들이 바라본 소비에트 도시는 토지이용이 시장의 힘이 아닌 합리적 계획에 의해 이루어지는 사회적 평등을 반영하는 곳이었으며, 동시에 사람들이 새로운 '사회주의' 문화적, 정치적 정체성을 형성하는 환경을 제공하는 곳이었다. 러시아 혁명가들에게 사회적 관계는 건조환경에 반영되는 것이며, 건조환경은 사회적 관계의 구성물이었다.

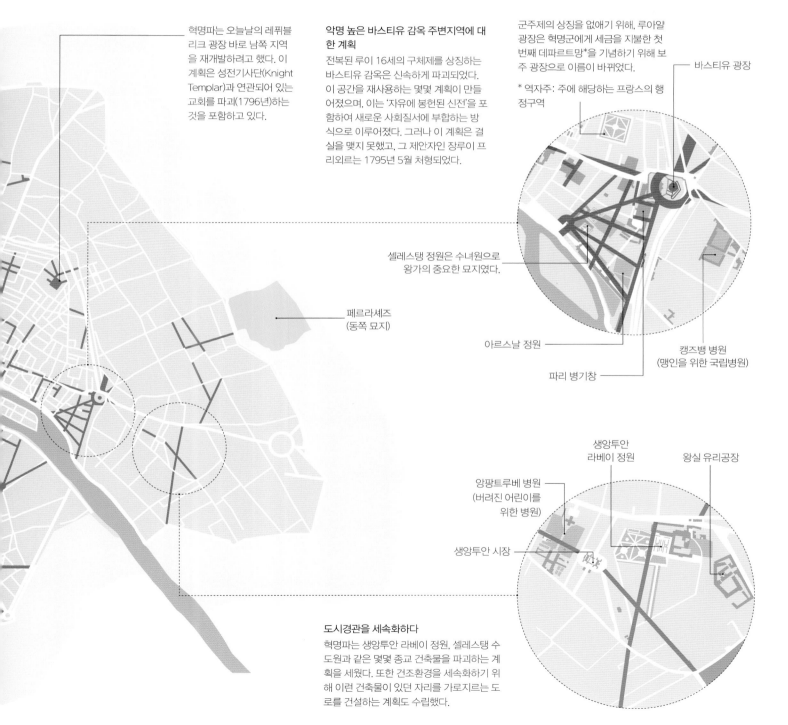

혁명파는 오늘날의 레퓌블리크 광장 바로 남쪽 지역을 재개발하려고 했다. 이 계획은 성전기사단(Knight Templar)과 연관되어 있는 교회를 파괴(1796년)하는 것을 포함하고 있다.

악명 높은 바스티유 감옥 주변지역에 대한 계획

전복된 루이 16세의 구체제를 상징하는 바스티유 감옥은 신속하게 파괴되었다. 이 공간을 재사용하는 몇몇 계획이 만들어졌으며, 이는 '자유에 봉헌된 신전'을 포함하여 새로운 사회질서에 부합하는 방식으로 이루어졌다. 그러나 이 계획은 결실을 맺지 못했고, 그 제안자인 장루이 프리외르는 1795년 5월 처형되었다.

군주제의 상징을 없애기 위해, 루아얄 광장은 혁명군에게 세금을 지불한 첫 번째 데파르트망*을 기념하기 위해 보주 광장으로 이름이 바뀌었다.

* 역자주: 주에 해당하는 프랑스의 행정구역

바스티유 광장

셀레스탱 정원은 수녀원으로 왕가의 중요한 묘지였다.

페르라셰즈
(동쪽 묘지)

아르스날 정원

파리 병기창

캥즈뱅 병원
(맹인을 위한 국립병원)

생앙투안
라베이 정원

왕실 유리공장

앙팡트루베 병원
(버려진 어린이를
위한 병원)

생앙투안 시장

도시경관을 세속화하다

혁명파는 생앙투안 라베이 정원, 셀레스탱 수도원과 같은 몇몇 종교 건축물을 파괴하는 계획을 세웠다. 또한 건조환경을 세속화하기 위해 이런 건축물이 있던 자리를 가로지르는 도로를 건설하는 계획도 수립했다.

오스만이 파리를 다시 만들다

1851년 12월 쿠데타로 절대권력을 갖게 된 나폴레옹 3세는 중세의 파리를 제국의 위상에 어울리는 근대 도시로 탈바꿈하기 위한 자신과 삼촌인 나폴레옹 보나파르트의 꿈을 실현시킬 계획을 수립했다. 이전에도 도시의 전면적인 재개발을 추진한 통치자는 있었지만 1830년대까지도 가로수가 있는 대로는 몇 개 없었다. 이탈리안인 거리, 샹젤리제 거리 정도만 가로수가 있는 대로였고, 도시의 대부분은 비좁고 무질서한 상태로 남아 있었다. 파리는 주요 유럽 도시 중에서 도로의 폭이 가장 좁은 곳이었다. 주요 도로는 자동차가 아닌 보행자를 위해 설계되어 있었다. 이런 좁은 도로로 인해 상업활동이 어려워지기도 했고, 노동자가 제국의 통치에 대항하기 쉬운 측면도 있었다. 노동자는 좁은 도로에 쉽게 바리케이드를 설치하여 군대의 움직임을 막을 수 있었다. 이런 이유로 황제는 조르주 외젠 오스만(Georges-Eugène Haussmann)을 고용하여 파리 중심부를 완전히 제거하는 계획을 수립하게 된다. 보다 합리적인 도시를 창조하기 위해 나폴레옹 3세와 오스만은 상업(도시 외곽으로부터 도심의 시장으로 물품이 쉽게 도달할 수 있도록)과 사회적 통제를 촉진할 수 있는 계획을 수립했다. 이는 오스만의 발언에서 드러난다. "오래된 근린지구를 파괴하는 것은 반란의 훈련장을 없애는 것이어야 한다."

건축, 도시계획, 법, 금융에 대한 지식을 갖춘 오스

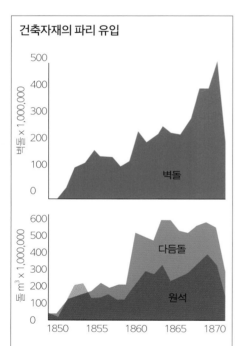

건축자재의 파리 유입

벽돌 × 1,000,000

500
400
300
200
100
0

벽돌

부피 m³ × 1,000,000

600
500
400
300
200
100
0

다듬돌

원석

1850 1855 1860 1865 1870

1850년 이후 파리로 유입되는 벽돌과 석재(원석과 다듬돌)의 급격한 증가는 오스만의 계획으로 이루어진 건설 프로젝트의 규모를 보여 준다.

오스만의 네트워크

오스만이 도시를 탈바꿈시킨 사람으로 알려져 있지만, 많은 경우 그는 단순히 과거의 계획을 추진했을 뿐이었다. 그러나 오스만은 교통흐름을 개선하기 위한 3개의 주요 네트워크를 만들어 냄으로써 이런 과정을 극적으로 가속화시켰다. 첫 번째 네트워크(1854~1858)는 세바스토폴 대로를 건설함으로써 파리 중심부의 남북 방향의 흐름을 개선시킨 것이다. 두 번째 네트워크(1858~1860)는 도시 중심부로부터 외곽으로 나오는 교통흐름을 원활하게 했다. 두 번째 네트워크는 파리 중심부의 레퓌블리크 광장, 생라자르역과 파리 북서지역을 연결하는 로마 대로, 파리 개선문 주변 대로 인근의 도로 건설을 포함하고 있었다. 세 번째 네트워크는 구교외지역과 도시의 나머지 부분을 잘 연결하기 위한 것이었다. 세 번째 네트워크의 개설로 동부의 노동자 거주지역인 벨빌이 남쪽의 공업지구인 베르시와 연결되었으며, 서부의 부유한 지역인 16구(arrondissement)가 개선문 지역과 연결되었다.

다리

도로와 주택의 건설과 함께, 오스만은 센강에 여러 다리를 새로 놓거나 재건했다. 교량은 강 양안에 생겨나기 시작한 도로 네트워크를 연결하는 데 필수적이었다.

앵발리드 다리

랄마 다리

파리의 새로 건설되거나 재건된 도로

제2제국, 1852~1870년

제3공화국, 1870년 이후

만은 도시를 전면적으로 변화시키기 시작했다. 그는 건물, 도로, 대로의 디자인을 규제했으며, 녹지 공간을 조성하고, 상하수도를 현대화하며, 제국의 영광을 강조하기 위해 대로의 끝에는 비스타(vista)*를 배치했다. 이 과정에서 60% 정도의 건물이 재건축되었는데, 1852년부터 1872년 사이에 약 2만 채의 집이 파괴되고 4만 채의 집이 새로 지어진 것으로 추정된다. 이런 개발은 월세 인상으로 이어졌고, 이로 인해 가난한 사람들이 파리의 외곽 지역으로 이주할 수밖에 없게 되어 도시 중심부는 '부르주아화'되어 갔다.

중세 도시를 근대 도시, 좀 더 합리적으로 계획된 도시로 재탄생시키기 위한 노력은 파리에만 국한

된 것은 아니었다. 1857년 오스트리아의 프란츠 요제프 1세는 빈의 오래된 성벽을 철거하고 새로운 환상도로(Ringstraβe)를 건설하여, 도시 주변과 도시를 통과하는 교통에 방해요소를 제거할 것이라고 천명했다. 그의 계획에는 합스부르크 제국의 위대함을 보여 줄 건물을 건설하는 것도 포함되어 있었다. 오스만이 했던 방식대로, 넓어진 도로는 군중이 바리케이드를 세우기 어렵도록 만들었다. 도로의 폭을 넓히는 일은 빈의 합스부르크 제국에 중요한 고려사항이었다. 혁명의 파도가 유럽을 삼키던 1848년 심각한 시위가 오스트리아에서도 일어나고 있었다.

* 역자주: 도로 등의 건설에서 시선을 유도하는 경관 및 건축기법. 비스타의 끝에는 terminating vista라고 하여 기념비, 대형 건축물 등이 배치되어 시선을 사로잡는다.

리볼리 거리

리볼리와 루브르 거리 지역에서 최초의 대규모 철거가 이루어졌다. 리볼리 거리는 나폴레옹 보나파르트에 의해 조성되었지만, 오스만은 이 도로를 마레 지구까지 동쪽으로 연장했다. 이 도로의 아래에는 나폴레옹 3세 시기에 만들어진 새로운 하수관이 지나고 있다.

시테섬

1860년대에 시테섬에서 일어난 철거는 현대의 기준으로 보더라도 매우 규모가 큰 것이었다. 철거의 목적은 파리 중심의 센 강을 가로지르는 물류의 흐름을 촉진하기 위해서였다.

세바스토폴 대로

루이필리프 다리
생미셸 다리

나쇼날 다리

오스테를리츠 다리

건강의 도시 : 하수도와 공원

중세 시대 파리의 하수는 대개 센강으로 바로 흘러들어갔다. 그러나 인구가 증가하면서 덮개가 없는 하수관을 따라 흘러가는 폐수의 냄새는 더 이상 참기 어려울 정도였다. 설상가상으로 이런 하수관은 질병의 원인이 되었다. 19세기에 이런 상황을 개선하기 위한 시도가 있었다. 나폴레옹 보나파르트는 도로의 교차지점마다 물이 솟아 나오는 식수대를 설치하여 공기를 정화하고 도로를 깨끗하게 만들고자 했다. 그러나 잇따른 콜레라의 창궐로 정부 당국이 움직일 수밖에 없었다. 질병이 잘못된 도시 디자인으로 초래된 것이라고 생각한 오스만은 건강에 좋은 도시를 만들기 위해서는 더 나은 도시계획이 필요하다고 주장했다. 1800년에 파리의 하수관은 총 19km, 1840년에 96km이었으나, 오스만은 480km 이상의 하수관을 건설하도록 했다. 파리를 근대로 진입시킨 공학의 경이로운 업적으로 알려진 이 새로운 시스템은 도시를 오물이 '모두 거리에 있는' 도시에서 '모두 하수관에 있는' 도시로 변모시켰다.

'진보'에 대한 부르주아의 열광을 반영하고 있는 하수도는 파리에 부과된 새로운 이성적 사회질서 및

파리의 공원

파리의 공원과 식수(植樹) 책임자였던 장샤를 아돌프 알팡, 원예전문가 장피에르 바리에 데샹, 건축가 장앙투안 가브리엘 다비우, 수도국의 외젠 벨그랑과 함께 오스만은 파리를 합리적으로 계획하여 공중보건과 공공도덕을 개선하려고 했다. 그중에서도 특히 많은 공원과 녹지를 확보하여 시민이 야외에서 운동할 수 있도록 했다.

몽소 공원

트로카데로 정원

라네라그 정원

불로뉴의 숲

마르스 광장

오퇴이유 식물원

아틀랑티크 정원

앙드레 시트로앵 공원

조르주 브라상 공원

샹젤리제 정원

튀일리 정원

전망대 정원

몽수리 공원

공간질서를 상징적으로 나타내고 있었으며, 곧 관광명소가 되었다. 이것은 이전의 시각과는 매우 다른 것이었다. 예를 들어 1830년에 빅토르 위고는 소설 『레 미제라블』에서 하수도를 불협화음과 혁명으로 연결하고, "도시의 피에 존재하는 악"으로 묘사하고 있을 뿐만 아니라, "도시의 양심"으로 그리고 있는데, "문명의 모든 정직하지 못한 것들이 … 진실의 구덩이에 빠지게" 되는 장소라고 표현하고 있다. 동시에 물과 목욕에 대한 태도의 변화는 보다 깨끗한 시민을 만드는 것이 근대성의 이상과 관련이 있다는 것을 의미하고 있었고, 오스만은 도시로 식수를 끌어오기 위한 두 번째 상수도 네트워크를 건설하였다.

상하수도관 이외에도 나폴레옹 3세는 많은 녹지공간을 조성할 것을 명령했다. 런던의 공원에 감명을 받은 황제는 녹지공간은 시골을 도시로 옮기는 것이라고 여겼다. 공원은 파리의 노동계급에게 반란의 공간이 아닌 휴식의 공간을 제공함으로써 사회적 안정이라는 가치를 부여할 뿐만 아니라 '파리에 허파를 제공'한다고 여겨졌다. 이런 생각은 다른 도시에 영향을 미친 20세기 초반 전원도시의 전조가 되었다. 파리의 공원은 프레더릭 로 옴스테드(뉴욕의 센트럴파크를 설계)와 벨라 레리히(부다페스트의 여러 공원을 설계)에게 영향을 주었다.

질병이 공기를 통해 확산된다는 생각은 도로의 경관을 결정하기도 했다. 당시에 유행했던 '질병의 미아스마 이론*'에 따라 공기 순환과 햇빛의 부족이 건강에 좋지 않다고 여겨졌다. 파리의 부르주아는 시원한 바람, 많은 일조량, 조망을 즐길 수 있는 고층을 선호하게 되었고, 이로 인해 많은 건물에 정교한 테라스, 발코니, 지붕창이 설치되었다.

* 역자주: 근대 의학의 발달로 세균과 바이러스가 발견되기 이전에 유행했던 의학이론으로 질병이 미아스마(miasma)로 인해 발생한다는 것.

마르셀 블뢰스타인
블랑셰 광장

뷔트 쇼몽 공원

■ 오스만 이전
□ 오스만과 동료들의 디자인
■ 오스만 이후

라빌레트 공원

팔레루아얄 정원

베르갈랑 광장

루이 13세 광장

뤽상부르 정원

파리 식물원

베르시 공원

뱅센 숲

파리 꽃 공원

1837년 하수관망

1856~1878년 건설된 하수관

출처: Gandy(1999)

하수도 체계

오스만의 능력, 추진력, 열정은 도시의 하수도 체계의 구축에서 가장 잘 드러난다. 30년 동안 하수관거의 총연장은 5배나 증가했다. 오스만이 구축한 새로운 하수관은 넓고 거대해서, 부르주아와 왕족이 관람하고 그 크기에 놀라기도 했다.

19세기 교통의 도시 파리

철도의 도입은 파리와 다른 지역의 관계를 획기적으로 바꾸어 놓았다. 사람과 상품이 국가의 수도로, 또한 수도로부터 다른 지역까지 이전보다 빠르게 이동할 수 있었다. 최초의 간선철도역인 생라자르역은 1837년 개통되었고, 이어 오스테를리츠역과 몽파르나스역이 1840년, 파리 북부역은 1846년 개통되고 1861~1865년 사이에 재건축, 동부역은 1849년, 리옹역은 1855년에 개통되었다. 철도는 단지 파리와 그 외 세계와의 연결성만을 변화시킨 것은 아니었다. 철도는 도시 내부에도 영향을 미쳤다. 중세 시대 파리의 정문은 도성의 문이었지만 이

제는 기차역이 프랑스 수도의 입구 역할을 하고 있다. 이 때문에 건축가는 도착하는 방문객이 경외감을 느낄 수 있도록 기차역의 설계를 시도했다. 또한 기차역은 새로운 도로 건설로 역과 도시 내부의 상업 및 주거 지역이 연결되는 중심점이 되는데, 오늘날 파리 도로의 60% 이상이 1853년 이후 건설된 것이다.

19세기 중반 지상교통이 거미줄처럼 연결되었다면, 19세기 말까지 초점은 메트로(Métro)라고 불리는 지하교통망의 건설이었다. 1890년대에 파리의

19세기의 파리 기차역을 통해 철도 서비스를 제공받는 지역

- 북부역
- 동부역
- 리옹역
- 오스테를리츠역
- 몽파르나스역
- 생라자르역

국민국가 건설을 위한 기계

철도는 상품과 사람을 파리로부터 더욱 손쉽게 이동함으로써 '시간에 의한 공간의 소멸'을 촉진했다. 과거에 멀리 떨어진 것으로 여겨지던 도시 간의 관계에 대한 인식이 전환되면서, 철도는 국가의 경제적, 정치적, 사회적 통합에서 핵심적인 역할을 담당했다. 19세기에 존재하던 기차역 중에 바스티유역(1859년에 개장되었으나 1984년 바스티유 광장에 오페라하우스를 신축하기 위해 철거됨)과 샹드마르스역(파리 만국박람회의 가건물을 짓기 위한 건축자재를 하역하기 위해 지어짐)처럼 현재 사용되지 않는 기차역이 있지만, 증기기관의 전성기에 세워진 6개 간선철도의 기차역은 여전히 프랑스를 하나로 묶어 주고 있다.

거리는 인구의 급속한 성장과 자동차의 등장으로 다시 붐비기 시작했다. 이에 대처하고 런던, 아테네, 부다페스트와 같이 지하철이 있는 도시를 따라잡기 위해. 또한 1900년에 파리에서 열리게 될 만국박람회를 대비해 파리의 교량 및 도로국의 기술자인 퓔장스 비앵브뉘는 시의회가 지하철 건설 계획을 승인하도록 설득하는 데 성공했다.

최초의 지하철은 서쪽의 포르트마요와 동쪽의 포르트뱅센을 연결하는 노선으로, 1900년 파리 올림픽에서 사람들을 수송하기 위해 완공되었다. 다음

해 비앵브뉘는 도시 내 어느 지역에서도 역까지의 거리가 500m 이내가 될 수 있도록 새로운 노선을 추가하는 계획을 발표했다. 1914년 무렵 10개 노선으로 이루어진 90km 길이의 지하철은 매년 4억 6700만 명을 실어 날랐다. 파리의 새로운 공원에서 드러나듯 도시의 자연화라는 기조에 맞추어, 최초의 지하철역 디자인은 자연을 광범위하게 참조했다. 입구에는 은방울꽃을 닮은 두 개의 화려한 가로등 기둥이 있었고, 입구의 덮개는 잠자리의 날개 모양을 따랐다.

증기의 대성당

새로운 기차역의 디자인은 제2제국*의 도시의 웅장함을 나타내고, 새로운 시대의 진보를 상징하는 증기기관의 힘을 강조하기 위해 설계되었다. 초기 지하철역의 아르누보(art nouveau) 건축양식은 벨에포크(Belle Époque) 시대**의 화려함을 반영하고 있다.

* 역자주: 나폴레옹 3세 통치 기간(1852~1870)의 프랑스 정부체제로 프랑스 최후의 군주정
** 역자주: 제1차 세계대전 이전까지의 문화와 예술의 황금시대

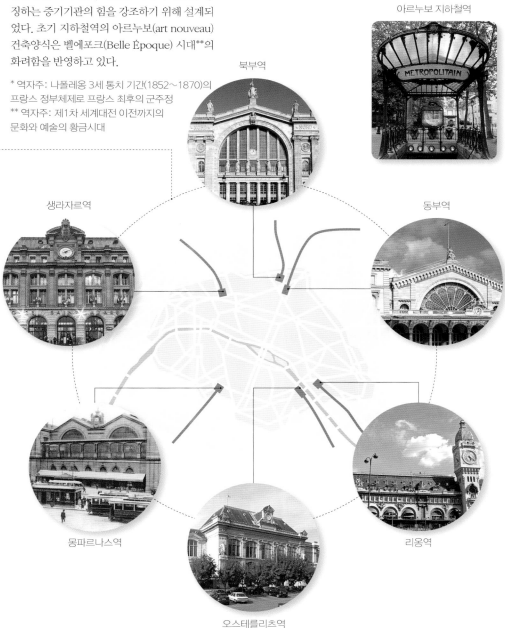

북부역

생라자르역

동부역

몽파르나스역

오스테를리츠역

리옹역

아르누보 지하철역

철도망의 발달

1850년경

1860년경

1870년경

1890년경

출처: Clout(1977)

파리라는 도화지에 제국을 그리다

프랑스의 사회학자 장 뒤비뇨가 "도시는 언어다"라고 표현한 것처럼, 나폴레옹 3세는 제국에 대해 말을 하고 제국을 위해 말을 하는 대도시를 건설하고 싶어 했다. 그가 그리는 새로운 파리는 프랑스의 힘을 영속적으로 상징하는 인상적인 대리석의 도시였다. 이런 맥락에서 도시의 건축과 경관은 시민이 일상 속에서 지나쳐 가며 읽을 수 있기 때문에 도시는 글자 그대로 텍스트가 된다.

아마도 이런 목적을 위해 만들어진 가장 웅장한 건물은 1861∼1875년에 건설된 오페라하우스인 오페라 가르니에(Opéra Garnier)일 것이다. 후세와 소통하는 방법으로 여겨지는 이 건물은 각종 상징으로 가득 차 있다. 그중에서도 오페라하우스의 위치는 부르주아 지역인 서부 파리의 중심부이며, 이는 비유적으로 프랑스와 제국의 중심이 된다. 금빛, 파스텔 색조, 독수리와 황제, 외제니 황후의 이니셜로 덮인 보자르(Beaux Arts) 스타일의 건물은 제국

제국에 걸맞은 건축

오스만 시대를 거치며 매우 독특한 건축양식이 파리에 존재하게 되었다. 전형적인 오스만 도로는 넓었고, 석재로 만든 동일한 파사드(façade)가 있는 아파트 건물 양옆을 따라 나 있었다. 이런 형태의 도로는 일반적으로 거대한 기념물이나 웅장한 건물에까지 이어졌으며, 도로 끝에 위치한 기념물이나 건물은 나폴레옹 3세의 힘과 영광을 강조하기 위한 비스타의 역할을 했다. 아파트 건물은 7층을 넘지 않았다. 2층과 5층은 대개 발코니를 두었다. 다양한 사회적 계층의 여러 세대가 한 지붕 아래 사는 것이 보통이었다. 일반적으로 아파트 건물은 망사르드(mansarde) 지붕(2단으로 구성되고, 아랫단은 경사가 급하며 채광을 위해 창이 나 있음)을 택하고 있었다. 이런 지붕은 다락의 거주공간을 증대시켰으며, 하인이 사용할 수 있는 추가적인 층을 제공했다. 가로 끝의 비스타로 가장 인상적인 건물은 오페라 가르니에였다. 루이 14세 때 베르사유 궁전의 화려함에 필적할 수 있도록 설계된 이 건물은 제2제국 시대 파리에서 가장 값비싼 건물이었다. 오페라하우스를 건축하기 위해 거의 3에이커의 토지를 비워야 했으며, 여러 간선도로를 건설해야 했다. 이 간선도로 중에 오페라 거리는 오페라하우스의 파사드로 이어지고 있다.

소시에테제네랄 은행

북부역

오페라 가르니에

에펠탑

드라빌 극장

의 자신감이 흘러나오며, 건물의 대칭성은 시대정신인 합리적 계획과 진보에 대해 말하고 있었다. 이 건물은 바르샤바의 필하모닉 건물과 크라쿠프의 율리우시 스워바츠키(Juliusz Słowacki) 극장, 워싱턴 의회도서관의 토머스 제퍼슨 빌딩, 리우데자네이루의 시립극장, 하노이와 호찌민시의 오페라하우스와 같은 건물에 영감을 주었다.

파리는 또한 19세기와 20세기 초반에 몇 번의 국제박람회를 개최했다. 이는 프랑스의 공업역량과 문화적 우월성을 강조하기 위한 것으로, 예를 들어 에펠은 1889년 만국박람회를 위해 유명한 에펠탑을 건축했다. 그러나 파리가 제국에서의 어떤 위치를 차지하고 있는가를 가장 잘 보여 주는 박람회는 1931년 국제식민지박람회일 것이다. 이 박람회에서 식민지들이 '파리로 왔고' 관람객은 '세계여행을 하루 만에 할 수 있었다'. 파리 동쪽의 뱅센 숲에 식민지에 만든 건축물을 보여 주는 행사장으로 바뀌었으며, 식민지에서 온 '원주민'으로 건물을 채웠다. 박람회는 세상의 '개화되지 못한 사람들'에게 프랑스 식민정책이 가져다주는 혜택을 선전하기 위해 기획되었다. 이 박람회는 '문명화의 사명'을 통해 프랑스가 전 세계의 식민지로부터 비합리성과 후진성을 추방하는 임무를 맡고 있음을 확신시켜 주기 위한 쇼였다. 이는 또한 파리 시민이 제국의 '이국적인' 사람들과 그들의 건물을 우월감을 느끼며 바라볼 수 있게 했다.

이런 제국의 화려한 오락물은 파리에만 해당되는 것은 아니었다. 다른 프랑스의 도시도 비슷한 박람회를 통해 프랑스 제국주의의 근거 없는 장점을 선전했고, 다른 제국주의 열강도 이를 따랐다. 암스테르담은 1883년에, 베를린은 1896년에 박람회를 개최했고, 런던은 1911년과 1924년에 박람회를 개최했다.

제2제국 건축물

1 오페라 가르니에
2 루브르 박물관(1852~1857년 증축)
3 엘리제 궁(개·보수)
4 샹젤리제 건물
5 생토귀스탱 교회
6 레알 시장
7 북부역
8 드라빌 극장
9 샤틀레 극장
10 드라게테 극장
11 루브르 호텔
12 소시에테제네랄 은행
13 에펠탑

샤틀레 극장

파리에서 열린 박람회 1810~1930년대

프랑스의 첫 번째 국가 무역박람회는 농업과 공학 분야의 기술 발전을 장려하기 위해 1798년 파리에서 개최되었다. 이의 성공으로 프랑스 공업 분야의 성과를 강조하기 위한 박람회가 기획되었고, 1855년의 만국박람회로 이어졌다. 다른 나라도 비슷한 행사를 개최했는데, 각국은 기술적인 우월성을 주장하는 경쟁국을 능가하기 위해 노력했다.

1819 제5회 프랑스 공업생산품박람회
1823 제6회 프랑스 공업생산품박람회
1827 제7회 프랑스 공업생산품박람회
1834 제8회 프랑스 공업생산품박람회
1839 제9회 프랑스 공업생산품박람회
1844 제10회 프랑스 공업생산품박람회
1849 제11회 프랑스 공업생산품박람회
1855 만국박람회
1865 공업응용미술박람회
1867 만국박람회
1878 국제 해양 및 하천공업박람회
1878 만국박람회
1881 국제전기박람회
1889 만국박람회(에펠탑 건설)
1898 국제자동차박람회
1900 만국박람회(그랑팔레 건설)
1925 국제 현대공업 및 장식미술박람회
1931 국제식민지박람회
1937 만국박람회(현대생활에 응용된 기술과 예술의 만국박람회)

문화의 도시

19세기 후반과 20세기 초반에 파리에서 일어난 변화는 많은 작가, 철학가, 화가, 조각가가 탄생한 비옥한 토양임이 증명되었다. 도시의 물리적인 변화와 함께 정치적 투쟁은 한편으로는 종교와 정치적 진영 사이에 일어났고, 다른 한편으로는 노동자 계급의 소외가 심화되면서 모순이 드러나고 있었다. 이런 현상은 예술과 문학에 반영되었다. 파리의 중심과 서부, 특히 새로 건설된 몽소 공원(Parc Monceau) 주변의 부르주아화는 파리 동부의 마레와 벨빌과 같은 인근 농촌에서 몰려드는 이주노동자들로 인해 겪는 끔찍한 생활환경과 대비를 이루

고 있다. 당시 파리는 아름다움과 부로 가득 찬 도시이면서 동시에 가난, 소외, 방종의 도시였다. 아마도 샤를 보들레르는 당대의 시대정신과 이의 모순을 '근대성'이라는 새로운 용어로 가장 잘 포착한 사람일 것이다. 그는 근대성이라는 단어를, "예술의 반을 차지하는 일시적이고, 유동적이며, 우연적인 것과 또 다른 반인 영원하고 불변하는 것" 사이의 긴장을 기술하기 위해 사용했다.

이런 환경 속에서 많은 새로운 형태의 문화적 표현 양식이 생겨났다. 인상주의(에두아르 마네, 클로드

몽파르나스 도로

입구가 멘 대로 21에 있는 작은 통로인 몽파르나스 도로는 많은 예술가들의 작업실이 있던 곳이다. 브라크, 마티스, 피카소, 후안 그리스, 모딜리아니, 막스 자코브, 샤갈 등의 예술가가 창작활동을 위해 이곳으로 왔다. 오늘날 여기에는 이곳의 전성기를 회상하는 작은 박물관이 있다.

들랑브르 거리

이 거리에는 20세기 초반의 문화적 분위기와 관련된 여러 장소가 있다. 일본인 화가인 후지타 쓰구하루(藤田嗣治)가 이 거리 5번지에서 1917년부터 1926년까지 거주했고, 다다이즘 계열 미국인 사진사인 맨 레이가 13번지에 작업실을 가지고 있었다. 제1, 2차 세계대전 사이에 미국에서 추방된 몇몇 작가들은 10번지 딩고 바(현재는 오베르주 드 베니스)에서 술을 마시곤 했다. 추방된 작가 중에는 헤밍웨이, 피츠제랄드, 싱클레어 루이스, 존 더스 패서스, 에즈라 파운드, 헨리 밀러, 손턴 와일더 등이 있었다.

몽파르나스 풍경

몽파르나스 바뱅 교차로(오늘날 파블로 피카소 광장)에 가까운 카페와 술집인 르돔, 라클로즈리 데 릴라, 라 로통드, 르셀렉트, 라쿠폴 등은 1900년대 초반 화가, 작가, 지식인이 술을 즐기던 곳이었다. 피카소, 모딜리아니, 장 콕토, 디에고 리베라와 같이 미셸 조르주-미셸의 1923년 동명소설인 「몽파르나스 사람들(les Monparnos)」이라는 말로 영원히 기억되는 이들은 이곳의 인습 타파적인 분위기를 만들어 냈다.

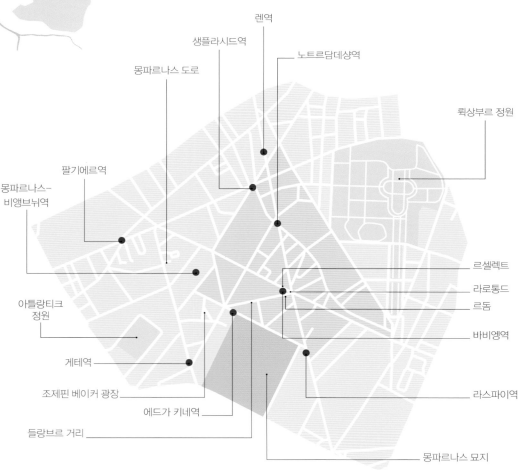

예술가촌

몽마르트르

몽파르나스

렌역
생플라시드역
노트르담데샹역
몽파르나스 도로
뤽상부르 정원
팔기에르역
몽파르나스-비앵브뉘역
르셀렉트
라로통드
르돔
바비엥역
아틀랑티크 정원
게테역
라스파이역
조제핀 베이커 광장
에드가 키네역
들랑브르 거리
몽파르나스 묘지

모네, 피에르 오귀스트 르누아르, 메리 커샛과 같은 화가와 연관), 야수파(앙리 마티스와 앙드레 드랭에 의해 주도됨), 입체파(파블로 피카소와 조르주 브라크에 의해 탄생)와 같은 예술의 혁명적인 움직임은 모두 파리에서 태어났으며, 몽마르트르와 몽파르나스 지구는 파리와, 아마도 세계의 지성과 예술의 심장이 되었다. 프랑스 소설가 마르셀 프루스트(소설 「잃어버린 시간을 찾아서」를 통해 세기말 귀족 사회의 쇠퇴를 탐색), 에리크 사티와 같은 음악가, 기욤 아폴리네르(초현실주의라는 용어를 만든 사람으로 알려짐)와 같은 시인이 파리에서 활동했다.

거트루드 스타인, 어니스트 헤밍웨이, 제임스 조이스, 에즈라 파운드 등 많은 외국인도 파리에 매력을 느꼈다. 조제핀 베이커, 랭스턴 휴스, 퀜덜린 베넷과 같은 아프리카계 미국인 공연자와 작가도 마찬가지로 파리에 와서 이 도시가 짐 크로(Jim Crow)법으로 인종을 차별하는 미국보다 활동이 더 자유롭다는 사실을 발견했다. 파리는 또한 뤼미에르 형제가 1890년대에 단편 다큐멘터리를 상영하고, 1902년 '달세계 여행(A Trip to the Moon)'으로 잘 알려진 조르주 멜리에스가 여러 편의 공상과학 영화를 촬영한 곳이기도 하다.

코르토 거리

벨에포크 시대에 르누아르가 12번지에 살았고, 에밀 베르나르, 쉬잔 발라동, 앙드레 위터, 모리스 위트릴로는 이후에 이곳을 작업실로 사용했다. 몰리에르 극장의 배우였던 로제 드로시몽이 소유한 17세기 저택은 현재 몽마르트르 박물관이 되었다. 앙리 드 툴루즈 로트레크, 클로드 드뷔시가 종종 방문했던 나이트클럽인 르 샤누아르에서 연주한 작곡가이자 피아니스트인 에리크 사티는 6번지에 살았다.

노르뱅 거리

큰 집과 정원이 있는 노르뱅 거리는 많은 사람들에게 '몽마르트르의 샹젤리제'로 여겨진다.

주노 거리

1910~1912년 사이에 건설된 주노 거리는 작가 트리스탕 차라(15번지), 영화감독 앙리 조르주 클루조(37번지)가 살던 곳이었고, 실제로 몽마르트르에서 태어난 몇 안 되는 유명한 화가인 모리스 위트릴로도 이곳에 거주했다.

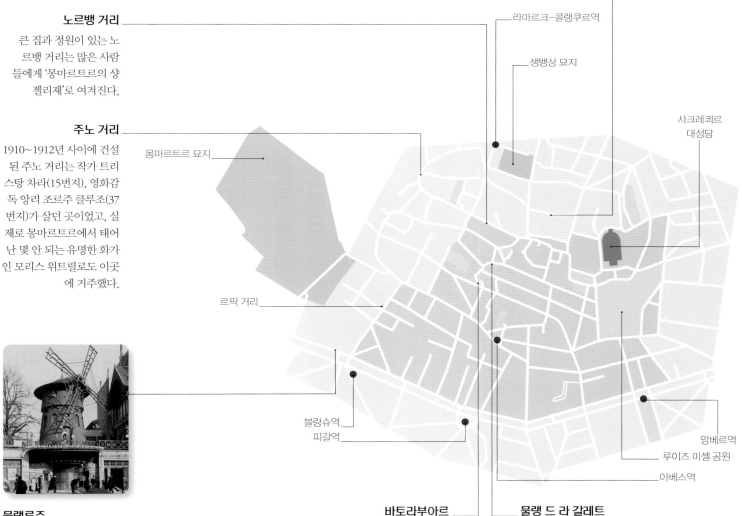

몽마르트르 묘지

르픽 거리

라마르크–콜랭쿠르역

생뱅상 묘지

사크레쾨르 대성당

블랑슈역
피갈역

앙베르역
루이즈 미셸 공원
아베스역

물랭루주

1889년에 개장한 물랭루주 나이트클럽은 아슬아슬한 옷을 입은 댄서들이 춤을 추었고, 벨에포크 시대 몽마르트르의 보헤미안 생활양식을 압축적으로 보여 주는 곳이었다. 몽마르트르 언덕의 가장 아래에 위치한 물랭루주는 몽마르트르 아래쪽의 부촌과 위쪽의 저소득층 지역 사이에 자리하고 있었으며, 파리의 부르주아가 보헤미안과 어울리는 장소였다.

바토라부아르

라비냥 거리 13번지의 바토라부아르는 가난한 예술가가 작업실을 운영할 수 있었던 곳이다. 많은 예술가들이 거주하고 작업하던 곳이며, 피카소는 입체파의 효시로 알려진 '아비뇽의 여인들'을 그리기도 했다. 1914년 이후 많은 바토라부아르 예술가들은 몽마르트르가 너무 상업화되었다고 느껴 몽파르나스로 옮겨 갔다.

물랭 드 라 갈레트

몽마르트르 언덕의 꼭대기에 위치한 물랭 드 라 갈레트는 프랑스식 팬케이크에서 따온 이름이다. 1830년대 풍차는 카바레로 바뀌었으며, 이곳은 툴루즈 로트레크, 반 고흐, 에밀 베르나르, 피카소와 같은 아방가르드 예술가들이 자주 들르는 곳이었다. 르누아르의 1876년 '갈레트 풍차에서의 춤(Bal du moulin de la Galette)'은 인상주의 작품 중 가장 중요한 것 중 하나로 간주되고 있다.

20세기와 21세기 도시로서의 파리

오늘날 파리의 모습은 대부분 오스만이 만들어 낸 것이라고 알려져 있지만, 20세기에도 중요한 개발 과정이 있었다. 1950년대에 정부는 도시의 서쪽에 정부 건물을 짓기 시작했다. 이 지역(라데팡스)은 현재 유럽에서 가장 큰 업무중심지구로, 이곳의 마천루를 도시의 다른 지역에서도 볼 수 있다. 1989년에 라데팡스의 신개선문인 그랑드아르슈(Grand Arche)가 준공되었다. 가운데가 뚫려 있는 정육면체처럼 보이는 이 건물은 프랑수아 미테랑 대통령의 프랑스혁명 200주년을 기념하는 대형 프로젝트 중의 하나였다. 혁명을 기념하기 위한 또 다른 건축물은 루브르 피라미드, 바스티유 오페라극장, 국립도서관 등이 있다. 1992년 지하철이 이 지역까지 연장되어 파리 중심과 연결했다.

제2차 세계대전 이후 농촌지역과 외국에서 많은 이주가 이루어졌지만, 주택의 공급이 부족했기 때문에 일부 근린지구는 과밀한 상태가 되었다. 동남아시아의 전쟁을 피해 탈출해 온 이민자는 동남부 파리의 디탈리 지역으로 모여들었고, 북아프리카 이민자는 파리 북부의 생드니 지역을 거점으로 삼았다. 이런 상황에서 1961년 드골 대통령은 파리의 책임자인 폴 들루브리에를 헬리콥터에 태운 후 "이 거지 같은 곳을 좀 정리해."라는 명령을 했다는 일화는 유명하다. 이에 프랑스 정부는 영국 지리학자 피터 홀이 도시 문명의 역사상 가장 '거대한' 계획이라고 부른 도시계획을 시작했는데, 이는 파리의 외곽에 신도시를 건설하여 고속도로와 고속철도 도시 중심과 연결하는 것이었다. 그러나 이런 단조

개선문로

21세기가 시작되었지만 파리의 건조환경은 과거의 다양한 흔적을 담고 있다. 로마 시대의 기초, 중세의 성벽, 18세기의 혁명적 전환, 19세기의 증기기관과 식민지 시대에 이루어진 극적인 재발견, 자동차를 수용하기 위한 20세기의 재개발 등이 그것이다. 이런 과정 속에서 성장의 핵심 축은 개선문로였다. 길이가 8km 정도 되는 이 길은 루브르에서 라데팡스로 이어진다. 중요한 기념물을 연결하는 이 도로는 역사적으로 프랑스의 위상을 높이기 위해 디자인되었다. 이런 도로의 목적은 지속될 것이며, 더 나아가 프랑스 정부는 센강 아치를 건설하며 이 도로를 서쪽으로 더 연장할 계획을 세우고 있다.

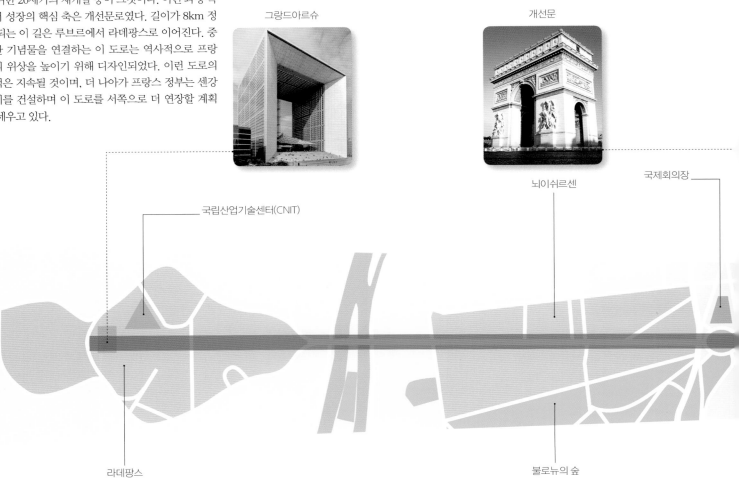

그랑드아르슈

개선문

국제회의장

뇌이쉬르센

국립산업기술센터(CNIT)

라데팡스

불로뉴의 숲

롭고 근대적인 주택 프로젝트와 높은 청년 실업률로 촉발된 혼란은 최근에 폭동으로 이어졌다.

파리는 또한 교통 기반시설을 확충했다. 파리의 주 공항인 오를리 공항을 대체하기 위해 1974년 개장된 샤를드골 공항은 현재 유럽에서 두 번째로 붐비는 공항이며, 국제 항공교통의 주요 허브이기도 하다. 1994년 유로스타 고속열차가 파리와 런던, 파리와 브뤼셀 운행을 시작했다. 도시계획가는 2007년 파리를 21세기에 맞게 업그레이드하겠다는 니콜라 사르코지 대통령의 계획인 '파리 대도시권' 계획의 일환으로 도시 지하철 시스템을 확장하는 방안에 주목하고 있다. 이 확장계획은 약 145km의 새로운 노선을 일드프랑스 지역 주위에 추가하는 작업을 포함하고 있다.

교외지역 철도체계

파리의 교외지역과 공항은 RER(Réseau Express Régional, 역내 고속 네트워크) 철도 시스템으로 연결되어 있다. 이 시스템의 시작은 1930까지 거슬러 올라가고, 대도시권 철도교통망을 만들 계획도 있었지만, 최초의 노선 건설은 1960년대가 되어서야 시작되었다. RER 열차는 파리에서 런던으로 가는 유로스타가 연결되는 북부역 등 여러 역에 정차한다. 이로 인해 RER 열차는 파리 지하철 시스템과 잘 연결되어 있다.

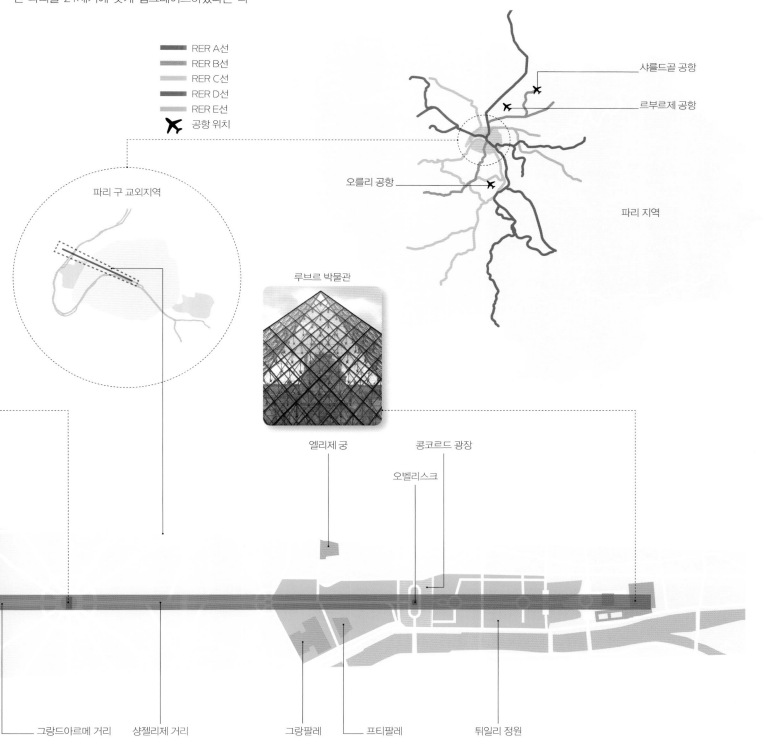

RER A선
RER B선
RER C선
RER D선
RER E선
✈ 공항 위치

샤를드골 공항

르부르제 공항

오를리 공항

파리 지역

파리 구 교외지역

루브르 박물관

엘리제 궁

콩코르드 광장

오벨리스크

그랑드아르메 거리   샹젤리제 거리

그랑팔레   프티팔레   튀일리 정원

세계도시

벤 데루더
피터 테일러
마이클 호일러
프랭크 위트록스

미국 뉴욕시

세계도시: 개요

> "세계도시에 대한 대부분의 연구는 그들의 경제적 역량에 초점을 두고 있지만, 세계화는 활동의 한 단면보다 훨씬 많은 측면에 관계된다."

'세계도시(global city)'의 개념은 1990년대에 초국적 관계에 특화를 보이는 새로운 유형의 도시를 설명하기 위해 사스키아 사센(Saskia Sassen)에 의해 만들어졌다. 초기에는 초점이 런던, 뉴욕, 도쿄 등이었으나 이후에 이 아이디어는 사회학자 마누엘 카스텔스에 의해 현대사회를 '네트워크 사회'로 바라보는 그의 해석 속에서 결절과 허브를 형성하는 광범위한 도시를 포함하는 개념으로 일반화되었다. 이런 개념은 '세계도시 네트워크'의 존재를 제안하는 방향으로 확대되었으며, 이를 통해 현대도시에 의해 제공되는 서비스의 범세계적 특성이 강조되었다. 우리가 현재 세계화라고 부르는 현상은 1970년대 컴퓨터와 통신산업의 결합에 기원을 두고 있으며, 이를 통해 새로운 수준의 범세계적 접촉과 조직이 가능하게 되었다. 이와 같은 세계의 '축소'는 경제적으로, 정치적으로, 문화적으로 근본적인 함의를 가지고 있었다. 예상하지 못했던 한 가지 효과는 도시의 중요성이 높아진 것이었다. 비록 초창기에는 세계화가 도시의 기능적 중요성을 감소시킬 것이라고 여겨졌지만, 인간 활동의 전 세계적 분산의 증대는 실제로는 범세계적 관계의 강화를 관리하고 지원하며 전반적으로 촉진할 수 있는 조직 차원에서의 새로운 수요를 만들어 냈다.

세계도시를 표현하는 용어로는 '글로벌 시티(global city)'와 '월드 시티(world city)'가 대표적인데 이 둘은 보통 서로 교차하여 이용되며, 그 밖에도 세계화의 개념을 분석하는 데 이용되는 다양한 용어가 있다. 그러한 용어 사용에서 한 가지 문제는 세계화가 모든 도시에 영향을 미치는 복잡하고도 광범위한 일련의 과정이라는 사실로부터 발생한다. 즉, '세계적이지 않은 도시'는 사실 없다.

세계도시에 대한 연구는 두 가지, 즉 특정 도시 내에서 발생하는 범세계적 행위와 그러한 행위의 결과에 의한 도시 간의 관계로 나뉜다. 범세계적 행위에 대한 연구는, 예를 들어, 거대한 오피스타워와 상징적 건물의 설계, 범세계적 시장에서 활동하

범세계적 역량

세계도시에 대한 대부분의 연구는 그들의 경제적 역량에 초점을 두고 있지만, 세계화는 활동의 한 단면보다 훨씬 많은 측면에 관계된다. 런던과 뉴욕은 세계도시의 모델로 널리 인식되고 있으며 그들의 역량은 경제, 특히 금융이 중요하긴 하지만 그들은 또한 정치적이고 문화적이다. 다른 세계도시도 다양한 역량을 가지고 있지만, 어떤 한 부문에 영향력의 깊이가 더 두드러지는 경향을 가지고 있다. 더 나아가 특정한 부문, 예를 들어 자원, 엔터테인먼트, 종교 등에서 또는 범세계적 관문으로서 범세계적 역량을 가지는 특화도시도 있다.

는 기업을 지원하는 서비스의 창출, 세계도시가 불균등성과 초다양성에 의해 특성화되는 방식 등과 같은 주제에 초점을 둔다. 이들 행위가 야기하는 도시 간 관계에 대한 연구에는, 예를 들어, 세계도시로의 이주흐름, 세계도시 간 항공 및 인터넷 연결, 세계화된 기업의 오피스 네트워크에서 세계도시의 연결성에 대한 분석이 있다. 우리는 이 장에서 이들 양 측면을 모두 살펴본다.

범례
- ◎ 전형적 세계도시
- ● 경제도시
- ● 금융도시
- ● 문화도시
- ● 정치도시
- ● 엔터테인먼트도시
- ○ 종교도시
- ● 관문도시
- ● 자원도시
- ● 그 밖의 중요 세계도시

범세계적
기반시설 네트워크

세계도시의 범세계적 연결성을 보여 주는 가장 두 드러진 징후 중의 하나는 이들이 범세계적 기반시설 네트워크상에서 차지하고 있는 중심성이다. 세계의 주요 도시 간 항공통행은 지난 10여 년 동안 기하급수적으로 증가했다. 1970년부터 2010년 사이에 런던의 주요 공항(히스로와 개트윅)을 통해 비행하는 인구는 4배 증가하여 1억 2500만 명이 되었다. 비슷한 또는 때때로 이보다 더 큰 성장수치가 뉴욕, 도쿄, 싱가포르, 홍콩 등에서 나타난다.

비록 가시성은 다소 떨어질지도 모르겠지만 매일 같이 세계를 왕래하는 엄청난 양의 통신의 흐름을

받쳐 주는 기술 기반시설도 세계도시에 연결되어 있다. 인터넷은 분명 사업, 정부 및 개인이용자의 삶과 활동에 필수적인 부분이 되어 왔다. 비록 이들 이용자는 물리적 위치와는 구분되는 '가상(virtual)' 세계에서 만나고 소통하지만, 인터넷 역시 하드웨어 기반시설과 물질적 연결에 있어 현실상의 지리적인 요소를 가지고 있다. 대체로 이런 '유선으로 연결된(wired) 세계'의 지리는 세계도시의 그것과 같다고 할 수 있다. 런던, 홍콩, 샌프란시스코와 같은 도시는 이제까지 본 적 없는 가장 정교하고 다양하며 성능이 뛰어난 텔레커뮤니케이션 기반시설의 본거지이며 이들에 의해 연결되어 있다.

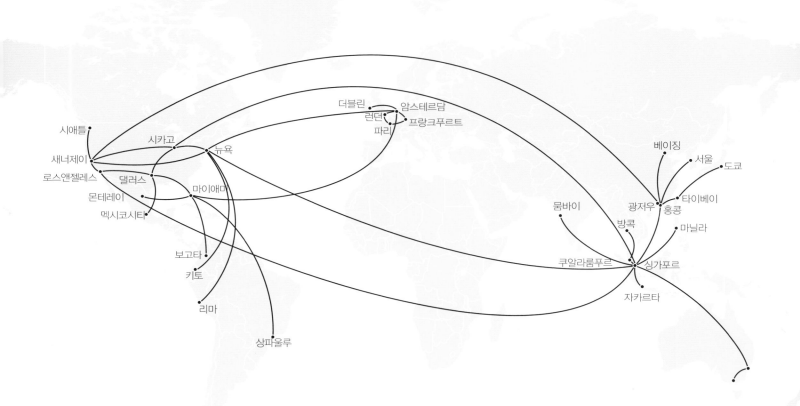

출처: GMSA

범세계적 네트워크

어떻게 전자 기반시설이 세계도시 간의 상호작용을 촉진시키는지를 보여 주는 분명한 사례는 인터넷을 지탱하고 있는 광범위한 광섬유 네트워크이다. 그림은 '범세계적' 통신 서비스 제공자인 에이센트(Aicent)의 2012년 네트워크 기반시설의 지리를 보여 준다. 각 회사는 그 나름의 고유한 전략을 가질 것이나 일반적으로 볼 때 이들 네트워크의 전개는 수요를 밀접하게 따르며, 이는 명백히 세계도시 형성에 의해 움직일 것이다.

기반시설 네트워크와 세계도시 형성 간에는 공생 관계가 있다. 한편, 세계도시 간의 다양한 연결은 항공교통과 텔레커뮤니케이션 네트워크에 대한 어마어마한 수요를 창출한다. 예를 들어, 세계도시로부터 조직되는 세계 주요 금융시장의 통합은 런던, 홍콩, 뉴욕, 도쿄, 싱가포르 간 많은 수의 직항편과 전용 통신 네트워크의 존재를 설명해 주는 근거이다. 이들 기반시설은 신체적 이동 없이(전자의 흐름) 또는 신체의 이동과 함께(업무 항공통행) 정보와 지식의 순환을 가능하게 해 준다. 다른 한편으로, 항공교통과 텔레커뮤니케이션 네트워크는 때로는 그 자체로 세계도시의 지위를 얻는 데 지렛대로

인식되기도 한다. 예를 들어, 홍콩의 항공사 캐세이 퍼시픽은 항공 네트워크에서의 연결성이 세계도시들의 세계에서 한 도시의 '위상(place)'을 주장하는 데 동원되는 보다 광범위한 선전정책의 일환으로 '홍콩: 아시아의 세계도시'라는 슬로건을 자랑한다. 한편으로, 홍콩은 다양한 자유주의적 지원정책을 통해 세계에서 가장 정교한 텔레커뮤니케이션 시장을 구축했다.

세계도시 연결

항공 네트워크의 지리는 서로 다른 동인(업무, 관광, 식민지적 유산, 물리적 및 문화적 근접성)을 가지고 있으나, 핵심 요소는 세계도시 간의 연계이다. 런던, 뉴욕, 싱가포르, 홍콩 등과 같은 도시 간의 연계에서 수요가 가장 높은데, 이는 그들의 세계화된 경제가 통합되어 가고 있음을 암시하고 있다. 그림은 2009년 1,000해리 이상의 연결 중 가장 중요한 25개의 국제연결을 지도화한 것이다.

━━━ 1,500,000 승객 이상
━━━ 1,000,000에서 1,499,999 승객
━━ 900,000에서 999,999 승객
━ 750,000에서 899,999 승객
─ 749,999 승객 이하

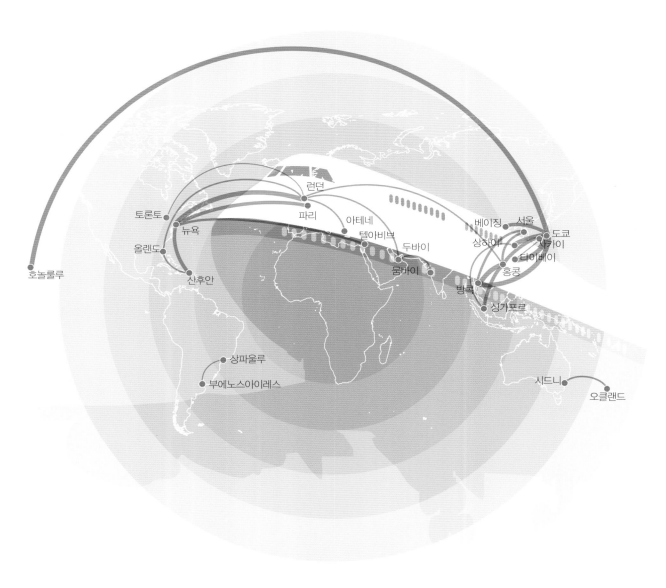

출처: CAPA(2010)

기업의 범세계적 네트워크

기반시설 네트워크는 세계도시의 형성을 촉진하지만 그 본질을 구성하지는 않는다. 무엇보다도 뉴욕이나 런던과 같은 도시가 현대의 세계화에서 핵심적 지위를 가지는 기저에는 아마도 초국적 기업조직에 대한 그들 도시의 중심성이 있을 것이다. 이를 고려하는 한 가지 방법은 세계의 주요 초국적기업의 기업구조 내에서 계층적 관계에 초점을 두는 것이다.

아래의 지도는 2005년 「포춘」 100대 회사가 가지는 네트워크에 대한 개략, 즉 기업의 조직계층상 서로 다른 층위 간(예를 들어, 세계본사와 지역본사 간 또는 지역본사와 지사 간)의 연계를 보여 준다. 전반적으로 이들 회사의 입지 선택에 의해 만들어진 도시 네트워크는 범세계적 도시 간 연결의 중요성을 암시적으로 보여 주고 있으나, 이들 연결이 지역적 차원에서 강하게 이루어지고 있는 것 또한 명료하다. 한 도시의 가장 강한 연결은 같은 지역에

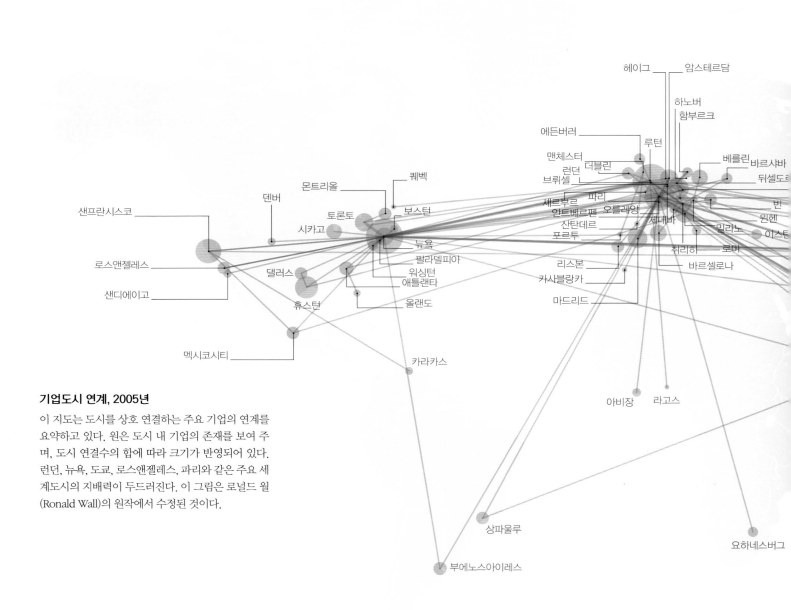

기업도시 연계, 2005년

이 지도는 도시를 상호 연결하는 주요 기업의 연계를 요약하고 있다. 원은 도시 내 기업의 존재를 보여 주며, 도시 연결수의 합에 따라 크기가 반영되어 있다. 런던, 뉴욕, 도쿄, 로스앤젤레스, 파리와 같은 주요 세계도시의 지배력이 두드러진다. 이 그림은 로널드 월(Ronald Wall)의 원작에서 수정된 것이다.

출처: Wall and Knapp(2011)

있는 도시와 이루어지는 경우가 많으며, 소수의 도시만이 범세계적으로 주목할 만한 규모의 연결을 가지고 있다. 식민지적 유산 또한 잘 드러난다. 라고스, 요하네스버그, 멜버른, 시드니의 주요한 연결은 뉴욕보다는 런던과 이루어진다.

기업 네트워크에서 도시의 지위를 바라보는 또 다른 방법은 범세계적 통제를 실행하는 데 필요한 서비스의 제공에 초점을 두는 것이다. 금융, 관리 컨설팅, 법률, 광고, 회계, 물류 등의 활동을 담당하는 기업이 이들 서비스를 제공한다. 실제로 세계도시의 주요한 기능은 회사의 범세계적 운영에 대한 관리와 거버넌스라는 주장이 있어 왔다. 이런 관점으로부터 세계도시의 연결성은 세계화된 네트워크 내에서 특정 도시에 있는 사업 서비스 기업 오피스들의 상대적 크기와 기능을 평가함으로써 측정할 수 있다.

상업 부문의 도시 간 관계

세계의 반대편에 있는 두 개의 3자 도시구조에서 흥미로운 대칭이 발견된다. 각각의 경우에 거대한 국가경제를 등에 업은 정치적, 상업적 중심지는 제3의 긴밀하게 통합된 도시와 조화를 이루며 기능해 나간다. 이 제3의 도시는 범세계적 관문으로서의 역할을 수행하지만, 그 핵심적 성격은 이 도시가 다른 경제적 관할권 아래에 있다는 것이다. 단순히 생각해 볼 때, 우리가 미국이나 중국 본토에서는 할 수 없지만 런던이나 홍콩에서 각기 할 수 있는 일이 있다. 예를 들어, 금융세계화의 중요한 선구적 조치로 볼 수 있는, 달러가 부족했던 유럽에서의 1957년 유러달러 시장의 개장은 런던을 통해 이루어졌는데 이는 미국 내에서는 그러한 시장이 허용되지 않았기 때문이다. 홍콩은 1997년 '1국-2체제' 협상을 통해 본토로 귀속되기 전까지 중국에의 투자를 위한 안전한 자본주의 관문으로 작동했다. 오늘날 이 두 도시가 세계화로 향해 가는 경로는 세 도시 간의 역할분담에 있어 런던과 홍콩이 전문화된 범세계적 지원을 제공하는 데에서 찾아볼 수 있다. 세계 2대 국가경제와 관련되어 동일한 구조가 등장한다는 점은 국제체제의 최상위권에서도 국경을 가로지르는 상업 부문의 기동성이 중요함을 보여 준다.

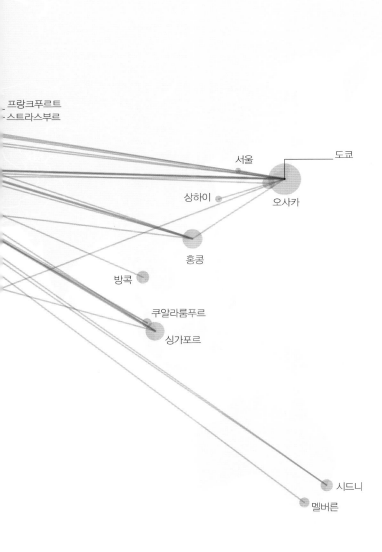

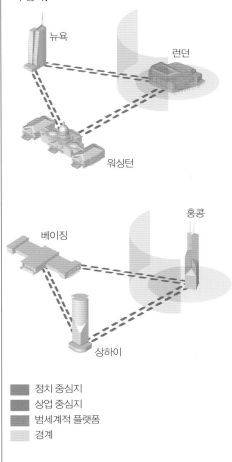

정치 중심지
상업 중심지
범세계적 플랫폼
경계

세계도시 스카이라인

세계도시 형성과 고층건물의 존재 간의 연관은 간단한 경제적 셈법의 문제인 듯하다. 예를 들어, 고층건물의 건설은 토지에 대한 수요가, 그리고 그 결과로 가격이 매우 높아서 건물이 차지하는 면을 최소화하면서도 잠재적 사무공간은 최대화하기 위해 고층 사무용지구를 만드는 것이 경제적으로 합리적이라는 점에서 정당화되는 듯하다. 하지만 내막은 이보다는 복잡한데, 이는 오피스 시장 또한 능동적으로 세계도시의 기능과 미래를 만들어 가기 때문이다. 오피스 시장의 규모와 양호도가 기업을 세

계도시로 이끌어 오므로 이들 오피스 건물은 세계도시를 국제 자본시장과 연계시켜 주는 상당 규모의 투자자산으로서 기능한다. 예를 들어, 런던시의 오피스 소유권에서 커다란 변화가 있었는데, 이는 기반시설과 기업 네트워크상에서 이 도시의 연결도와 병행하여 나타나고 있다.

그러나 세계도시의 건조환경은 범세계적으로 운영되는 기업과 기관의 업무를 가능케 하는 건물의 조합 그 이상이다. 세계도시는 또한 '디자인경

세계의 스카이라인, 2013년

이 그림은 도시의 스카이라인이 주는 가시적 영향에 준거하여 도시를 표현한다. 이것은 엠포리스(Emporis) 데이터베이스의 통계에 기초했으며, 각 건물에 그 층수에 의거하여 점수를 할당하는 방식으로 완공된 고층건물을 보여 준다.

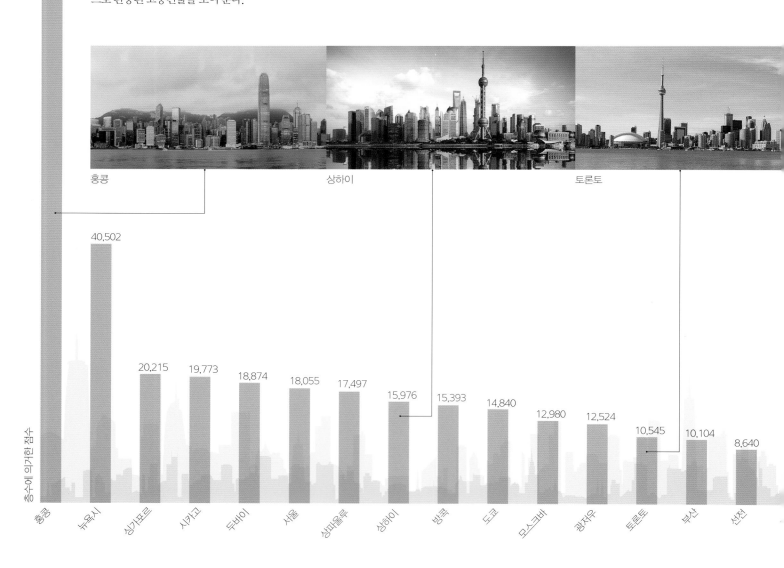

홍콩   상하이   토론토

130,459

40,502

20,215 19,773 18,874 18,055 17,497 15,976 15,393 14,840 12,980 12,524 10,545 10,104 8,640

층수에 의거한 점수

홍콩 뉴욕시 싱가포르 시카고 두바이 서울 상파울루 상하이 방콕 도쿄 모스크바 광저우 토론토 부산 선전

관(designscapes)', 즉 세계에 대해 메시지를 전하는 독특한 건물 간 앙상블의 대표적 사례이다. 따라서 경제학적인 해석은 건물의 자명한 기능과는 별도로 그것이 무엇을 표현하고 의미하는지를 고려함으로써 보완되어야 한다. 예를 들어, 두바이에 있는 830m 높이의 부르즈 할리파나 발트 상업해운거래소(Baltic Exchange)였다가 바뀐 런던의 거킨(Gherkin) 빌딩은 무엇보다도 이들 도시의 국제적인 인지도를 높이고 결과적으로 투자를 가져오기 위한 의도를 담고 있다. 비슷한 방식으로, 고층건물에 대해 '국제금융센터'(홍콩) 또는 '세계무역

센터'(뉴욕)와 같은 명칭을 쓰는 것은 세계도시로서의 역할과 열망을 전달하기 위해서이다. 점점 더 증가하는 도시 거버넌스의 기업가주의화는 도시경관에 대한 그러한 재건축, 재포장, 재브랜딩을 (열망에 넘치는) 세계도시 사이에서 공통적인 우선순위 항목으로 만들고 있다. 이런 맥락에서 고유한 고층건물과 상징적이 될 만한 건물의 건립은 세계도시 경관의 보다 광범위한 변모의 한 단면일 뿐이다. 대표적 문화적 장소, 콘퍼런스센터, 대규모 혼합토지이용 개발, 수변 재개발, 주요 스포츠 및 엔터테인먼트 복합시설이 많은 세계도시에서 나타나

고 있다. 세계도시의 디자인경관에 대한 보다 일반적인 경제학적 설명은 이들 도시가 '무대전면(front region)', 즉 금융지구, 문화지구, 디자인 및 엔터테인먼트 지구 등으로부터 얻는 이미지의 결과로서 일종의 독점지대를 얻는다는 것이다. 이들 여건에 대한 우호적인 이미지는 미디어에 의해 강화되고 확대되면서 세계도시를 유행 선도자로 자리매김하는 데 역할을 하며, 그 과정에서 도시환경에 대한 가치를 증대시키려는 노력은 도시이름을 이용하는 브랜딩을 통해 모든 종류의 상품과 활동으로 확대된다.

파나마시티

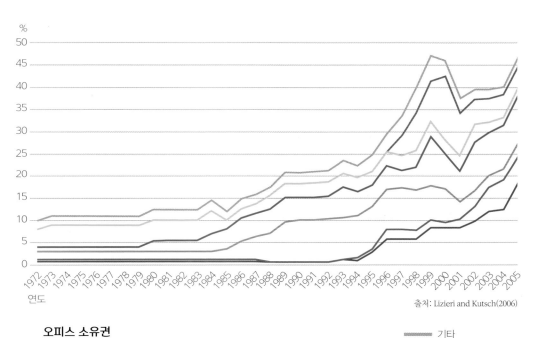

연도

출처: Lizieri and Kutsch(2006)

	기타
	국제
	중동
	서유럽
	일본
	미국
	독일

오피스 소유권

위의 그래프는 런던시 오피스 시장에서 국제 소유권의 합산비율을 보여 준다. 1980년대 중반까지 국제 소유권은 10~15% 사이에서 상당히 안정적인 상태였다. 그러다가 비영국계 소유권의 비율은 1980년대 후반에 이루어진 금융규제 완화와 함께 동반상승하면서, 1990년대 후반에 25%에 이르렀고 2005년에는 50%에 육박했다.

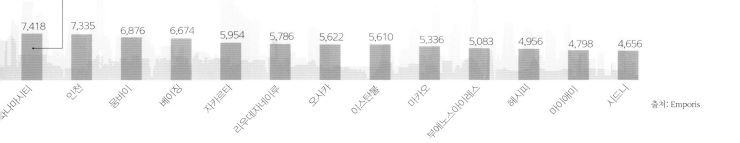

파나마시티	인천	뭄바이	베이징	자카르타	리우데자네이루	오사카	이스탄불	마카오	부에노스아이레스	멕시티	마이애미	시드니
7,418	7,335	6,876	6,674	5,954	5,786	5,622	5,610	5,336	5,083	4,956	4,798	4,656

출처: Emporis

경제활동의 지역 및 지역 내 패턴

세계도시는 세계화된 업무활동의 클러스터이다. 지역 내의 스케일에서 이들의 집적 과정은 세계도시 내부의 제한된 '중심성의 공간'에서 가장 두드러진다. 예를 들어, 런던시는 은행업, 보험 및 다른 금융기관의 현저한 공간적 집적지인 한편, 법률, 광고, 회계, 관리 컨설팅과 같은 고차서비스는 일부 겹치기도 하지만 그들 각각의 고유한 클러스터를 런던 중심부에 가지고 있다. 이런 중심성의 공간은 명성, 신뢰, 대면 상호작용, 비공식적 정보, 사회 네트워크에 기반을 둔 범세계적 서비스 기업 내부에서의, 그리고 그들 간의 국지화된 생산관계의 중요성을 알려 주고 있다.

그러나 인접한 도시권도 점점 더 세계화 과정에 영향을 받고 있다. 세계화하는 도시가 그들의 권역 내로 팽창하면서 공간적으로 보다 분산되고 다양화된 세계도시권이 나타났다. 이들 기능적으로 상호 연계된 도시권의 새로운 경관은 복잡한 지리적 양상을 나타내는데, 이는 세계도시권 내 여러 곳에서 중심도시와 광범위한 도시권 사이의 노동의 계층적 분화(예를 들어, 사업 서비스의 본사와 백오피스 간)와 서로 다른 유형의 집적 경제활동의 상호 보완성에 기반을 둔 공존이라는 두 측면을 함께 묶고 있다.

예를 들어, 런던은 경제적 활력이 넘치는 잉글랜드

런던의 국지적 집적

런던시와 인접지역은 고유한 고차생산자 서비스 클러스터를 전개해 왔는데, 이는 세계를 선도하는 국제금융 중심지로서의 오랜 성공적인 역사를 반영하는 결과이다. 이들 전문화된 클러스터는 담당관청 및 우수한 여건의 기반시설과 더불어 계획적 및 무계획적 대면 접촉을 장려하고, 중요한 정보와 함께 새로운 지식에 대한 경쟁력 있는 해석에의 접근을 가능하게 해 준다. 불확실성, 가변성, 암묵지(暗默知)의 유통 등으로 특성화되는 범세계적 시장에서 이는 행위자 간의 신뢰를 형성하는 데 중요하다.

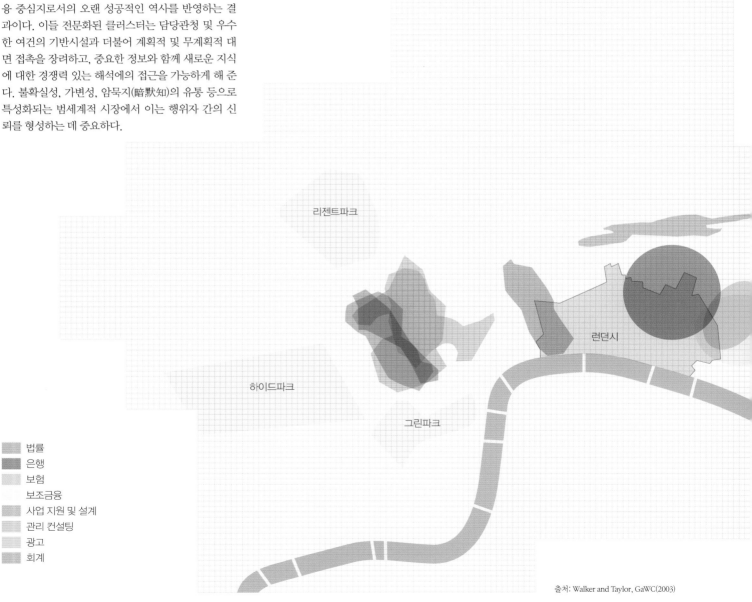

법률
은행
보험
보조금융
사업 지원 및 설계
관리 컨설팅
광고
회계

리젠트파크

하이드파크

그린파크

런던시

출처: Walker and Taylor, GaWC(2003)

남동부의 심장부에 위치하고 있는데, 이 지역은 범세계적 역량을 가지는 사업 서비스 네트워크를 통해 상호 연결성이 점점 더 증가하는 다중심 '메가시티리전(mega-city region)'이다. 런던의 이런 기능적 팽창은 도시 내의 다양화된 범세계적 서비스 지구를 금융, 관리 컨설팅, 회계, 광고, 정보기술 서비스 등 남동부에 있는 많은 수의 상호 보완적인 소규모 사업 서비스 집적 지역과 연결시킨다. 이들 기능적 상호 연계는 전통적 행정경계를 초월하며, 이 새로운 경제공간에 대한 거버넌스의 적절한 규모가 어느 정도일지에 대한 질문을 던진다.

이와는 대조적으로 샌프란시스코만 지역에서는 보다 두드러진 부문 전문화를 확인할 수 있는데, 여기서는 실리콘밸리의 혁신적인 정보기술 클러스터가 샌프란시스코 도심의 금융과 연계를 이루고 있다. 여기서는, 세계도시권 내 주요 도시의 금융기관처럼 도시권 내의 첨단기술 기업도 범세계적 경제의 흐름에 동등한 수준으로 결합되어 있다. 실리콘밸리의 범세계적으로 통합된 지역 혁신체계가 가지는 독특한 기업문화는 세계의 여러 신흥 첨단산업 지역에서 하나의 모델이 되었지만, 그 지역만의 고유한 역사적, 지리적 맥락은 성공적인 모방을 어렵게 만든다.

샌프란시스코만 지역의 사례는 세계도시화가 보다 넓은 지역으로 확대되어 가는 과정에서 세계경제와 다중적인 연결이 이루어지는 대규모 다중심 지역이 등장함을 보여 주고 있다. 가장 극명한 사례는 중국의 양쯔강 삼각주이다. 비록 이 지역은 상하이라는 주요 '세계도시'를 통해 이미 이목을 끌 만한 대상을 포함하고 있긴 하지만, 전체로서 이 지역은 근접하여 입지하고 기능적으로 통합되어 있으며 범세계적으로 연결되어 있는 난징, 항저우, 쑤저우 등 많은 대도시가 포함된 고밀도의 도시화를 보이고 있다.

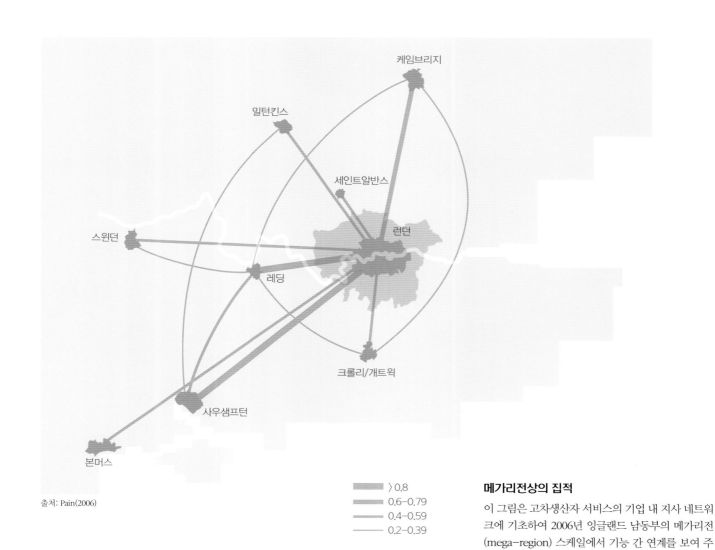

출처: Pain(2006)

〉0.8
0.6-0.79
0.4-0.59
0.2-0.39

메가리전상의 집적

이 그림은 고차생산자 서비스의 기업 내 지사 네트워크에 기초하여 2006년 잉글랜드 남동부의 메가리전(mega-region) 스케일에서 기능 간 연계를 보여 주고 있다. 메트로폴리스의 행정경계를 훨씬 넘어 확장하는 고밀도의 연결 네트워크는 유럽 도시경관상에서 단일중심적 핵으로서 런던을 개념화시키는 것에 대해 의문을 가지게 한다.

세계도시와
사회적 불평등

세계도시는 고도로 분화된 노동시장을 가지고 있다. 소득과 수입에서의 불균등성은 지난 20여 년 동안 세계경제의 대부분에서 증가해 오고 있는 상황이며, 이런 증가는 세계도시에서 더욱 뚜렷하다. 이와 같은 불균등은 보통 세계도시의 경제구조와 관련이 있다. 이들 도시에서 보다 확연한 제조업의 쇠퇴는 중간숙련과 중간소득 직종의 쇠퇴와 연계되어 있는 반면, 관리 및 서비스 부문의 성장은 사다리의 꼭대기에 있는 전문직, 관리직 일자리(은행가, 관리컨설턴트 등)와 사다리 바닥에 있는 저숙련, 저임금 서비스 직종(호텔 청소원, 웨이터, 웨이

트리스, 미화원, 보안요원 등) 양쪽의 성장과 연계되어 있다. 국가 수준으로 서로 다른 이민정책과 복지제도의 맥락에서 이런 증가하는 불균등이 얼마나 '보편적'일지에 대한 논쟁은 현재진행형이지만, 뉴욕시에서 관측되는 현상은 대체적으로 런던이나 도쿄에서도 마찬가지이다.

이와 같은 사회적 분화는 세계도시의 주택시장에서 잘 나타나며, 이는 극단적인 젠트리피케이션을 통해 특징적으로 드러난다. 젠트리피케이션은 (자본의 재투자를 포함하여) 고소득집단의 유입에 의

소득 불균등

1980년대 후반과 2000년대 중반 사이에 뉴욕시 상위 20% 가구는 총소득의 상대적 비율을 높여 왔다. 이 기간 동안 소득 불균등은 미국 전체적으로 심해졌으나, 뉴욕시의 경우는 더욱 심해졌다. 1987년과 2006년 사이에 상위 20%의 소득은 32% 증가했으나, 나머지 80%의 평균 성장은 5.45%였다.

최상분위
경영자, 고위관리자, 명사

1분위
저숙련, 저임금 서비스 직종

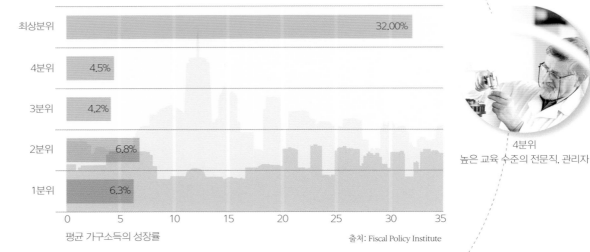

분위	성장률
최상분위	32.00%
4분위	4.5%
3분위	4.2%
2분위	6.8%
1분위	6.3%

평균 가구소득의 성장률

출처: Fiscal Policy Institute

3분위
반(半)전문직 및 장인

2분위
사무직, 핑크컬러 및
블루컬러 노동자

4분위
높은 교육 수준의 전문직, 관리자

해 일어나는 한 지역의 사회적 등급 상승으로 정의할 수 있으며, 경관 변화와 함께 이 지역으로부터 저소득집단의 직간접적 이동을 야기한다. 비록 젠트리피케이션은 전 세계적으로 다양한 도시계층에 걸쳐 관찰되지만, 이 용어는 런던이 세계도시로 등장하던 1960년대에 처음 만들어졌다. 당시 이 도시가 범지구적으로 확장해 나가는 새롭고 신속한 자본주의의 허브가 됨과 동시에 런던의 젠트리피케이션 개발업자는 교외로부터 등을 돌렸다. 이 과정은 1986년 주식시장 규제완화의 결과로 일자리가 늘어난 런던시에서 대부분 일하는 신흥 고소득

수입자의 주거에 대한 요구가 증가함에 따라 결과적으로 더욱 악화되었다. 세계 금융위기의 2년차에 접어들면서도 이 불균등은 여전히 유지되었다. 효과적으로 세계화된 런던 주택시장의 최상위권은 대체로 여전히 활황인 반면, 런던 이외 영국의 주택시장은 전반적으로 침체되었다.

주택시장의 호황과 불황

영국에서 주택가격은 1996년부터 2007년까지 엄청나게 상승하다가 2007년 삼사분기에 정점을 찍었다. 2007년 초에 이자율은 증가하고 대출조건은 엄격해졌다. 주택가격의 하락은 세계 금융붕괴와 경기침체로 인해 2008년 후반에 가속화되었다. 그러나 런던 주택시장은 런던 이외 영국의 주택시장보다 빠르게 반등했다. 평균 가격이 2007년 수준으로 돌아가면서 세계도시 런던의 주택은 영국의 다른 곳보다 평균 두 배가 비싸졌다.

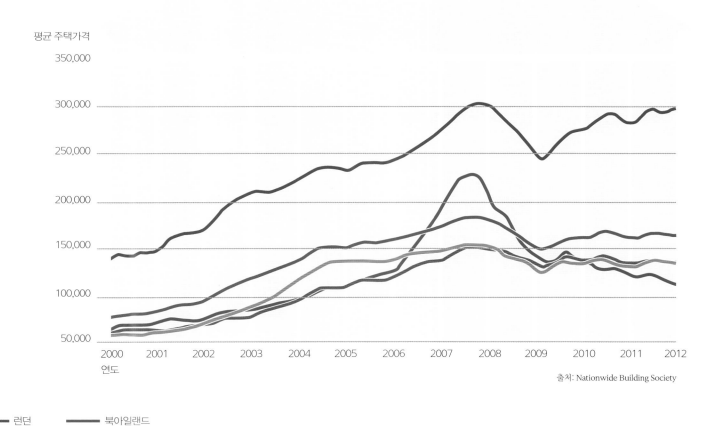

출처: Nationwide Building Society

세계도시와 이주

앞서 언급한 바와 같이, 세계도시의 노동시장은 도시 노동시장의 정점에 고숙련 노동자 비율의 급격한 증가가 하단 맨 아래에서 이보다는 적지만 여전히 적지 않은 노동자 비율의 증가와 함께 수반되면서 불균등이 증가하는 특성을 보이고 있다. 그러나 아마도 보다 중요한 부분은 이주노동자가 갈수록 양극단을 지배한다는 점일 것이다. 세계도시의 노동시장은 점점 더 이주노동자에게 의존하게 되었는데, 이 중 한 집단은 금융, 관리 컨설팅, 광고 등 고숙련 직종에 종사하는 사람들이고, 또 다른 집단

은 청소, 접대, 돌봄, 건설, 식품가공 등 런던과 같은 세계도시가 문자 그대로 '일할 수 있도록(working)' 해 주는 가장 낮은 지위의 서비스 부문에서 일하는 사람들이다. 그러므로 우리는 '이주자 노동분업'이라고 불릴 수 있는 현상의 등장을 보고 있다. 통상 이런 이주자 분업은 국제적이지만 반드시 그런 것은 아니다. 중국은 최근에 역사상 가장 큰 규모의 촌락-도시 이주가 발생하는 무대로, 도시성장을 제한했던 공산주의로부터 벗어나 새로운 세계도시를 만들어 내고 있다.

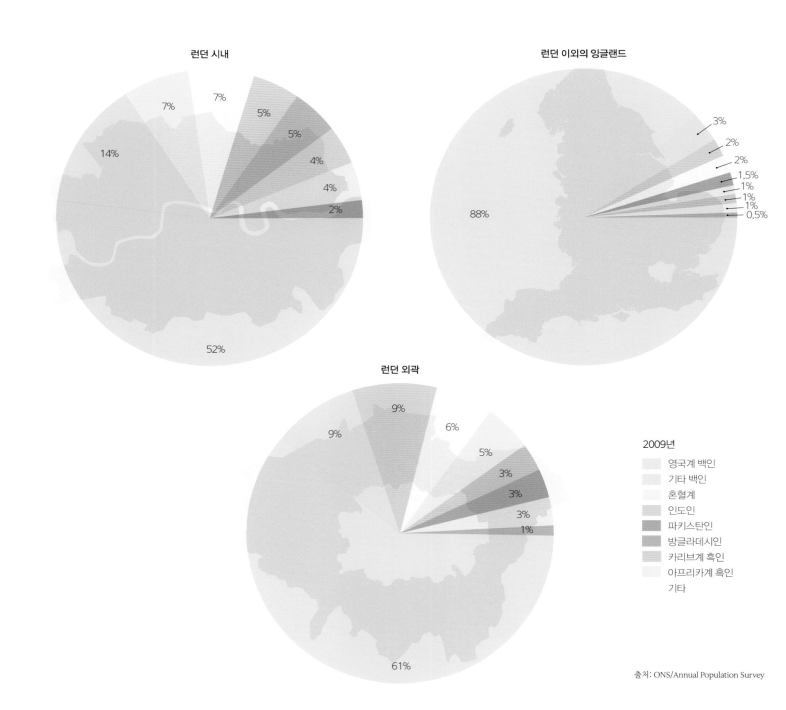

출처: ONS/Annual Population Survey

1990년대 중반 영국에서의 금융 부문 규제완화는 다소 보수적인 영국계 금융회사를 활성화시키기에는 충분치 않았다. 이들 기업은 대개 외국계, 주로 미국계 거대 금융기관에 의해 인수되었다. 이는 (뉴욕과 비교될 수 있을 정도로) 초고소득자의 수를 늘렸으며, 이들 기업 내 종사자의 국제화 정도를 런던시 고용의 1/3 정도까지 끌어올렸다. 스펙트럼의 다른 쪽 끝에는 2001년 추계로 볼 때 외국에서 태어난 노동자가 런던의 저임금 직종의 46%를 차지하고 있었다. 이주노동자에 대한 이런 의

존은 청소와 같은 특정 부문에서는 더욱 심각했는데, 이 부문에서 외국에서 태어난 노동자의 비율은 1993~1994년 40%에서 2004~2005년 거의 70%로 증가했다. 요리사, 음식접대원, 돌봄보조원 사이에서도 비슷한 비율이 나타나, 런던의 저임금 경제의 몇몇 부문은 이주자의 노동 없이는 더 이상 기능하지 않게 되었다.

런던의 경우 어떤 요인이 이런 이주자 노동분업의 등장을 설명할 수 있는가? 연구들은 노동시장 규제완화와 복지체계의 개혁 등 여러 가지 과정을 거론

하고 있는데, 이는 노동조건이 일반적으로 열악해지면서 런던의 고용주가 이들 직종에 내국인 노동자를 채용하기가 극도로 어려워졌음을 의미한다. 이 과정은 제3세계로부터의 이동성 성장과 맞물려 들어갔는데, 이들 저개발지역은 세계의 다른 편 끝에서 그들의 삶을 향상시키고자 하는 노력 속에 이들 빈자리를 채우는 노동력을 제공해 왔다.

이주 저임금 노동자

다문화도시

이주 고임금 노동자

출처: ONS/Annual Population Survey

다양성의 도시

런던은 종종 '한 도시 안의 세계'라고 명명되는데, 이는 도시인구 중 63개 정도의 서로 다른 국적이 있다고 조사한 '일하는 세계도시(Global Cities at Work)' 연구에 의해 뒷받침된 결과이다. 대다수의 이주자는 동유럽, 사하라사막 이남 아프리카, 라틴아메리카로부터 오고 있다. 이는 한때 영국으로의 이주가 영연방(인도 아대륙과 카리브해 지역)으로부터의 국민에 의해 주도되었던 것에서, 이들 흐름이 확대된 유럽연합뿐만 아니라 특히 라틴아메리카와 같이 런던이나 영국과의 강한 식민지 시대의 역사적 연결이 없는 세계 지역으로부터의 이주로 다양화되고 있음을 반영하는 결과이다. 그 결과로 런던의 인구는 런던 이외 잉글랜드의 인구에 비해 훨씬 민족적으로 다양하다.

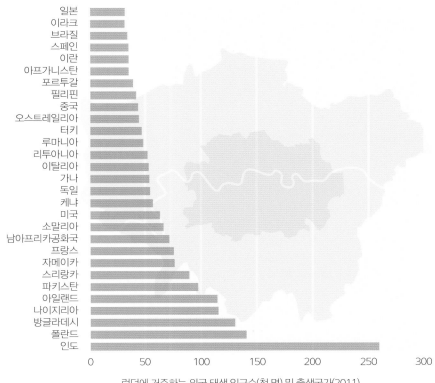

런던에 거주하는 외국 태생 인구수(천 명) 및 출생국가(2011)

세계도시와 관광

세계도시의 항공교통 기반시설과 디자인경관은 전문직 종사자의 이동과 투자의 유치를 돕는 것만을 의도한 것은 아니다. 이는 또한 관광객을 유인하고자 하는 의도를 가지고 있다. 실제로 관광은 이들 도시의 경제적, 사회적, 문화적 조직에 상당한 기여를 하고 있다. 예를 들어, 뉴욕시는 미국을 방문하는 국제여행자에게 선호되는 목적지로 평가된다. 2010년에 이 도시는 거의 5000만 명의 방문객을 맞았고, 그중 970만 명이 국제여행자였다. 미국의 국가 평균과는 대조적으로 뉴욕시의 관광수입에서는 국제방문객의 지출이 압도적이다. 많은 세계도시에서 볼 수 있는 대표 문화적 장소, 대규모 컨벤션센터, 무역박람회장, 수변 재개발, 주요 스포츠 및 엔터테인먼트 단지는 방문객과 그들의 지출을 유인하기 위한 의도된 홍보전략의 일환이다.

관광 부문의 경제적 중요성은 어마어마하다. 2010년 뉴욕의 총 방문객 지출은 300억 달러 이상이었으며, 그중 국제방문객이 체류기간 동안 기여하는 부분은 특히 큰 비중을 차지한다. 여행과 관광이 현

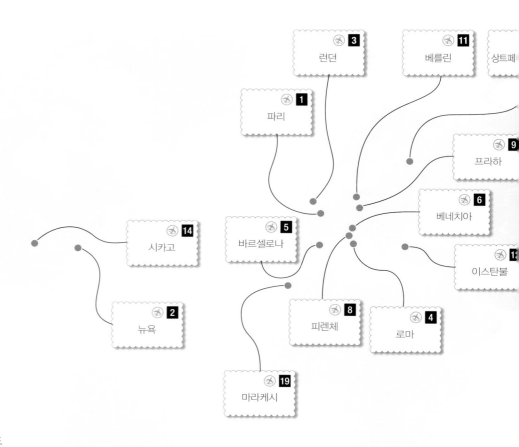

인기 있는 관광목적지, 2012년

세계도시가 관광에서 중요하다는 점은 세계관광지도 내의 '꼭 봐야만 하는' 곳의 순위에서 잘 나타난다. 이 그림은 2012년 트립어드바이저(TripAdvisor)의 '최고의 행선지' 순위에 의거하여 도시의 순위를 매기고 있다. 순위는 보라보라와 같은 유명한 여가행선지와 피렌체 등 주요 문화적 장소를 보여 주고 있지만, 목록의 대부분은 업무적 탁월성, 문화적 명성, 관광객을 위한 상업적 매력이 결합된 세계도시로 구성되어 있다. 뉴욕과 런던은 이 순위의 최상위권에 있으며, 중국의 경우 상하이와 베이징이 포함되어 있다.

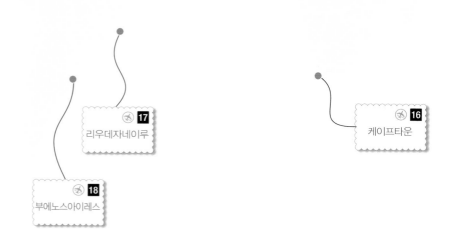

재 뉴욕시의 중요 산업이라는 점에는 의문의 여지가 없다. (국내 및 국제) 총 방문객 지출은 2001년 이래로 2배가 되었으며, 지난 20여 년간 3배로 증가했다. 관광이 단순히 세계도시의 보조적 기능이거나 다른 분야에서 세계도시가 드러내는 우월함의 어떤 부산물로 보아서는 안 된다는 점을 강조할 필요가 있다. 오히려 관광은 세계도시 형성의 핵심 부분이자 실질적 동인이 되었다. 예를 들어, 2010년 조사를 보면 여가, 오락, 휴가를 위해 뉴욕시로 온 해외여행자가 60%였던 데 비해 같은 통계를 미국 전체로 보면 54%였다. 그러므로 우리의 직관과는 다르게 뉴욕시는 절대적으로나 상대적으로나 업무목적지이기보다는 여가목적지의 성격이 더 강하다고 할 수 있다.

세계적 명소

이 그림은 대부분이 관광목적인 국제여행의 행선지로서 뉴욕의 중요성이 높아지고 있음을 보여 준다. 미국 여행의 일부로 뉴욕을 방문하는 여행방문객의 비율이 높아지고 있으며, 뉴욕이 주요 행선지인 여행객의 수도 증가하고 있다.

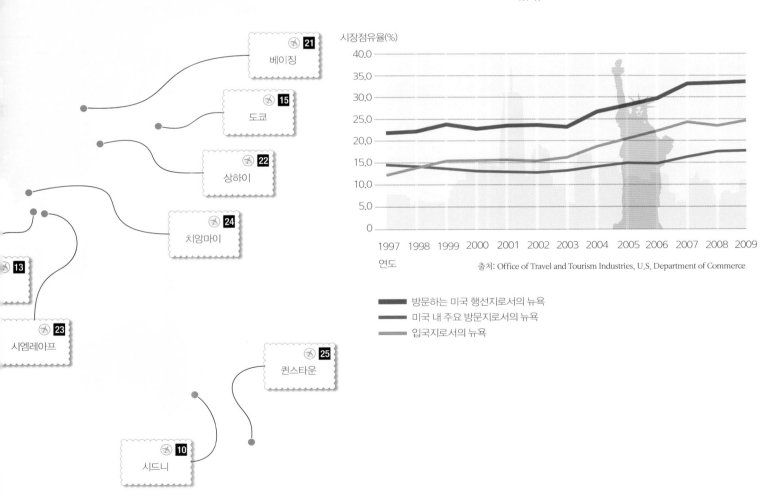

출처: Office of Travel and Tourism Industries, U.S. Department of Commerce

시장점유율(%)

방문하는 미국 행선지로서의 뉴욕
미국 내 주요 방문지로서의 뉴욕
입국지로서의 뉴욕

베이징 21
도쿄 15
상하이 22
치앙마이 24
13
시엠레아프 23
퀸스타운 25
시드니 10

123

셀레브리티
도시

엘리자베스 큐리드-할케트

미국 로스앤젤레스

셀레브리티 도시: 개요

> **"할리우드의 황금률은 황금이 지배한다는 것이다."**

21세기 서양은 기술, 과시적 소비, 그리고 부족함이 없는 대중사회의 생활양식(modus vivendi)을 특징으로 한다. 우리 모두는 이미 많은 것을 획득했고 (그토록 동경하던) 한때 상류층만이 향유했던 습관에 젖어 있다. 우리는 스펙터클의 사회에 살고 있으며, 부족함이 없는 사회를 지나 고삐 풀린 풍요로움의 사회로(즉 낭만적 자본주의 그리고 이와 관련된 장식물의 사회로) 이행하고 있다.

이런 상황을 가장 잘 보여 주는 사례는 셀레브리티(celebrity)라는 현상이다. 이는 어디에나 있고 모든 것이기도 하다. 셀레브리티에 대한 정보를 얻으려는 우리의 열정은 적어도 부분적으로는 다른 사람들과 관계를 형성하고 싶은 욕망에서 비롯된다. 사회가 근본적으로 변동함에 따라, 이제 셀레브리티는 어디에나 존재하는 가장 중요한 부분이 되었

할리우드

구겐하임 미술관

벨에포크

런던

파리

뉴욕

로스앤젤레스

라스베이거스

뭄바이

라스베이거스 스트립

로열 앨버트 홀

다. 우리는 가족으로부터 보다 멀리 떨어져 살고 있고, 보다 늦게 결혼하며, 자녀를 거의 갖지 않고, 옆집의 이웃에 대해 거의 아는 바가 없다. 셀레브리티는 우리가 관계를 맺으려는 사람들이며, 우리는 그들을 통해 관계를 맺는다. 셀레브리티는 우리에게 일상적인 이야깃거리를 제공하며, 세계화된 익명의 사회 속에서 사람들 사이에 아교와 같은 역할을 한다. 그러나 셀레브리티는 그 이상으로 우리에게 특정한 삶의 방식을 제시함으로써 우리로 하여금 스펙터클과 자본주의를 기꺼이 맞이하게 한다. 우리 모두는 패키지화된 우리의 삶을 통해 이에 참여하고 있다. 즉, 우리는 우리가 구입하는 것, 우리가 사는 곳, 우리가 바라보는 것, 우리가 트위터나 페이스북 등을 통해 추종하는 것 등을 통해 우리 자신을 확인하고 우리 자신을 추구하며 살고 있기 때문이다.

셀레브리티 도시의 부상

셀레브리티는 보다 넓은 문화적 경향의 중심사상으로서 스펙터클, 디스토피아, 익명성, 철저한 감시 등과 관련되어 있다. 또한 이는 특정한 시간에 특정한 장소에서 부상한다. 셀레브리티는 세계도시 체계의 결과로 부상하며, 전 세계에 퍼져 있는 문화를 단 몇 개의 도시가 떠받치고 있다. 다른 산업과 마찬가지로, 셀레브리티의 생산은 특정한 장소에 깊이 뿌리내리고 있으면서도 전 세계적으로 다른 허브와 연결된 집적의 역학에 의존하고 있다. 아마 다른 산업과 달리 셀레브리티의 생산이 갖는 특징은 그 성공을 위해 지리적 배경에 의존한다는 점일 것이다. 공장은 거의 없을 것이고 이보다 야자수나 나이트클럽이 훨씬 많겠지만, 이들이 갖는 산업적 효과는 다른 산업과 마찬가지이다. 장소와 장소의 이미지는 셀레브리티 산업과 해당 도시의 장기적 발전에 가장 중요한 요소이다. 사실 배경은 스타덤에서 가장 중요한 요소일 것이다. 셀레브리티는 뜨고 지지만, 이들이 활동하는, 벨에포크(Belle Époque의 파리), 스윙잉 런던(Swinging London), 그리고 현대의 디스토피아 도시인 로스앤젤레스와 같은 도시는 그대로 고정되어 남아 있다.

부분적으로 이런 공생은 문화산업과 셀레브리티 간의 관계가 갖는 기능이다. 문화산업은 특정 대도시에 어마어마하게 집중되어 있고, 그곳에서 우리가 선망하는 스타를 만들어 낸다. 로스앤젤레스의 영화산업, 뉴욕의 패션 및 예술 산업, 런던의 풍부한 음악계에서와 같이 말이다. 이처럼 도시의 형태와 도시의 경제적 집중은 특정한 유형의 상호작용, 정보, 경쟁을 일으킨다. 그리고 이와 같은 도시의 기능적 측면은 우리가 셀레브리티를 이해하고 셀레브리티 간의 차이를 식별하는 방식의 복잡한 일부를 구성한다. 달리 말해, 도시 중심지의 경제적 집중과 평범한 기능은 낭만적 자본주의 내에서 셀레브리티의 위치와 그에 따른 전 세계적 셀레브리티 산업에 막대한 영향을 끼친다.

촌락지역의 소읍과는 달리, 도시는 본연의 높은 밀도, 다양성의 수용, 생활양식과 행태의 상이성으로 인해 자유롭고 자유를 야기하는 문화를 제공한다. 다시 말하자면 도시에는 문화산업과 미디어가 함께 배치되어 있기 때문에 나타나는 실제적 기능이 있을 뿐만 아니라, 셀레브리티는 자신이 필요로 하는 배경과 문화를 만들어 내기 위해 밀도 높고 보다 자유로운 도시사회에 의존하기 때문이다. 시카고학파가 새로운 산업도시의 성격을 조밀성, 다양성, 관용이라고 보았던 것처럼, 셀레브리티 도시는 개방성을 지향하면서 이와 비슷한 역량에 의존한다. 이런 역량에는 셀레브리티와 그 팬들이 모일 수 있는 유흥가나 공연장, 심야 레스토랑, 거리에서의 댄싱을 허용하는 느슨한 정책, 예술가의 활기 넘치는 작업장, 아니면 스펙터클을 만들어 낼 수 있는 수천 명의 사람들이 포함될 수 있다.

볼리우드

셀레브리티의 수도

이 세계지도는 엔터테인먼트 산업에 대한 60만 장 이상의 사진에 대한 연구를 통해 전 세계 셀레브리티의 수도를 그림으로 표현한 것이다. 전체 사진 중 80% 이상이 뉴욕, 로스앤젤레스, 런던 단 3개의 도시에서 찍은 것이다. 이외에도 파리, 라스베이거스, 뭄바이 등이 셀레브리티 도시의 전 세계적 네트워크에서 중요한 역할을 한다. 볼리우드의 본고장인 뭄바이는 독특하면서도 독립적인 수도이지만, 전 세계에서 유명한 영화인을 가장 많이 생산하는 곳이다.

셀레브리티와 세계도시

사회비평가이자 평론가인 대니얼 부어스틴은 자신의 명저 『이미지』에서 "셀레브리티는 일차적으로 자신의 잘 알려짐을 위해 알려지기 때문에, 셀레브리티로서 자신의 이미지를 강렬하게 만들기 위해 단순히 셀레브리티 간의 관계에서 널리 알려지고자 한다."라고 말한 바 있다. 이런 주장이 동어반복인 것처럼 보일 수도 있지만, 셀레브리티의 회귀적 속성이야말로 그 결정적인 특징이라고 할 수 있다. 문화산업과 스타는 시각적 현상이기 때문에, 이들이 얼마나 성공했는가는 이들과 이들의 장소가 얼마나 자주 사진에 노출되었는가에 의해 측정된다. 그렇기 때문에 사진은 스타파워를 얻으려는 문화적 주식거래의 지표로 간주할 수 있고, 우리는 이를 통해 셀레브리티의 경제지리를 이해할 수 있다. 로스앤젤레스는 이런 연계망 그 자체라고 할 수 있으며, 이는 런던, 뉴욕, 파리와 같은 다른 전 세계의 허브 도시와 연결되어 있다.

우리는 게티이미지사로부터 60만 건 이상의 엔터테인먼트 사진을 얻어 낸 후 이로부터 캡션 정보를 데이터베이스로 구축했고, 이에 대한 연구를 통해 셀레브리티의 도시지리와 이런 도시를 지탱하고 있는 사회적, 경제적, 물리적 기반시설의 지리를 지도로 표현했다. 스타 시스템을 지탱하고 있는 네트워크, 이벤트, 사람, 장소 등을 통해 이런 도시의 (서식처로서의) 환경과 아비투스(habitus)에 대해 알 수 있다. 매혹적이든 퇴색했든 간에, 널리 펼쳐져 있든 조밀하든 간에 또는 오랜 건축물이든 새로운 건축물이든 간에 도시가 갖는 이런 모든 요소는 셀레브리티가 구성되어 가는 일부분이다.

셀레브리티 산업 복합체

셀레브리티 관련 일자리

'스타파워'는 주로 뉴욕과 로스앤젤레스에 본부를 두고 있는 복잡한 생산사슬의 기능으로서, 두 도시에서 각각 11만 명 이상의 사람들이 셀레브리티 관련 일자리에 종사하고 있다. 이 숫자는 비록 단순하게 허공을 떠돌아다니는 이미지일지라도 이를 뒷받침하는 데 얼마나 많고 다양한 사람과 돈, 회사가 필요한지를 보여 준다.

셀레브리티의 이미지(매혹적인 환경을 창조하는 특정한 인물이나 집단)는 전 세계에 퍼져 나간다. 그러나 그 이미지는 특정한 장소와 그곳에 뿌리를 내린 사람, 사업체 및 기타 자원의 복잡한 네트워크에 의해 만들어진 것이다. 기술계의 실리콘밸리나 금융계의 월스트리트와 마찬가지로, 로스앤젤레스는 명사가 생산, 유통되는 핵심 중심지이다. 재즈 시대에서부터 21세기에 이르기까지 웨스트할리우드는 너무나 매혹적인 일을 하는 아름다운 사람들의 이미지를 공급해 왔다. 사진, 세세한 신문보도, 빠른 뉴스 회전율 등은 자발적인 친숙함을 창조해 내며, 이는 로스앤젤레스의 셀레브리티 산업 복합체를 뒷받침하고 있는 복잡한 토대를 어지럽힌다.

스타를 길러 내고 그 이미지를 세계 전역에 비추는 성공적인 과정에는 개인이자 현상으로서의 셀레브리티를 유지하는 데 전념하는 수천 명의 노동자와 회사가 반드시 필요하다. 평론가, 변호사 및 에이전트는 자신의 모든 경력을 셀레브리티에 바친다. 에이전시(에이전트 회사)는 수천 명의 직원을 두고 셀레브리티의 고객에 대해 보증, 권리, 협약 등의 업무를 처리한다. 심지어 미용실, 피트니스센터, 백화점 등의 일반적인 후원사 또한 셀레브리티의 이미지와 겉모습을 유지하는 데 반드시 필요하다. 이런 모든 사람과 제도는 이미지, 프로필, 경제적 자본, (개별 스타가 달성해야 하는) 미디어의 주목 등을 키우기 위해 함께 협력한다. 이런 스타 기계의 일상

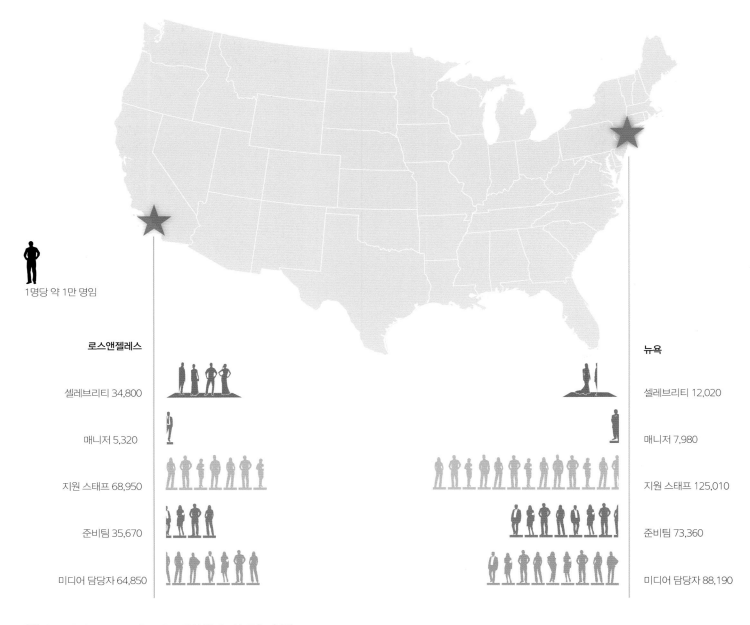

1명당 약 1만 명임

로스앤젤레스

셀레브리티 34,800

매니저 5,320

지원 스태프 68,950

준비팀 35,670

미디어 담당자 64,850

뉴욕

셀레브리티 12,020

매니저 7,980

지원 스태프 125,010

준비팀 73,360

미디어 담당자 88,190

출처: County Business Pattern Industry Data, BLS 2008; Currid-Halkett(2010)

적인 유지가 없다면 제니퍼 애니스턴, 앤젤리나 졸리, 데이비드 베컴 등은 이전과 똑같은 '스타파워'를 발산할 수 없을 것이다. 비록 셀레브리티는 허무하고 덧없는 것처럼 보이지만, 집적경제와 규모 및 범위의 경제에 의존하고 있다. 그리고 이는 지리적으로 로스앤젤레스와 그 자매도시인 뉴욕, 파리, 런던 내부에 형성되어 있다. 보다 일반적으로 말하자면 이런 다양한 기능은 원위치에서 작동하지만, 이와 동시에 이런 기능들의 (특정 장소로의) 지리적 집중은 지식, 아이디어, 스타일의 교환을 가능하게 할 뿐만 아니라 이런 구성요소에 대한 경쟁도 야기한다. 따라서 로스앤젤레스의 셀레브리티는 디트로이트의 자동차나 피츠버그의 철강, 시애틀의 항

공우주산업과 매우 흡사하게 작동한다. 셀레브리티의 경제적, 사회적 활동의 집약도는 셀레브리티 도시가 자기 스스로를 항상적으로 재생산하게 만든다. 본질적으로 셀레브리티의 형태와 기능은 덧없이 짧지만, 그럼에도 불구하고 셀레브리티는 새로운 지식, 새로운 아이디어, 새로운 셀레브리티를 창출할 수 있는 역량을 갖추고 있다는 점이 훨씬 중요하다.

이런 도시의 셀레브리티 산업 복합체를 구성하는 직업과 사업체의 사다리에는 대략 다섯 단계가 있다. 스타나 예비 스타는 슈퍼모델이든 여배우이든 간에 최상층에 위치하며, 이들이 있기 때문에 다른 모든 사람들이 일자리를 갖고 있다. 그 바로 아래에

는 스타를 위해 일하는 사람들로서 매니저, 에이전트, 평론가, 대리인 등이 포함된다. 세 번째 단계에는 이들을 지원하는 스태프, 변호사, 운전기사, 수행원 등이 있고, 네 번째 단계에는 준비를 갖추어주는 손톱관리사, 스타일리스트, 운동 담당자 등이 포함된다. 그리고 사다리의 가장 아래쪽에는 아마 모든 사람들 중 가장 중요하다고 할 수 있는 미디어 담당자로서 스타로 만들고, 스타를 선정하며, 이들을 세상 밖으로 내보내는 사람들이다. 셀레브리티와 이들의 이미지는 바람처럼 스쳐 지나가지만, 셀레브리티 산업 복합체는 언제나 항상 그 자리에 있다.

뉴욕과 로스앤젤레스의 셀레브리티 관련 사업체 수

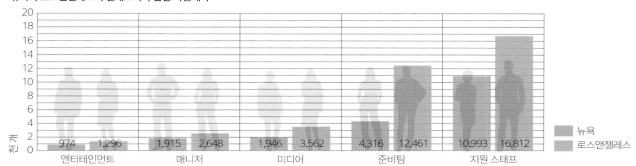

뉴욕과 로스앤젤레스의 셀레브리티 관련 사업체의 임금 총액

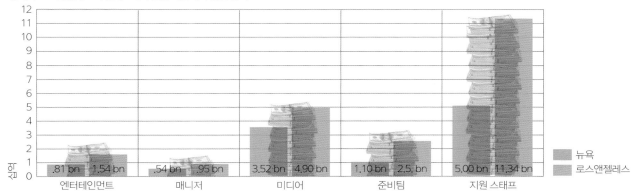

출처: County Business Pattern Industry Data, BLS 2007(businesses) and 2008(payroll); Currid-Halkett(2010)

셀레브리티의 도시경제

뉴욕에서는 거의 10억 달러에 달하는 급여가 홍보활동에 종사하는 사람들에게 지불되는 반면, 로스앤젤레스에서는 5억 3600만 달러밖에 되지 않는다. 로스앤젤레스에서는 미디어가 35억 달러를 총 급여로 가져가지만, 배우, 음악가, 운동선수 등의 셀레브리티 직업군은 총 급여로 15억 달러 남짓을 창출하고 있다. 우리가 볼 때 21세기의 셀레브리티는 그 생명이 짧고 허구적인 존재인 것 같지만, 이들은 분명한 실물경제이자 실제의 장소를 갖는다.

셀레브리티의
세계도시 네트워크

멤피스든 뭄바이든 전 세계에 걸쳐 대중문화 소비자는 잡지를 구매하고, 텔레비전 프로그램을 시청하며, 셀레브리티의 일상을 기록하는 블로그를 구독한다. 셀레브리티야말로 전 세계 창조도시의 엘리트 문화 생산자라고 할 수 있다. 『배니티 페어』, 『피플』, 『헬로!』 등의 잡지에 실리는 스타는 사실상 도처에 존재한다고 할 수 있다. 마셜 매클루언의 관점에서 보자면 정말로 이들은 모든 곳에 존재한다. 왜냐하면 미디어는 메시지이고, 메시지는 끊이지 않기 때문이다.

그러나 셀레브리티의 등장과 퇴장에 대한 경험적 연구에 따르면, 어디를 가더라도 셀레브리티가 존재하지만 이들이 실제로 위치하고 있는 곳은 전 세계의 몇몇 엘리트 도시에 국한되어 있다. 셀레브리티는 실제로 엄청나게 먼 곳에 존재함에도(예를 들어, 할리우드힐스의 아늑한 방갈로에 파묻혀 있거나 선셋 대로나 본드 스트리트의 출입이 제한된 고급 레스토랑에 있음에도) 불구하고, 미디어는 이들이 접근 가능한 곳에 있다는 허구를 만들어 낸다. 실제로 우리가 게티이미지에서 제공받은 50만 장 이상의 스타 사진을 분석한 결과에 따르면, 스타는 런던, 뉴욕, 로스앤젤레스 단 3개의 도시에서 자기의 시간 대부분을 소모한다. 사진의 80% 이상이 이 3개 도시에서 촬영되었다. 그뿐만 아니라 몇몇 다른 도시 또한 비록 순간적이긴 하지만 셀레브리티

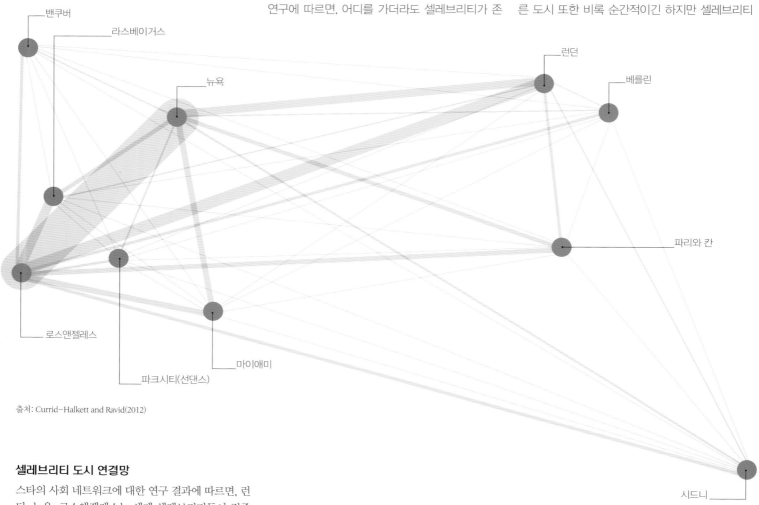

출처: Currid-Halkett and Ravid(2012)

셀레브리티 도시 연결망

스타의 사회 네트워크에 대한 연구 결과에 따르면, 런던, 뉴욕, 로스앤젤레스는 세계 셀레브리티들이 집중되어 있는 수도일 뿐만 아니라 이들의 빈번한 왕래흐름을 통해 서로 긴밀하게 연결되어 있다. 이 다이어그램에서 두 도시를 연결하는 선의 굵기는 셀레브리티가 두 도시 간을 여행한 횟수를 나타낸다. 예로, 뉴욕과 로스앤젤레스는 전 세계에서 셀레브리티 도시로의 연결성이 가장 높으며, 로스앤젤레스와 런던이 그다음으로 높은 연결성을 보인다. 이 이미지는 길라드 라비드의 원본을 수정한 것이며, 데이터는 2006년 3월부터 2007년 2월까지 취득된 것이다.

로스앤젤레스

뉴욕

런던

의 허브로 기능하는데, 여기에는 칸 영화제가 개최되는 프랑스의 칸, 아트바젤이 개최되는 마이애미, 선댄스 영화제가 열리는 유타주의 파크시티 등이 포함된다. 셀레브리티 도시 네트워크는 21세기 경제발전의 가장 중요한 특징을 또다시 반복적으로 보여 준다. 이 특징은 다름 아닌 전 세계적 도시 체계가 모든 배후지를 아래에 남겨 둔 채 만들어 내는 이른바 승자독식의 지리이다.

다른 산업과 마찬가지로 이 소수의 도시가 갖추고 있는 근본원리는 하나의 단순한 사실에 의해 설명될 수 있다. 이는 다름 아니라 모든 산업은 사회적, 경제적, 물리적 기반시설의 집적과 여러 지식 간의 집약도 높은 연결체계에 의존하고 있다는 사실이

다. 셀레브리티는 그 핵심이 존재론적인 것에 있으므로, 스타를 뒷받침하는 시스템과 (잡지, 영화, 관광명소 등을 판매하는) 스타가 지내고 있는 환경에 의존한다. 스타는 월스트리트의 금융거래인과 다를 바 없이 자신의 커리어를 유지하고 향상시킬 수 있으며 지식 및 혁신을 창출하고 달성할 수 있는 로컬화된 네트워크에 의존한다. 만일 파파라치가 사진을 촬영해서 전 세계로 보내는 곳에 정기적으로 나서지 못한다면, 어떤 사람도 결코 글로벌 스타가 될 수 없을 것이다.

그러나 이런 세계도시 네트워크에서 놓쳐서는 안 될 중요한 한 가지 측면이 있다. 인도 영화의 수도이자 일부 세계적 스타의 본고장인 볼리우드

는 앞에서 언급했던 서양의 셀레브리티 수도들과는 연결되지 않은 듯하다. 볼리우드의 스타는 서양의 대중문화와는 완전히 분리되어 있음에도 불구하고, 이들을 추종하는 팬의 절대적 수가 서양에 비해 훨씬 많다. 볼리우드에 관한 일부 질적 연구(Lorenzen and Taübe, 2008; Lorenzen and Mudambi, 2013)에 따르면, 인도 영화가 세계 곳곳에서 촬영되고 수출이 호황 중에 있음에도 불구하고 인도의 셀레브리티는 상당히 고립되어 있다. 상당한 미디어 조직이 입지한 뭄바이를 중심으로 하는 볼리우드의 셀레브리티 시스템은 서양의 도시체계와 연결될 필요성을 거의 갖고 있지 않다.

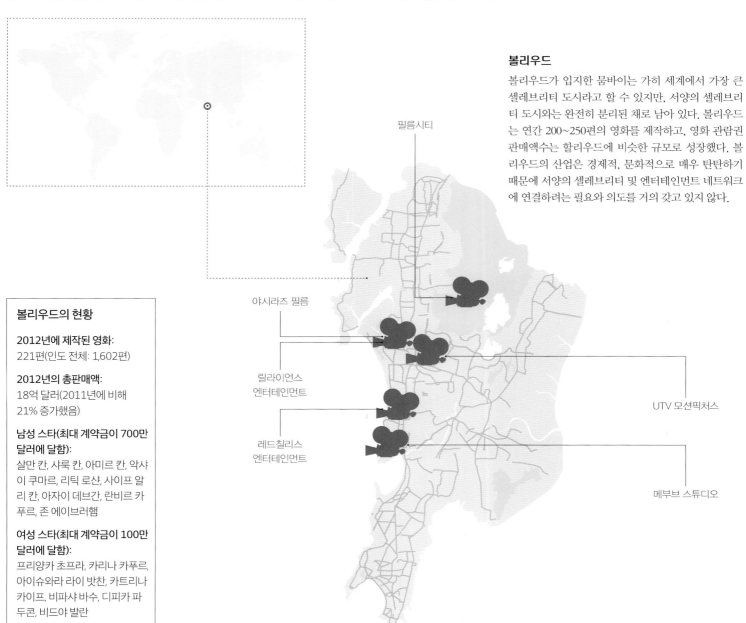

볼리우드

볼리우드가 입지한 뭄바이는 가히 세계에서 가장 큰 셀레브리티 도시라고 할 수 있지만, 서양의 셀레브리티 도시와는 완전히 분리된 채로 남아 있다. 볼리우드는 연간 200~250편의 영화를 제작하고, 영화 관람권 판매액수는 할리우드에 비슷한 규모로 성장했다. 볼리우드의 산업은 경제적, 문화적으로 매우 탄탄하기 때문에 서양의 셀레브리티 및 엔터테인먼트 네트워크에 연결하려는 필요와 의도를 거의 갖고 있지 않다.

필름시티

야시라즈 필름

릴라이언스 엔터테인먼트

레드칠리스 엔터테인먼트

UTV 모션픽처스

메부브 스튜디오

볼리우드의 현황

2012년에 제작된 영화:
221편(인도 전체: 1,602편)

2012년의 총판매액:
18억 달러(2011년에 비해 21% 증가했음)

남성 스타(최대 계약금이 700만 달러에 달함):
살만 칸, 샤룩 칸, 아미르 칸, 악샤이 쿠마르, 리틱 로샨, 사이프 알리 칸, 아자이 데브간, 란비르 카푸르, 존 에이브러햄

여성 스타(최대 계약금이 100만 달러에 달함):
프리양카 초프라, 카리나 카푸르, 아이슈와라 라이 밧찬, 카트리나 카이프, 비파샤 바수, 디피카 파두콘, 비드야 발란

출처: Lorenzen(2013)

셀레브리티 네트워크의 사회과학

네트워킹은 우리의 모든 일상에 필연적인 것이 되었다. 네트워킹은 정확하게 무엇을 말하는 것일까? 최상급 엘리트의 정예 네트워크(예를 들어, 할리우드의 A급 저명인사 간의 네트워크와 같은)는 그들의 사회적 행태와 그 행태가 발생하는 곳에 대해 무엇을 말해 줄까? 그들 간의 사회 네트워크는 A급 스타와 (우리 나머지와의 차이는 차치하고서라도)

C급 스타 간의 차이를 설명해 줄 수 있을까?

최근에 들어 사회 네트워크는 경제발전과 도시의 번영에 관한 연구에서 매우 중요한 구성요소가 되고 있다. 실리콘밸리에 관한 초창기 연구에 따르면, 개인 간 비공식적 관계는 실리콘밸리의 산업적 성공에[그리고 보스턴에 위치한 루트128(128번 도로)의 실패에] 필연적 요소였다는 것이 밝혀졌다.

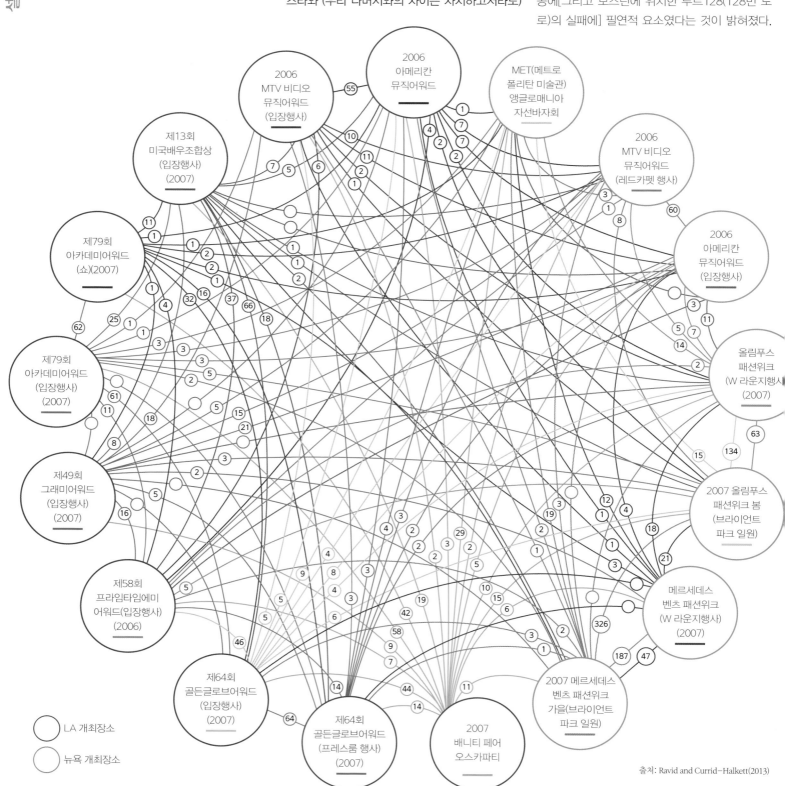

출처: Ravid and Currid-Halkett(2013)

창조산업 연구자들은 사람들이 함께 생활하고 일하며 서로 마주치면서 형성하는 임의적 클러스터가 필연적이라고 말한다. 보다 최근에 휴대폰 사용 데이터를 추적한 결과, 사회 네트워크의 다양성은 도시의 번영과 직결되어 있음이 밝혀지고 있다.

셀레브리티의 사진은 이런 연결에 대해 중요한 정보를 제공한다. 셀레브리티는 문화산업 내에서 엘리트 집단이지만, 이들의 사회적 역동성은 다른 커리어나 산업이 성공하는 데 사회 네트워크가 얼마나 중요한지를 말해 준다. 필자는 이스라엘의 벤구리온 대학에 있는 동료 길라드 라비드와 함께 게티이미지의 사진 데이터에 대한 사회 네트워크 분석을 수행했다. 우리는 각 사진 속의 인물이 누구인지, 함께 있는 인물은 누구인지, 어떤 이벤트에서 찍었는지, 어느 도시인지, 그리고 스타 1인당 찍힌 사진은 몇 장인지를 분석했다. 이 사진에 포함된 캡션 정보는 A급 저명인사가 전체 사진 데이터베이스에 있는 다른 모든 사람에 대해 상이한 네트워크를 형성하고 있음을 말해 준다.

스타의 사회 네트워크를 올바르게 표현하기 위해 세계의 대부분은 6단계로 분리되어 있다는 이른바 6단계 분리이론을 떠올려 보자. (6이라는 이 가공의 숫자는 경험적으로 그럴듯하다.) 셀레브리티 네트워크에 속한 사람들의 분리도는 3.26에 불과하다. 심지어 직업, 위치, 지위 등의 측면에서 다른 셀레브리티와 어떤 뚜렷한 연계를 형성하지 않은 셀레브리티도 단 3.26명의 사람이면 연결이 된다. A급 저명인사는 이보다 훨씬 더 집약적이다. 우리는 『포브스』지의 스타 흥행성(Star Currency) 랭킹을 이용해서 스타가 어느 랭킹에 해당되는지를 분석함으로써 스타의 사회 네트워크를 연구할 수 있었다. 게티이미지의 사진에는 7,000명이 포함되어 있었는데, A급 저명스타에 속한 사람들은 오직 같은 20명의 A급 저명스타와만 어울렸다. 엘리트 셀레브리티가 자신의 배타적 지위를 연속시킬 수 있는 수단 중 하나는 다른 A급 스타만이 참석하는 명망 높은 이벤트에 참석하는 것이다. '오스카상', '패션위크', '아트바젤 마이애미' 등이 포함된 이런 이벤트는 그 이벤트가 개최되는 도시를 변화시킨다. 이런 도시는 짜릿한 매혹과 스펙터클의 중심으로서 그 도시의 시민으로 하여금 셀레브리티가 살고 있는 도시환경 속으로 참여하게 만든다.

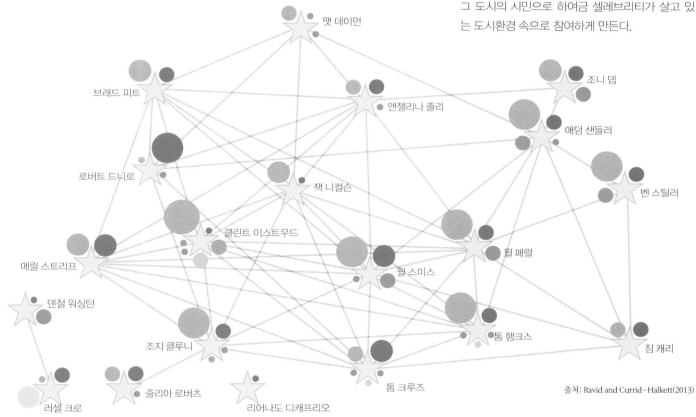

맷 데이먼
브래드 피트
조니 뎁
앤젤리나 졸리
애덤 샌들러
로버트 드니로
잭 니컬슨
벤 스틸러
클린트 이스트우드
윌 페렐
메릴 스트리프
윌 스미스
덴젤 워싱턴
톰 행크스
조지 클루니
짐 캐리
줄리아 로버츠
톰 크루즈
러셀 크로
리어나도 디캐프리오

출처: Ravid and Currid-Halkett(2013)

이벤트 간의 셀레브리티 네트워크

셀레브리티의 스펙터클은 전 세계에 서로 멀리 떨어진 여러 도시의 이벤트에서 일어나지만, 이들 간에도 일정한 패턴과 연결성이 있다. 많은 셀레브리티는 다양한 셀레브리티 스펙터클의 주요 플레이어로서 몇 번이고 반복적으로 등장한다. 예를 들어, '배니티 페어 오스카파티'에 참석하는 셀레브리티는 '멧 코스튬 인스티튜트 갈라'에도 모두 참석한다. 위의 이미지는 전 세계의 셀레브리티 도시를 함께 연결하는 이벤트 간의 연결을 보여 준다. 선은 사람들 간의 연결을 나타내는 것이고, 선 위의 숫자는 한 이벤트에 참석한 사람들이 선으로 연결된 다른 편 이벤트에도 참석했던 사람들의 수를 나타낸 것이다.

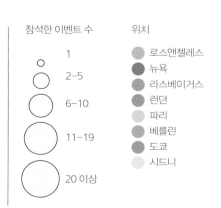

참석한 이벤트 수
1
2–5
6–10
11–19
20 이상

위치
로스앤젤레스
뉴욕
라스베이거스
런던
파리
베를린
도쿄
시드니

셀레브리티의 도시 간 사회 네트워크

엘리트 셀레브리티는 여러 도시와 여러 이벤트를 가로질러 횡단함에도 불구하고, 자신이 위치한 곳과 상관없이 매우 긴밀한 네트워크를 유지하고 있다. 2006~2007년 사이의 게티이미지 사진에는 7,000명의 인물이 포함되어 있는데, 이 중 A급 저명스타는 오직 같은 20명의 A급 저명스타와만 어울리고 있었다.

재능의 지리

셀레브리티 도시는 스펙터클과 황홀경의 도시이다. 이 도시의 성공은 미디어와 일반대중이 특정한 사람과 이벤트에 얼마나 매료되는가에 달려 있다. 그러나 셀레브리티가 명성을 떨치는 이유가 각기 상이한 것처럼, 셀레브리티 도시의 성공에도 그 이유가 다양하다. 셀레브리티 도시는 각기 상이한 특징을 갖고 있다. 예를 들어, 라스베이거스는 북적거림으로, 로스앤젤레스는 피상적인 화려함으로, 뉴욕과 런던은 열정으로 유명한 것처럼 말이다. 이런 특징 중 일부는 그 도시형태를 의인화하고 있는 사람들로부터 기인한다. 달리 말해, 스타는 일종의 인적자본으로서 셀레브리티 도시에 대한 우리의 이미지를 창조한다고도 할 수 있다.

어떤 스타는 자신의 재능을 통해 셀레브리티로서의 지위를 유지한다. 이런 재능은 오스카상, 골든글로브상, 그리고 초대형 히트작을 통해 입증된다. 그러나 다른 일부 스타는 자신의 스타성을 세상 사람들이 관심을 두는 이벤트를 통해 드러내곤 한다. 달리 말해, 이들은 스타로서 자신의 지위를 자기가 시간을 보내는 도시나 자기가 참석하는 이벤트와 연결시킨다. 우리의 사진 분석에 따르면, 어떤 스타가 오스카상을 수상했는지, 초대형 히트작을 터뜨렸는지, 아니면 타블로이드판에 기사가 실리게끔 교묘

헤이마켓의
로열 극장

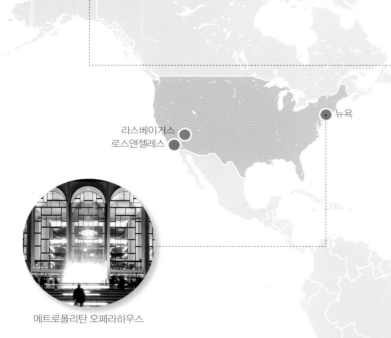

메트로폴리탄 오페라하우스

베를린

런던

뉴욕

라스베이거스
로스앤젤레스

베를리날레:
베를린 국제영화제

한 솜씨를 가졌는지 등에 따라 위의 방식에 매우 상이한 패턴이 있다. 결과적으로 셀레브리티 도시는 그 도시를 빈번하게 방문하는 스타의 명성과 직결되어 있다.

우리는 영화의 흥행을 주도했거나, 수상 경험이 있거나, 다른 스타를 영화에 끌어들였던 스타에 대해 스타들의 「포브스」지 스타 흥행성 랭킹을 정리했고, 이 스타들의 전 세계에 걸친 지리적 행태를 지도로 표현했다. 우리의 분석에 따르면, 특정 셀레브리티 도시는 재능이나 그야말로 명성 그 자체와 긍정적으로든 아니면 부정적으로든 연관되어 있다. 패리스 힐턴은 모든 셀레브리티 도시의 수

도라고 할 수 있는 로스앤젤레스에서 대부분의 시간을 보내는 반면, 앤젤리나 졸리와 같이 재능을 바탕으로 한 스타는 로스앤젤레스 미디어에 발을 들여놓는 법이 거의 없다. 재능을 바탕으로 한 셀레브리티는 로스앤젤레스에는 거의 노출되지 않는 반면, 국제무대에 훨씬 자주 등장하는 경향이 있다.

재능은 카메라의 플래시에 의존하지 않는다. 따라서 단순하게 로스앤젤레스에서 사진을 촬영하는

도쿄 극장

시드니 오페라하우스

것은 그 사람에 대해 독창적이거나 실질적인 것을 보여 주지 못한다. 그러나 멀리 떨어진 현장에서 개최되는 이벤트에 참석하는 것은 자신에 대한 글로벌 수요를 보여 줄 뿐만 아니라, 자신이 참여한 영화, 음악 등의 창조적 산물이 지니는 전 세계적 영향력을 드러낸다. 오스트레일리아나 독일의 도시로 가는 것은 스타성을 강화하는 것과 밀접하게 관련되어 있다. 런던은 최고의 재능을 지닌 스타와 가장 많이 연관되어 있는 도시이다. 반면, 놀라울 것 없이 라스베이거스와 로스앤젤레스는 셀레브리티의 주요한 측면인 겉만 번지르르한 피상성이나 순간성과 관련되어 있다. 런던이나 시드니와 같은 도시는 범세계적 도시이다. 스타와 그 도시는 동전의 양면과 같다.

셀레브리티 도시의 스타파워, 2006~2007년

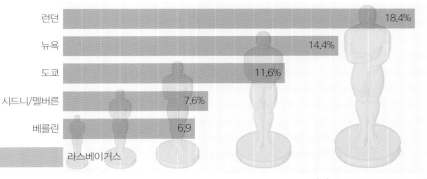

도시	수치
런던	18.4%
뉴욕	14.4%
도쿄	11.6%
시드니/멜버른	7.6%
베를린	6.9
라스베이거스	−5.4%

출처: Currid-Halkett and Ravid(2012)

재능의 수도

특정 도시는 스타가 전 세계적으로 자신의 재능을 널리 알리는 데 중요한 역할을 한다. 어떤 셀레브리티 도시에서 사진을 찍었는지는 그 스타의 재능에 대한 명성을 결정짓기도 한다. 예를 들어, 런던에서 개최된 이벤트에 참석한(또는 그 이벤트에서 사진을 찍은) 스타는 자신의 스타력을 18.4% 상향시킨다. 반대로 라스베이거스에서 개최된 이벤트에서 사진을 찍은 스타는 자신의 스타력을 5.4% 반감시킨다.

셀레브리티 도시와 '유명함을 유지하는 데 유명한' 스타

셀레브리티 도시는 금융, 기술, 예술의 중심지와 마찬가지로 전체 산업 중에서 특정한 부문에 초점을 두는 경향이 있다. 따라서 재능 있는 스타는 개별 도시의 특성에 따라 이동한다. 로스앤젤레스, 런던, 뉴욕이 셀레브리티 문화의 진원지임이 분명하지만, 재능 있는 스타의 (그리고 단순히 유명한 스타의) 지리적 행태는 눈에 띌 정도로 상이한 패턴을 나타낸다.

이른바 '유명함을 유지하는 데 유명한' 스타는 자신의 셀레브리티 지위를 유지하기 위해 끊임없이 스포트라이트를 받고자 한다. 이런 스타에게 있어서 미디어 자본에 최대한 가깝게 있으려는 경향은 스타로서의 지위 유지에 필수적인 요소이다. 런던은 재능 있는 스타를 자석처럼 끌어당기기 때문에, 전 세계의 패리스 힐턴과 같은 사람들에게 없어서는 안 될 도시이다. 영국에는 집중화된 미디어(런던의 주요 일간신문은 15개에 불과하다)와 BBC의 엄청난 힘이 존재하기 때문에 모든 소비자가 같은 미디어를 소비하고 있다. 유명함을 유지하는 데 유명한 스타에게 런던에서 개최되는 이벤트에 참여하는 것은 영국 전역에 널리 보도되는 것을 확실히 보증

런던

뉴욕

라스베이거스
로스앤젤레스

플로리다(주로 마이애미)

하고 있는 셈이다.

단순히 유명한 스타는 자신의 노출을 극대화하기 위해 로스앤젤레스에서 장시간 머무르는 경향이 있다. 그러나 이들은 타블로이드에 자신의 사진을 올리기 위해 여러 도시의 여러 이벤트를 찾아 이동해야 한다. 패리스 힐턴은 이벤트에서 앤젤리나 졸리나 톰 크루즈와 같이 재능을 갖춘 스타가 받는 정도의 각별한 주목을 받지 못한다. 런던의 셀레브리티 이벤트를 사례로 들어 보자. 2006년 앤젤리나 졸리는 단 한 번의 이벤트에서 사진에 100회나 노출되었다. 톰 크루즈는 자신의 '미션 임파서블' 시사

회에서 사진에 111회나 노출되었다. 같은 해에 런던에서 열린 이벤트에 참석한 패리스 힐턴은 모든 이벤트를 합쳐 사진에 173회 노출되었다. 이는 이벤트당 사진 노출 횟수로 따졌을 때 17.3회에 불과한 것으로, 앤젤리나 졸리의 100회나 톰 크루즈의 111회와 비교가 되지 않는다. 더군다나 이벤트의 유형은 스타의 유형과 상관관계를 갖고 있다. 재능 있는 스타는 자신이 종사하는 부문이나 관여하는 자선사업에 관련되어 있는 이벤트에 출현하는 경향을 띠지만, 단순히 유명한 스타는 사진기자가 모여 있는 한 어떤 이벤트라도 가리지 않고 나타나는

경향이 있다.

라스베이거스는 전 세계에서 가장 문제적인 셀레브리티들이 모이는 허브와 같다. 이 사막 속에 만들어진 가짜 도시에 출현하는 것은 모든 스타에게 스타성을 반감시킨다. 라스베이거스는 오직 스타가 자신의 생일파티를 개최할 때에만 적절하다. 단순히 유명한 스타에게는 미디어가 가장 중요하다. 따라서 이런 유형의 스타가 라스베이거스에 있다면, 이는 자신의 존재를 세상에 알리는 카메라의 앞이 아닐 가능성이 높다.

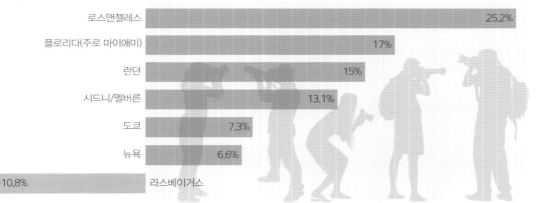

셀레브리티 도시의 미디어파워, 2006∼2007년

도시	비율
로스앤젤레스	25.2%
플로리다(주로 마이애미)	17%
런던	15%
시드니/멜버른	13.1%
도쿄	7.3%
뉴욕	6.6%
라스베이거스	−10.8%

출처: Currid-Halkett and Ravid(2012)

'유명함을 유지하는 데 유명한' 도시

도시는 셀레브리티의 스펙터클이 펼쳐지는 곳이고, 이런 스펙터클은 미디어를 통해 중계되며, 미디어는 끊임없는 이미지를 통해 유명하고 인기를 얻은 사람들을 떠받친다. 주로 (자신의 재능이 아니라) 유명함으로 스타로서의 지위를 유지하는 스타에게는 이벤트 참석이 매우 중요하다. 다만 이들이 선호하는 도시는 (앞서 언급했던) 재능 있는 스타가 출현하는 도시와는 다르다. '유명함을 유지하는 데 유명한' 도시인 로스앤젤레스는 셀레브리티에게 필수적인 도시로 남아 있다. 로스앤젤레스의 이벤트에 참석하는 것은 미디어 볼륨을 25% 증가시키지만, 라스베이거스의 경우에는 반대로 10% 이상 감소시킨다. 뉴욕이나 도쿄와 같은 도시는 중간 수준을 유지하는데, 이는 이런 도시가 재능 있는 스타에게나 단순히 유명한 스타에게나 선호도가 비슷하다는 것을 함의한다.

도쿄

시드니

멜버른

활기의 지리

사회적 환경(milieu)은 실리콘밸리의 대항문화에서 월스트리트의 차가운 자본주의에 이르기까지 특정 산업에 종사하는 사람들의 성공에 영향을 미친다. 그 환경 속에서 아이디어가 교환되고, 취업기회가 생겨나며, 창조성이 자유롭게 번성한다. 일찍이 앨프레드 마셜이라는 경제학자가 산업활동의 클러스터화에 대해 언급했던 것처럼 말이다. 필자는 『워홀 경제학』이라는 책에서 뉴욕시의 창조경제에 대해 연구했다. 부분적으로 필자의 연구는 왜 가난한 예술가와 갓 졸업한 디자이너가 뉴욕으로 떼를 지어 몰려드는지에 대한 궁금증에서 비롯되었다. 도시 내의 좁은 아파트에 갇혀 살면서 엄청나게 비싼 월세를 지불하고, 일자리와 프로젝트를 얻기 위해 다른 모든 창조적인 자들과 격렬하게 경쟁해야 함에도 불구하고 말이다. 필자는 연구를 수행하는 동안 미술관 개관식에서 술집과 패션소를 전전하며 다녔다. 그리고 이런 과정에서 어떤 사람이 오하이오의 스튜디오에서 아무리 열심히 일을 한다고 할지라도 뉴욕으로부터 결코 대체해 올 수 없는 사회적 상호작용이 있음을 깨닫게 되었다. 그것은 즉 임의적이고 특별하면서도 예상치 못한 뜻밖의 발견을 할 수 있는 사회적 상호작용으로서, 이는 사람들로 하여금 새로운 일자리로 들어가는 문을 열어 주거나, 편집장이나 큐레이터에게 접근할 수 있게 하거나, 새로운 패션, 음악, 예술 운동의 최전선으로 나아가도록 하는 통로였다. 사실 자신에게 꼭 필요한 네트워크로 진입하거나 꼭 필요로 하는 사람을 만나는 것은 외로움 속에서 일하며 끝없는 밤을 이겨 내야만 가능하다. 마셜이 100여 년 전에 발견했던 바는 오늘날의 첨단기술과 이메일의 시대에도

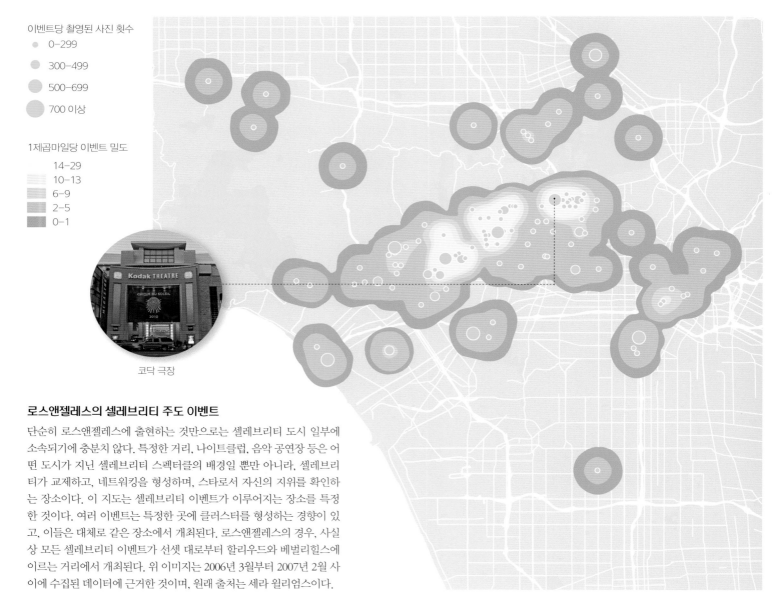

이벤트당 촬영된 사진 횟수
- 0–299
- 300–499
- 500–699
- 700 이상

1제곱마일당 이벤트 밀도
- 14–29
- 10–13
- 6–9
- 2–5
- 0–1

코닥 극장

로스앤젤레스의 셀레브리티 주도 이벤트

단순히 로스앤젤레스에 출현하는 것만으로는 셀레브리티 도시 일부에 소속되기에 충분치 않다. 특정한 거리, 나이트클럽, 음악 공연장 등은 어떤 도시가 지닌 셀레브리티 스펙터클의 배경일 뿐만 아니라, 셀레브리티가 교제하고, 네트워킹을 형성하며, 스타로서 자신의 지위를 확인하는 장소이다. 이 지도는 셀레브리티 이벤트가 이루어지는 장소를 특정한 것이다. 여러 이벤트는 특정한 곳에 클러스터를 형성하는 경향이 있고, 이들은 대체로 같은 장소에서 개최된다. 로스앤젤레스의 경우, 사실상 모든 셀레브리티 이벤트가 선셋 대로부터 할리우드와 베벌리힐스에 이르는 거리에서 개최된다. 위 이미지는 2006년 3월부터 2007년 2월 사이에 수집된 데이터에 근거한 것이며, 원래 출처는 세라 윌리엄스이다.

출처: Currid-Halkett and Williams(2010)

여전히 똑같다. 그 장소에 있다는 것이 중요하다.

창조적 배경으로서 뉴욕의 이야기는 보다 넓은 차원에서 어떻게 사회생활이 커리어를 형성하는지를 이해하는 데 적용될 수 있을까? 필자는 이런 패턴이 특별히 고도로 주관적인 승자독식의 산업에서 뚜렷이 나타날 것이라고 생각한다. 왜냐하면 이런 산업에서는 특정인이 남들에게 노출됨으로써 미디어의 주목과 결과적으로 게이트키퍼의 관심을 끌어낼 수 있기 때문이다. 필자는 MIT의 세라 윌리엄스와 함께 사회적 교류가 경제적 성공에 끼치는 영향을 연구하기 위해, 게티이미지로부터 로스앤젤레스와 뉴욕에서 일어난 모든 연예계 이벤트에 관한 사진과 이의 캡션 정보를 수집한 후 이를 지오코딩으로 작업했다. 그리고 각 이벤트를 패션, 예술, 영

화, 음악 또는 (예를 들어, 특정한 분야에 국한된 이벤트라기보다는 자선모임과 같이 여러 스타가 한자리에 모이도록 만드는) '자석' 등으로 범주화했다. 우리의 연구 결과에 따르면, 셀레브리티 주도의 사회적 교류의 장은 임의적인 경향을 전혀 띠지 않았고 오히려 통계적으로 유의미한 클러스터화 패턴을 드러냈다. 패션, 예술, 음악, 영화 등은 지리적으로 집중된 구역 내에서 발생함으로써 서로 다른 분야가 자기 분야를 넘어 상호 교류하고 있었다. 요컨대 셀레브리티가 같은 레스토랑에서 시간을 보내

거나, 같은 거리를 활보하거나, 같은 레드카펫에 등장하는 것은 결코 우연적이지 않았다.
셀레브리티 도시는 황홀함과 극적 사건을 일으키는 데 필수적인 여건을 제공함으로써, 이런 글로벌 스펙터클에 참여하고 있는 청중, 관광객, 소비자를 끌어들인다. 셀레브리티는 도처에 존재하는 것처럼 보이지만, 우리는 이를 세심하게 살펴봄으로써 실제 사진이 촬영되는 셀레브리티 허브 도시 내에서도 지극히 제한된 구역 내에 존재한다는 것을 알게 되었다. 로스앤젤레스의 경우에는 할리우드, 베벌리힐스, 웨스트할리우드, 센추리시티 등이 주요 결절점으로서 여러 셀레브리티 이벤트가 촬영되는 곳이다. 이런 도시적 환경은 (2012년 돌비 극장으로 개명된) 코닥 극장, 타임스스퀘어, 베벌리힐스 호텔 등의 상징적인 기반시설을 제공하며, 이들은 셀레브리티 문화를 더욱 매혹적으로 만든다. 이런 짜릿함이 미주리의 한산한 거리에서 창출되기는 어려울 것이다.

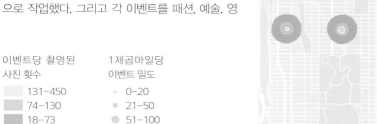

이벤트당 촬영된 사진 횟수
- 131–450
- 74–130
- 18–73
- 0–17

1제곱마일당 이벤트 밀도
- 0–20
- 21–50
- 51–100
- 101–200
- 201–10

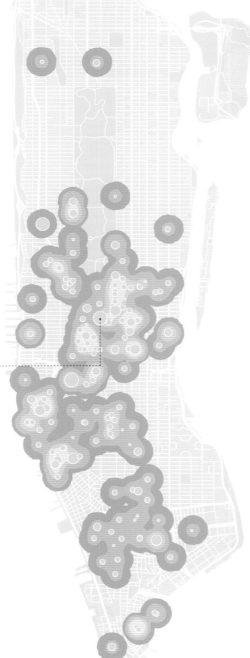

타임스스퀘어

뉴욕의 셀레브리티 주도 이벤트

뉴욕의 지리는 로스앤젤레스와는 여러 면에서 다르지만, 도시 내의 셀레브리티 스펙터클은 로스앤젤레스와 마찬가지로 클러스터화와 집중의 패턴을 보인다. 사실상 모든 이벤트가 센트럴파크의 바로 남쪽인 59번가 아래쪽에서 이루어진다. 첼시와 타임스스퀘어가 셀레브리티가 모이는 주요 허브이다. 이 이미지는 2006년 3월부터 2007년 2월 사이에 수집된 데이터에 근거한 것이며, 원래 출처는 세라 윌리엄스이다.

출처: Currid-Halkett and Williams(2010)

메가시티

얀 니먼
마이클 신

인도 뭄바이

메가시티: 개요

"1970년에 메가시티는
2개뿐이었다. 1990년에
10개가 되었다.
2013년에는 28개였다."

도시화가 근대 시기에 천하를 풍미했다면, 최근 세계경관상에서 메가시티의 도래는 훨씬 폭발적이었다. 고대 로마는 최초의 100만 명 이상 도시였다. 고대에 이런 규모와 밀도는 독보적이고 당혹스러울 정도였다. 7세기가 되어서야 중국 중세의 시안이 100만 고지에 도달한 세계 두 번째 도시로 등장했다. 유럽에서는 1800년이 되어서야 산업화하는 런던이 100만에 올라선 첫 번째 도시가 되었다. 오늘날 세계의 도시 거주자 5명 중 2명이 100만 이상의 도시에 살고 있으며, 미국만 해도 그런 도시가 50개가 넘는다. 실제로 오늘날 대부분의 도시는 100만 이하의 거주자를 가지고 있다면 진정한 도시로 간주되지 않는다.

2013년 1000만 명 이상의 도시

1000만 명 이상의 거주자를 가진 도시로 정의되는 2013년 세계 28개의 메가시티. 6개만이 서반구에 위치하며 대부분은 남반구, 동반구, 그리고 동남아시아에서 볼 수 있다. 메가시티 현상은 인구밀도가 더 높고 도시화가 최근에 시작된 개발도상국에 점점 더 집중되어 간다. 서유럽과 북아메리카에서는 도시체계가 보다 성숙단계에 접어들었고 분산적이다.

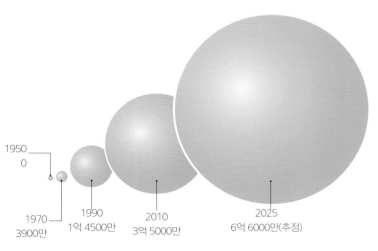

1950
0

1970
3900만

1990
1억 4500만

2010
3억 5000만

2025
6억 6000만(추정)

메가시티에 살고 있는 세계인구

1950, 1970, 1990, 2010, 2025(추정)년 메가시티에 살고 있는 전 세계 인구. 메가시티 인구는 지난 20년 사이에 두 배가 되었으며, 2010년과 2025년 사이에 다시 두 배가 될 것으로 예상된다. 그때가 되면 세계 메가시티 인구는 미국 전체 인구의 두 배 정도가 될 것이다.

그러나 메가시티는 다른 리그에 있다. 공통적인 최소 요구치는 대도시권 또는 연속적 도시권에 1000만 명의 거주자가 있는 것이다(추정치는 공간적 경계설정에 따라 다르다). 그들은 매우 최근의 현상이다. 1970년에는 뉴욕과 도쿄 두 곳만 메가시티였다. 1990년에는 10개가 되었다. 그리고 2013년에는 3700만 명으로 추정되는 인구를 가진 도쿄-요코하마 도시권을 필두로 28개가 있었다. 만약 도쿄-요코하마가 국가였다면 세계 35위권이며, 인구와 국내총생산 규모에서 캐나다를 앞지른다. 이보다 좀 적은 인구 2000만의 멕시코시티는 오늘날 세계의 180여 국가들보다 크며, 국내총생산 또한 덴마크, 베네수엘라와 같은 국가보다 많다. 현재 거의 5억 명의 세계인이 이들 거대한 대도시에 살고 있으며 그들의 수는 빠르게 증가하고 있다.

메가시티는 세계적으로 불균등하게 분포하고 있다. 상위 7개를 포함하여 절반 이상이 아시아에 위치하고 있다. 흥미롭게도 서구에는 그 수가 많지 않아 미국의 뉴욕과 로스앤젤레스, 유럽에는 유일하게 파리가 있으며, 런던이 곧 이에 합류할 것으로 예상된다. 대부분의 메가시티가 일반적으로 '개발도상지역'으로 간주되는 곳에서 나타난다는 사실은 어떻게 메가시티가 생기고 그들이 얼마나 바람직한 것인지에 대한 몇몇 중요한 질문을 던진다.

크기는 중요하다. 도시는 규모의 경제를 제공한다는 점에서 일반적으로 혜택으로 간주된다. 사람들이 서로 가까이에 있을 때 여러 가지 서비스를 제공하고 경제활동에 종사하는 것이 저렴해지며 보다 효율적이 된다. 그러므로 도시화는 보통 근대화와 진보의 핵심적인 부분이라고 알려져 있다. 그러나

도시가 너무 커져서 혜택보다 규모의 불경제가 커지는 것이 가능할까? 도시권을 가로지르는 거리가 너무 광범위하다면 어떻게 될까? 만약 통근에 너무 많은 비용이 들면 어떻게 될까? 메가시티의 생태발자국은 어떨까? 크기와 별개로 인구밀도는 얼마나 중요할까? 대부분 저개발국가의 경우에서 볼 수 있는 것처럼, 만약 메가시티가 계획되지 않은 상태로 진행되면 어떨까? 이번 장은 최근 메가시티의 등장, 메가시티 간의 상당한 수준의 격차 및 그 주요 특징과 도전을 조명한다.

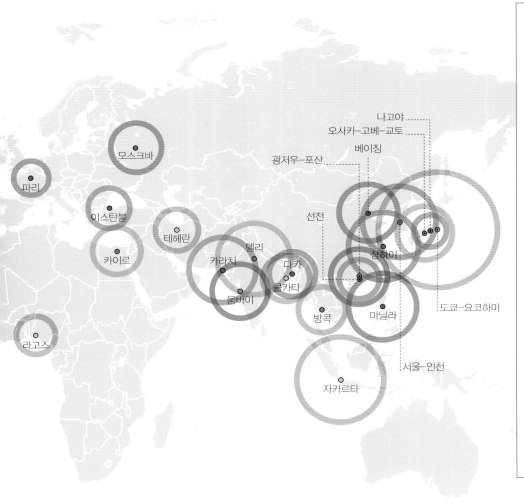

가장 인구가 많은 도시권, 2013년

1 도쿄-요코하마 37,239,000
2 자카르타 26,746,000
3 서울-인천 22,868,000
4 델리 22,826,000
5 상하이 21,766,000
6 마닐라 21,241,000
7 카라치 20,877,000
8 뉴욕 20,673,000
9 상파울루 20,568,000
10 멕시코시티 20,032,000
11 베이징 18,241,000
12 광저우-포산 17,681,000
13 뭄바이 17,307,000
14 오사카-고베-교토 17,175,000
15 모스크바 15,788,000
16 카이로 15,071,000
17 로스앤젤레스 15,067,000
18 콜카타 14,630,000
19 방콕 14,544,000
20 다카 14,399,000
21 부에노스아이레스 13,776,000
22 테헤란 13,309,000
23 이스탄불 12,919,000
24 선전 12,506,000
25 라고스 12,090,000
26 리우데자네이루 11,616,000
27 파리 10,869,000
28 나고야 10,183,000

메가시티의 성장

메가시티는 다양한 방식으로 등장할 수 있다. 현재 형태로서의 뉴욕과 로스앤젤레스는 다핵도시권으로, 이를 구성하는 크고 작은 도시가 하나의 메가시티로 발달되어 온 결과이다. 뉴욕은 4개의 주에 걸쳐 있으며 뉴어크, 스크랜턴, 스탬퍼드 등을 포함한다. 샌프란시스코만 지역이나 플로리다 남동부 등 미국 내 다른 대도시권도 이런 합병 과정의 결과로 등장했다. 이는 무엇보다도 미국 사회의 도시화율이 전반적으로 높았던 점이 반영된 것으로, 이런 상황에서는 도시의 성장이 공간상에서 현저하게 분산되어 그 결과로 몇몇 지역에서의 도시들은 머지 않아 서로 마주치게 될 것이다.

그러나 이는 대부분의 저개발국 메가시티가 형성된 과정과는 다르다. 거기서 성장은 종종 엄청난 배후지를 가진 상대적으로 적은 수의 주요 도시로 집중된다. 이는 명백히 서로 다른 장소에서의 도시화 역사와 관련된다. 초기 단계의 봄베이는 상당 부분 19세기 후반 영국의 산업 식민지 정책의 산물이다. 철도와 항구 그리고 다른 기반시설 등이 이런 정책을 발전시키기 위해 건설되었다. 따라서 미국의 경우 많은 지역에 걸쳐 다양한 도시에 영향을 미치는 도시화를 볼 수 있었지만, 20세기가 시작될 즈음 봄베이의 성장가속화는 식민지 경험이 없었더라면 압도적으로 전원적이었을 서인도의 여건 위에서

1872년 이래 뭄바이의 인구성장	
연도	뭄바이 인구
1872	664,605
1881	773,196
1891	821,764
1901	812,912
1911	1,018,388
1921	1,244,934
1931	1,268,936
1941	1,686,127
1951	2,966,902
1961	4,152,056
1971	5,970,575
1981	8,227,382
1991	12,500,000
2001	16,369,084
2011	18,400,000

출처: Indian census records

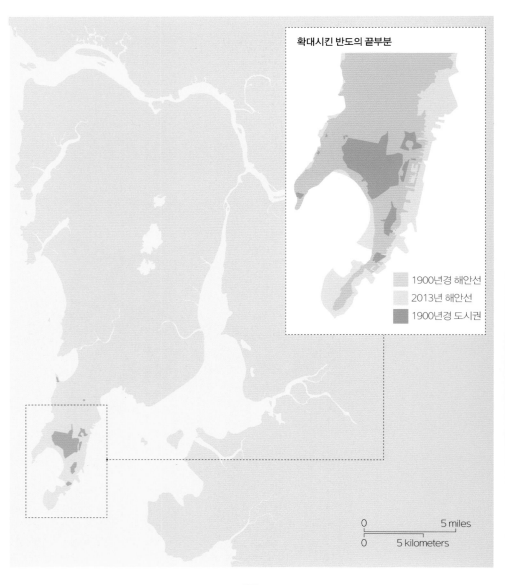

확대시킨 반도의 끝부분

1900년경 해안선
2013년 해안선
1900년경 도시권

1900년 즈음의 봄베이

봄베이는 19세기 후반에 산업도시로 발전했는데, 현재 일반적으로 대 뭄바이(Greater Mumbai)로 알려져 있는 반도에서 당시에는 남부만을 차지하고 있었다. 도시에는 항구, 해군기지, 철도, 식민지 관공서와 주거지역, 직물공장 및 인도 원주민을 위한 격리된 주거지역 등이 포함되어 있었다. 1900년경 인구는 약 80만 명이었다.

1900년경 도시권

발생했다.

봄베이(식민지 언어 잔재에 대한 인도인의 뒤늦은 반응으로 1995년에 뭄바이로 개명)는 중심부로부터 외곽으로 서서히 확장하면서 메가시티로 성장해 갔다. 뭄바이의 인구가 2000만 이상으로 성장한 오늘날에도 중심부는 여전히 남부 뭄바이 한 곳인데, 이곳은 16세기에 포르투갈인이 처음 상륙했던, 이어서 영국인이 식민정부를 위한 요새와 사무실을 건설했던, 그리고 독립 후 인도인이 인도의 주식시장을 설립하고 인도준비은행 본점을 설치한 곳이었다.

합병보다 외연적 팽창에 의한 메가시티 성장은 보다 중요한 촌락–도시 역동성을 보여 준다. 뭄바이와 저개발국에 있는 다른 도시들에서 촌락–도시 이주는 주요한 도시성장의 동력이며, 이는 도시 주변부에 있는 높은 비율을 보이는 최근 이주자를 통해 확인할 수 있다. 그리고 뭄바이와 그 밖의 곳들(예를 들어, 자카르타, 라고스, 카라치)에서의 그러한 성장의 대부분은 독립 이후인 20세기 후반에 발생했다. 이것을 생각해 보라. 뉴욕은 85%의 도시화가 진전된 국가에 있는 약 2000만 명의 메가시티이다. 그렇지만 뭄바이는 인구의 2/3가 여전히 촌락지역에 살고 있는 국가에 위치한 2100만 명의 메가시티이다.

합병이 아닌 팽창에 의한 성장은 새로 온 사람들이 도시생활에 적응해 가는 끊임없는 과정이자 동시에 생계, 복지, 공동체적 애착의 측면에서 도시 인구 내에 더 큰 다양성을 암시한다. 그리고 보다 중요한 부분은 저개발국의 메가시티는 다중심성이 약하기 때문에 기반시설에의 압박이 더 심하다는 점이다. 뭄바이에서 특히 그러한데, 이는 주요 업무지구가 대도시의 지형상 중심점이나 본토로의 연결부로부터 멀리 떨어진 반도의 남쪽 끝에 있기 때문이다.

오늘날의 뭄바이 메가시티

20세기 후반에 이 '섬 도시'는 이전 시기에 영국에 의해 건설된 철도를 따라 남부로부터 확장되었다. 반도지역이 '가득 차자' 확장은 본토에 있는 나비 뭄바이(Navi Mumbai, 신 뭄바이)로 계속되었다. 오늘날 약 1200만 명의 사람들이 대 뭄바이로 알려진 반도에 살고 있는 반면, 약 900만 명이 뭄바이 도시권 중 본토 부분에 살고 있다.

뭄바이 스카이라인

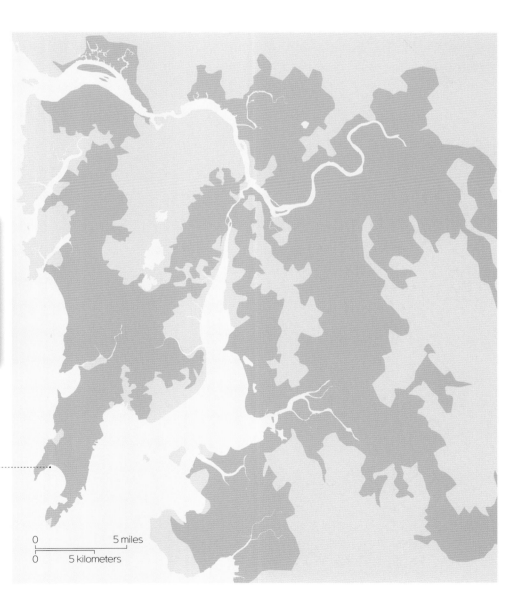

2013년경 도시권

메가시티의
넓고 붐비는 공간

1930년대에 유명한 도시학자 루이스 워스는, '위대한 도시'는 크기, 밀도, 다양성의 세 가지 기본적 특징을 결합한다고 썼다. 그의 생각 속에서 위대한 도시는 임계질량과 활발한 인간에너지를 가진 장소로, 때로는 긴장과 마찰의 장소이나 동시에 창조와 진보의 요람이기도 하다. 밀도 없이는 사람들 간 충분한 접촉이 생기지 않는다. 다양성과 이질성 없이는 화학반응이 나타나지 않는다. 크기 없이는 어떤 것도 충분치 않다. 워스는 시카고학파로 알려진 사회학자 집단의 한 사람이었다. 그 당시 시카고는 (현재보다 더 많은) 300만 명의 인구가 살고 있었

다. 이 도시는 미국에서 두 번째로 큰 도시였고, 세계에서 가장 큰 도시 중 하나로 이곳의 인구는 다양한 민족과 국적의 혼합체였다.

만약 위대한 도시가 일정정도의 최소 크기를 필요로 한다는 점이 직관적으로 봐서 맞는다고 할 때, 그 상한이 되는 최소 요구치는 어느 정도인지 또는 크기와 '위대함' 사이에 실제로 선형적 관계가 있는지는 명확하지 않다. 앞서 언급한 바와 같이, 규모의 경제는 어느 지점을 지나면 규모의 불경제로 퇴행한다. 밀도에 대해서도 같은 얘기가 성립한다. 밀

메가시티 밀도, 2013년 추정치

모든 메가시티는 1000만 이상의 인구를 가지고 있으나 면적의 측면에서는 매우 큰 차이가 있다. 뉴욕과 다카는 극단적인 두 예로, 뉴욕이 다카보다 면적에서 35배 더 크다. 결과적으로 밀도 또한 큰 차이가 난다. 즉, 다카가 뉴욕보다 25배 더 밀도가 높다. 뉴욕, 로스앤젤레스, 도쿄–요코하마 등 오래된 선진국의 메가시티 지역에서 상대적으로 낮은 밀도를 찾아볼 수 있다.

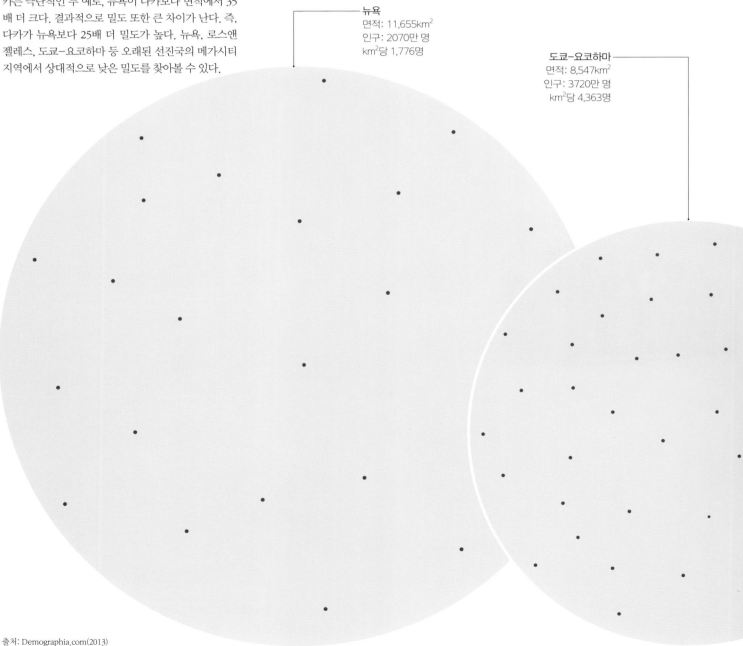

뉴욕
면적: 11,655km²
인구: 2070만 명
km²당 1,776명

도쿄–요코하마
면적: 8,547km²
인구: 3720만 명
km²당 4,363명

출처: Demographia.com(2013)

도는 여러 가지 아주 멋진 일이 일어나는 데 바람직하고 도움이 되지만 극단적인 밀도는 분명 문제가 된다. 메가시티 가운데 인구 규모와 밀도 사이에는 명확한 상관관계가 없다. 도쿄-요코하마는 크기로 볼 때 라고스의 3배이지만 인구밀도는 1/3에 불과하다. 로스앤젤레스와 콜카타는 면적은 비슷하지만 콜카타의 밀도가 5배 더 높다. 뭄바이와 뉴욕의 인구규모는 유사하지만 뭄바이는 뉴욕보다 18배 더 붐빈다. 따라서 미국과 일본의 다핵도시권은 저개발국의 단일중심 메가시티에 비해 훨씬 낮은 밀도를 가지고 있다.

만약 도시 규모와 밀도가 모든 메가시티에 걸쳐 일관성 있게 상관관계를 보이지 않는다면, 고밀도가 더 위대한 번영을 말해 주는 것이 아니라는 것은 분명하다. 이 중 km²당 인구 29만 7,849명이라는 믿기 어려운 인구밀도로 가장 많은 사람들로 가득 찬 다카는 가장 빈곤한 반면, 뉴욕, 로스앤젤레스, 파리 등은 가장 밀도가 낮으면서도 1인당 소득이 가장 높은 메가시티이다. 빈곤한 메가시티에서 인구밀도는 압도적으로 높아서 주택, 교통, 업무공간, 공공지에 엄청난 압박을 준다. 2013년 다카 교외에서 의류봉제공장이 무너졌을 때 900명 이상이

사망했으며, 2,500명 이상이 부상을 당했다. 그것 또한 그 메가시티의 극단적인 밀도에 대한 한 단면을 말해 주고 있다.

인구밀도는 효율적인 대중교통과 여러 다른 공공 및 민간 서비스 공급을 위한 필요조건이다. 이는 또한 역동적이고 흥미진진하며 창조적이고 불꽃이 이는 도시환경을 이끌어 낸다. 그러나 우리 대부분은 기차를 타고 일터로 갈 때 서서 가기보다는 앉아서 가고 싶어 하며, 우리 모두는 적어도 가끔씩은 얼마간의 개인적인 공간을 필요로 한다. 현재 다카나 뭄바이는 규모 자체만으로는 루이스 워스의 상상을 초월한 듯하다.

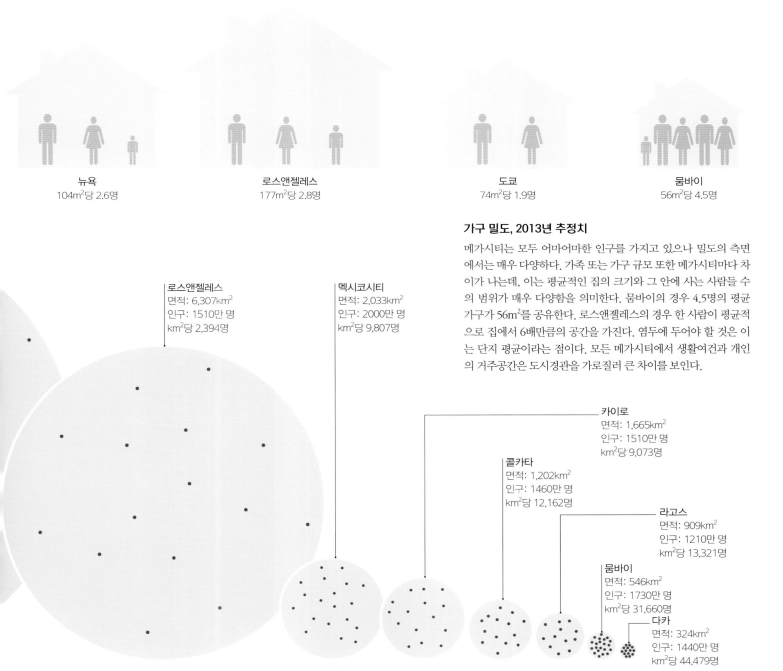

뉴욕 104m²당 2.6명 / 로스앤젤레스 177m²당 2.8명 / 도쿄 74m²당 1.9명 / 뭄바이 56m²당 4.5명

가구 밀도, 2013년 추정치

메가시티는 모두 어마어마한 인구를 가지고 있으나 밀도의 측면에서는 매우 다양하다. 가족 또는 가구 규모 또한 메가시티마다 차이가 나는데, 이는 평균적인 집의 크기와 그 안에 사는 사람들 수의 범위가 매우 다양함을 의미한다. 뭄바이의 경우 4.5명의 평균 가구가 56m²를 공유한다. 로스앤젤레스의 경우 한 사람이 평균적으로 집에서 6배만큼의 공간을 가진다. 염두에 두어야 할 것은 이는 단지 평균이라는 점이다. 모든 메가시티에서 생활여건과 개인의 거주공간은 도시경관을 가로질러 큰 차이를 보인다.

로스앤젤레스 면적: 6,307km² 인구: 1510만 명 km²당 2,394명 / 멕시코시티 면적: 2,033km² 인구: 2000만 명 km²당 9,807명 / 카이로 면적: 1,665km² 인구: 1510만 명 km²당 9,073명 / 콜카타 면적: 1,202km² 인구: 1460만 명 km²당 12,162명 / 라고스 면적: 909km² 인구: 1210만 명 km²당 13,321명 / 뭄바이 면적: 546km² 인구: 1730만 명 km²당 31,660명 / 다카 면적: 324km² 인구: 1440만 명 km²당 44,479명

메가시티의 지리

메가시티는 복잡한 지리적 특성을 보이며 보통 전체를 가로질러 횡단하는 것조차도 어렵다. 거주자 중 도시의 전체적인 공간범위와 (만약 있다면) 지배적인 질서에 대해 명확히 이해하고 있는 사람은 드물며, 그들의 이동성은 많은 경우에 자신들이 거주하고 일하는 동네로 국한되어 있다. 전체로서의 메가시티는 심지어 그 도시의 거주자에게조차도 추상적 개념 이상으로는 남아 있지 않다. 이는 카이로나 멕시코시티에서 그러한 것처럼 뉴욕에서도 동일하며, 마찬가지로 뭄바이에도 분명히 적용된다. 이해와 지도화를 어렵게 하는 것은 저개발국 메가시티의 크기라기보다는 혼란스러운 뒤섞임과 밀도이다.

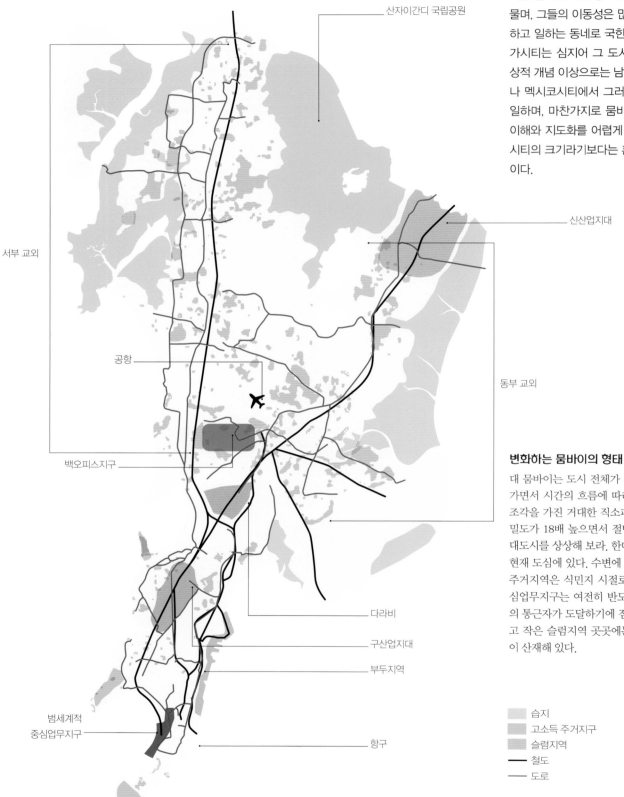

서부 교외

산자이간디 국립공원

신산업지대

동부 교외

공항

백오피스지구

다라비

구산업지대

부두지역

범세계적
중심업무지구

항구

습지
고소득 주거지구
슬럼지역
철도
도로

변화하는 뭄바이의 형태

대 뭄바이는 도시 전체가 외곽으로 성장을 계속해 나가면서 시간의 흐름에 따라 모양이 변화하는 수많은 조각을 가진 거대한 직소퍼즐과 같다. 뉴욕보다 인구밀도가 18배 높으면서 절반의 사람들이 슬럼에 있는 대도시를 상상해 보라. 한때 도시 외곽에 있던 공항은 현재 도심에 있다. 수변에 위치한 배제성이 가장 강한 주거지역은 식민지 시절로부터 이어져 내려오며, 중심업무지구는 여전히 반도의 남쪽 끝에 있어서 교외의 통근자가 도달하기에 점점 더 어려워지고 있다. 크고 작은 슬럼지역 곳곳에는 신중간계급을 위한 개발이 산재해 있다.

뭄바이반도는 서쪽으로 아라비아해, 동쪽으로 타네만, 북쪽으로 바사이만과 울라스강에 접해 있다. 이곳은 북쪽과 북서쪽에서 본토와 연결되어 있다. 이 지역의 규모는 남북방향으로 약 48km 정도이고, 동서방향으로는 평균 약 10km이다. 인구는 1200만 명 이상이고, 평균 인구밀도는 km²당 33,205명이다. 이 도시는 독립(1947년) 이래 비약적으로 성장했으며 지리적으로 점점 더 조밀해져 왔다. 지난 반세기 동안 남부로부터 북부 교외로 인구의 이동이 일어났는데, 초기에는 철도 인근을 중심으로 집적이 이루어지기 시작했다.

섬 도시라는 지리적 제약으로 인해 공간에 대한 프리미엄이 발생했고, 이는 역사적으로 도시 내 지가나 토지이용에 영향을 주었다. 남부로부터 북부 쪽으로 지가의 경사도는 매우 가파르게 형성되어 왔다. 1990년대 중반에 전례 없는 외국 회사들의 (주로 도시 남부로의) 유입은 지가의 극단적인 상승에 기여하면서 한때 뭄바이를 세계에서 가장 비싼 도시로 만들었다. 인도의 상업수도이자 최대 도시로서 뭄바이는 종종 '황금도시'로 불리기도 했는데, 여기서 많은 사람들이 가난뱅이에서 부자로 거듭났다. 다시 말해 이곳은 상향이동을 위한 기회가 많은 장소이다.

그러나 뭄바이는 또한 극단의 도시이자 아주 부유한 사람들과 지독하게 가난한 사람들의 도시이며, 비교적 크게 번성하는 중간계급의 도시로, 아시아에서 가장 큰 슬럼가가 있는 곳이기도 하다. 지난 20여 년 동안 다른 어느 때보다도 많은 신규주택이 상향이동을 한 사람들을 위해 건설되었다. 신중간계급은 도시경관 속에서 나름의 과시적 소비형 틈새시장을 개척해 왔는데, 이는 생활공간이 사치재가 아니라 생존을 위한 대상인 600만 명의 슬럼 거주자와의 경쟁 속에서 이루어지고 있다. 그리고 이들의 수도 증가하고 있다.

뭄바이는 마치 2개의 도시가 뒤섞여 혼합되어 있는 듯한 느낌이 있다. 현지인은 푸카(pukka)시를 계획되고 의도된 도시로, 이와는 대조적으로 쿠차(kucha)시를 완성되지 않은, 의도되지 않은 도시로 일컫는다. 또는 아마도 그들을 한 도시의 공간에 서로 다른 세계로 공존하는 것으로 생각하는 것이 더 맞을지도 모른다.

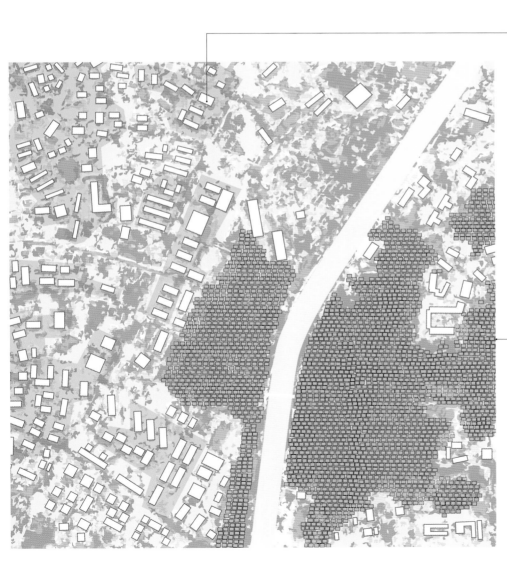

중간계급 고층지역

중간계급 주거를
배경으로 하는 슬럼지역

두 도시의 이야기

푸카시와 쿠차시는 뭄바이 북서부 교외에 나란히 위치해 있다. 서부 고속도로를 따라 전개되는 슬럼지역의 미세한 결의 미로구조가 서쪽에 있는 중간계급의 제법 여유롭게 분포되어 있는 고층지역과 대비되고 있다. 이런 양상은 메가시티의 경관상에서 익숙한 패턴이다.

메가슬럼

저개발국 메가시티에서 가장 두드러진 특징 중 하나는 눈에 확 뜨일 만큼 어디서나 볼 수 있는 슬럼의 존재이다. 많은 경우에 그들은 한 세기 이상 동안 도시경관의 한 부분이자 조각이었고, 그들의 수는 어떤 단위로든 헤아릴 수 있다면 시간이 지남에 따라 증가해 왔다. (20세기 초까지 상당한 슬럼지역을 가지고 있었으나 현재는 슬럼이 없는 것으로 생각되는) 뉴욕이나 런던과 같은 도시의 역사적 경험과는 대조적으로, 오늘날의 메가슬럼이 이들 도시에 여전히 존재하고 있다는 인상을 피하기는 어렵다. 슬럼 거주자의 수는 추정으로만 알 수 있으

나, 마닐라의 250만 명부터 카이로의 500만 명, 그리고 뭄바이의 700만 명에 이르기까지 그 수치는 급등하고 있다.

슬럼의 존재와 지속은 저개발국 메가시티에서의 도시성장의 동력, 즉 배출요인이 불균형적으로 강한 광범위한 촌락–도시 이주와 관련된다. 이주는 도시에서의 노동에 대한 수요보다는 시골에서의 빈곤과 기회의 결여 등에 의해 촉발된다. 그리고 슬럼의 확산을 야기하는 것은 이들 새로운 이주자에 대한 흡수력의 부족(과 일반적으로 그들의 높은 출

몇몇 메가시티의 슬럼 거주자

대부분 메가시티의 정확한 슬럼 인구는 알 수 없으나 제법 신뢰할 만한 몇몇 추정치가 있는데, 이는 2013년 추정치이다. 슬럼이 넘쳐 나는 도시로서의 대중적인 이미지를 지니고 있음에도 불구하고 리우데자네이루는 약 120만 명의 슬럼 거주자를 가지고 있기 때문에 여기서 고려된 집단 중에서는 가장 적은 수이다. 라고스와 뭄바이의 슬럼 인구는 거의 그 자체로써 메가시티를 형성할 수 있을 정도로 크다. 이들 수치의 크기를 다른 값과 비교해 본다면, 자카르타의 슬럼 인구는 아일랜드 전체 인구보다도 많다.

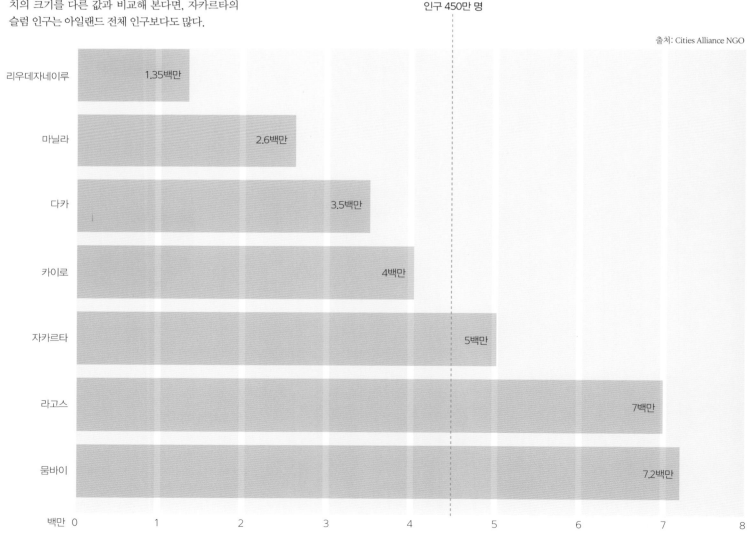

아일랜드 공화국
인구 450만 명

출처: Cities Alliance NGO

산율)이다. 보통 가장 큰 집중지역은 팽창하는 도시 경계 주변에서 볼 수 있으나, 내부 도시지대 전반에 걸쳐 소규모 공간들을 차지하고 있다.

슬럼은 크기가 다르며 대체로 도시 전반에 걸쳐 흩어져 있으나, 연속적으로 붙어 있는 어떤 슬럼지역은 거대하고 보는 방식에 따라 그 자체로서 '도시'로 간주될 수 있을 정도이다. 대 뭄바이의 지리적 중심점 인근의 철도들 사이에 둘러싸여 있는 빽빽이 채워진 지역인 다라비는 60만 명을 보유하고 있다. 카라치의 오랑기타운은 훨씬 크고 더 넓게 펼쳐져 있고 보다 다양하며 150만 명을 헤아린다. 슬럼

은 가장 최근에 도착한 이주자들의 방수포, 천, 마분지 등으로 만든 임시변통의 매우 일시적인 막사에서부터 보다 장기간에 걸쳐 세워진 슬럼의 비교적 영구적이고 전문적으로 건설된 주택에 이르기까지 다양한 모양과 종류가 있다. 무엇이 슬럼이고 무엇이 슬럼이 아닌지에 대한 정의는 논쟁의 여지가 많으며, 종종 정치적 의도가 개입되기도 한다.

많은 슬럼은 과밀, 위생 결여, 안전하지 않은 건물 구조상 여건, 오염, 높은 수준의 심리적 스트레스 등의 특성을 지니고 있다. 다라비에서 평균적 거주는 여섯 가족이 약 18m² 방 하나를 공유하는 것이

다. 네 집 중 세 집에 지하 하수도가 없으며, 열 집 중 세 집에 상수도가 없다. 다라비에서는 매 350명당 하나의 화장실이 있(고 이것은 특히 여성에게 심각한 문제이다). 그럼에도 불구하고 슬럼은 때로는 사람들에게 희망의 공간, 친족 사이에서 상대적인 편안함, 사회지원망 등을 제공해 주며, 때때로 다양한 일자리와 생계의 기회를 공급해 주는 소규모 경제활동의 장소이기도 하다. 다라비의 경우 가구주의 5%만이 그들이 실업상태라고 이야기한다. 다라비에 살고 있는 사람들 중 절반이 또한 그곳에서 일하고 있으며, 90% 이상이 떠날 계획이 없다고 말한다.

다라비 밀도

다라비는 뭄바이에서 가장 유명한 슬럼지역 중 하나이다[이곳은 2008년 영화 '슬럼독 밀리어네어(Slumdog Millionaire)'에 나왔던 곳이다]. 이 지역은 1.7km²를 아우르며 60만 명으로 추정되는 사람들을 포함하고 있다. 그 수치는 맨해튼 밀도의 13배인데, 이 값은 다라비에 고층건물이 거의 없다는 것을 생각할 때 정말 믿기 어려운 수치이다.

맨해튼

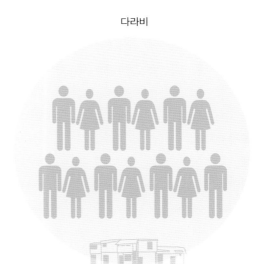

다라비

37m²당 1명(2012년)

출처: U.S. census(2012)

2.9m²당 1명(2013년 추정치)

출처: Nijman(2010)

맨해튼 도심

뭄바이의 슬럼지역

교통에서의 도전

도시는 끊임없이 움직인다. 통근자는 집과 직장 사이에서 통행한다. 상품은 생산지, 도매상, 소매상, 소비자 사이에서 이동한다. 전문직 종사자는 서비스를 제공하기 위해 도시를 가로지른다. 사람들은 병원, 은행, 슈퍼마켓, 레스토랑 등 다양한 서비스 중심지를 찾아간다. 그리고 사람들은 그들의 사회 네트워크 안에서 이리저리 돌아다닌다.

메가시티는 수천만 명의 이동을 감당해야만 한다. 다른 방식으로 표현한다면, 도시가 그 도시의 거대한 인구의 생산 및 소비적 역량을 동원하는 것은 적절한 교통을 통해서이다. 도시경제는 효율적인 이동성을 요구하고, 사람들은 제한된 시간과 인내력을 가지고 있다는 점에서 이것은 엄청난 도전이다. 오늘날 대부분의 메가시티는 공항, 주요 철도역, 중심업무지구, 항구, 제조업지역, 시장과 같은 핵심 지점 간의 효율적인 이동성을 증대시키기 위해 막대한 기반시설 투자 프로젝트와 장기적 개선의 과정에 있다.

뭄바이 철도교통

대 뭄바이반도에는 3개의 주요 철도선만이 있으며, 이들은 이 메가시티의 기능에 필수적이다. 직장은 남부 지역의 두 종착역 주변에 고도로 집중되어 있고, 도시의 지리적 중심점 인근에도 점점 더 늘어나고 있어서 많은 사람들이 동부 및 서부 교외로부터 장거리 통근에 직면하고 있다. 초과 정원의 기차는 보통 통근을 위한 가장 빠른 방법이지만 스트레스 받는 경험이기도 하다.

뭄바이 철도 통계, 2013년	
주요 철도노선 수	3
평균 기차차량당 정원 초과지수	3
철도역 수	56
일일 여객 수(백만)	7.2
일일 철도사고 사망자 수	12

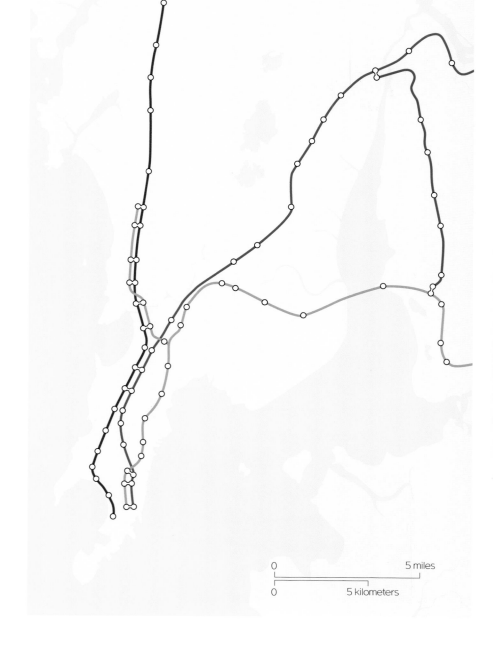

━━━ 서부
━━━ 중심
━━━ 항구
━━━ 타네
○ 역
∞ 환승역

0 ———— 5 miles
0 ———— 5 kilometers

도시가 차지하는 비율이 점점 더 커짐에 따라 외곽으로 이동하는 주변부와 중심부 간의 연결에 대한 지속적인 압력이 나타나고 있다. 이는 단거리 연결(버스, 택시, 인력거, 인도교)에 대한 지속적인 수요에 더하여 빠른 속도의 장거리 연결(고속철도, 고가도로, 지하철)에 대해 계속적으로 증가하는 수요를 의미한다. 메가시티는 다양한 공간규모에서 다양한 속도로 움직인다.

아울러 메가시티를 차별화하는 것은 이 모든 이동의 강도이다. 매일 뭄바이에서는 720만 명이 기차를 타며, 또 다른 450만 명이 버스를 탄다. 이는 일

일 대중교통의 이용이 거의 1200만 건이라는 의미이다. 또한 2013년에 4륜구동 차량의 총수는 200만이었다. 그것은 도로 1km당 950대의 차량이다. 이는 도시 내에서 주요 간선도로를 확장하는 데 대한 지속적인 수요를 설명해 준다. 그리고 자동차들은 도로를 10만 대의 경삼륜차 및 같은 수의 오토바이와 공유해야 한다.

반도로서 대 뭄바이는 제법 압축적이기 때문에 뭄바이에서의 통근은 멕시코시티나 상파울루 등 몇몇 다른 메가시티에서처럼 길지는 않다. 그러나 엄청난 인구밀도 때문에 통근은 보다 극심한 듯 보인

다. 탈 수 있다는 전제하에 현지 기차로의 이동은 어떤 방문객에게나 기억할 만한 경험이 된다. 교외에 거주하는 중간 및 중상류 계급 거주자는 점점 더 많이 자동차로 통근하는데, 이는 보다 편안하기는 하지만 종종 더 긴 시간이 걸린다. 자동차의 확산은 멈추기 어려워 보이지만 혼잡(과 오염) 측면에서의 비용은 갈수록 감당하기 어려워지고 있다.

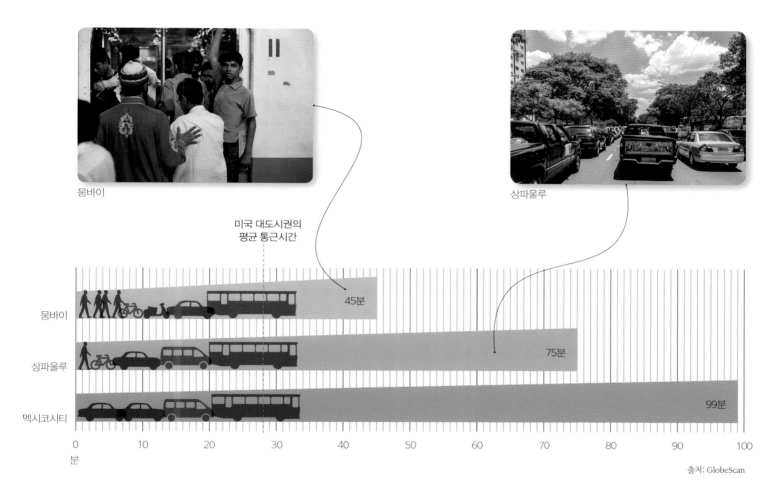

뭄바이

상파울루

미국 대도시권의 평균 통근시간

뭄바이 45분

상파울루 75분

멕시코시티 99분

0 10 20 30 40 50 60 70 80 90 100
분

출처: GlobeScan

메가시티 통근시간, 2013년

서구의 메가시티와 비교할 때 저개발국 메가시티에서의 교통은 악몽 수준이다. 통근시간은 길고 오염은 심각하며, 경제적 비용은 정부로 하여금 기반시설의 개선에 엄청난 투자를 하게끔 몰아간다. 통근은 스프롤(sprawl)과 함께 증가하며, 바로 이것이 압축적인 뭄바이의 수치가 멕시코시티나 상파울루보다 낮은 이유를 설명해 준다. 그러나 교통수단 또한 다르다. 멕시코시티의 경우 거의 대부분의 사람들이 자동차나 대중교통으로 이동하는 반면, 뭄바이 통근자의 1/3 이상은 걸어서 직장까지 간다.

메가시티의 물질대사

고대 로마에서 가장 골치 아픈 문제 중 하나는 어떻게 100만 명의 거주자를 수용하는가였다. 기술적으로 능통한 로마인은 시멘트를 발명하고, 최초의 복층건물을 지었으며, 사람과 물자의 효율적인 이동을 쉽게 하는 도로체계를 설계했다. 그리고 아마도 무엇보다 가장 중요한 부분으로 그들은 인근 산지로부터 흘러나오는 물로 도시를 씻어 내릴 수 있는 수로를 발명했다.

도시는 그것의 환경에 의지해서 살아가는 유기체로 볼 수 있다. 그들은 산소를 들이마시며 이산화탄소를 배출한다. 그들은 물과 음식을 섭취하며 하수를 버린다. 그들은 에너지를 소비한다. 그들은 엄청나게 다양한 상품과 재료를 들여오며 상당한 경제적 성장과 쓰레기더미를 만들어 낸다. 메가시티는 때때로 상상을 초월하는 규모에서 이 모든 것을 (해야만) 한다. 그들은 효과적으로 그들을 관리하기 위해 광대한 기반시설과 조직기술을 필요로 한다. 그리고 때때로 그들은 실패한다.

물의 공급은 모든 메가시티에서 중요한 도전이다. 갠지스강 하류 인근에 위치하면서 계절풍 기후를 가지고 있는 다카와 같은 도시에서도 깨끗한 물에 대한 접근은 문제가 된다. 매년 5억 5000만m³ 이상의 식수가 방글라데시의 수도로 펌프질되어 들어간다. 그러나 도시권 전역에 걸쳐 있는 수백만 명은 우물물에 의존하고 있으며, 이를 통해 3억 5000

뭄바이의 물질대사

뭄바이의 일상적인 기능은 마시는 물로부터 식량에 이르기까지, 휘발유로부터 건설자재에 이르기까지 환경으로부터의 대량 투입재에 의존하고 있다. 이는 단순히 투입재의 이용 가능성뿐만 아니라 안정적인 기반시설과 막대한 관리에 대한 노력 또한 필요로 한다. 산출물에 있어서도 폐수부터 쓰레기에 이르기까지 마찬가지이다. 약 80%의 건설자재 등 몇몇 투입재는 도시에 남아서 도시 건조환경의 '무게'를 점진적으로 늘리고 도시의 성장과 생태발자국을 조금씩 더해 간다.

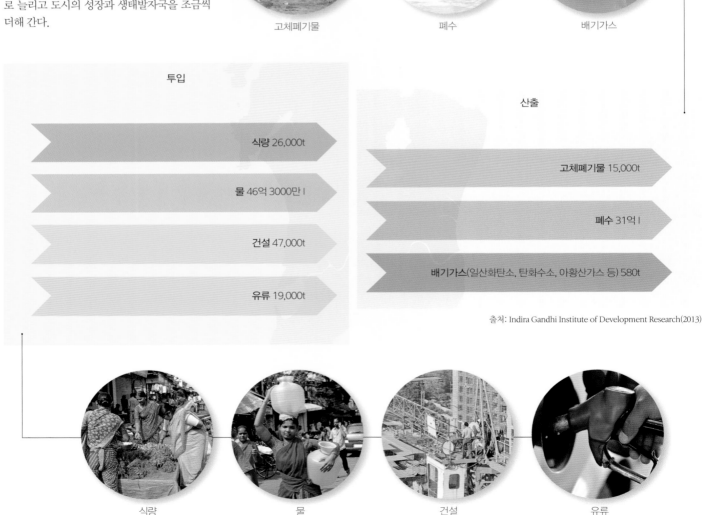

고체폐기물　폐수　배기가스

투입

식량 26,000t

물 46억 3000만 l

건설 47,000t

유류 19,000t

산출

고체폐기물 15,000t

폐수 31억 l

배기가스(일산화탄소, 탄화수소, 아황산가스 등) 580t

출처: Indira Gandhi Institute of Development Research(2013)

식량　물　건설　유류

만m³가 추가로 유입된다. 그리고 그 물은 깨끗하지 않다. 현지 우물물의 과다한 사용으로 다카 아래에 있는 지하수면은 급속도로 낮아지고 있다. 자카르타, 멕시코시티, 뭄바이에서 많은 슬럼 거주자들은 상수도나 우물이 없어 매일 물을 싣고 오는 트럭에 높은 비용을 지불할 수밖에 없는 실정이다.

하수도 또한 주요한 문제이다. 멕시코시티는 약 25억m³의 오수를 방출하는데, 이 중 약 10%만이 처리된다. 이 도시는 300t(미터톤)으로 추정되는 유해 폐기물을 매년 방출하고, 이 중 대부분도 도시의 하수체계를 통해 배출된다. 뭄바이의 경우 개방하수가 도시 내 많은 곳에서 일반적인데, 이는 열악한 배수시설을 갖추고 계절풍에 따른 비가 내리는 동안 범람하는 저지대 슬럼지역에서 특히 문제가 되

고 있다. 이 도시는 별도의 하수체계와 빗물체계를 가지고 있지만, 이 둘은 우기 동안에는 빈번히 서로 합쳐져서 범람한다.

도시 물질대사의 또 다른 핵심 측면은 고체폐기물 처리이다. 뭄바이는 하루에 15,000t 이상의 쓰레기를 만들어 내지만 쓰레기처리장은 세 곳밖에 없다. 쓰레기 수거는 대단히 큰 노력을 필요로 한다. 여기에는 24시간당 약 3,800명의 인력과 800대의 차량, 트럭 2,000대분의 쓰레기 폐기가 이루어진다. 생성되는 모든 쓰레기의 약 95%가 수거되는데, 이는 그 자체로도 놀라운 일이지만 동시에 매일 적어도 약 300~400t의 수거되지 않는 쓰레기가 남겨진다는 의미이다. 이 중 상당수는 발생지 인근에서 소각되거나 도시의 하천 또는 다른 곳에 불법적으

로 버려짐으로써 다양한 환경문제를 야기한다.

유명한 인도의 건축가인 찰스 코레아는 한때 뭄바이를 "위대한 도시, 형편없는 장소"라고 기술했다. 뭄바이와 같이 저개발국의 메가시티는 그럭저럭 유지되어 가고 있다. 매일 이 거대한 대도시 전역에 사는 사람들은 일어나고 일하러 가며 먹고 마시고 에너지를 소비하고 배설하며 쓰레기를 만들어 낸다. 그러나 뭄바이가 그럭저럭 유지되어 간다는 것이 모든 것이 잘되고 있다는 의미는 아니며, 많은 사람들이 한계에 이르러 가는 물질대사에 대한 비용을 지불하고 있다. 이 도시와 그 밖의 다른 메가시티들의 지속가능성은 여전히 의문 속에 남아 있다.

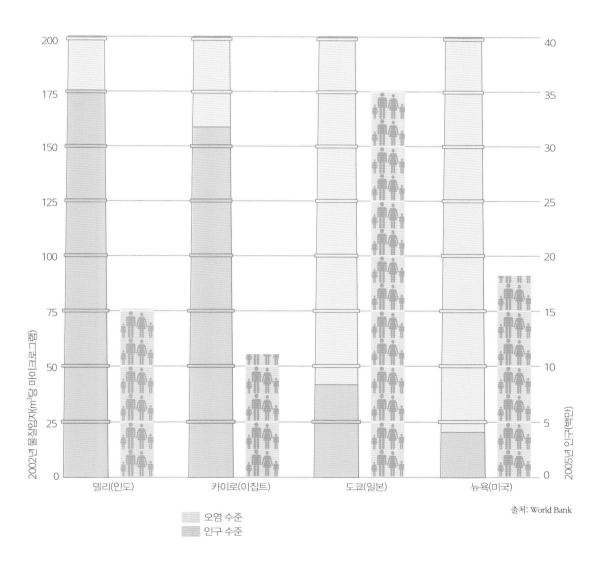

출처: World Bank

오염 수준
인구 수준

메가시티 오염

대기의 질로 볼 때 델리와 카이로는 베이징, 멕시코시티 등과 더불어 세계 최악의 도시이다. 대기의 질은 보통 현지에서의 배기가스, 기상, 자연지리적 특성의 함수이다. 그러나 오염은 반드시 크기와 상관관계를 가지지는 않는다. 뉴욕과 도쿄-요코하마의 대기는 그 커다란 규모에도 불구하고 훨씬 양호하며, 여기서 다시 발전단계에 따라 메가시티가 나뉜다.

중국 메가시티 계획

지난 수십 년 동안 중국의 도시화는 놀라운 속도로 진행되어 왔다. 중국 인구의 절반 이상이 현재 도시에 살고 있다. 거주자 수 기준으로 100만 이상의 도시는 160개 이상이며, 상하이(2200만), 베이징(1800만), 광저우(1800만), 텐진(1300만), 청두(1200만), 선전(1200만) 등 적어도 6개의 메가시티가 있다. 선전은 종종 중국의 혁명적 도시변화의 전형으로 거론된다. 이곳은 30여 년의 기간 동안 조그만 어촌의 집적지에서 메가시티로 성장했다.

중국의 메가시티는 개발의 상당부분이 정부의 계획에 의해 이루어졌다는 점에서 저개발국이나 미국의 그것과는 다르다. 이런 특징은 중국 내 기존 도시의 거대한 주거지역, 산업지대, 업무지구 등에 적용될 뿐만 아니라, 네이멍구자치구의 오르도스처럼 완전히 새로운 도시의 창조라는 장관을 만들어내기도 한다. 입이 벌어지게 만드는 또 다른 메가프로젝트의 예는 위자푸(于家堡)이다. 이는 '중국의 신 맨해튼'이란 별명이 붙은 대규모의 새로운 금융과 생산자 서비스 지구로, 텐진 외곽에 약 47개의 고층건물로 구성된 어마어마한 단지를 2019년까지 건설하고자 하는 계획에 있다.

2000년부터 2012년 사이에 중국 건설업은 오늘날 영국 전역에 있는 주택 수의 두 배의 집을 지었다. 그리고 이는 단순히 주택에만 국한되지는 않는

중국의 메가시티

2013년 기준으로 중국에는 6개의 메가시티가 있어 세계 다른 어떤 나라보다 많고, 500만~1000만 명의 인구를 가진 도시도 8개이다. 오늘날 대부분의 메가시티는 도시화와 산업화가 동시에 급속도로 진행되는 해안지방에서 나타난다. 그러나 차세대 메가시티는 중국의 내륙에서 발견될 가능성이 높다.

위자푸

베이징에서 남쪽으로 160km 정도 떨어진 메가시티 텐진의 외곽에 있는 '중국의 신 맨해튼'.

청두

광저우

선전

● 메가시티(1000만 이상)
● 도시(500만~1000만)

선양

베이징
텐진

시안

난징
상하이

청두

충칭
우한
항저우

취안저우

광저우
둥관
선전

다. 중국 메가시티의 성장은 도로, 고속도로, 전력망, 교량, 터널, 공항, 대중교통, 고속철도 등 광대한 기반시설에 대한 투자와 동반되어 왔다. 중국은 또한 상하이 인근의 양쯔강으로부터 베이징과 텐진 등 건조한 북동부의 메가시티에 필요한 수자원을 공급하는 황허강으로의 대규모 남-북 물줄기 수로 연결사업을 진행 중이다.

어지러울 정도로 빠른 중국의 도시성장 속도는 이 나라의 급속한 산업화와 이에 수반된 도시노동자 수요에 의해 촉진되었다. 그러나 이는 또한 빠르게 증가하는 수익이 거의 일상적으로 건설로 흘러 들어가고, 건설회사가 힘센 구성원이 되며, 지방정부가 점점 더 독립적이 되면서 그들만의 고유한 선호사업을 고안하고, 부동산시장에서 투기가 확대되며

시장이 매우 불투명한 발전모형을 반영한다. 중국의 이런 방식으로의 도시성장은 중앙계획과 자본주의의 독특한 혼합을 반영하는데, 이는 과거에는 유례없는 어마어마한 성장을 만들어 냈지만, 현재는 여러 방면에서 통제 불능이 되어 가고 있다. 이 논쟁은 현재 한창 진행 중이다.

2012년 말 이래로 정저우의 교외 주거지역으로부터 갓 형성된 신도시 오르도스에 이르기까지 수천만 동의 고층 아파트가 빈 채로 있다. 대부분 아파트의 가격대는 미화 6만~12만 달러로 평균 중국인의 수준을 월등히 넘어서 매우 비싸다. 많은 수의 아파트는 그곳에 거주할 생각이 전혀 없고 이전에 그랬던 것처럼 가격이 계속적으로 상승할 것이라는 투기 심리를 가진 신중간계급의 부유한 구성

원들에게 매도되어 있는 상태이다. 오르도스는 현재 중국 최대의 유령도시로 불린다. 2013년 초까지 30만 호의 새로운 주택 중 10%만이 입주한 반면, 건설은 쉼 없이 계속되고 있다.

중국의 건설 붐은 지속가능하지 않을 수도 있다. 부동산 거품은 전 세계 모든 경제권의 공통적인 현상이며, 분명히 미국도 일정부분 이를 가지고 있었다. 그러나 중국에서는 모든 것이 더 크고, 만약 이 거품이 터지면 그것은 세계가 이전에 경험하지 못한 가장 큰 부동산 붕괴가 될 것이다. 그것이 중국의 메가시티를 없애지는 않겠지만 그들이 도시계획을 하는 방법은 바뀌게 될 것이다.

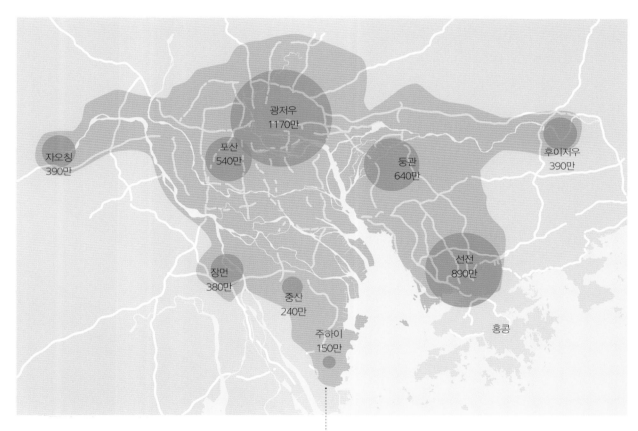

세계 최대의 도시?

중국은 중국 제일의 제조업지역 중 하나인 주장강삼각주 내에 있는 주요 도시 중심지의 병합을 통해 세계에서 가장 큰 다중심 메가시티를 계획하고 있다. 이는 단일도시권 내에서 보다 밀착된 지역적 통합이 더 효율적이고 생산적이라는 아이디어에 기반하고 있다. 이 계획은 모든 결절지점 간의 고속철도 연결을 포함하여 수십 가지의 프로젝트로 구성되어 있다. 이를 통해 형성되는 메가시티는 스위스의 크기에 4800만 명의 거주자를 헤아릴 듯하다.

인스턴트 도시

루시아 코니-시다데

[핵심 도시]
브라질리아 ──────

[기타 도시]
아부자 ──────
찬디가르 ──────
캔버라 ──────

인스턴트 도시: 개요

정치적 또는 경제적인 긴급한 필요에 의해 건설되고, 변화를 이끌어 내고 상징적인 역할을 할 것이라는 기대가 투영된 인스턴트 도시는 국가의 수도로 계획되고 건설되는 경우가 많다. 수도는 정부와 고위 행정기관이 있는 곳으로, 또한 국가의 정체성을 나타내는 장소로서의 중요성을 가진다. 국가와 긴밀하게 연관된 수도는 분열적인 정치를 통합하는 중심으로서의 역할과, 미래 국가발전의 밝은 전망을 전달하는 역할을 담당한다. 이 때문에 수도의 전제조건은 정부의 기능이 효율적으로 작동하도록 하기 위해 일정한 수준 이상의 자격을 갖추어야 한다는 것이다. 이런 자격의 요건은 시공간상의 공식적이고 기능적인 측면과 상징적 형태로 이해될 수 있다.

놀라운 일은 아니지만 아마도 세계 200개국의 수도 중 상당수는 인스턴트 도시이며, 이런 도시는 과거 수도의 기능을 새로운 중심으로 빠르게 이전하기 위해 계획되었다. 브라질의 수도인 브라질리아는 아무것도 없는 곳에서 시작하여 도시계획을 통해 한 국가의 수도가 된 좋은 사례이다. 다른 사례로는 오스트레일리아의 계획된 수도인 캔버라, 나이지리아의 아부자, 인도 펀자브주의 주도인 찬디가르가 있다.

> "세계 200개국의 수도 중 상당수는 인스턴트 도시이며, 이런 도시는 과거 수도의 기능을 새로운 중심으로 빠르게 이전하기 위해 계획되었다."

나이지리아
브라질
오스트레일리아

브라질

벨렝
마나우스
포르탈레자
헤시피
살바도르
브라질리아
고이아니아
벨루오리존치
비토리아
캄피나스
리우데자네이루
상파울루
쿠리치바
플로리아노폴리스
포르투알레그리

브라질리아의 입지

넓은 국토를 가진 국가의 경우 전략적인 위치는 인구가 많이 분포하지 않은 지역일 수도 있다. 1954년 연방정부에 의해 브라질리아의 입지로 선정된 곳은 브라질 중부의 고원에 위치한 인구 희박지역으로, 주요 해안도시와 멀리 떨어져 있었다. 리우데자네이루를 대체하기 위해 건설된 브라질리아는 1960년 4월에 브라질의 새로운 수도가 되었다.

르코르뷔지에와 근대도시

1947년 인도와 파키스탄이 분리된 후에 건설된 찬디가르(펀자브주의 주도)는 전통과의 단절과 국가의 미래에 대한 담대한 선언을 표현하고 있다. 앨버트 메이어의 새로운 수도를 위한 마스터플랜을 발전시키고 행정건물을 디자인하기 위해 초청된 스위스의 건축가 르코르뷔지에는 근대 도시에서 세계적으로 가장 중요하게 여겨지는 건축물들을 만들어 냈다. 기능주의적이고 진보적인 도시계획은 '아테네 헌장'이라는 문서에 나타난 원칙에 집중하고 있는데, '아테네 헌장'은 근대건축국제회의(Congrès Internationaux d'Architecture Moderne, CIAM)의 연구를 기반으로 르코르뷔지에에 의해 1943년 출판되었다. 이런 도시계획은 도시를 구획하는 방식이 주를 이루고 있는데, 높은 빌딩과 고밀도 건축물 사이에 공원이 배치되는 형태였다. 이성을 강조한 모더니즘 움직임은 도시의 주요 기능을 주거, 노동, 여가, 교통으로 구분하고 있었다. 찬디가르와 브라질리아는 비슷한 시기에 건설이 시작되었으며(각각 1951년, 1956년), '아테네 헌장'에 따라 계획되고 건설된 유일한 도시들이다. 인스턴트 도시로서 찬디가르와 브라질리아는 모더니즘의 정신을 표현해 내는 신기원을 이루었고, 도전적이고 창조적이며 논쟁적인 모더니즘 운동의 상징이 되었다.

개발을 촉진시키다

인구가 밀집된 해안가의 주요 도시에서 멀리 떨어져 있는 새로운 브라질의 수도는 국가의 전환을 나타내기도 했다. 산업화와 지역발전 정책을 지원하는 정부의 담론은 진보와 국가의 성장 촉진이라는 이상을 강조하고 있었다. 대부분 지주 계층 중심으로 이루어진 연방이라는 상황에서 새로운 브라질의 내륙수도는 국가의 통합뿐만 아니라 다가오는 역동적인 근대성의 시대에 대한 약속을 나타내는 것이었다. 이런 근대적인 도시계획과 디자인에 주목하여 유네스코는 1987년 브라질리아를 유네스코 세계문화유산 도시로 지정했고, 브라질리아는 국가의 주요 대도시로 성장했다.

성과와 도전

찬디가르, 브라질리아, 캔버라는 각국에서 가장 높은 1인당 소득, 교육수준, 삶의 질을 제공하는 곳이다. 한편 아부자와 브라질리아는 많은 인구, 비공식 고용, 과도한 임금 불평등을 겪고 있는 곳이기도 하다. 도시화가 기존의 농촌지역으로 확장됨에 따라 브라질리아는 곧 인스턴트 도시가 갖는 여러 문제점에 봉착하게 되었다. 브라질리아가 속한 연방직할구(Distrito Federal)는 서비스 산업에 지나치게 의존하고 있다. 중심지의 비정상적으로 높은 지가는 노동인구를 도시의 외곽으로 내몰고 있으며, 이런 외곽지역 중 일부만이 상업과 서비스 기능이 있는 부심으로 천천히 발전하고 있다. 과도한 수위성과 지속적으로 조성되는 베드타운은 공공서비스와 도시 기반시설 공급의 불균형을 낳고 있다. 특히 저소득계층이 이주하는 지역에서 이런 문제는 더욱 심각하다. 인스턴트 도시에서 부와 가난의 대비는 매우 극명하게 드러나고 있다.

나이지리아

이슬람 인구 다수 주

기독교 인구 다수 주

아부자

라고스

오스트레일리아

시드니

캔버라

멜버른

아부자의 입지

내부적으로 민족, 종교 집단의 갈등이 지속되는 국가에서 수도의 바람직한 위치는 중립지역이 된다. 1976년 선택된 아부자의 입지는 나이지리아를 남북으로 나누는 민족, 종교, 정치적 분쟁과 관련하여 중립적인 위치로 여겨졌다. 너무 많은 인구가 거주하며 혼잡한 항구도시 라고스를 대체하는 아부자는 1991년 12월 나이지리아의 새로운 수도가 되었다.

캔버라의 입지

새로운 보금자리로 선택된 위치는 다양한 요인을 고려할 때 매우 전략적인 장소이다. 오스트레일리아에서 가장 크고 영향력 있는 두 도시인 시드니와 멜버른의 정치적 분쟁과 경제적 경쟁관계로 인해 새로운 수도인 캔버라는 1908년 두 도시 사이에 위치하게 되었다. 오랜 건설기간 후에 연방내각은 1924년 1월 처음으로 캔버라에서 모일 수 있었다.

인스턴트 도시를 계획하다: 모더니즘 유토피아와 골치 아픈 현실 사이에서

자연스럽게 집적해 나가는 도시의 전형적인 문제점을 극복하기 위한 기회이기도 한 인스턴트 도시의 마스터플랜은 사회적 유토피아를 계획하는 시각을 보여 주고 있다. 그러나 이런 이상적인 기대에도 불구하고 경제, 사회, 문화적 전통은 건조환경 조성의 기반이 되고 있다.

브라질리아는 1956년 건설되기 시작하여 불과 5년 뒤인 1960년 완공되었다. 국가의 새로운 발전 시대를 나타내는 도시로 계획되었지만, 새로운 수도는 곧 보수적인 근대화의 단점을 드러내게 되었

고 이는 사회경제적 차이의 확대가 유지되는 것을 의미했다. 중심 파일럿 플랜(Pilot Plan)*의 근대적이고 선별적인 특성을 유지하기 위해 공무원의 거주공간을 마련했으며, 이는 곧 가난한 건설노동자가 개발되지 않은 주변지역에 정착할 수밖에 없었다는 점을 의미한다. 전원도시 개념을 차용했지만 고용 기능과 서비스 기능이 없는 이런 소외된 지역은 이후 위성도시가 되었다. 시범지구, 위성도시, 새로운 근린지구는 주위의 농촌지역과 함께 연방직할구를 구성하고 있으며, 이 지역은 인구가 밀집된 다핵지구이며 경제활동은 활발하지 않다. 타구

파일럿 플랜

파일럿 플랜에서 기념비의 축 동쪽 부분은 공화국의 3부인 행정부, 입법부, 사법부를 모으고 있었다. 서쪽 구역은 연방직할구의 행정관서를 수용하고 있었다. 고속도로 축은 슈퍼블록이 있는 곳이었고, 주거지역은 6층의 현대적 건물로 이루어져 있었으며, 녹지공간으로 서로 분리되고 근린 상업지구가 산재되어 있었다. 두 개의 축의 교차점에 위치한 버스터미널은 도시의 각 지역을 위한 교통의 허브가 되었고, 특별한 상업과 서비스 구역은 도시 중심부에 매력을 더하였다.

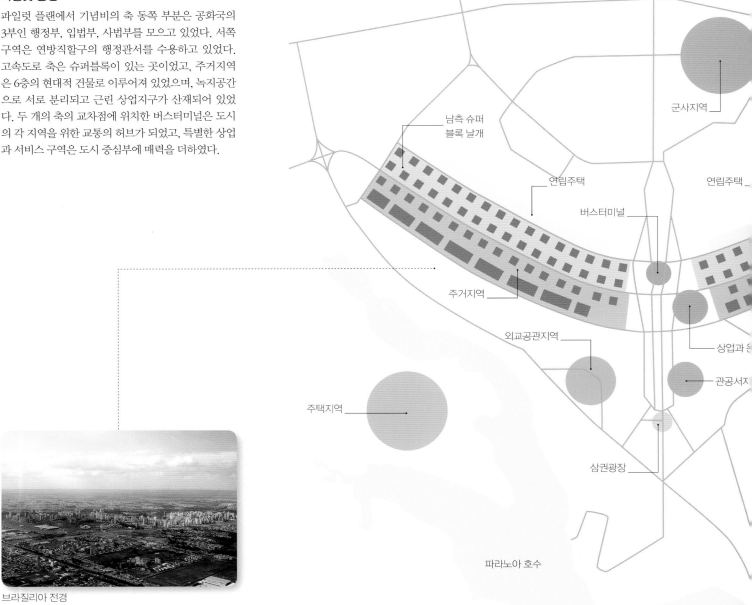

남측 슈퍼 블록 날개

군사지역

연립주택

연립주택

버스터미널

주거지역

외교공관지역

상업과

관공서지

주택지역

상업과

삼권광장

파라노아 호수

브라질리아 전경

아팅가(Taguatinga), 구아라(Guara)와 같은 몇몇 새로운 상업지역과 서비스 중심지, 활기찬 부심이 발전하고 있지만, 이 지역은 여전히 시범지구라는 부인할 수 없는 고용의 중심에 전적으로 의존하고 있다.

브라질리아의 최초의 계획은 인구 상한선을 50만 명으로 설정했다. 그러나 이런 생각은 명백하게 비현실적인 것이었으며, 이미 연방직할구는 이 상한선을 넘어 2000년에 200만 명에 달했고, 2010년에는 250만 명이 되었다. 연방직할구는 상파울루(1140만), 리우데자네이루(640만), 살바도르(270

만)의 뒤를 이어 브라질에서 네 번째로 큰 인구 중심지가 되었다. 매우 높은 지가로 인해 시범지구의 인구가 상대적으로 줄기는 했지만 도시는 주변지역과 마을로 확장되고 있다. 이런 도시 스프롤은 비단 저소득층 거주지에만 해당되는 것은 아니며, 중상류층을 위한 신규개발도 이루어지고 있다. 이런 도시 스프롤은 규칙적이지 않은 토지의 분할로 이어지며, 때로는 공유지를 침범하기도 한다. 최근 대규모 도시개발업자들은 뉴어버니즘(New Urbanism)의 원칙에 따라 도시 외곽의 농촌지역에 다수의 초호화 건설 프로젝트를 진행하고 있다.

정치적, 인구적, 경제적 압력에 따라 현대 인스턴트 도시는 세계화된 네트워크 속의 여느 도시지역과 마찬가지로 관리하기 어려운 존재가 되고 있음을 볼 수 있다.

* 역자주: 도시계획을 의미할 경우 일반적으로 통용되는 고유명사인 '파일럿 플랜'으로 번역했으며, 초기 도시계획으로 조성된 좁은 의미의 브라질리아를 의미할 경우 '시범지구'로 번역했다.

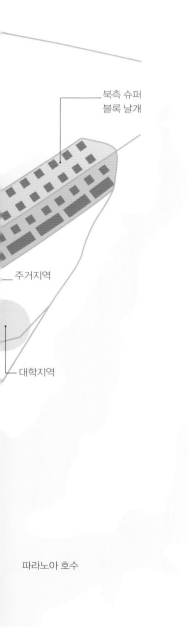

북측 슈퍼 블록 날개

주거지역

대학지역

파라노아 호수

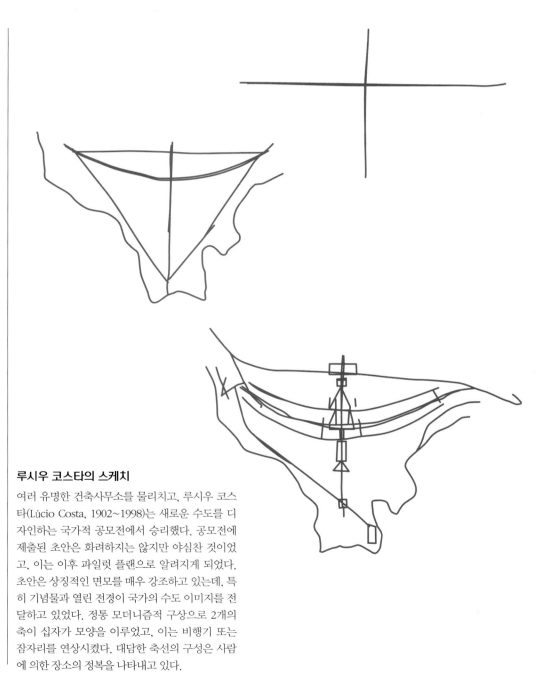

루시우 코스타의 스케치

여러 유명한 건축사무소를 물리치고, 루시우 코스타(Lúcio Costa, 1902~1998)는 새로운 수도를 디자인하는 국가적 공모전에서 승리했다. 공모전에 제출된 초안은 화려하지는 않지만 야심찬 것이었고, 이는 이후 파일럿 플랜으로 알려지게 되었다. 초안은 상징적인 면모를 매우 강조하고 있는데, 특히 기념물과 열린 전경이 국가의 수도 이미지를 전달하고 있었다. 정통 모더니즘적 구상으로 2개의 축이 십자가 모양을 이루었고, 이는 비행기 또는 잠자리를 연상시켰다. 대담한 축선의 구성은 사람에 의한 장소의 정복을 나타내고 있다.

배후지에 인구가 유입되다

브라질의 중서부에 새로운 수도를 정한 것은 외국의 침입에 대비해 연방정부 기능을 보호하기 위해서이기도 하지만, 대부분 인구가 정착하지 못하고 미개척된 영토를 통제하기 위한 기지를 세우려는 목적에서였다. 20세기 중반까지 지역경제의 흐름은 주요 도시에 집중되어 있었고, 이들 도시의 상당수가 해안가를 따라 입지하거나 해안과 가까운 곳에 위치했다. 철도망은 광산이나 농장 등 주요 생산지역과 대부분의 주도를 연결했다. 이 중 주목할 만한 지역은 상파울루주로, 이곳은 커피산업으로 인해 산투스 항구까지 연결되는 철도를 부설하는 사업에 자본이 유입되었다. 브라질의 철도는 비교적 고립되어 있는 아마존의 주나 상당수의 배후지를 연결하고 있지 못했다.

브라질은 1940년대 이후 기존의 철도망과 함께 고속도로 건설을 추진했다. 그러나 1956년 브라질리아의 건설이 시작되었을 당시 브라질의 도로망은 매우 열악했고, 이 중 일부는 여전히 비포장으로 해안가 주변에 국한되었고 내부의 주도만을 연결하고 있었다. 따라서 새로운 도시를 인구가 희박한 농업지역에 건설하는 사업에서 기초적인 자원의 부족을 겪었으며, 건설자재의 부족은 더 심했기 때문에 물류 문제를 해결해야만 했다. 새로운 수도를 건설하는 동안 공항의 건설, 브라질리아와 주변도시를 연결하는 고속도로 및 철도노선 배치와 함께 건설노동자들과 건설자재를 실어 날라야 했다. 도로망의 확장은 국토를 관리하는 데 필수적이었으며, 막 성장하기 시작한 브라질의 자동차산업에서도

도로망의 발달

브라질리아의 건설로 촉진된 도로망의 발달은 해안가로부터 배후지로 발달하는 경향을 보여 준다. 최근 고속도로의 연결 밀도가 증가되는 특성이 나타나는데, 이를 통해 라틴아메리카의 통합을 엿볼 수 있다. 정부의 국토 관리전략의 일부인 도로망은 농업지역의 극적인 확장에 도움을 주었으며, 농업기업의 설립, 농업생산물의 수출에 영향을 주었다. 농촌지역의 도시화의 진전과 대규모의 환경 악화 역시 연이어 일어나고 있다.

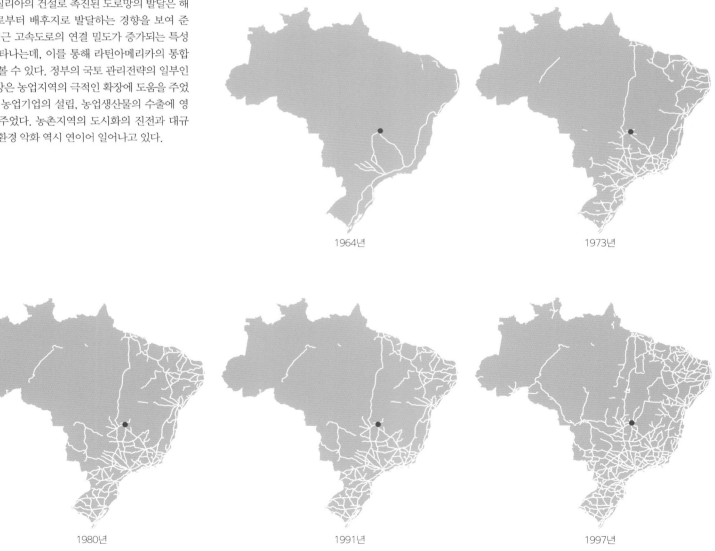

1964년

1973년

1980년

1991년

1997년

필요한 일이었다. 또한 새로운 기반시설은 남동부와 남부의 성장하는 공업지역으로부터 통합이 제대로 되지 못한 지역에 생산의 흐름을 촉진시켜 국내시장을 통합시키기 위해서도 필요했다.

브라질리아 건설이 시작된 이후 처음으로 이루어진 결정 중 하나는 1958년 벨렝-브라질리아 도로의 건설 시작이었다. 이 도로는 북부의 파라주와 중서부의 고이아스주를 연결하는 것이었다. 새로운 수도의 영향은 다른 도로의 건설에서도 느낄 수 있었다. 새로운 도로는 벨루오리존치-브라질리아(1959년), 살바도르-브라질리아(1970년), 쿠이아바-산타렝(1976년), 상파울루-브라질리아(1978년), 쿠이아바-포르투벨류-히우브랑쿠 등이 있다. 점차로 철도망은 2차적인 교통망이 되었고 계속해서 방치되었다. 정부의 도시계획은 교통망뿐만 아니라 에너지와 통신망을 구축하는 것에도 초점을 맞추었다. 이후 수십 년 동안 도로망의 확충과 새로운 수도가 자리 잡게 되면서 중서부 주의 농업 확장과 함께 배후지 도시의 성장이 일어났다. 당시까지 전통적인 제조업지역은 상대적으로 고립되어 있었고, 외부로부터 보호된 시장이라는 특성을 보여 주고 있었다. 국토의 통합은 이런 균형상태에 변동을 가져왔는데, 자본주의화된 남동부 지역의 회사들이 국내시장을 지배하게 되었다. 이로 인해 지역적 불균등은 더욱 강화되었다.

1956년 브라질 배후지의 도로 상당수는 비포장도로였다. 많은 도로가 점차적으로 타맥(tarmac)으로 포장되었다.

1957년 BR-040 도로가 타맥으로 포장되어 브라질리아까지 연장되었다. 도로는 수도로부터 방사형으로 뻗어 나가며, 벨루오리존치와 리우데자네이루로 연결된다.

BR-050은 상파울루와 연방직할구를 나누는 고속도로이다. 중부 농장지대의 고이아스와 지하자원이 풍부한 미나스제라이스를 연결하는 지점을 개선하기 위한 계획이 2013년에 마련되었다. 도로는 수도에서 남북방향으로 방사형으로 뻗어 있다.

출처: Déak/IBGE

2007년

내륙 개발을
추진하다

인스턴트 도시는 독립적이고 특이한 것과는 거리가 멀다. 인스턴트 도시는 종종 계획적이며 야심찬 정치적 시도의 일부분인 경우이기도 하다. 식민지 시대 이후 브라질의 국가경제는 설탕, 금, 커피와 같은 천연자원의 수출에 의존하고 있었다. 커피 경제로 인한 엄청난 이익은 제조업의 기반이 되었고, 이는 상파울루가 인구와 경제 생산에서 가장 큰 도시로 전례 없는 성장을 기록할 수 있게 해 주었다. 20세기 중반에 공공정책은 제조업의 초기 성장을 지원하는 데 초점을 맞추었다. 시장과 집적의 경제에 의존한 이런 움직임은 동남부와 남부 주에 위치한 주요 도시거점을 강화시켰다.

국내시장 확장의 기초는 내륙지방 도시의 탄생이었다. 기존 도시의 경제역량 강화를 포함한 노력이 이루어졌는데, 예를 들어 리우데자네이루주의 보우타헤돈나시는 1941년 제철소를 유치했다. 1935년 중서부 고이아스주의 계획된 주도인 고이아니아시의 탄생은 내륙지방으로의 움직임을 위한 기회를 제공했다. 고이아니아시는 상업과 서비스의 중심지뿐만 아니라 농업지역의 확장을 위한 성장의 핵이 되었다.

1970년대 아나폴리스 인근의 공업지구 설치는 브라질리아와 연계되는 도시 네트워크의 초기 발달 단계를 강화시켰다. 수많은 도시가 새로운 수도와 내륙의 도시를 연결하는 고속도로를 따라서 생겨

브라질리아-아나폴리스-고이아니아 축

브라질리아, 고이아니아, 아나폴리스의 연결은 고이아니아 인근의 교통결절 지역으로 이 지역에 가시적인 변화를 만들어 냈다. 최근 브라질리아-아나폴리스-고이아니아 축으로 불리는 활기에 넘치는 도시체계는 도시와 농업지역의 연결선으로 중부 고원지역에 경제활동과 인구를 집중시키고 있다. 이 축선상에 3개의 주요 도시 집적지역인 고이아니아 대도시권, 아나폴리스 지역, 통합 개발지역인 연방직할구와 주변지역의 인구는 급속하게 증가해 왔다. 1970년대에 이 지역은 브라질 전체 인구의 1.63%를 차지했지만 1980년에는 2.29%, 1991년 2.61%, 2000년 3.01%, 2010년에는 3.34%를 차지했다. 이 축선상의 3개의 주요 도시는 2010년 기준으로 브라질 전체 인구의 2.21%, 국내총생산(GDP)의 4.89%를 차지하고 있다. 2010년 이 세 도시는 중서부 지방 인구의 30%와 GDP의 52%를 차지하고 있다.

출처: Haddad/IBGE(2010)

낫다. 많은 경우 이런 도시는 광업과 농업 활동을 지원하는 중심지로 성장했다.

새로운 수도와 연계된 성장전략의 효과 중 하나는 농업지역의 확장이었다. 목축업, 옥수수·콩·면화의 경작, 특히 사탕수수의 뒤를 이어 콩의 경작은 중서부와 북부로 경작지가 확대되는 과정에서 중요한 역할을 했다. 농업 중심지의 조성과 함께 농업생산에서의 근대화와 기술적 진보는 농업용 토지의 집중을 강화시켰고, 원주민들을 몰아내게 되었다. 기업화되고 정체되어 있던 전통적인 농업으로부터 노동력이 이탈하고, 동시에 제조업의 고용이 늘어나고 도시에서 부를 축적할 수 있다는 인식이 퍼지면서 인구는 도시 중심으로 급격하게 이동하게 되었다. 농업활동의 확장은 중서부 지역의 개발에서 중요한 요인이었는데, 이런 농업의 확장은 세라두(cerrado)와 아마존 생태계의 천연자원의 파괴를 낳았다. 이런 파괴는 목축을 위해 숲을 파괴하는 행위로 발생했다. 브라질의 경제성장에 큰 공헌을 했지만 농업생산 증가로 인한 광범위한 환경의 영향은 정치적인 논쟁과 함께 부정적 영향을 억제하기 위한 정책을 요구하게 되었다.

새로운 수도는 경제발전을 개선하기 위한 혁신적인 정책 중 한 요소였고, 도시화뿐만 아니라 공업화와 농업 관련 산업의 발달에 영향을 주었다. 그러나 도시의 과도한 인구증가와 실업률, 토지를 소유하지 못한 다수의 인구, 환경 악화와 같은 부정적인 효과가 나타났다. 최근에는 다른 대도시와 마찬가지로 과거의 결정으로 말미암은 부담을 체감하고 있다.

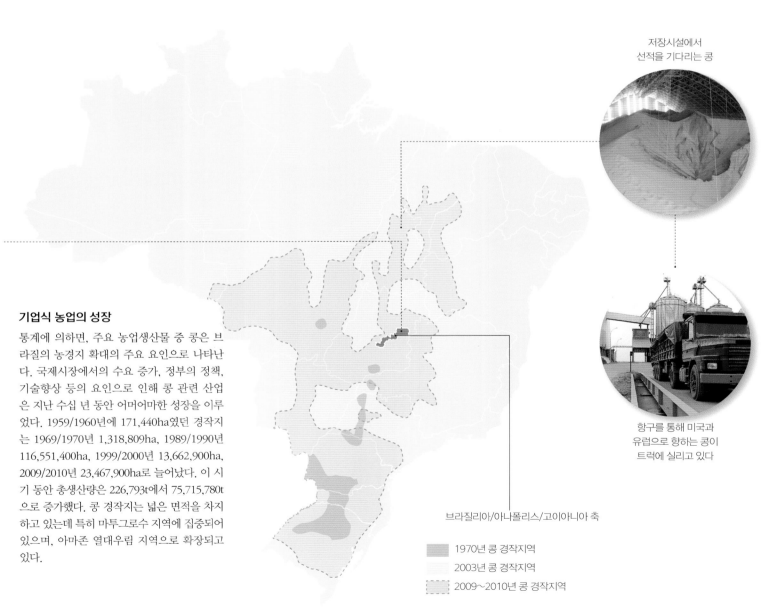

저장시설에서
선적을 기다리는 콩

기업식 농업의 성장

통계에 의하면, 주요 농업생산물 중 콩은 브라질의 농경지 확대의 주요 요인으로 나타난다. 국제시장에서의 수요 증가, 정부의 정책, 기술향상 등의 요인으로 인해 콩 관련 산업은 지난 수십 년 동안 어머어마한 성장을 이루었다. 1959/1960년에 171,440ha였던 경작지는 1969/1970년 1,318,809ha, 1989/1990년 116,551,400ha, 1999/2000년 13,662,900ha, 2009/2010년 23,467,900ha로 늘어났다. 이 시기 동안 총생산량은 226,793t에서 75,715,780t으로 증가했다. 콩 경작지는 넓은 면적을 차지하고 있는데 특히 마투그로수 지역에 집중되어 있으며, 아마존 열대우림 지역으로 확장되고 있다.

항구를 통해 미국과
유럽으로 향하는 콩이
트럭에 실리고 있다

브라질리아/아나폴리스/고이아니아 축

■ 1970년 콩 경작지역
□ 2003년 콩 경작지역
▨ 2009~2010년 콩 경작지역

출처: IBGE, Brazilian Ministry of Agriculture

의사결정과
정치적 역량

국가 수도의 기능을 리우데자네이루로부터 약 1,200km 떨어진 인구 희박지역에 세워진 인스턴트 도시로 이전하는 것은 고도의 정치적인 노력이 필요한 작업이었다. 1960년 브라질리아가 완공될 당시 반대에 직면했지만 대통령 주셀리누 쿠비체크는 행정부와 의회, 법원을 입주시키는 데 성공했다. 첫 번째 신문사와 TV 방송국, 호텔과 기업체 등 민간영역의 지원도 이루어졌다. 최초의 행정명령은 연방대학(브라질리아 대학)의 설립을 의회에 제안하는 것이었다.

시작부터 이미 정착되고, 소중하게 여겨질 뿐 아니라 세계적으로 유명한 수도 리우데자네이루를 대체하는 일은 엄청난 도전이었다. 비판은 건설에 들어가는 막대한 비용, 연방정부 이전으로 인한 인플레이션을 강조하고 있었다. 새로운 수도의 정착 과정은 쿠비체크 대통령의 집권 시기(1956~1960)에 부침을 겪었으나, 군부 집권 20년(1964~1984) 동안 수도이전을 되돌릴 수 없다는 점이 분명해졌다. 1988년 새로운 헌법은 수도이전으로부터 이루어진 민주주의의 성취였다. 이후 수십 년 동안 몇몇 공기업의 본사가 여전히 리우데자네이루에 남아 있었지만, 모든 주요 정부기관은 새로운 수도로 이

브라질리아

리우데자네이루

정부청사

법무부 건물

행정과 교육 기능

현재의 중심으로 변모한 인스턴트 도시 브라질리아는 불균등한 대도시 형성을 보여 주고 있으며, 지식과 정보의 교환을 중심으로 활동하고 있다. 연방대학(브라질리아 대학)은 1962년 4월 21일에 설립되었다. 2012년 50주년을 맞은 이 대학은 105개 학부 과정에 27,000명 이상의 학생이 재학하고 있으며, 147개 대학원 과정에 9,000명가량이 등록되어 있다. 다른 대학과 많은 전문대학 역시 도시와 지역, 연방과 지방 정부의 다양한 직업에 맞는 인력을 양성하고 있다. 고등교육기관과의 접근성으로 인해 다양한 전문화된 활동이 일어나고 있다.

대법원

전했다. 2010년 50주년을 맞은 브라질리아는 이제 논쟁의 여지가 없는 브라질의 수도가 되었다.

연방직할구 내의 정보통신기술, 제약, 물류, 도시공학 등의 지식기반 생산 및 서비스업이 두드러지고 있다. 이런 산업은 에너지 효율과 환경영향 최소화에 초점을 맞추고 있다. 사업이 지속되고 있는 디지털 기술공원(Parque Tecnologico Capital Digital), 재활용센터(Polo de Reciclagem)는 도시의 미래상을 나타내고 있는데, 이는 수도를 지식과 혁신 기반의 경제 중심으로 전환하고 지속가능한 환경 분야의 세계 선도도시로 만들고자 하는 것이다.

국제적 연계망을 가진 다문화 도시인 브라질리아는 국제적 행사의 중심지가 되었다. 브라질의 다른 지역에서 이주한 인구가 거주하는 브라질리아는 다양한 문화적 영향을 미친다. 이 도시에서는 영화, 음악, 무용, 음식 축제가 정기적으로 개최되고 있다. 브라질리아 브라질 영화제는 1965년부터 개최되었고, 새로 조직된 브라질리아 국제영화제는 2012년 7월 개최되었다. 다른 축제로는 브라질리아 국제예술제가 연방직할구 정부에 의해 조직되었고, 많은 대사관이 협조하는 가운데 2012년 1월 개최되었다. 브라질리아 대중문화제, 브라질리아 국제인형극제, 브라질리아 음악제 등도 2012년에 시작되었다. 정부는 2014년 축구 월드컵과 같은 대형 스포츠 이벤트도 장려하고 있다. 건축 프로젝트 중 하나는 국가경기장(Estadio Nacional)으로, 논란은 있었지만 미국그린빌딩위원회(U.S. Green Building Council)에 의해 공인된 최초의 경기장으로 설계되었다.

대학

광장과 대통령궁

국회

브라질리아의 국제예술제

유명한 현대적 건축물이 있는 브라질리아는 다문화적이고 예술적인 활동이 이루어지기에 적절한 장소이다.

예술
브라질리아 국제예술제(Festival Internacional de Artes de Brasilia)

문화
브라질리아 대중문화제(Festival Brasilia de Cultura Popular), 광대축제(Festival Internacional de Palhaços)

춤
노바당카 국제페스티벌(Festival Internacional da Novadanca)

음악
브라질리아 음악제-BMF
국제페스티벌 아이러브재즈
(Festival Internacional I Love Jazz)

영화
브라질리아 브라질 영화제
FBCB(Festival de Brasilia do Cinema Brasileiro)
브라질리아 국제영화제
BIFF(Festival Internacional de Cinema de Brasilia)
국제어린이영화제
FICI(Festival Internacional de Cinema Infantil)

극장
브라질리아 국제인형극제(Festival Internacional de Teatro de Bonecos)
브라질리아 국제연극제(Festival Internacional de Teatro de Brasilia-Cena Contemporanea)

건조환경

산업혁명 이후 도시성장이 가속화되는 문제는 정부뿐만 아니라 건축가와 도시계획가를 사로잡은 주제였다. 진보라는 이데올로기에 발맞추어 근대 도시계획은 도시설계를 무질서한 건조환경에 이성주의라는 가치를 주입하는 장치로 여겼으며, 동시에 이상적인 미래를 구현하는 수단으로 설정했다. 대로와 개방된 공간을 만들어 시민의 봉기를 통제하고 부동산시장을 부양하기 위한 오스만(Hauss-mann)의 19세기 중반 파리 개조 사업(이성도시편 88~105쪽 참조)은 논란이 많은 사례였지만 인스턴트 도시에도 분명한 흔적을 남기고 있다.

매우 불평등하며 경제적으로 이질적인 사회가 유토피아적인 프로젝트에 실제로 영향을 미치고 있음을 고려하여, 연방직할구 건설 과정과 그 이후에 일반인 거주지역이 다수 건설되었다. 혜택이 집중된 도시 중심에서 떨어져 있고 농업지역인 주변부에 군데군데 위치한 위성도시는 빈약한 도시 기반시설과 일자리의 부족을 겪었으며, 수도 이미지에서 일종의 회색지대를 형성했다. 이런 위성도시에서는 지속적인 인구증가가 수십 년간 이어지고 서비스의 공급도 점차 개선되었으며, 새로운 중산층을 위한 고급 주택지 개발이 도시 외곽에 이루어졌지만, 수도의 이미지는 초기의 계획과 찬사를 받았던 파일럿 플랜에 머물러 있다.

모더니즘의 영향과 중공업 및 자동차공업에 초점이 맞추어진 국가개발계획의 일부로서 브라질리아의 초기 중심지구는 자동차 통행 위주의 지역임이

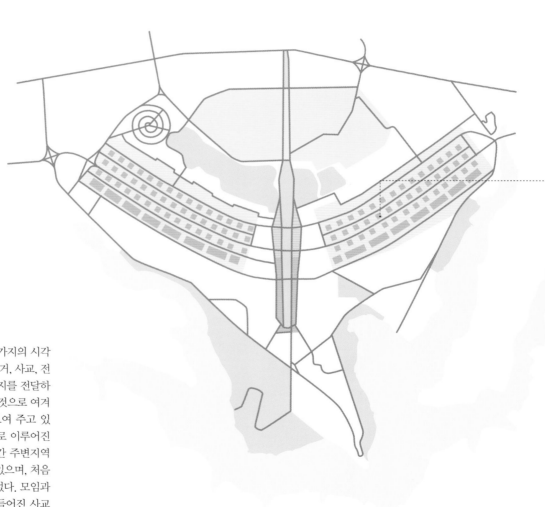

주거지역
부처/정부
군/산업/주거/여가
사업/문화/교통 중심
여가

고도로 조직되고 계획된 중심

루시우 코스타의 파일럿 플랜에는 네 가지의 시각이 통합되어 있는데, 이는 기념비적, 주거, 사교, 전원이다. 기념비적 지구는 수도의 이미지를 전달하고 넓은 기념비의 축을 따라 펼쳐지는 것으로 여겨지며, 늘어선 공공건물을 전시하듯 보여 주고 있다. 주거지역은 최고 6층 높이의 건물로 이루어진 슈퍼블록을 아우르고 있는데, 중간중간 주변지역과 녹지로 연결되는 도로가 개설되어 있으며, 처음에는 공무원을 수용하기 위해 계획되었다. 모임과 사회적 상호작용을 촉진하기 위해 만들어진 사교지구는 주요 버스정류장을 중심으로 펼쳐져 있는데, 이는 오락, 서비스, 쇼핑 지역을 포함하고 있다. 자연과 오픈스페이스를 확보하기 위해 전원지구는 녹지, 저수지, 공원 등 도시에 산재되어 있는 시설을 포함하고 있다. 현대 도시설계 패러다임으로서의 가치를 인정하여, 유네스코는 1987년 브라질리아를 세계유산 목록에 포함시켰다.

분명했다. 십자가와 비행기를 연상시키는 기본적인 도시설계는 2개의 교차하는 교통축과 다른 도시의 기능을 수행하는 인접구역으로 이루어져 있었다. 직각으로 교차하는 2개의 주요 고속도로는 중심과 이를 둘러싼 지역 및 국도 체계를 이어 주어 건설 프로젝트의 골격을 만들어 냈다. 산업화 시대의 발전에 부합하는 것으로 여겨진 연방직할구 내부 도시화된 지역의 도로체계는 대체적으로 자동차를 위한 것으로, 널리 알려진 '보도가 없는' 도시 이미지를 보여 주고 있었다. 2001년부터 운영된 지하철은 인구가 가장 밀집된 근린지구와 중심지구를 연결하고 있다. 그러나 브라질에서 가장 발달된 3개의 지하철 시스템 중의 하나인 브라질리아의 지하철은 최근의 지하철과 버스 노선의 통합을 통해

도시 내 이동성을 높이는 프로젝트였지만, 기차와 버스 노선의 연결성은 여전히 매우 나쁘다. 정보통신기술의 보급을 위한 정부의 노력과 함께, 브라질리아는 전화통신 및 인터넷과 같은 디지털 컴퓨터 네트워크 접근성의 확장을 추진했다. 다양한 기능을 수행하는 도시권의 중심으로서 브라질리아는 근대적 교통 및 통신 시설을 갖추고 있다. 도시를 국내 및 해외와 연결하는 브라질리아 국제공항은 브라질과 라틴아메리카의 주요 공항이다. 자주 혼잡하고 처리 용량의 한계에 다다른 지 오래되었기 때문에 공항은 확장되어 왔다. 승객을 중심지구까지 기차로 수송할 수 없기 때문에 공항에는 환승하기 위한 버스노선이 개설되어 있다

인구밀도와 사회적 불평등

다른 대도시와 마찬가지로 브라질리아에도 좀 더 나은 도시 기반시설과 서비스가 제공되는 지역, 중심업무지구로 빠르게 이동할 수 있는 지역, 이와 같은 이유로 지가가 높은 지역은 고소득 계층이 거주하고 있다. 중심인 시범지구부터 거리가 증가할수록 소득이 급격하게 감소하는 현상은, 가난한 계층에게 도시 기반시설이 제대로 갖추어지지 않은 외곽지역의 토지를 공급하는 것과 같은 국토관리 정책으로 더욱 심각해졌다. 대체적으로 인구밀도가 높은 지역은 소득 수준이 낮은 구역에 해당한다.

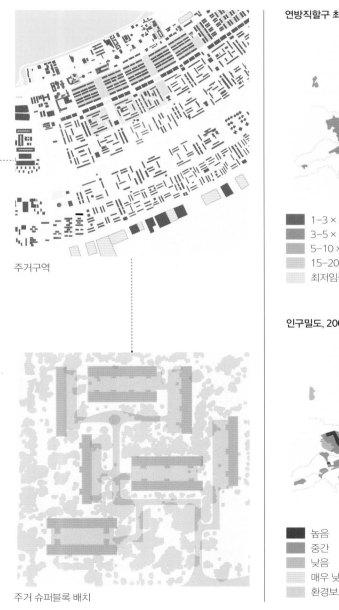

주거구역

주거 슈퍼블록 배치

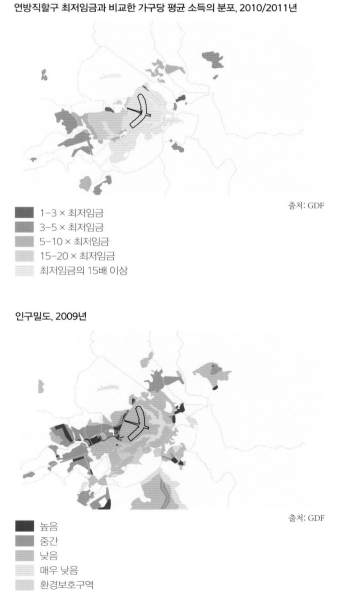

연방직할구 최저임금과 비교한 가구당 평균 소득의 분포, 2010/2011년

출처: GDF

- 1–3 × 최저임금
- 3–5 × 최저임금
- 5–10 × 최저임금
- 15–20 × 최저임금
- 최저임금의 15배 이상

인구밀도, 2009년

출처: GDF

- 높음
- 중간
- 낮음
- 매우 낮음
- 환경보호구역

경제와 인구

활력이 넘치는 경제적 환경으로 인해 브라질리아는 대표적인 제3차 산업도시로 성장했는데, 이는 공공행정과 서비스가 지배적이고 제조업 활동은 미약함을 의미한다. 대부분의 고용이 공공부문에서 이루어지기 때문에, 브라질리아는 경제적 변동에 대응력이 높으며, 비교적 높은 임금 수준을 보여주고 있다. 2010년 연방직할구는 브라질에서 가장 높은 1인당 GDP를 생산했으며, 이는 브라질 평균의 3배, 2위인 상파울루의 2배나 되는 것이었다.

2004년부터 2008년 사이 연방직할구에서는 모든 제조업 활동이 성장했는데, 특히 성형제조업의 성장이 두드러졌다. 임금이 낮았던 분야의 임금 상승은 음식, 의복, 건설 등의 연관 산업으로의 낙수 효과를 일으켰고, 노동자의 구매력 상승은 상업과 제조업 판매를 촉진했다. 연방직할구의 공업생산은 그래픽과 정보통신 산업에 중점을 두고 있는데, 주 고객은 공공부문이다. 여전히 가장 중요한 부문은 서비스업이다. 다른 주도와 비교하여, 상파울루와 리우데자네이루 다음으로 서비스업 부가가치 생산액이 높은 브라질리아는 2008년 국내 총 서비

2010년 기준 브라질리아의 고용

수도로서 브라질리아는 정부 위주의 서비스 경제와 상업활동을 중심으로 성장했다. 환경적으로 민감한 지역에 위치하고 있기 때문에, 브라질리아는 제3차 산업과 공해를 유발하지 않는 산업에 초점을 맞추었다. 연방정부의 심장으로서 브라질리아는 다수의 행정기관과 함께 공공기업과 준공공기업이 이주했다. 비교적 높은 임금과 경제위기에 대한 저항력, 공공부문의 고용은 서비스업과 상업활동을 위한 안정적인 시장을 창출해 냈다. 연방직할구 고용의 16%를 책임지는 공공행정은 국가를 상대로 한 상품과 서비스의 입찰을 희망하는 기업을 유인하는 강력한 힘이 되고 있다.

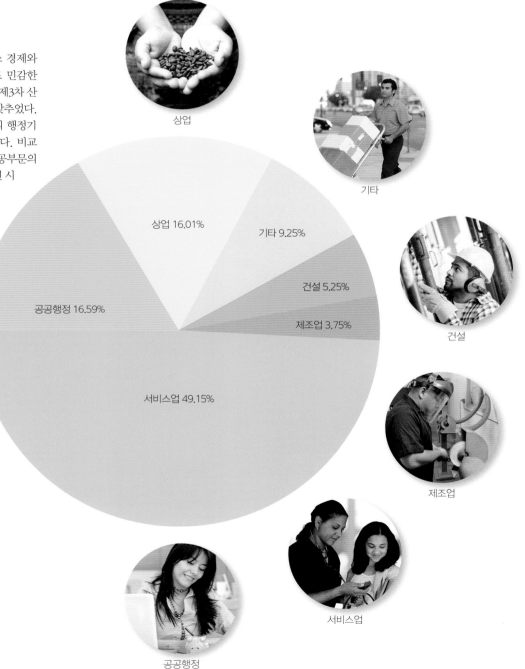

상업

기타

건설

제조업

서비스업

공공행정

상업 16.01%

기타 9.25%

건설 5.25%

제조업 3.75%

공공행정 16.59%

서비스업 49.15%

출처: 브라질 노동고용부

스업 GDP의 5.7%를 차지했다. 2004~2008년 기간 공공행정, 공공 의료 및 교육, 사회보장 산업은 연방직할구 경제의 50%를 차지했다. 2010년 연방직할구 내 약 100만 명의 노동자 중 49.15%는 서비스업에 종사하고 있으며, 16.59%는 공공행정, 16.01%는 상업에 종사하고 있다. 건설은 5.25%이며, 제조업은 3.75%에 불과하다. 기타 분야는 9.25%로 나타나고 있다.

부유하고 역동적인 환경으로 인해 많은 이주자들이 신수도 건설 초기부터 몰려들기 시작했다. 이주의 속도는 줄어들었지만 여전히 제대로 훈련받지 못한 사람들이 다수를 이루는 노동자의 유입이 많다. 이 중 일부는 비숙련 노동자가 전통적으로 취업하는 건설업에 종사하고 있다. 다른 큰 비중은 비공식 노동시장이며, 다수는 실업상태에 있는 형편이다. 브라질 내에서 가장 임금 수준이 높은 대도시권이지만, 브라질리아는 경제적으로 가장 불평등한 도시 중 하나이다.

브라질리아의 노동시장은 298개 시, 약 173만 5,000km², 2007년 기준 970만 명의 인구를 포괄하고 있다. 혜택을 받는 위치임에도 불구하고 브라질리아의 도시 네트워크는 상파울루와 리우데자네이루에 비해 상대적으로 작아, 브라질 인구의 2.5%, GDP의 4.4%만을 차지하고 있다. 확장은 일부에 국한되어 있지만, 브라질리아 네트워크는 바이아의 서쪽, 고이아스의 도시들, 미나스제라이스의 북서쪽에 다다르고 있다. 브라질리아 중심지구에 인구와 소득이 뚜렷이 집중되고 있으며, 이는 브라질리아 네트워크 인구의 72.7%, GDP의 90.3%를 차지하고 있다. 브라질의 도시 네트워크 중 이 지역은 1인당 GDP가 가장 높은 지역이다.

출처: Codeplan/GDF

1인당 소득(브라질 헤알), 2010년

- 250–999
- 1,000–2,999
- 3,000–4,999
- 5,000 이상

상대적 소득의 분포

연방직할구 내에서 소득의 분포는 매우 왜곡된 형태를 보이는데, 행정기능 지역인 라고술은 2010년 가장 높은 1인당 소득을 보여 주고 있으며(R$5,420.00), 이는 가장 가난한 지역인 SCIA/이스트루투라우(R$299.00)의 약 8배에 해당한다.

지속가능성

인스턴트 도시는 주변지역의 환경조건에 따라 발전할 수밖에 없다. 불가피하게 도시화의 압력은 자연경관에 영향을 미치며 자원을 활용하도록 강요한다. 생태적으로 취약한 중부 고원의 사바나에 위치한 브라질리아 지역은 새로운 국가 수도를 위한 모든 기능을 지원할 수 있어야 했다. 중간중간에 수로와 관정(管井)이 있는 이 지역은 브라질의 주요 분수계인 파라나, 아라구아이아, 토칸칭스, 상프란시스쿠가 만나는 지역이다. 상류의 샘은 약하게 시작하여 낮은 지역으로 이동하기 때문에, 고지대의 수자원 확보는 수자원 보호에 달려 있다. 물뿐만 아니라 다른 자원을 보호하기 위해 연방직할구는 여러 가지 환경보전구역을 포함하고 있다.

브라질리아에는 여러 보호구역이 존재한다. 그중 브라질리아 국립공원은 90%가량의 면적이 법적 기구에 의해 관리되고 있다. 이런 사실은 환경이 매우 잘 보존되고 있다는 인상을 줄 수도 있다. 그러나 연방직할구의 환경은 사실 잘 보호되지 못했고, 생물다양성이 위협받기도 한다. 이는 보전구역의 지정과 승인이 효율적인 관리정책으로 이어지지 못했기 때문이다. 인력과 재원, 법적인 자원은 논외로 하면, 주요 문제점은 토지의 조직화, 장비와 기반시설, 조사를 위한 유인책, 환경교육 등의 부족과 함께 지역 생물다양성의 가치를 낮게 평가했기 때문이다. 주요 두 가지 분야의 부족함이 연방직할구의 환경보호와 보전구역 운영의 효율적 실행

파라노아 호수 환경보전구역

브라질리아의 놀라운 특징 중 하나는 파라노아 호수이다. 파라노아강에 둑을 쌓아 만든 댐은 초기 건축 단계에서 수자원과 전력을 공급했을 뿐만 아니라, 길고 건조한 겨울에 습도를 올려 주는 역할도 했다. 호수는 또한 사람들이 레저를 즐길 수 있도록 조성되었다. 그러나 사람들의 방문을 보장하는 법에도 불구하고 실제로는 몇 군데만 공공에 개방되어 있다. 호수의 가장자리는 고소득자 택지, 사설 골프장, 고급 레스토랑이 차지하고 있어 대다수 인구의 접근을 막고 있다. 위성도시와 멀리 떨어져 있다는 점, 대중교통을 통한 접근성이 낮다는 점 또한 호수로 접근하는 것을 어렵게 하고 있다. 파라노아 호수는 대중에게 애착이 깊은 곳이지만, 호수가 실제로는 공공자원이 아니라는 인식이 여전히 남아 있다.

브라질리아 중심부

파라노아 호수

출처: GDF/IBRAM (2011)

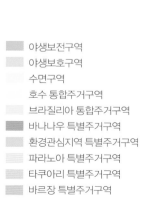

- 야생보전구역
- 야생보호구역
- 수면구역
- 호수 통합주거구역
- 브라질리아 통합주거구역
- 바나나우 특별주거구역
- 환경관심지역 특별주거구역
- 파라노아 특별주거구역
- 타쿠아리 특별주거구역
- 바르장 특별주거구역

을 약화시켰는데, 그 두 가지 중 하나는 법적 측면이고 다른 하나는 기술적, 운영상의 측면이었다. 이 중 후자의 경우 문제는 운영위원회가 소수만 설립되어 환경 파괴 방지활동의 효율성이 저하되었다는 점이다. 많은 문제점은 연방정부나 주 수준의 관심이 미흡했다는 점과 더불어 정치적, 행정적인 태도와 연관되어 있다. 그러나 주된 문제점은 이 지역의 관리계획 및 관리위원회의 부족뿐만 아니라, 토지의 상태 및 토지대장 자료의 부족에 기인한 것으로 보인다. 이런 문제를 해결하기 위해 정부는 경제적, 생태적으로 구분된 지역에 대한 자세한 연구를 수행하고 있다.

필요한 관리가 이루어지지 않은 상황에서 브라질리아가 주변의 미개간지역으로 확대되면서, 도시는 곧 환경 악화를 초래하게 되었다. 한 가지 두드러진 특징은 무질서한 도시의 건설과 수계에 대한 압력이다. 연방직할구와 인접지역은 수자원의 소비 한계에 다다르고 있다. 브라질리아가 효율적인 쓰레기 수거를 하고 있지만, 효과적인 재활용 시스템은 미비하다. 쓰레기매립장의 이전 계획에도 불구하고 상당수의 쓰레기가 보전구역인 국립공원 인근의 이스트루투라우 매립장에서 처리되고 있기 때문에, 이 지역에는 지속가능한 쓰레기처리 시스템도 필요하다. 마지막으로 부족한 대중교통에 기인한 많은 자동차와 혼잡시간대의 교통체증은 아름다운 하늘과 탁 트인 지평선으로 유명한 이 도시의 대기 오염을 증가시키고 있다.

농촌
도시
보전구역

출처: GDF/Seduma(2012)

농촌, 도시, 그리고 통합적 보전

주로 농촌지역과 보전구역에 의해 어느 정도 통제되고 있는 지역으로 도시가 확장되어 가면서, 도시 토지이용은 연방직할구의 북서쪽 경계뿐만 아니라 남쪽과 서쪽 경계로 이어지고 있다. 농촌지역이 도시로 편입되는 이유는 저소득계층의 토지 분할 때문이었지만, 중산층을 위한 개발과 최근에는 최고급 콘도의 건설이 이어지고 있다. 도시성장 중 일부는 고속도로를 따라 이루어지고 있으며, 이는 대도시권의 도시들과 주의 수도가 인접하도록 만들고 있다.

초국적도시

얀 니먼
마이클 신

미국 마이애미

초국적도시: 개요

초국적도시와 지역의 연계

홍콩(과거 영국의 식민지), 밴쿠버, 베이루트와 같은 초국적도시는 세계의 다른 지역 사이의 연계와 교류를 촉진시킨다. 마이애미는 미국과 카리브해 지역뿐만 아니라 중남미를 연결하고 있으며, 이로 인해 흔히 라틴아메리카의 '수도'라고 불리기도 한다. 초국적도시의 세계시민문화와 도시경관을 만들어 내는 것은 바로 이런 세계적인 연결망이다.

서로 다른 세계 지역의 교차점에 위치한 초국적도시는 여러 나라에서 온 사람, 문화, 생각이 합쳐지고, 충돌하며, 성장하는 곳이다. 이런 융합은 사회적 긴장을 낳고, 새로운 경제적 기회를 만들어 내며, 문화를 지속적으로 '지역의 특성'이 있는 독특한 것으로 정의해 나간다. 20세기의 초국적도시는 단순히 '다문화적'으로 언급되었으나, 21세기의 초국적도시는 그 지향점과 열망에 있어 더 많이 연결되고, 더 복잡해지며, 더 매력 있는 곳이 되고 있다. 초국적도시는 세계시민주의(cosmopolitanism)란 바로 코즈모폴리스(cosmopolis)라고 정의 내리고 있다.

지리적 위치로 인해 초국적도시는 역내무역과 이주 네트워크의 중심 결절지의 기능을 수행해 왔다. 지역 간의 사람, 물자, 서비스, 아이디어의 교환을 촉진하기 위해 초국적도시는 다양한 외국 태생 인구가 필요했다. 더욱이 세계경제가 변동하고 생산 네트워크가 다시 구성되면서 초국적도시의 구성과 위치 자체가 항상 변화하게 된다. 예를 들어, 서구가 아시아를 만나던 영국의 식민지 홍콩은 한때 초국적도시의 정점에 있었다. 이런 홍콩의 특징이 완전히 새로 규정되거나 다른 도시에 의해 대체되지는 않지만, 북아메리카 대륙에서 아시아가 서구를 만나는 곳인 밴쿠버에 의해 도전받고 있다.

세계 지역의 교차

초국적도시는 특별한 활력, 지구력, 회복력을 보여주는데, 이는 대부분 초국적도시가 가지고 있는 내적인 다양성, 외부의 사회적, 정치적, 경제적 압력에 대처하는 기민함, 그리고 지리적인 영속성에 기인하고 있다. 중동의 진주 베이루트는 수십 년간의 내전으로 황폐해졌지만 재건되어 다시 국제적인 관광지, 문화적 중심, 유럽과 중동이 교차하는 상업도시가 되었다.

세계에서 마이애미만큼 잘 드러나고 포용적이며, 또는 과시하는 듯한 도시는 없다. 역사적으로는 초국적도시 중에 젊은 편이지만 마이애미는 초국적성과 세계시민주의를 정의했고 끊임없이 재정의하고 있다. 인구의 반 이상이 외국 태생인 마이애미는 다른 어떤 미국의 도시보다 라틴아메리카적이다. 이런 세계시민의 수요와 요구를 충족시키기 위해 마이매이와 같은 현재의 초국적도시는 다른 곳에서는 누릴 수 없는 문화, 음식, 상업적 편의시설을 제공해야만 한다. 국외 거주자 네트워크, 같은 언어를 사용하는 사람들의 모임, 퓨전 음식이나 지역 고유의 음식, 미국 소매점 체인이 모여 어느 나라라고 꼭 집어 말하기 어려운 국제적 도시경관과 분위기를 만들어 낸다.

세계시민주의 성향의 이민자들의 기원은 초국적도시의 탄생과 지속에 기여하고 있다. 미국으로 입국하는 국제 여행객을 위한 관문으로 뉴욕의 존에프캐네디(JFK) 국제공항에 이어 두 번째로 붐비는 마이애미 국제공항을 통해 매년 브라질로부터 150만 명 이상, 멕시코와 콜롬비아로부터 각각 100만 명, 영국, 캐나다, 베네수엘라, 도미니카 공화국으로부터 75만 명이 입국하고 있다. 마이애미는 미국에서 세 번째로 영사관이 많은 곳으로 70개가 넘는 외국 영사관이 입주해 있다. 당연히 방문객, 거주자, 국외 거주자, 지역주민의 구분은 다른 초국적도시와 마찬가지로 마이애미에서도 매우 어렵다.

초국적도시는 또한 깊고 두드러진 모순의 공간이다. 세계시민주의가 공급하는 최고의 것들과 함께, 소득, 지위, 주거 불평등이 뚜렷한 대조를 보이고 있다. 또한 정부, 사법기구, 법치의 기준을 둘러싼 모호함, 무지, 오만은 초국적도시를 편법과 불법적 행위의 중심으로 만들고 있다.

국경이 보다 통과하기 쉬워짐에 따라 사람들은 좀 더 자유롭게 움직이며, 세계경제는 마구 요동치고 있다. 이런 상황에서 초국적도시의 미래는 무엇일까? 새로운 형태가 나타날 것인가? 마이애미와 같은 도시는 어떻게 대응하며 어떻게 새로이 규정될 것인가? 이번 장은 복잡하고 때로는 모순되는 도시의 세계시민주의의 양상을 초국적도시를 이해하고 지도로 그려 보며 탐색해 나갈 것이다.

라틴아메리카로부터 마이애미 국제공항으로 들어오는 국제항공 노선

마이애미 국제공항은 외국 승객 수로 뉴욕의 JFK 국제공항 다음으로 큰 공항이며, 2012년 1900만 명이 넘는 승객이 이용했다. 마이애미 국제공항은 미국 내 공항 중 국제선 항공기 숫자로는 1위이며, 총 화물량으로는 3위를 차지하고 있다. 지도의 선 굵기는 각 도시에서 유입되는 승객의 숫자와 비례한다.

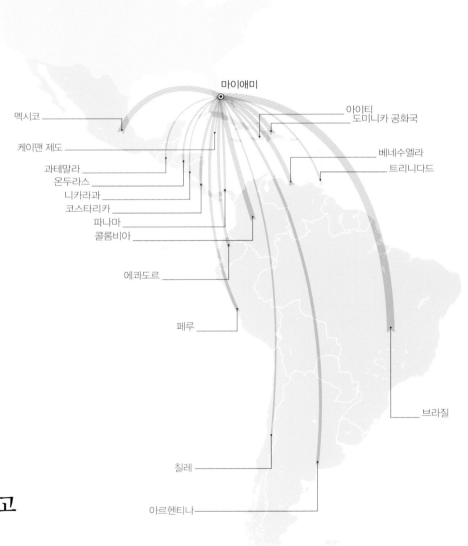

마이애미

멕시코
케이맨 제도
과테말라
온두라스
니카라과
코스타리카
파나마
콜롬비아
에콰도르
페루
칠레
아르헨티나

아이티
도미니카 공화국
베네수엘라
트리니다드
브라질

출처: Miami International Airport Statistics

"초국적도시는 세계시민주의 (cosmopolitanism)란 바로 코즈모폴리스(cosmopolis)라고 정의 내리고 있다."

이민자의 정착지

초국적도시는 국제 이주자들이 주로 이주하는 곳이며, 이주자는 매우 다양하다. 초국적도시의 흡인력은 주로 지역 내에서 통한다. 초국적도시는 세계 경관의 결절점이며, 잘 드러나고, 여러 가지 이유로 매력적이어서 수십만의 이민자를 불러들인다. 이민자는 경제적인 이유로 이동하는 경우가 가장 빈번하지만, 도시의 개방성 때문에 이동하기도 한다. 또한 정착하여 살아남을 가능성이 높고 이미 이민자 공동체가 형성되어 있어 비교적 안락한 공간을 찾을 수 있는 기회가 있기 때문에 이주하기도 한다.

도시규모에 비해 마이애미는 미국의 다른 어느 도시보다 많은 이민자를 받아들이고 있다. 이는 마치 국제적인 인구이동 시스템의 고압력 밸브와 같다. 5년 평균으로 약 28만 5,000명이 매년 마이애미로 들어오며, 이 중 많은 숫자가 정착한다. 같은 기간 동안 마이애미는 미국 내에서 27만 명의 이주자를 받아들였다. 이를 합치면 약 420만 명의 인구를 가진 대도시권에 매년 50만 명이 이주한다는 것을 의미한다.

미국의 남쪽 끝에 위치하고 있기 때문에 마이애미의 외국 태생 인구가 주로 중남미 출신인 것은 놀라운 일이 아니다. 물론 잘 알려진 바와 같이 쿠바인의 존재가 두드러지지만(현재 70만 명을 향해 가고

국내 유출 인구
31만 5,000명

국내 유입 인구
27만 명

마이애미–데이드카운티에서 브로워드카운티로
74,000명

국제 유입 인구
28만 5,000명

출처: U.S. Census Bureau

인구이동의 '라우터(중계장치)' 마이애미 대도시권

도시의 규모에 비해 마이애미로 유입되는 해외 및 국내 이주자의 수는 엄청나다(지난 20년간 5년 평균을 나타내고 있다). 지난 반세기 동안 도시의 성장은 주로 해외 이주자 때문이었다. 국내 이주자도 많지만 이 경우 전출하는 인구가 더 많다.

있다) 다른 나라 출신도 많은데, 특히 아이티, 콜롬비아, 니카라과, 자메이카 등이 있다.

만약 마이애미에서 사람들이 떠나지 않으면 이곳으로 이주하는 사람들이 살 곳을 찾기는 어려울 것이다. 같은 기간 동안 5년 평균으로 31만 5,000명이 미국의 다른 지역으로 이주했다. 마이애미에서 떠난 사람들의 상당수는 과거 미국 내에서 마이애미로 이주한 사람들이거나 이곳 토박이로, 이들은 인구구성이 보다 단일하고 좀 더 조용한 환경의 북부지역으로 이주했다. 마이애미 도시권에서는 마이애미-데이드카운티에서 교외지역인 브로워드카운티로 인구이동이 일어나고 있다(5년 평균으로 매년 74,000명 정도이다). 그러나 이런 대도시권 내부의 구분은 시간이 지나면서 옅어지고 있다. 브로워드카운티 역시 국제적이고 다원화되고 있다. 브로워드의 인구 중 32%는 외국 태생으로 미국 도시 평균의 3배에 달하며, 이는 사람들이 교외에서 기대하는 일반적인 현상은 아니다.

글로벌 이민이 새로운 초국적도시를 만들어 낼 것인지, 아니면 마이애미와 같은 도시를 변화시키고 새로운 모습으로 탈바꿈시킬 것인지는 지켜보아야 할 일이다. 세계적으로 인구이동이 증가하고 있기 때문에 이런 도시의 변화는 언제 일어날지보다는 어디서 일어날 것인가의 문제일 것이다.

사람들을 끌어들이는 마이애미

미국의 끝에 위치하고, 카리브해와 라틴아메리카 방향으로 튀어나온 플로리다의 남쪽 끝에 위치한 마이애미는 중남미와 카리브해 지역 이주자에게 매력적인 곳이다. 지도는 마이애미에 거주하는 외국 태생 인구의 출발지를 보여 주고 있다.

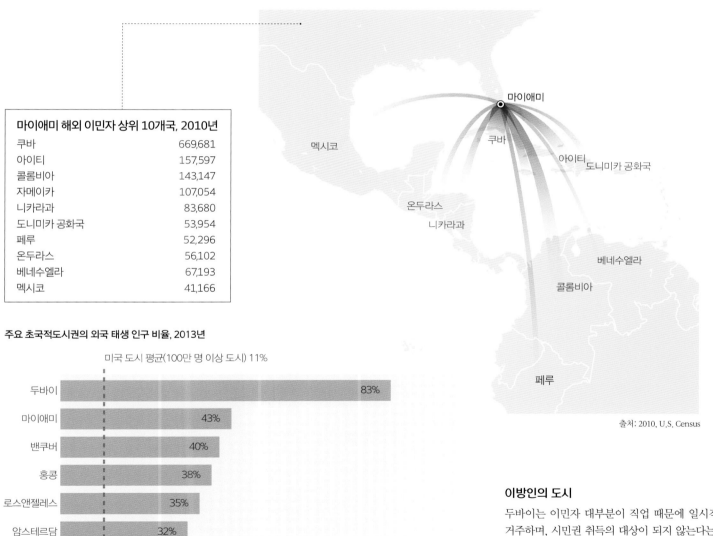

마이애미 해외 이민자 상위 10개국, 2010년	
쿠바	669,681
아이티	157,597
콜롬비아	143,147
자메이카	107,054
니카라과	83,680
도니미카 공화국	53,954
페루	52,296
온두라스	56,102
베네수엘라	67,193
멕시코	41,166

출처: 2010, U.S. Census

주요 초국적도시권의 외국 태생 인구 비율, 2013년

미국 도시 평균(100만 명 이상 도시) 11%

- 두바이 83%
- 마이애미 43%
- 밴쿠버 40%
- 홍콩 38%
- 로스앤젤레스 35%
- 암스테르담 32%
- 시드니 31%
- 싱가포르 20%

0　25　50　75　100
백분율

출처: Metropolitan areas, estimates for 2013, various sources

이방인의 도시

두바이는 이민자 대부분이 직업 때문에 일시적으로 거주하며, 시민권 취득의 대상이 되지 않는다는 점에서 특수하다(두바이 인구의 3/4 이상이 남성이다). 이민자가 도시구조 속에 스며 들어가는 '보통'의 초국적도시 중에 마이애미는 외국 태생 인구가 43%로 가장 높다.

마이애미: 초국적 세계도시

들어오고 나가고

초국적도시의 전략적 위치는 이런 도시를 사람과 물품, 교역과 관련된 서비스가 들어오거나 나가는 이상적인 항구가 되게 한다. 마이애미를 출발하는 수출품의 반 이상이 라틴아메리카를 향하며, 마이애미 국제공항이나 마이애미 항을 거치고 있다.

세계도시는 세계경제의 주요 결절점의 역할을 수행한다. 자본시장 사이의 돈의 흐름을 촉진하고 조절하는 것부터 다국적기업 본사가 선호하는 입지를 제공하는 등, 세계도시는 현재 경제적 세계화의 산물이자 동시에 후원자이다. 세계도시가 기업활동을 하기에 매력적인 장소가 되는 이유는 바로 세계도시의 초국적성 때문이다. 세계도시는 다른 세계도시와 연결되어 있을 뿐만 아니라 세계도시 내에서 세계 자체를 찾아낼 수도 있는 것이다. 다른 장소와 문화권에서 온 사람들의 융합은 초국적, 다민족, 다른 문화 간의 교류를 촉진시킨다. 여러 언어를 유창하게 구사하고, 지역의 관습과 국제적 비즈니스 관행을 알고 있으며, 각국의 음식이 존재하는 것은 21세기 세계도시에서는 단순한 호사스러움이 아니라 필수요건이 된다.

경제, 정치, 문화의 혼종화(hybridization) 현상은 마이애미, 홍콩, 런던과 같은 초국적 세계도시를 정의 내리고 있다. 각각의 도시는 고급 제품과 서비스의 시장이며, 혁신적인 디자인의 실험장, 기업 인수 혹은 합병을 위한 시장이기도 하지만 분명한 지역적 스타일을 유지하고 있다. 라틴아메리카 세계시민주의, 홍콩의 유연한 시민권 등으로 브랜드화되고 있지만, 초국적 세계도시는 지역과 그 지역에서 살고 지나치는 사람들이 만들어 낸 산물이다.

마이애미, 홍콩, 더블린과 같은 도시는 같은 시대의 도시로 여겨지지만 이런 도시들이 탄생하고 세계도시로서의 위상을 갖게 된 것은 서로 다른 환경과 조건하에서 이루어진 것이다. 예를 들어, 홍콩과 마이애미는 1960년대 중국 본토, 1980년대 쿠바로부터 각각 많은 난민이 유입되었다. 이런 난민의 유입은 냉전 시기 지정학적 사건의 일부이기도 하지만 두 도시에게는 중요한 사건이었다. 난민의 유입은 도시에 돈과 사업의 통찰력, 그리고 가장 중요하게는 해외지역과의 연결을 가져다주었기 때문이다. 해외와의 연결을 유지하고자 하는 이민자와 난

지역 수출에서 마이애미, 홍콩, 더블린이 차지하는 비중, 2012년(근사치)

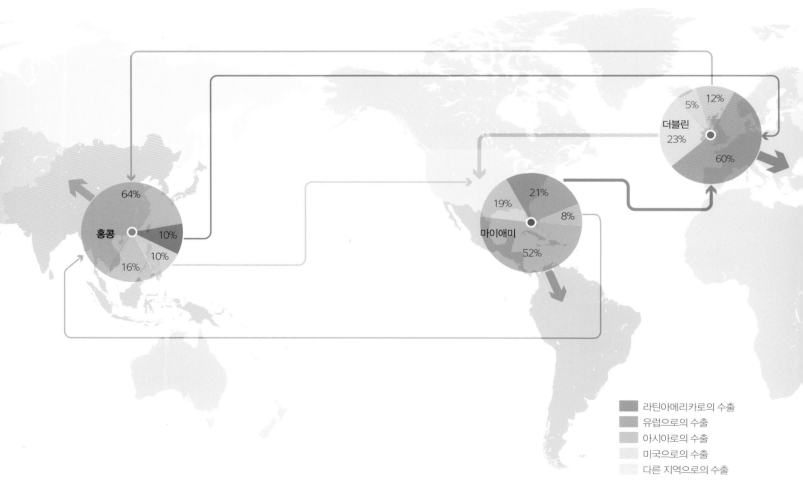

라틴아메리카로의 수출
유럽으로의 수출
아시아로의 수출
미국으로의 수출
다른 지역으로의 수출

출처: tradingeconomics.com

민의 욕망과 능력은 이런 도시의 초국가적 성격과 세계도시 네트워크 자체를 강화시켰다. 세계에서의 위상이 덜 계획적으로 만들어졌고, 어떤 분야에서는 다른 도시와 경쟁하기도 하는 마이애미와 홍콩에 비해 더블린의 영향력은 보다 최근의 일이며, 해외투자를 유치하기 위한 정책과 전략으로 인해 만들어진 성격이 강하다. 이런 노력은 고학력, 높은 숙련도, 영어 구사능력과 함께 더블린을 1990년대 세계화의 목적지이자 사랑받는 곳으로 만들어 낼 수 있었다.

도시의 역사와 기원과는 무관하게 모든 도시에게는 세계도시 네트워크 내에서 상품, 서비스, 인력이 적절한 시기에 효율적으로 교환되는 점이 필요하다. 정보통신기술의 발달로 업무의 효율성이 높아졌지만, 상품과 특히 인력의 적시 공급은 세계도시 네트워크가 유지되는 데 매우 중요하다. 마이애미와 홍콩처럼 초국적, 민족별 글로벌 엘리트가 오고 가는 곳에서 비즈니스는 사람과 사람의 대면접촉으로 이루어지는 연락과 상호작용이 여전히 중요하다. 마이애미 국제공항은 국제 여객 수에서 뉴욕의 JFK 공항에 이어 2위를 차지하고 있다. 마이애미 국제공항과 마이애미 항을 합쳐 210억 달러의 수입과 중국, 콜롬비아, 브라질, 스위스, 베네수엘라, 프랑스와 같은 국가로 400억 달러의 수출이 이루어지고 있다. 또한 70개 이상의 영사관, 21개의 해외 무역사무소, 40개 이상의 국가 간 상공회의소가 자리한 마이애미는 아메리카 대륙의 비즈니스 센터이다.

홍콩과 마이애미와 같은 도시의 지리적 위치가 중요하고 도시의 성공에 유리한 조건을 제공했지만, 이런 도시들의 세계도시 네트워크에서의 위상을 강화시킨 것은 초국적적 특징, 수요, 그리고 비즈니스 엘리트와 지역주민의 성향이다.

마이애미로 이어진 기업 연계망의 강도

기업의 영향력 측면에서 마이애미는 기업이 시작하거나 이전하는 정도로 보면 분명 도시의 크기보다 더 큰 영향력을 지닌다. 마이애미는 라틴아메리카에 본사나 해외지사가 있는 기업에게 매력적인 장소이며, 라틴아메리카 시장의 중요한 비즈니스 중심으로 여겨지고 있다.

마이애미에 영향을 미치는 거대 기업이 있는 도시
남부 플로리다에서 활동하는 초국적기업의 본사가 가장 많은 10개 도시

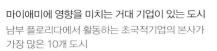

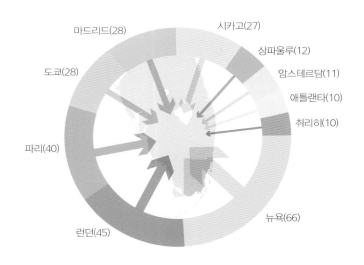

시카고(27)
상파울루(12)
암스테르담(11)
애틀랜타(10)
취리히(10)
뉴욕(66)
런던(45)
파리(40)
도쿄(28)
마드리드(28)

댈러스(16)
상파울루(51)
런던(18)
홍콩(23)
멕시코시티(43)
산티아고(23)
보고타(24)
부에노스아이레스(32)
뉴욕(26)
카라카스(32)

마이애미를 기반으로 하는 기업에 의해 많은 영향을 받는 도시
남부 플로리다에 본사가 있는 초국적기업의 해외지사가 가장 많은 10개 도시

출처: Nijman(2011)

마이애미: 초국적 경관에 담긴 지방, 망명자, 방랑자

초국적도시의 전형적인 특징 중 하나는 거주자의 다양성이다. 이런 다양성은 다른 방식으로 다른 수준에서 드러난다. 마이애미와 같은 도시에서 찾아볼 수 있는 언어의 다양성을 고려해 보라. 스페인어 사용자가 다수를 차지한다는 점이 마이애미를 다른 미국의 도시와 구분하고 있으며, 마이애미를 '이국적' 또는 '다른 나라'라고 미국 북부지역 사람들이 왜곡하도록 하고 있다. 동시에 남부 사람들이 마이애미를 라틴아메리카 사람들과 기업이 선호하는 지역으로 생각하게 하는 것도 바로 이런 언어의 다양성 때문이다.

많은 사람들이 마이애미에서 영어를 사용하지만 스페인어를 구사하는 것은 쇼핑, 외식, 또는 운전면허를 취득하는 데 이점이 있어서이다. 그러나 단순히 스페인어를 구사하는 것으로는 충분하지 않다. 사람들이 구사하는 스페인어의 종류는 그 사람을 규정하며, 기회를 제공하거나 차단해 버리기도 한다. 영어 악센트가 있는 스페인어 구사자는 의욕적인 외부인으로 여겨지고, 라틴아메리카 방언(예를 들어, 콜롬비아식 스페인어)은 '비즈니스 스페인어'로 높이 쳐주며 교육되기도 한다. 물론 쿠바식 스페인어는 마이애미에 있는 쿠바 공동체의 멤버십을 결정한다. 각기 다른 방언 속에는 더 다양한 변화와 표현, 몸짓이 있고, 이는 포용과 배제의 수단으로 사용된다. 언어의 진화 역시 마이애미와 도시들이 갖는 초국적이고 일시적인 특성이 만들어 내는 기능에 속한다. 예를 들어, 당신이 스페인어와 영어를

마이애미에서 사용되는 언어, 2011년

초국적도시에서는 많은 언어가 사용된다. 미국통계국의 아메리칸 커뮤니티 서베이(American Community Survey) 추계에 따르면, 거의 2/3 정도의 마이애미 주민은 스페인어를 모국어로 생각하고 있다. 이는 영어와 스페인어가 섞인 '스팽글리시'를 포함한 다양한 스페인어가 도시에서 사용되고 있다는 것을 의미한다.

가정에서 사용되는 언어-한 점은 25인을 나타냄

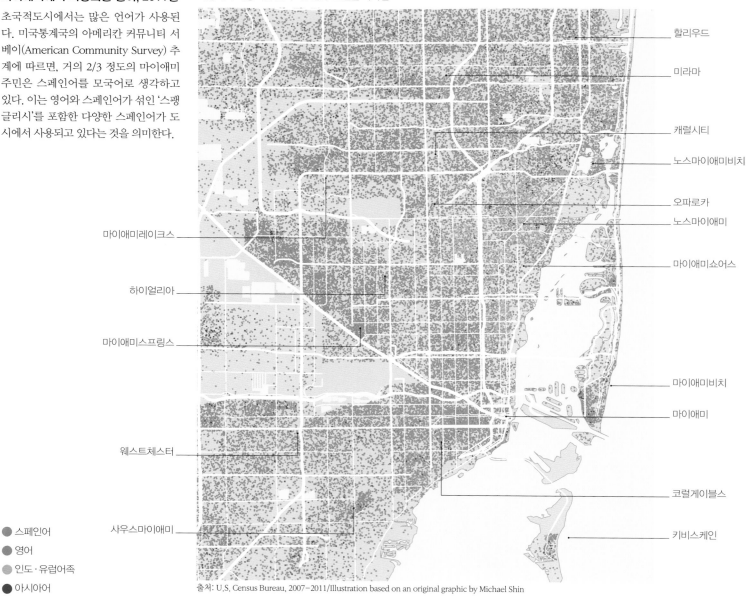

할리우드
미라마
캐럴시티
노스마이애미비치
오파로카
노스마이애미
마이애미쇼어스
마이애미비치
마이애미
코럴게이블스
키비스케인

마이애미레이크스
하이얼리아
마이애미스프링스
웨스트체스터
사우스마이애미

● 스페인어
● 영어
● 인도·유럽어족
● 아시아어

출처: U.S. Census Bureau, 2007-2011/Illustration based on an original graphic by Michael Shin

혼합하여 또는 엉망으로 섞어 버려 소위 '스팽글리시(Spanglish)'로 만드는 것에 대해 물어본다면, 대답하는 사람에 따라 이는 세계시민 사회의 불가피성으로 대답하거나 언어의 순수성을 훼손하는 비극적인 일이라는 다른 대답을 할 것이다.

초국적도시의 언어, 문화, 비즈니스, 일상생활의 거의 모든 것이 혼종화하는 현상은 사람들이 끊임없이 도시 내부로 그리고 도시 외부로 이동하는 현상으로 가속된다. 20% 미만의 주민이 마이애미에서 태어나거나 어린 시절을 보내며, 이런 어린이들의 부모 중 다수는 지역주민이 아니어서 도시에 정착하여 아이들을 양육시키지 않는다. 외국에서 태어나 마이애미에 사는 어린이들과 소수의 '토박이'에게 문화의 혼합과 문화 사이의 긴장은 일반적인 것이다.

마이애미는 또한 '망명자'에게 인기 있는 곳이다. 쿠바 망명자 공동체가 많은 관심을 받지만, 니카라과, 아이티, 베네수엘라, 다른 라틴아메리카로부터 온 정치적, 경제적 망명자는 마이애미 인구의 1/3을 차지하고 있다. 망명자에게 마이애미는 진짜 '집'은 아니며, 잠시 들르는 곳 또는 일시적 거주지이다. 망명자가 고국으로 돌아가고 싶어 하는 열망은 그 바람이 현실 가능하든 가능하지 않든 간에 망명자의 정체성에서 중요한 역할을 하며, 망명자 공동체와 도시의 관계 또는 관계가 없는 상태에도 많은 영향을 미친다. 또한 부유하고 마음대로 왔다 가는 '방랑자'도 존재한다. 마이애미의 역사를 통해 이런 방랑자들은 항상 변화하는 도시의 진화와 이미지에 중요한 영향을 미쳐 왔다. 휴가객, 은퇴자, 추위를 피해 남쪽으로 와서 겨울을 나는 미국 북부 사람들을 칭하는 '스노버드(snowbird)'들이 찾는 곳이었던 마이애미는 현재 훨씬 글로벌한 배경을 지닌 방랑자들이 모여드는 곳이다. 방랑자들에게 마이애미는 임시 숙소에 불과하며, 그들의 부유함과 독립성은 공동체 시민의식을 방해하는 것으로 보인다.

마이애미와 같은 초국적도시의 문화와 언어적 다양성은 흔히 이점으로 여겨지며, 다른 도시의 계획가들은 이를 동경하기도 한다. 그러나 대개 문화적 정체성은 언어, 정치, 계급을 통해 파편화되기도 한다. 초국적도시가 이런 이슈를 포용하고, 대항하며, 다루는 방식은 발전해 나가고 있다.

마이애미에서 특정한 정체성을 지닌 집단의 거주지

초국적도시에서 주민의 정체성과 특정한 근린지구는 사람들의 끊임없는 연결과 흐름으로 형성된다. 쿠바 망명자 공동체가 마이애미의 중요한 특징인 적도 있었지만, 마이애미는 새로운 세대의 이민자들과 라틴아메리카와 유럽에서 흘러 들어오는 부가 증가하면서 또 다른 변화를 이루고 있다.

리틀아바나의 자유의 벽(the Freedom Wall)

사우스비치 지역의 스카이라인

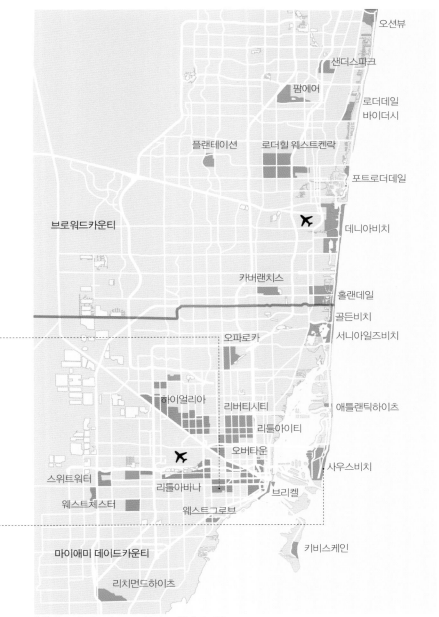

출처: Illustration based on an original graphic by Jan Nijman

- 오션뷰
- 샌더스파크
- 팜에어
- 로더데일바이더시
- 플랜테이션
- 로더힐 웨스트켄락
- 포트로더데일
- 브로워드카운티
- 데니아비치
- 카버랜치스
- 홀랜데일
- 골든비치
- 서니아일즈비치
- 오파로카
- 하이얼리아
- 리버티시티
- 애틀랜틱하이츠
- 리틀아이티
- 오버타운
- 스위트워터
- 리틀아바나
- 사우스비치
- 웨스트체스터
- 웨스트그로브
- 브리켈
- 마이애미 데이드카운티
- 키비스케인
- 리치먼드하이츠

- '토박이'
- '망명자'
- '방랑자'

초국적 도상학:
차이나타운에서
리틀아바나까지

초국적도시의 결정적 특징은 도시 안에서 세계를 찾아볼 수 있다는 점이다. 지역 내 지리적 위치를 통해 초국적도시는 익숙하면서 동시에 이국적인 장소로 발전한다. 초국적도시는 글로벌 엘리트가 찾아와 식사하고, 기업활동을 하며, 다민족의 지역 주민과 어울리는 다문화적 용광로가 된다. 비행기에 비치된 반짝거리는 잡지를 보면, 여행객이 하룻밤을 머무를 기회가 있다면 경험할 수 있는 장소와 라이프스타일이 존재한다. 또는 유나이티드항공의 기내 잡지 『헤미스피어(Hemisphere)』가 표현한 것처럼 '완벽한 3일'*을 보낼 수 있는 곳이다.

* 역자주: 유나이티드항공의 기내 잡지 『헤미스피어』는 관광객이 많이 찾는 중요한 도시를 'Three Perfect Days'라는 섹션을 통해 소개하고 있다.

초국적도시가 보여 주는 이미지는 종종 도시 내의 민족적 엔클레이브(enclave)**에 의해 정의되는 경우가 있다. 차이나타운은 가장 대표적인 민족적 엔클레이브의 하나이다. 그러나 여기서 우리는 어떤 차이나타운을 이야기하고 있는가? 밴쿠버에 있는 것인지, 밀라노 또는 방콕에 있는 것인가?

전 세계에 차이나타운이 산재해 있는 것은 중국인의 초국적인 성격에 대해 말해 주기도 하지만, 일반적으로 초국적주의의 역동적인 성격을 설명하고 있다. 오래된 차이나타운이 음식점, 춘룽제, 키치(kitsch)를 중심으로 세워졌지만, 라고스에 있는 것과 같은 새로운 차이나타운은 관광보다는 중국계

밴쿠버

런던

샌프란시스코

세계의 차이나타운

엔클레이브 중 가장 원형에 가깝고 전형적인 것은 차이나타운이다. 일부 차이나타운이 관광지로 발전하기도 하지만, 다른 것들은 중국의 초국적기업을 위한 기능을 수행한다. 지도에 보이는 원의 크기는 세계 각 지역에 있는 차이나타운의 중요도를 나타낸 것이다. 마이애미에는 차이나타운이 없고, 아마 가장 가까운 곳은 예상하듯 쿠바의 아바나에 있다.

초국적기업에 서비스를 제공하고 있다.

차이나타운이 어디에나 있는 것과는 대조적으로, 특정한 지역을 대표하며 한 초국적도시를 다른 도시와 구분되게 하는 지리적으로 고유한 엔클레이브가 존재한다. 마이애미의 리틀아바나는 어떻게 한 엔클레이브가 도시와 도시의 경제, 정치 그리고 도시의 경관을 형성하는지를 다른 어떤 도시보다 잘 보여 주고 있다. 마이애미의 가장 크고 잘 알려진 민족집단인 70만 명 이상의 쿠바인 중 소수만이 실제로 마이애미 대도시권에 거주하고 있다. 마이애미의 리틀아이티는 쿠바인 집단거주지에 가려서

덜 알려져 있다. 쿠바인보다 수가 적은 아이티인도 나름의, 그러나 혜택 면에서는 덜하지만 사회적, 정치적, 경제적 특성을 가지고 있다(이는 미국의 망명 정책과 관계가 있다). 따라서 리틀아이티가 지리적으로 드러남에 있어, 리틀아바나보다 구분하기 어렵고 상징성도 덜하다.

초국적도시의 이미지와 도상학(圖像學)은 도시경관을 따라 나타나는 모순에 기반한 경우가 많다. 엔클레이브는 공간적 모순의 한 형태로, 엔클레이브에서 초국적 집단은 멀리 떨어진 다른 지역의 공동체와 정체성을 현재의 지역에 생산하고 재생산해

낸다. 이런 엔클레이브가 이런 장소의 본질을 잘 나타내는가는 논란의 여지가 있다. 세계화의 힘이 많은 초국적도시의 경관 속에 똑같은 경관을 만들어 내는 것처럼(호찌민시의 스타벅스, 혹시 있나요?), 엔클레이브는 우리가 얼마나 어울리지 않는 곳에 있는지, 또는 내가 사는 곳에서 얼마나 멀리 떨어져 있는지를 알아내는 지리적 표식의 역할을 하기도 한다.

** 역자주: 원래의 의미는 다른 나라에 존재하는 영토의 의미였으나, 현재는 외국에 있는 이민자, 소수민족 등 구별되는 정체성을 가진 집단이 모여 사는 곳을 지칭하는 용어로 널리 사용된다.

고베, 일본

레몬시티
(리틀아이티)

리틀아바나

싱가포르

마이애미의 엔클레이브

마이애미에 차이나타운은 없지만 엔클레이브, 특히 리틀아바나와 리틀아이티는 전 세계적으로 알려져 있다. 리틀아바나의 작고 분명한 지리적 위상과는 달리, 쿠바 망명자 공동체는 사업부터 지방정부까지 마이애미의 삶의 여러 측면에 파고들었으며, 현재는 마이애미 대도시권 너머에 걸쳐 영향을 미치고 있다.

시드니

초국적 관광

중요한 세계의 지역 사이에 자리한 위치로 인해 초국적도시는 휴가객이나 관광객이 출발하기에 이상적인 장소가 되었다. 예를 들어, 마이애미는 세계에서 가장 큰 크루즈항으로 2012년 370만 명의 크루즈 여행객이 출발했다. 이 중 다수는 외국인이다. 이 숫자는 마이애미 대도시권의 도시화된 지역 인구의 2/3에 해당하는 것이며, 이는 수많은 외부효과를 만들어 내어 이미 인기 있는 휴가지인 마이애미와 같은 초국적도시가 스스로 관광지가 될 수 있도록 한다.

초국적도시는 휴가객의 환승 허브이기도 하지만, 다른 곳에 비할 수 없는 쇼핑과 음식을 즐길 수 있는 곳이기도 하다. 싱가포르, 두바이, 마이애미는 모두 지역의 쇼핑 중심으로 알려져 있고, 이런 도시에서 외국 소비자들은 명품 아울렛, 유명 의상실, 유명 셰프가 운영하는 식당, 면세점 등에 모여든다. 소매점, 음식, 레저 사이의 관계는 초국적도시에서는 모호해지곤 하며, 방문객과 환승객에게 매력적인 장소로 도시를 홍보하기 위해 자주 이용된다.

초국적도시의 쇼핑관광과 함께 의료관광도 이루어

마이애미 항에서 출발하는 크루즈

마이애미는 출항하는 크루즈의 수가 전 세계에서 가장 많다. 이곳은 또한 그 자체로 세계적인 관광지이다. 크루즈 승객은 출발 며칠 전에 도착하는 경우가 많으며, 크루즈가 도착한 후 며칠 더 머무른다. 이는 이들이 마이애미의 고급 쇼핑센터, 열대 문화, 생기가 넘치는 밤을 즐기기 위해서이다.

크루즈 탑승, 2011년

탑승 지점	크루즈 선 개수
마이애미	781
포트에버글레이드/포트로더데일 (마이애미 대도시권)	671
포트커내버럴	446
베네치아	324
로스앤젤레스	297
바르셀로나	289
치비타베키아(로마)	265
산후안	227
뉴욕	220
시애틀	217
탬파	193
밴쿠버	168
뉴올리언스	164
암스테르담	134
샌디에이고	123
아테네(피레우스)	102
코펜하겐	100
사우샘프턴	100
홍콩	70
시드니	58

출처: CLIA(2011)

마이애미 항의 크루즈 선박

지는데, 이는 환자가 건강과 치료를 위해 여행하는 것을 의미한다. 적절한 비용에 주름제거 수술부터 장기이식까지 수준 높은 치료를 제공하며, 접근하기 편리하고 때로는 이국적인 열대지역에서 환자 회복을 위한 종합 서비스를 제공함으로써 싱가포르와 마이애미와 같은 도시에서의 의료관광은 잘 발달되어 있다. 실제로 매년 수천 명의 외국 환자들이 마이애미에 치료를 위해 방문하여 다양한 서비스에 매료되는데, 여기에는 쇼핑몰 우수고객 할인, 리무진 서비스, 의료비자 지원, 외국 환자 의료상품

할인 등이 있다.

의료관광은 전 세계적으로 많은 도시가 추진하는 경제발전 전략이기도 하다. 초국적 의료관광지가 된다는 것과 관련된 수입의 증가 가능성은 매우 중요하다. 그러나 의료관광산업의 발전에 더 중요한 것은 고도로 숙련된 노동력(예: 의료인력), 저숙련 노동자(예: 간병인), 많은 투자(예: 의료 및 요양 시설)이며, 이 모든 것은 잘 자리 잡은 초국적도시에 편리하게 구비된 것들이다.

쇼핑과 의료 관광은 초국적도시의 지속적인 변화

와, 초국적도시의 지역 도시체계 내에서의 위치를 변화시키고, 크게는 세계경제의 변화도 이끌어 낸다. 관광을 위한 관광은 이제 지나간 일이다. 부유하고 유명한 사람들과 (윈도)쇼핑을 할 수 없다면, 유명 셰프의 이름이 메뉴판에 있는 식당에서 식사할 수 없다면, 지방흡입과 코성형으로 젊음을 되찾을 수 없다면 왜 번거롭게 여행을 하겠는가?

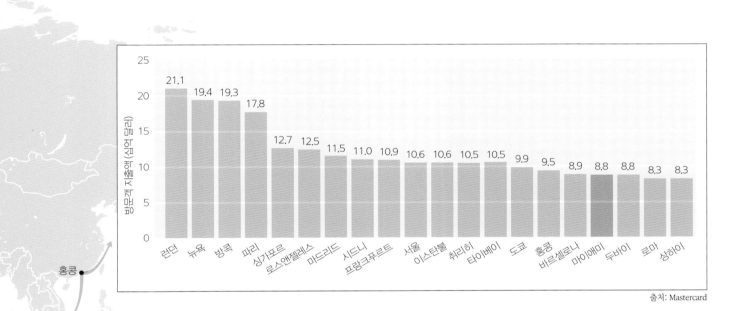

출처: Mastercard

초국적도시에서 국제 방문객의 지출, 2012년

다수의 초국적도시에서 방문객들이 지출한 비용은 몇몇 나라의 연간 GDP를 넘어선다. 호텔, 식당, 면세점 쇼핑, 얼마간 살 집을 구매하는 것 등, 이런 거래를 통해 유입된 돈은 다른 초국적도시에서 재순환되며, 이어 더 많은 방문객을 끌어들이고 더 많은 지출을 하도록 사용된다.

초국적 경제 : 마약, 은행 그리고 부동산

사람, 상품, 서비스를 세계 각 지역에서 불러 모으는 항구로서 초국적도시는 또한 엄청난 부가 저장되는 곳이기도 하다. 이런 부는 일반적으로 소수의 손에, 그리고 도시의 특정한 지역에 집중된다. 이런 차이는 대부분의 도시경관에서 일반적인 일이지만, 초국적도시에서 부자는 더 부유해 보이고, 가난한 사람은 더 가난해 보인다.

부를 창출해 내는 국제적 거래는 이를 위한 특별한 서비스를 필요로 한다. 금융 서비스에서 국제금융, 프라이빗 뱅킹(private banking)까지 돈은 초국적도시의 큰 사업 분야이다. 이런 부의 상당수는 합법적으로 만들어지지만, 일부는 그렇지 않다. 1970~1980년대의 남아메리카, 특히 콜롬비아산 코카인 거래는 마이애미를 국제적이고 돈이 넘쳐나는 도시로 만들어 냈다. 이런 자금의 세탁은 이미

커져 버린 스페인어 사용 인구와 혼합문화에 의해 잘 처리되었는데, 이로 인해 마이애미는 국제금융 중심으로 성장할 수 있었다.

이 시기 마이애미의 부상과 직접 관련이 있는 지점은 바로 마약거래용 화폐가 미국 달러였다는 점이다. 어디에서나 인정되고 사용할 수 있으며, 1980년대 라틴아메리카의 채무 위기로 인한 인플레이션 압력과 무관한 달러는 (지금도 그렇지만) 세계경제에서 선호되는 통화이다. 불법에 기반한 시작과 역사에도 불구하고 마이애미의 은행 시스템과 미국 달러는 좋을 때나 나쁠 때나 외국인이 많이 찾는 안전한 것으로 남아 있다.

초국적도시 내의 엄청난 양의 부로 인해 과시적 소비와 투자 또한 인기 있는 여가생활이다. 부동산은 적어도 능력이 되는 사람에게는 부와 금융지식을 나타내는 표시가 된다. 초국적도시를 일시적 또는

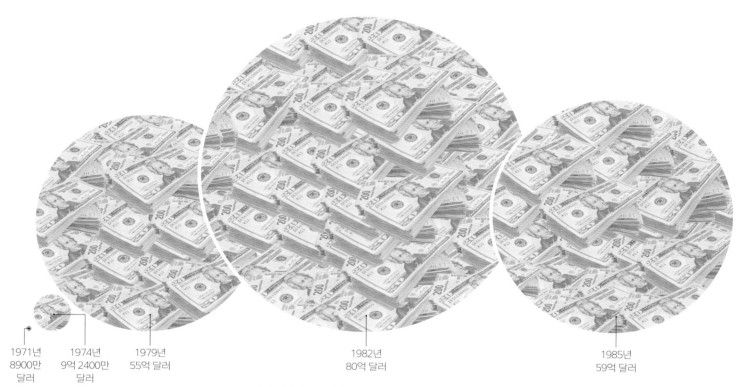

1971년
8900만
달러

1974년
9억 2400만
달러

1979년
55억 달러

1982년
80억 달러

1985년
59억 달러

출처: Nijman(2011)

마이애미 지역 은행의 현금수지 흑자

연방준비은행의 분석에 따르면, 최근 몇 년간 마이애미 은행의 현금수지는 흑자를 기록하고 있다. 미국 경제권에 일정량의 현금이 유통되고 있으며, 대부분 도시의 연간 수지는 균형에 가깝다. 마이애미의 현금수지 흑자는 마약과 관련한 대규모의 개인 예금 때문이며, 이 중 다수는 20달러 지폐로 이루어진다. 이 기간 미국의 주요 코카인 유통의 핵심은 마이애미였으며, 대부분의 수입도 마이애미로 향한다.

마이애미 브리켈 금융지구

세컨드하우스로 여기는 사람들은 대부분 부유하거나 고급 부동산을 찾는다(예: 해변가, 고급 고층 아파트). 외국인 소유의 세컨드하우스는 마이애미에서 흔하며, 이런 주택은 대체로 가장 비싸거나 배타적인 지역에 위치한다. 초국적도시에 거주하거나 이의 일부를 소유하고자 하는 수요는 부동산 가격을 지역주민이 감당할 수 없을 정도로 높여 놓았다. 예를 들어, 베이루트, 홍콩과 같은 도시에서 선호도가 높은 지역의 단위면적당 가격은 뉴욕보다 높다. 인기 있는 부동산, 쉽게 벌어들인 돈, 저리 자금, 과시적 소비의 문화는 부동산 투기로 이어진다. 이와 같은 투기가 초국적도시에만 국한되는 것은 아니지만, 이런 지역의 주택 버블은 더 크며, 버블 붕괴의 부작용도 훨씬 심하다. 1920년대 마이애미의 첫 번째 주택 버블은 주로 국내적인 일이었으며, 21세기의 버블 붕괴는 초국적 중심지로서의 도시 위상으로 인해 촉발된 것이었다. 그러나 브라질, 콜롬비아, 베네수엘라와 다른 라틴아메리카 국가들이 자금의 피난처, 정치적 안정, 물리적 자산을 찾아 자금이 유입되면서 이런 부동산시장의 주기적 부침은 계속되고 있다. 가장 최근의 마이애미 주택시장의 버블 붕괴는 다시 한 번 이 도시를, 강세를 보이는 통화를 보유한 외국인 투자자들에게 매력적인 투자처로 보이도록 했으며, 이로 인해 부동산 가격은 새로운 고점을 향해 상승하고 있다.

초국적도시의 경제는 복잡하고 항상 변화하는 자본의 흐름과 고정의 복합체이며, 일부는 합법적이고 그렇지 않은 부분도 존재한다. 빈부의 극적인 대조는 초국적도시를 창조해 낸 자본주의적 세계시민주의 이면의 모순을 잘 보여 주는 동시에 이를 강화시키고 있다.

마이애미의 부동산

마이애미의 가장 비싼 부동산은 수변을 따라 분포하며, 세컨드홈의 반 이상이 초국적자에 의해 소유되고 있다. 2013년 『월스트리트저널』은 마이애미의 신축 건물 85% 이상이 외국인에 의해 구매되고 있다고 보도했다. 이런 계약의 상당수는 현금으로 이루어지며, 외국인 투자자는 경제적 불확실성이 높은 상황에서 마이애미의 물리적 자산을 찾아 나서고 있다.

세컨드홈
■ 50~60%
■ 60% 이상

서니아일즈

애틀랜틱
하우츠

사우스비치

브리켈

키비스케인

서니아일즈비치

사우스비치

브리켈

출처: Nijman(2011)/Illustration adapted from an original by Jan Nijman

초국적도시의
삶과 죽음

2012년 10월 23명의 쿠바 난민을 태운 뗏목이 마이애미로 향하다 전복되어 14명이 익사했다고 보도되었다. 이와 같은 죽음은 이전에도 수백 건이나 있었고, 이런 비극은 분명 앞으로도 일어날 일이다. 매년 1,000명 이상의 중앙아메리카인이 미국 국경을 넘다가 사망한다. 초국적도시는 이들이 갈망하며 죽어 가는 장소이다. 그러나 역설적으로 일단 초국적도시에 자리 잡게 되면, 그곳에서 마지막까지 살겠다고 계획하는 사람은 거의 없다. 많은 사람들에게 초국적도시는 임시적인 장소로, 이는 망명의 장소 또는 신분 상승을 위한 도약대, 새로운 기회가 찾아올 때까지 즐기는 곳이 된다. 그곳에서 생을 마감하리라고 상상하는 사람은 거의 없으며, 마지막 시기가 다가오면 많은 사람들은 고국으로 돌아갈 계획을 세운다.

많은 외국 태생자와 망명자의 보금자리인 초국적도시에서 죽음과 본국 송환은 일상적인 일이다. 남부 플로리다에서 사망한 사람 가운데 약 20%의 시신은 해외로 보내지며, 이는 미국의 어느 지역보다도 많은 수이다. 해외로 보내지는 대다수의 HR(시신에 해당하는 산업 분류코드)은 마이애미 국제공항에서 출발한다. 이 산업 분야의 선도기업인 피어슨(Pierson)의 최고경영자에 따르면, 업무의 80% 정도는 국제 분야로 중남미와 유럽의 목적지로 HR을 보내는 일이다.

시신을 운송하는 비용은 싸지 않아 500달러에서 수천 달러까지 든다. 시신을 선적하고 수송하기 위한 요구조건 역시 지역, 문화, 보건의 측면에서 다양하다. 사망한 사람은 때로는 어리고 보험에 가입

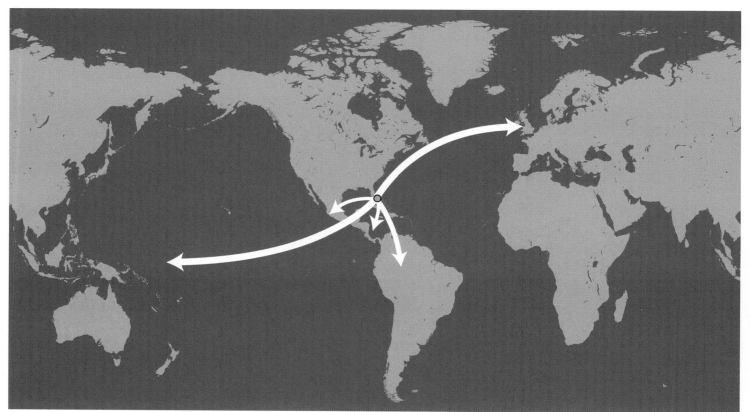

출처: American Airlines

마이애미의 국제 시신 이송 비용

더 많은 이민자가 초국적도시로 이주하면서, 이들 중 그 도시에서 사망하는 경우도 많아지고 있다. 죽음에서조차 고향으로 돌아가기 위해서는 비용이 든다. 마이애미는 라틴아메리카에 취항하는 아메리칸 항공의 허브이며, 표의 숫자는 2013년 항공사의 시신 이송 비용을 나타낸다.

출발지	목적지	화장되지 않은 시신		
미국		1-75 lbs	76-500 lbs	501+ lbs
	유럽/태평양	$500	$2,500	$3,000
	카리브해/중앙아메리카	$300	$900	$1,200
	멕시코	$225	$1005	$1,255
	남아메리카	$400	$1,200	$1,600

하지 않은 경우가 많으며, 이들을 본국으로 돌려보내는 데 드는 비용이 높고 정부 지원이 부족하기 때문에, 초국적도시의 이민자 공동체는 장례조직을 만들어 비용을 보조하기도 한다. 일부의 신용협동조합과 비공식 건강보험의 기원은 이런 조직으로부터 기원하는데, 이는 뉴욕의 이탈리아인, 유대인, 그리스인처럼 미국에 처음으로 정착한 초국적자들에 의해 만들어진 것이다. 멕시코인, 중국인, 필리핀인, 방글라데시인과 같은 보다 최근에 이민 온 사람들도 몇몇 초국적도시에서 같은 움직임을 보이고 있다.

분명 외국에서 생을 마감하는 것은 복잡한 일이다. 이는 해외에서 거주하는 사람들 대부분이 초국적도시에서 영원히 살 의도도 없었고, 계획도 세우지

않았기 때문이다. 예를 들어, 두바이에서는 사망한 사람의 유언이 없다면 샤리아 법이 적용되며, 이는 망자의 본국에서 유산에 대해 적용하는 실정법을 초월한다. 남은 자산이 있다면 이는 동결되고 샤리아 법정의 결정에 따라 분할된다.

죽음에 대한 생각을 초국적도시를 거쳐 가는 사람이나 그곳에 사는 사람이 하고 있기란 드문 일이다. 반대로 초국적도시에서 거주하거나 이민을 오는 일은 죽음이 아닌 삶에 대한 공식적 선언이다. 그러나 초국적도시에서 외국 태생자에게 가장 극명하고 최종적인 소속의 선택을 제시하는 방식은 죽음에 대한 접근에 있다. 외국 태생자는 로컬과 글로벌, 우주와 지구, 일시적인 것과 영원한 것 사이에서 선택해야만 한다.

집으로 돌아가기

더블린에 본사를 둔 항공사인 에어링구스(Aer Lingus)의 2013년경 시신의 송환 네트워크 범위는 도시와 아일랜드인의 초국적 성격을 보여 준다. 한때 중지되었던 시신 송환 서비스는 이민자 집단의 비난 이후 2004년에 다시 시작되었다.

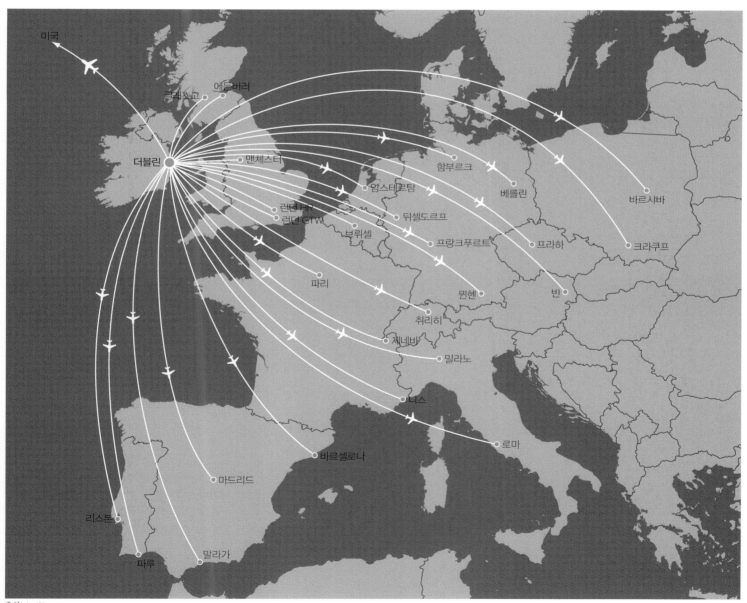

출처: Aer Lingus

창조도시

폴 녹스

이탈리아 밀라노

창조도시: 개요

> **"창조산업의 다양한 부문이 항상 서로 교류하면서 아이디어와 자원을 공유할 때 '창조적 활기'가 발달한다."**

대도시는 오랫동안 중요한 문화 생산의 무대로 인식되어 왔다. 왜냐하면 문화 혁신의 온상이자 패션의 중심이며, 여러 취향이 어우러지는 곳이기 때문이다. 대도시에서는 높은 밀도와 다양성으로 인해 뜻밖의 발견, 혼성성, 예기치 않은 만남, 새로운 아이디어의 융합이 이루어지며, 이는 도시를 매우 활기찬 장소로 만드는 생산적이고 혁신적인 과정에 기여한다. 과거에는 아테네, 로마, 교토, 피렌체, 빈, 런던, 파리, 뉴욕 등에서 발달한 창조적 환경이 혁신과 창조의 뚜렷한 '황금기'를 일으키기에 충분히 강렬했다.

한편, 보다 최근에는 경제적 번영과 도시의 활력에 있어 현대의 창조산업과 '창조계급'의 역할을 훨씬 많이 강조하고 있다. 서구사회는 과거 그 어느 때보다도 즐거움, 경험, 미학을 강조해 오고 있다. 이런 경향은 사람들이 자아 이미지를 강화하고, 자기 정체성을 표현하며, 자신의 사회적 관계를 매개하는 재화와 서비스를 지향하는 '꿈의 경제'를 일으킨다. 이에 따라 유럽과 북아메리카에서 가장 역동적인 대도시지역은 탈산업경제를 형성하고 있고, 이런 지역은 기술집약적인 제조업, 선진화된 사업 및 금융 서비스업과 개인 서비스업, (미디어, 영화, 음악, 관광 등의) 문화상품산업, 그리고 (의류, 가구, 상품 및 인테리어 디자인, 건축 등과 같은) 디자인 및 패션지향적인 산업에 크게 의존한다.

리처드 플로리다는 창조계급을 신경제 중산층 집단이라고 느슨하게 정의한 바 있다. 그는 여러 도시에서 로컬 경제의 성장과 창조계급의 형성 간에는 뚜렷한 양(+)의 상관관계가 있다는 점에 주목하면서, 도시의 경제적 발전은 점차 이런 변덕스럽고 까다로운 계급을 끌어들이고 보유할 수 있는 도시의 능력에 의존하게 될 것이라고 보았다.

혁신적인 디자인 도시

대도시 인구의 밀집과 그 다양성은 뜻밖의 발견, 예기치 않은 만남, 그리고 새로운 아이디어의 융합을 통한 혁신의 창출 등을 일으킨다. 일부 도시의 경우에는 혁신적인 디자이너, 기업가, 제조업자가 독특한 로컬 디자인 문화를 형성하고 뚜렷한 스타일과 아이콘적 상품을 창조함으로써, 도시 그 자체가 (1900년대의 빈과 1930년대의 파리와 같이) 글로벌 유행을 일으키게끔 만든다.

런던	빈	파리
1850년대	1900년대	1930년대

창조산업

미국에는 60만 명의 디자인 전문가가 있다. 예외 없이 이들의 일자리는 모두 주요 대도시지역에 고도로 로컬화되어 있다. 뉴욕, 시카고, 로스앤젤레스, 보스턴, 샌프란시스코는 특히 건축가가 집중되어 있는 지배적인 도시인 반면, 디트로이트와 새너제이에는 산업디자이너가 그리고 시애틀에는 그래픽 디자이너가 현저하게 많이 집중되어 있다. 영국의 경우에는 약 20만 명이 디자인 부문에 종사하고 있고, 이들의 총매출은 150억 파운드에 달한다. 이 중 거의 절반 정도의 인구가 런던 및 남동부 잉글랜드의 대도시지역에 집중되어 있고, 그다음으로 맨체스터, 버밍엄, 리즈, 브리스틀 등에 많이 집중해 있다. 그 외에도 바르셀로나, 베를린, 밀라노, 파리는 디자이너와 창조산업이 집중된 주요 도시들이며, 암스테르담, 헬싱키, 마드리드, 프라하, 로마, 빈도 이들이 많이 분포하는 도시이다.

이런 도시의 창조적 환경에는 몇 가지 공통점이 있는데, 이 중 하나는 뚜렷이 학제적 성격을 띤다는 점이다. 왜냐하면 영화, 패션, 그래픽디자인, 건축, 사진 등의 개별 산업은 상호 협업이 가능하고, 상대의 성과물을 상호 검토하며, 기술의 교잡(交雜)과 공유가 가능한 일자리가 있을 때 가장 훌륭하게 작동하기 때문이다. 이처럼 창조산업의 다양한 부문이 항상 서로 교류하면서 아이디어와 자원을 공유할 때 이른바 '창조적 활기(creative buzz)'가 발달한다. 그리고 창조적 활기는 신선하고, 세련되며, 자유로운 요소들을 반영하는 모든 라이프스타일, 음악, 미학, 디자인 및 의류와 더불어 뚜렷한 로컬 분위기의 꽃을 피운다. 대도시 내부의 카페, 레스토랑, 클럽, 미술전시회, 패션쇼의 뒤풀이, 음반 발표 이벤트, 셀레브리티 행사 등에서 예술가, 장인, 디자이너, 사진작가, 배우, 학생, 교육자, 작가가 함께 어울리는 것은 노동의 사회적 세계와 일상적인 생활양식 간의 경계를 흐릿하게 만든다. 이것이 창조산업 클러스터에서 이루어진다는 점은 명백하다.

창조공간

이 모두는 마치 풍부하고, 고풍스러우며, 많은 사람들로 북적이는 환경을 필요로 하는 듯하다. 본래 문화적 환경은 집적하는 경향이 있는데, 이는 매우 중요하다. 왜냐하면 이런 집적은 가시성을 발달시키며, 이는 창조의 중심으로서 어떤 도시의 브랜드 정체성이 보다 뚜렷해지도록 만들기 때문이다. 어떤 도시는 특정한 상품이나 기업의 집적으로 인해 강한 경쟁우위를 갖고 있다. 뉴욕의 패션 및 그래픽디자인, 런던의 건축, 패션, 출판, 밀라노의 가구, 산업디자인, 패션, 파리의 고급 양장점(오트쿠튀르), 오리건주 포틀랜드의 스포츠의류 등과 같다. 또한 문화상품, 전문가, 기업 등의 대규모 클러스터는 도시를 전 세계적 유행을 선도하는 창조자로 만들며, 이에 따라 그 도시는 창조적인 디자인 전문가에게 더욱 매력적인 곳으로 (누적적으로) 변모한다.

많은 대도시에서는 창조산업의 성장으로 인해 도시 기반시설 및 건조환경의 변화와 토지이용의 선택적 재조직화가 야기된다(물론 반대로 이에 의해 창조산업이 촉진되기도 한다). 그 결과 창조적인 지구나 디자인 지구 그 자체가 창출될 뿐만 아니라, 이외에도 근린지구의 젠트리피케이션, 대규모 도시재생 프로젝트, 박물관 지구, 스타 건축가가 설계한 아이코닉 건물, 배타적인 럭셔리 패션브랜드, 세련된 레스토랑, 카페, 미술전시관, 골동품 상점, 고급스러운 부티크 등이 나타난다.

밀라노는 이런 모든 측면에서 가장 뚜렷한 사례이다. 이 도시는 디자인 산업에서 일부 오랜 전문화의 역사가 있기는 하지만, 사실상 이는 1970년대의 탈산업화에 대한 대응의 결과였다고 볼 수 있다. 당시 밀라노는 도시를 디자인 도시로 새롭게 건설하고 브랜딩하려는 계획적인 전략을 마련했다. 이 전략의 성공은 이미 밀라노의 건조환경, 정치, 교육제도, 디자인 지구, '황금의 삼각지대(Quadrilatero d'Oro)'와 패션위크를 통한 고급 패션 소매업에서 뚜렷이 나타난다.

도시재생의 전략에서 디자인 산업이 가지는 강점, 디자인 서비스가 도시경제에서 부가가치를 (그리고 이윤을) 높이는 데 미치는 영향력 증대, 도시 브랜딩의 중요성 강화, 그리고 '창조계급'의 유인을 통해 도시의 경제성장을 촉진하려는 유인전략 등으로 인해 점점 더 많은 도시가 디자인 부문을 보다 적극적으로 유치하고 있다. 예를 들어, 요하네스버그는 패션 지구를 만들어 냈고, 안트베르펜은 패션 학교, 패션 박물관, 플랜더스 패션협회가 들어선 다기능 건물인 모드나티(Mode Natie)를 개관했으며, 서울은 자하 하디드가 설계를 맡아 디자인 박물관, 디자인 도서관, 디자이너 사무실과 소매공간 등을 통합한 동대문디자인플라자(DDP)를 건설했다. 방콕, 콜롬보(스리랑카), 코펜하겐, 헬싱키, 이스탄불, 쿠알라룸푸르, 마닐라, 멜버른, 푸네(인도), 시드니, 토론토 등의 다른 도시도 경제발전의 전략으로서 디자인과 창조성을 적극적으로 촉진하고 있다.

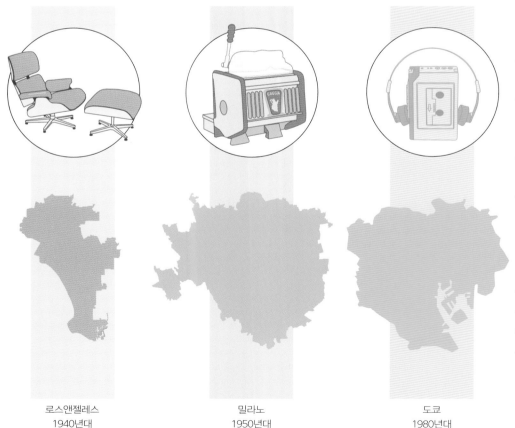

로스앤젤레스
1940년대

밀라노
1950년대

도쿄
1980년대

창조도시-지역

모든 대도시지역은 넓은 배후지를 끼고 있다. 배후지란 경제적으로 대도시와 상호 의존하고 있는 넓은 영토를 가리킨다. 밀라노의 배후지는 거의 롬바르디아주 전역을 포괄하는데, 여기에는 베르가모, 브레시아, 코모, 크레모나, 바레세 등의 보다 작은 도시가 속해 있다. 이 도시-지역은 노동력과 일자리, 기반시설, 서비스, 정책, 정치 등에서 긴밀하게 통합되어 있고, 같은 역사를 함께 공유하고 있다.

이 지역의 경제적 기반은 중세 무렵에 형성되었는데, 당시 활발한 농업, 무역, 금융 활동으로 인해 유럽에서 가장 번영한 지역이었다. 이 과정에서 밀라노는 지적, 문화적 중심지가 되었다. 르네상스 귀족층은 예술을 지원했고 레오나르도 다빈치를 밀라노로 불러들였다. 근대에 들어서서 밀라노는 이탈리아의 서정 오페라와 미래주의적 아방가르드의 중심지가 되었다. 산업화로 인해 제조업 및 공학과 아울러 출판업이 크게 성장했다. 그 사이에 밀라노 도시-지역 내의 작은 도시들은 그곳 특유의 전문

알레시

바레세   코모   베르가모

알파로메오
크레모나   람브레타
밀라노
가찌아

○ 의류
○ 조명
● 가구
● 자전거
● 신발
● 패션

화를 추구했는데, 여기에는 코모의 비단 생산, 베르가모, 비엘라, 바레세의 모직 및 면직 공업, 카프리의 니트류, 카스텔고프레도의 양말류, 그리고 (밀라노에서 북쪽으로 몬차 너머까지 널리 발달했던) 브리안차 지구의 가구 등 목재 기반의 수공예품 생산이 포함된다.

이런 전문화와 관련되어 있는 작업장과 숙련공들은 뚜렷한 '이탈리아식' 디자인의 미학을 형성한 요람이었다. 대규모 산업이 값싼 노동력과 완화된 규제를 찾아 계속해서 다른 국가로 입지를 옮기자, 밀라노 도시-지역 내의 초점은 생산에서 상품 디자인과 개발로 바뀌게 되었다. 그리고 이는 기존에 건축가, 그래픽디자이너, 산업디자이너에 의해 형성되어 있던 여러 지적, 전문적 환경과 이 지역의 소기업, 장인, 작업장 간의 뚜렷한 협업관계를 적극적으로 이용했다.

이런 괄목할 만한 변화의 과정에서 밀라노 도시 자체가 패션과 고급 기성복 의류(프레타포르테)의 중심지로 부상했고, 그 결과 유럽 내에서 25만 명 이상의 창조적 일꾼과 8만 개 이상에 달하는 기업이 이 지역으로 집중하게 되었다. 이 지역의 패션 공급 체인만 해도 6만 명의 노동자와 각각 7,000개의 생산업체 및 소매업체가 종사하고 있다. 이 창조와 혁신의 경제를 구성하는 상당한 구성요소들은 밀라노의 배후지역에 존재한다. 특히 브리안차 지구는 고도로 분절화된 곳이면서도 매우 유연하고 혁신적인 중소기업이 모인 각별히 중요한 곳이며, 이 기업들은 가구 생산, 직물, 의류, 전문 직조기계 등에 전문화되어 있다.

가르다호

시아

패션의 중심지

건축

아이콘적 제조업

수공업

미술과 디자인

밀라노의 창조도시-지역

20세기 이탈리아 디자인의 아이콘적 상품 중에는 밀라노를 중심으로 하는 광역도시-지역에서 만들어진 것이 많다. 여기에는 알파로메오 자동차(아레세), 비앙키 자전거(트레비글리오), 가찌아 에스프레소 기계(로베코 술 나빌리오), 람브레타 스쿠터(람브라테), 알레시 주방용품(오메냐), 아르테미데 조명(텔가테) 등이 포함된다. 1970년대에 이르자 밀라노의 중공업과 제조업의 상당수는 쇠퇴했고, 이에 따라 밀라노와 그 주변지역은 전문화된 제조업체, 공공기관, 업계 잡지, 디자인 스튜디오, 교육 프로그램, 연구소 등이 공존하는 독특한 생태계로 탈바꿈했다.

도시 기반시설과 창조성

1970년대 중반 이후 전 세계의 각 도시 거버넌스는 점차 투자를 끌어들이기 위해 '기업에 우호적 환경'을 제공하는 방향으로 변모했다. 도시 거버넌스의 기업가주의 경향이 강화됨에 따라 대도시에서는 도시경관의 재건설, 재포장, 재브랜딩이 중요한 공통의제로 부상하게 되었다. 이에 따라 많은 도시에서 기념비적 문화공간, 미학적 고층빌딩, 회의장, 거대한 복합단지 개발, 창고의 용도 변경, 수변공간 재개발, 헤리티지 공간, 주요 스포츠 및 엔터테인먼트 복합건물 등이 등장했다. 이런 환경은 생산보다는 소비를 추구하면서 탈산업경제가 필요로 하는 데 복무하는 새로운 경제 기반시설을 제공한다.

이런 맥락에서 여러 도시는 유명 건축가들의 상징적 빌딩인 이른바 '스타 건축물'의 지위와 정체성을 둘러싸고 치열하게 경쟁한다. 급진적인 디자인의 고급 빌딩은 특정 도시를 글로벌 지도 위에 올려놓을 수 있는 능력을 갖고 있다. 시드니 오페라하우스는 그 대표적 사례로, 1950년대 말에 덴마크의 건축학자 예른 웃손이 설계를 맡아 1973년에 완공된 것이다. 1990년대에 스페인의 빌바오는 도시를 화려한 국제문화의 허브로 탈바꿈시키려는 의도하에 모더니티를 상징하는 명망 높은 구조물을 통한 물리적 재생 중심의 고급화 전략에 착수했다. 이 전략의 핵심은 프랭크 게리가 설계를 맡은 빌바오 구겐

밀라노의 재생

보비사와 비코카에서는 재생 예술 및 디자인 프로젝트가 시작되었고, 북서부 교외의 피에라에 있던 예전 전시장은 로(Rho)의 도시 중심부 서쪽에 위치한 새로운 전시장에 의해 대체되었다. 새로운 전시장은 소규모 도시와 같이 호텔, 쇼핑몰, 경찰서, 교회당, 모스크, 레스토랑, 카페, 지하철, 주요 고속철도 정류장을 갖추고 있다. 이 중 매년 개최되는 국제가구박람회는 세계에서 가장 뛰어난 상품전시 이벤트이다. 1961년에 시작된 이 박람회는 오늘날에는 다른 박람회와 함께(이른바 '밀라노 디자인위크'라는 브랜드로 통합되어) 동시에 개최되며, 여기에서는 가구뿐만 아니라 조명, 주방, 욕실, 사무용 가구 및 내부시설, 인테리어용 직물, 액세서리 등이 전시된다. 디자인위크 동안 밀라노에서는 무려 7개의 대형 무역박람회가 개최되며, 그 밖에 도시 전역에서는 35만 명의 무역상이 참가하는 수많은 디자인 관련 이벤트가 개최된다.

하임 미술관이었다. 이 건물의 명성으로 인해 다른 많은 도시도 물리적 재생전략을 추구하게 되었다. 오늘날 상징적 수도로서 도시가 지닌 힘이 스타 건축물과 관련되어 있는 경우가 많다. 건축의 명성과 도시의 브랜드화는 상호 강화적인 특성이 있기 때문에, 많은 부동산 개발업자는 유명한 건축가가 자신들의 부동산 가치를 증식시킬 수 있다는 것을 깨닫고 있다. 또한 도시의 리더는 대표적인 건물의 설계를 최고급 건축가에게 맡김으로써 도시의 명성을 전 세계에 알리기 위해 경쟁을 펼치고 있다. 그리고 스타 건축가가 설계한 명망 높은 건물은 패션 이벤트, 영화 촬영, TV 광고, 뮤직비디오, 위성뉴스

방송 등에 훌륭한 배경이 된다.

밀라노의 재생전략은 창조산업에 명시적인 초점을 두고 이와 유사한 방식으로 이루어졌다. 도시와 도시 기반시설의 대부분은 도시 및 지역 정부와 민간 부문 개발업자 간의 연합에 의해 새롭게 계획되어 왔다. 이런 맥락에서 가장 중요한 프로젝트는 새로운 무역박람회장인 '피에라 밀라노'였는데, 이는 750만 유로의 비용으로 건축가 마시밀리아노 푹사스가 설계했으며 약 46만 4,500m²(약 14만 평)의 전시 규모를 자랑한다. 이와 반대로 도심 근처에 있던 오래된 박람회장 중 일부는 (다니엘 리벤스킨트, 자하 하디드, 이소자키 아라타가 공동 설계한 고층

빌딩과 아울러) '시티라이프' 주거-비즈니스 지구로 재개발되고 있다. 이외에도 밀라노에는 다른 문화주도 재생 프로젝트들이 진행되고 있다. 이 중 하나는 보비사의 구산업지구에 밀라노 공과대학의 디자인 전공 교수들을 위해 방대한 시설을 조성하는 것이며, 다른 하나는 비코카에 위치한 또 다른 황폐한 산업지구의 재개발을 통해 밀라노-비코카 대학의 새 캠퍼스를 조성하고 그 주변에 새로운 극장, 예술 관련 시설, 그리고 문화·창조 산업을 위한 공간을 조성하는 것이다.

스타 건축물

스타 건축가가 주요 도시에서 자신의 작품을 가시화함으로써 명성을 얻는 것처럼, 일부 세계도시는 '스타 건축가'와 '스타 건축물'의 관계를 통해 도시 이미지를 고양시키고 있다. 전 세계에 걸쳐 특정한 집단의 일부 건축가가 반복해서 등장한다는 사실은 건축가의 스타성과 도시 브랜딩이 얼마나 상호 강화적인지를 보여 준다.

스타 건축물의 지도

1. 뉴욕: 허스트타워, 포스터 & 파트너스
2. 댈러스: 페롯 자연사박물관, 톰 메인
3. 아부다비: 자이드 국립박물관, 프랭크 게리
4. 쿠알라룸푸르: 페트로나스타워, 세사르 펠리
5. 싱가포르: 리플렉션 케펠베이, 다니엘 리베스킨트
6. 밀라노: 일드리토, 이소자키 아라타
7. 파리: 카르페디엠, 로버트 A. M. 스턴
8. 난징: 시팡 미술관, 스티븐 홀
9. 도하: 이슬람 미술관, I. M. 페이
10. 라스베이거스: 브다라 호텔 & 스파, 라파엘 비뇰리
11. 런던: 더샤드, 렌초 피아노
12. 빌바오: 구겐하임 미술관, 프랭크 게리
13. 로스앤젤레스: 월트디즈니 콘서트홀, 프랭크 게리
14. 샌프란시스코: 샌프란시스코 현대미술관, 마리오 보타
15. 베이징: 갤럭시 소호, 자하 하디드
16. 리우데자네이루: 시다데 다 뮤지카, 호베르투 마리뉴 & 크리스티앙 드 포르장파르크
17. 서울(용산): 더블레이드, 도미니크 페로
18. 베를린: 연방의회 의사당, 포스터 & 파트너스
19. 로마: 국립현대미술센터, 자하 하디드 아키텍츠
20. 마르세유: CMA CGM 본사, 자하 하디드 아키텍츠
21. 함부르크: 엘베 필하모닉 콘서트홀, 헤르초크 & 드 뫼롱 & 함부르크 과학센터(Rem Koolhaas)
22. 모스크바: 로시야타워, 포스터 & 파트너스

창조성 동원하기 : 디자인 지구

대도시의 환경은 창조성의 도가니이다. 대도시는 문화 혁신의 온실이자 새로운 취향이 창조되는 중요한 무대이다. 그러나 창조산업 자체는 지식을 갖춘 전문가가 다른 전문가와 고객, 그리고 그 외의 창조적인 사람들과 친밀하게 접촉할 수 있는 환경에서만 번성한다. 왜냐하면 창조산업의 혁신은 오직 광범위한 종류의 지식이 융합될 때 일어나기 때문이다. 다양한 디자인 서비스와 창조상품 산업은 서로 관계를 형성하고 아이디어와 각종 자원을 공유해야 하기 때문에, 특정한 지구 내에 로컬화되는 경향이 있다. 이런 지구는 군집화된 사회성과 활기참, 개인 간의 밀도 높은 접촉, 그리고 문화 생산에 중요한 비공식적 정보 교환의 기회 등에 의해 더욱 강화된다.

조나 토르토나 디자인 지구

밀라노의 조나 토르토나는 옛 나비글리오 운하가 있었던 곳 옆에 위치하고 포르타제노바 기차역으로 뻗어 있는 철도와 접해 있는데, 원래 중공업 관련 일자리와 값싼 주택이 밀집해 있던 곳이지만 오늘날에는 전 세계 디자인 지구의 결정판이 되었다. 예술가, 장인, 디자이너, 사진작가, 배우, 학생, 교육자, 작가 등이 서로 어울리며 노동과 일상적 라이프스타일의 경계가 모호해진 사회적 세계에 살고 있다. 디자인 관련 산업에서 이런 환경은 지식의 사회적 생산과 혁신의 확산에 매우 중요한 요소이다.

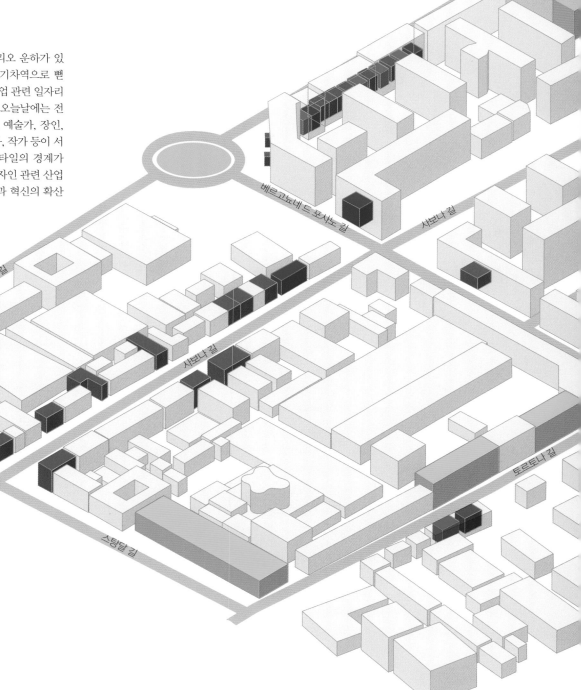

■ 패션 디자인/소매업
■ 디자인, 미술, 브랜딩
■ 인테리어 디자인
■ 이벤트 공간

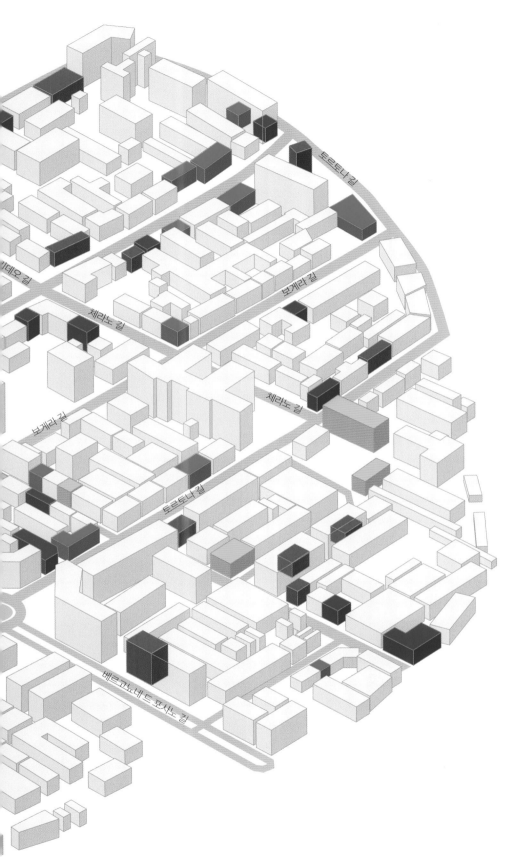

예술, 건축, 그래픽디자인, 상품디자인, 인테리어디자인, 조명, 무대디자인, 음악, 패션, 사진 등과 관련된 개인과 소규모 회사는 교외지역보다는 숙박시설 등이 저렴한 도시 내부를 찾는 경향이 있다. 이에 따라 이들은 옛 노동자 주택지구나 황폐해진 산업지구로 집중하는 경향을 띤다. 이들 간의 상호 의존성은 관련된 기관이나 서비스의 출현으로 더욱 촉진되어 결과적으로 뚜렷한 문화지구를 형성한다. 한편, 이 과정에서 보다 부유하고 젊은 전문가 집단이 이런 문화지구의 특성과 사회성을 좇아 전입해 들어옴에 따라, 임대료와 부동산 가격이 폭등하고 보다 가난한 기존의 가구가 새로운 집단에 의해 대체되는 근린지구의 '젠트리피케이션' 현상이 벌어진다.

밀라노의 조나 토르토나에서는 바로 이와 똑같은 현상이 벌어졌다. 도심지역에 위치한 이곳은 원래 19세기에 노동계급 공장과 창고가 밀집했던 산업지구로 발달하기 시작했다. 이곳은 제2차 세계대전 이후 포르타제노바의 철도 인근에 안살도, 제너럴일렉트릭, 오스람, 리바 칼조니 등과 같은 거대한 중공업회사가 클러스터를 형성하면서 한동안 전성기를 누렸다. 그러나 탈산업화로 인해 폐허화된 공장과 쇠락한 주택만 남게 되었다.

조나 토르토나의 변화는 1980년대 중반에 시작되었는데, 당시 이탈리아어판 『보그』의 미술연출가였던 플라비오 루치니와 사진작가 파브리치오 페리가 옛 자전거 공장에 슈퍼스튜디오를 설립했다. 뒤따라 다른 사진 스튜디오들이 인근에 설립되면서 젊은 예술가, 건축가, 디자인 컨설턴트 등이 모이기 시작했다. 1990년대에 밀라노 도시당국은 (이탈리아의 국립 오페라하우스인) 스칼라 극장의 의상실과 소품보관실, 공연실습실, 리허설 무대를 만들기 위해 안살도 공업단지를 사들였다. 뒤이어 도시당국은 영국의 건축가인 데이비드 치퍼필드로 하여금 이 거대한 공업단지를 도시 내의 수많은 박물관 시설을 수용할 수 있는 '문화의 도시'로 탈바꿈시키도록 의뢰했다. 이에 따라 패션 전시관, 편집사무실, 패션 및 디자인 학교, 럭셔리 디자이너 호텔, 조각품 전시공간과 아울러 미술관, 서점, 최신 유행의 레스토랑, 바, 카페 등이 들어섰다. 이 지구는 오늘날 전 세계 디자인 지구의 결정판이 되었고, 2002년에는 일본 건축가인 안도 다다오가 옛 네슬레 공장을 개조해서 조르조 아르마니의 본사 건물로 새롭게 개장했다.

창조성의 촉진 : 장소 마케팅

산업혁명이 세계경제를 지속적으로 재편해 온 이래로, 혁신과 창조성에 대한 경축과 촉진은 도시의 경쟁력에 중요한 부분이 되었다. 오늘날 장소 마케팅이 도시 디자인과 계획에서 핵심적 과업이 됨에 따라, 여러 도시정부는 자기 도시의 이미지를 디자인과 창조성 중심으로 탈바꿈시키기 위해 치밀한 도시 브랜드 운동을 채택하고 있다. 많은 도시들이 오랫동안 판촉용 잡지를 발간해 왔는데, 이는 '도시의 상상공학자들(imagineers)'이 도시 브랜드를 선전하고 위생 처리되고 상품화된 도시의 정체성을 구성하고 제시하는 전달수단이다.

만국박람회는 혁신과 창조성을 촉진했던 초창기의 사례로서, 이는 프랑스 국가 전시회의 전통을 토대로 해서 만들어진 '승리의 공간'이었다. 최초의 만국박람회는 1851년 런던에서 개최되었다. '모든 국가의 산업적 성과에 대한 위대한 박람회'를 개최하기 위해 건축된 건물이 바로 원래의 크리스털팰리스였는데, 이는 도시의 스펙터클로서는 최초의 거대 구조물이었다. 당연히 초창기 박람회는 산업화

EU의 문화수도

1980년대 중반 이래로 유럽연합(EU)은 도시 브랜드 관리를 후원하고 문화와 디자인을 촉진시켜 왔는데, 이는 지역의 발전을 촉진하고 유럽 공통의 문화유산을 보존하려는 목적에서였다. 이 중 '문화수도' 프로그램은 1983년 당시 그리스 문화부 장관이었던 멜리나 메르쿠리가 창안한 것으로, 1985년에 아테네가 유럽의 첫 번째 문화수도로 정식 승인되었다. 문화수도를 위한 EU의 재정적 후원은 각 도시별로 불과 몇십만 유로에 불과하지만, 그 실제 가치는 EU의 공인에 의한 도시의 재브랜드화와 장소 마케팅에 있다.

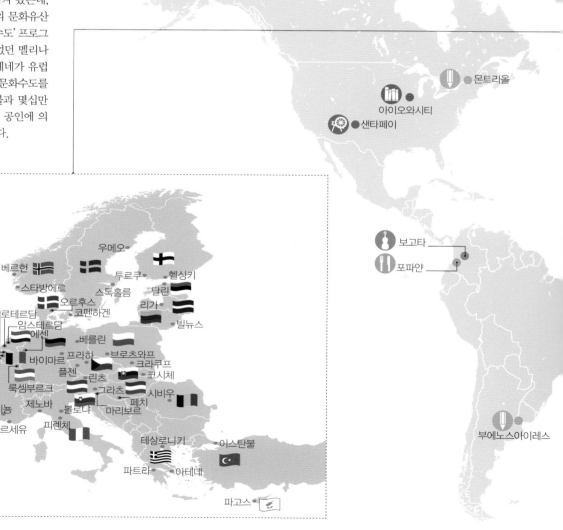

와 근대화의 맥락에서 창조성과 혁신을 중심으로 하는 틀로 조직되었다. 그러나 1980년대 이후에는 박람회의 초점이 주최 도시와 국가의 브랜드를 좀 더 강조하고 촉진하는 것으로 변했다.

밀라노는 여러 측면에서 패션, 디자인, 창조성의 도시라는 이미지를 굳건하게 세워 왔다. 밀라노는 1881년에 국가박람회를 개최했고, 1906년에 만국박람회를 개최해서 400만 명 이상의 방문객을 끌어들였다. 또한 1923년에는 산업미술과 응용미술 분야에서의 교류를 촉진하려는 목적으로 몬차에

서 현대 장식 및 산업미술의 전시회인 트리엔날레를 설립했고, 그 이후부터는 밀라노 중심부에서 개최되어 왔다. 트리엔날레의 각종 회의, 실험적 건축 프로젝트, 그리고 미술, 건축, 디자인 분야의 국제 전시회 등은 이탈리아의 디자인을 전 세계적으로 알리는 플랫폼이 되었다. 2015년에 밀라노는 만국박람회를 개최했고, 이를 계기로 도시재생을 촉진하고 도시 브랜딩의 새로운 기반을 마련하게 되었다. 이런 과정에서 밀라노의 패션 및 디자인 회사들은 성공을 거두었고, 이들의 상품은 도시 브랜드를

알리는 데 기여하는 한편, 도시는 거꾸로 이런 상품들의 브랜드를 강화시키는 상호 발전을 거듭해 왔다. 밀라노는 이런 방식으로 런던, 파리, 뉴욕, 로스앤젤레스 같은 도시와 마찬가지로 전 세계의 유행을 선도하는 디자인 대상 그 자체가 되었다.

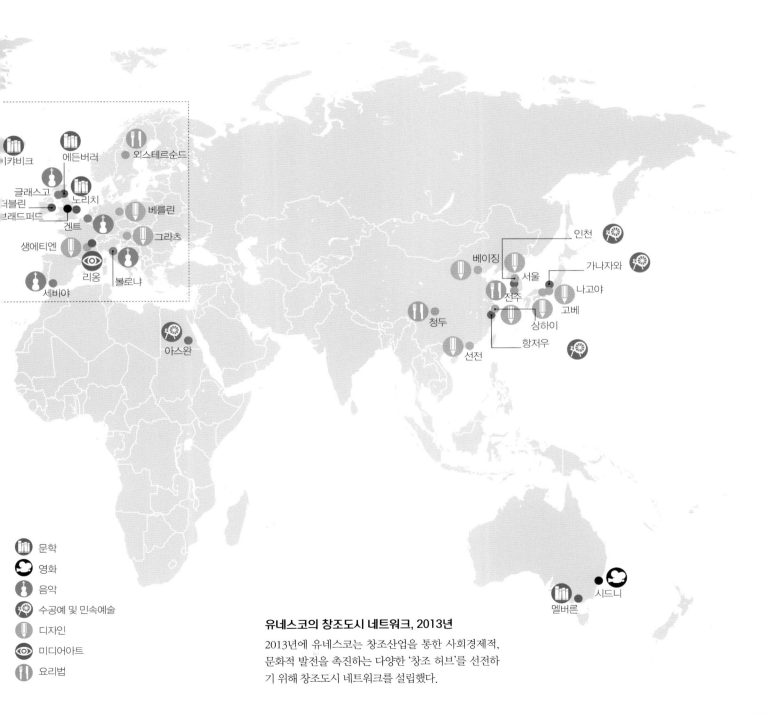

문학
영화
음악
수공예 및 민속예술
디자인
미디어아트
요리법

유네스코의 창조도시 네트워크, 2013년
2013년에 유네스코는 창조산업을 통한 사회경제적, 문화적 발전을 촉진하는 다양한 '창조 허브'를 선전하기 위해 창조도시 네트워크를 설립했다.

패션의 지리: 브랜드 플랫폼으로서의 도시

1950년대까지 하이패션의 도시로 파리에 견줄 수 있는 도시는 없었다. 영국의 디자이너로 1848년에 파리로 건너가 최초의 디자이너 브랜드를 고안하여 성공을 거두었던 찰스 프레더릭 워스는 의류 제조업자를 유행과 취향의 결정자로 만드는 데 기여했다. 20세기 초반에 패션의 형상화가 대중화되고 공장제 생산방식이 널리 도입되면서 민주화된 국제 패션계가 등장했는데, 이런 상황에서 파리의 스타일은 많은 사람들이 참고하는 주요 초점이었다. 그러나 제2차 세계대전 동안 나치가 고급 의류업계(오트쿠튀르) 전체를 베를린과 빈으로 옮기려 했을 뿐만 아니라 전쟁 이후 물자의 배급제도와 개인 소득의 전체적 감소에 영향을 받음에 따라, 파리가 구가하던 비교우위는 심각하게 줄어들게 되었다.

뒤이어 기성복(프레타포르테) 디자인이 등장하고 글로벌 소비시장이 팽창하면서, 패션은 여러 도시가 자기 도시를 브랜딩하고 선전하는 폭넓은 전략의 일부로서 도시 간 글로벌 경쟁의 주요한 특징이 되었다. 파리는 높은 생산비를 감당해야 했고 기성복 시장보다는 럭셔리 의류 컬렉션에 집착함에 따라 점차 쇠퇴된 반면, 뉴욕과 런던이 파리의 쇠퇴로부터 반사이익을 얻게 되었다. 런던은 '흔들리는 60년대(swininging sixties)' 동안 감각적이고 혁신적인 패션의 허브로 부상했고, 뉴욕은 레저용 의류와 '비즈니스 캐주얼' 디자인의 중심지로 떠올랐다.

전 세계의 패션 도시

패션은 글로벌 소비시장의 팽창으로 인해 경제의 중요한 견인차가 되었다. 패션업계 가까이 종사하는 사람들 대부분은 '패션위크'와 같은 이벤트에 상당히 크게 의존하고 있다. 이런 이벤트는 최신의 디자인을 전시할 뿐만 아니라, 다양한 경제적 관심사와 전문적 특화를 한데 모으기 때문이다. 또한 이들은 의류업과 디자인 서비스와 아울러 럭셔리 소비재, 미디어 상품, 부동산 등을 형성하는 자본의 흐름을 결정함으로써 가치의 창출과 점유를 위한 추진력을 제공한다.

출처: Global Language Monitor(2011)

밀라노는 고품질 직물과 여성용 모자류의 전통적인 장인 생산방식, 상대적으로 낮은 생산비, 가구 및 상품 디자인에서의 국제적인 명성 등을 활용했다. 밀라노가 패션 도시로 유명해지기 시작한 것은 1970년대였다. 이 시기 밀라노는 최초로 객석으로 튀어나온 좁은 무대를 활용하는 패션쇼(catwalk)를 개최했고, 기존의 숨이 막힐 것 같던 피렌체 지방의 고급 의류의 전통을 깨 버렸다. 조르조 아르마니, 스테파노 돌체, 잔프랑코 페레, 엘리오 피오루치, 도메니코 가바나, 미우치아 프라다, 잔니 베르사체 등 밀라노의 디자이너들과 이들이 만든 기성복 브랜드가 혜성처럼 등장함에 따라 밀라노는 순식간에 사진사, 모델, 구매업자, 제조업자, 무역업자, 기

자 등을 자석처럼 끌어당겼다.

오늘날 밀라노에는 럭셔리 상품과 패션 업종의 국제적 대기업들의 본사가 입지하고 있다. 또한 밀라노에는 패션과 관련된 12,000개의 회사와 더불어 수백 개의 쇼룸, 패션과 디자인에 초점을 맞춘 17개의 교육기관, 전 세계에 패션 소식을 보도하는 잡지사 등이 밀집해 있다. 여성과 남성의 패션위크는 밀라노의 상업계를 주름잡고 있고 전 세계의 구매자와 소비자를 불러 모은다. 예를 들어, 가을에 개최되는 '밀라노 모다 도나(Moda Dona)' 동안에는 도시 전역에서 100개 이상의 패션쇼가 개최되며, 2만 명의 무역업자와 2,000명의 기자가 방문한다. 패션위크는 '세계도시'로서의 자격을 주창하는 데

더욱 중요해지고 있다. 패션위크는 글로벌 패션 산업계의 노동과 상품 사이클을 결정하며, 패션디자이너, 소매업체, 직물 제조업체, 이벤트 조직업체, 패션미디어, 기타 전문화된 패션 중개업체를 한곳에 불러 모으는 역할을 한다. 이처럼 밀라노, 파리, 뉴욕, 런던, 도쿄 등의 도시는 글로벌 패션 전시장으로 기능한다. 이런 도시는 패션과 디자인의 배경막으로서 도시의 이미지와 주요 패션 업체의 브랜드가 상호 긴밀하게 얽혀 있다.

밀라노의 패션 산업

밀라노는 도시정부와 패션 및 디자인 업계 사이의 전략적 연합을 통해 도시의 경제와 이미지를 의식적으로 탈바꿈시켜 왔다. 이 과정은 1970년대에 시작되었는데, 당시 밀라노는 라스칼라와 트리엔날레에서부터 증권거래소와 중앙 기차역에 이르는 도시의 공공공간을 패션 전시장과 유망주 디자이너를 위한 공간으로 활용했다. 그 결과 밀라노에는 고급 양장점, 패션과 디자인에 전문화된 교육기관, 사진 및 패션 관련 업체가 집중적으로 몰려들게 되었다.

고급 의류점
디자인 학교
패션 대리점

서울
도쿄
상하이
홍콩
델리
방콕
싱가포르
발리
시드니
멜버른

소비의 기반시설

도시는 생산뿐 아니라 소비를 위한 곳이기도 하다. 19세기에 신흥 중산층이 부상함에 따라, 도시는 소비를 위한 새로운 기반시설을 개발하게 되었다. 파리의 파사주 쿠베르와 브뤼셀, 밀라노, 런던, 나폴리의 아케이드 및 갤러리는 현대의 최고급 쇼핑몰의 선구적 도시들이다. 대량생산 시스템이 서양의 경제를 추동함에 따라 모든 대도시의 중심부에 소매업 지구가 생겨났고, 소도시에서는 중심 도로 주변에 소매업이 들어서게 되었다.

세계의 대도시에는 국내외의 고객을 대상으로 쇼핑만을 목적으로 하는 별도의 쇼핑 지구가 발달했다. 예를 들어, 파리의 경우 파리 제8구(區)에 위치한 샹젤리제 거리, 몽테뉴 거리, 조지5세 거리 사이에 명품 상점이 밀집한 삼각지대는 패션 업계에서 '특별한 그리프(griffe spaciale)'라 부르는 곳으로서, 럭셔리 브랜드 상품에 디자이너의 라벨을 붙이고 있다.

1980년대에 들어 대도시의 소매업 지구는 세루티, 코치, 펜디, 페라가모, 펄라, 마크 제이컵스, 미소니,

만조니 길
세븐티
시모네타
마르티넬리
세븐포올맨카인드
페트리치아 페페
트윈 세트
폴 스미스
드리아데
팔 질레리
스카피노
라델리
잉기라마
알레시
비주드 파리

산트안드레아 길 & 피에트로 베리 길
반누치
발디니니
카날리
톰포드
투미
베를루티
일구포
에스프레소

산피에트로 올로르토 길
에르메스
미우미우
바르바라 뷔
로저 비비에
지안프랑코 페레
안토니오 푸스코
처치스
아르마니 카사
트루사르디
루디셔스
에레스
귀도 파스콸리
지미 추
카사데이

갤러리아 비토리오 에 마누엘레 2세
루지에리 만
그리몰디
쿠라도
메야나
피우멜리
처치스
구찌
자디
루이뷔통
리코르디
옥수스
비가노
두티
리졸리
팬숍
루이사 스파뇰리
레오피초
프라다
토즈
스와로브스키
베르나스코니
메르세데스 벤츠
스테파넬
나라
카데이

■ 패션 소매
■ 보석류, 시계류
■ 음악 및 영상
■ 호텔

밀라노 '황금의 삼각지대(콰드릴라테로 드 오로)'

핑만을 목적으로 하는 별도의 쇼핑 지구가 발달했

모스키노, 프라다, 발렌티노와 같이 전문화된 럭셔리 패션 상점가와 고급 레스토랑, 카페, 미술관, 골동품 상점 등이 밀집한 이른바 '브랜드경관'으로 발전하게 되었다. 이는 중·상류층의 부유함과 아울러 신용산업의 발달, 금융시장의 활황, 신경제 부문의 고임금 등이 직접적으로 야기한 결과였다.

의식적인 전략을 통해 글로벌 패션 및 디자인 수도로서 스스로의 입지를 다진 밀라노는 경쟁적이면서도 과시적인 소비 트렌드를 이용함으로써 도시 자체를 럭셔리 쇼핑 관광지로 마케팅했다. 밀라노 특유의(즉, 한편으로 모더니즘에 바탕을 둔 우아함과 고급스러움을 풍기면서도 베르사체의 과시적인 화려함이 동시에 드러나는) 패션과 디자인 스타일은 1980년대와 1990년대의 '꿈의 경제' 시기에 이상적으로 들어맞았다. 고급 패션 상점들이 '갤러리아 비토리오 에마누엘레 2세'와 '코르소 비토리오 에마누엘레 2세'와 같은 도시 중심부의 주요 상점가를 빼곡히 메웠고, 건물 외벽에서부터 철도역과 공항 내부의 인테리어 공간에 이르는 도시의 모든 표면을 가득 채운 광고판은 럭셔리 패션이 도시에 얼마나 중요한지를 그대로 드러냈다. 심지어 대성당인 두오모조차도 수리와 복원 공사 기간 동안에 성당 외부 차단막에 거대한 패션 광고를 실었다(여기에는 마돈나가 스웨덴의 패션기업 H&M을 홍보하는 악명 높은 광고도 포함되어 있었다).

산트안드레아 길 & 피에트로 베리 길

에르메스	에레스
미우미우	귀도 파스콸리
바르바라 뷔	지미 추
로저 비비에	카사데이
지안프랑코 페레	펜디
안토니오 푸스코	마이클 코어스
처치스	모스키노
아르마니 카사	샤넬
트루사르디	이리스
루디셔스	발렌타인
	배너
	체사레 파치오티
	도리아니
	미소닝
	하우스
	미키

스피가 거리

더글라스	메가 패션
하몬트 & 블레인	닐루파르
비블로스	쿠치넬리
콜롬보	블루마린
피콰드로	모스키노
로코바로코	돌체 & 가바나
세테 카르미체	토즈 맨
루코라인	토즈 우먼
랑방	스포트 막스
다드	프라다
로카	콜롬보
티파니앤코	지오 모레티 베이비
프랑크 뮬러	말로
리볼타	모니클리어
페이	길리
브루넬로 쿠치넬리	스튜어트 와이츠먼
미우미우	카슈
쇼파드	키멘토
게라르디니	팔코네리
파스콸레 브루니	

몬테나폴리오네 길

쿠시	아.테스토니	드루모어
갈라소	아뇨나	카르티에
부첼라티	라루스미아니	폴앤삭
야센테 피옴보	구찌	에밀리오 푸치
호간	페데르자니	스와치
토스카 블루	폴앤삭	디오르 맨
오메가	라페를라	디오르 우먼
토이와치	페라가모	아이스버그
셀린	디오르	다미아니
미스 식스티	수토 만텔라시	프라다
이브생로랑	보테가 베네타	ARS 로사
몽블랑	에트로	페델리
로로 피아나	나라 카미체	발리
베르투	프라델리	사바디니
세르지오 로시	로세티	세아-몬테납
비에레	브루노 말리	캠퍼
에르메네질도 제냐 맨	코르넬리아니	시엘로
파비	제옥스	프라다 맨
파라오네	롤렉스	오데마 피게
아스페시	주세페 자노티	랄프 로렌
베르사체	베트레리 디 엠폴리	아르마니
베니니	페라가모 맨	루이뷔통
지 로렌치	발렌티노 맨	불가리
폴앤삭	발렌티노 우먼	BOSS
발디니니	알베르타 페레티	
프레테		

베네치아 거리

알레그리
돌체 & 가바나
우모
버버리 브릿
헨리 코튼
D & G
셀레스타니
코스
프라다 U/D
피렐리
자라홈

황금의 삼각지대

두오모와 갤러리아에서 몇 블록 떨어져 있는 황금의 삼각지대는 밀라노의 브랜드 패션 소매업 지구로서 럭셔리 패션 소매업의 성장을 대표해 왔다. 이곳은 예전에 골동품 거래상이 밀집했던 지구지만 오늘날 수백 개에 달하는 최고급 패션 상점이 밀집해 있다. 이 상점들의 상당수는 일반 고객의 방문을 달가워하지 않고 배타적이다. 이곳의 패션 부티크는 크게 두 부분으로 구획되어 있는데, 1층은 관광객이나 눈요기만 하는 쇼핑객을 끌어들이기 위한 상품진열실로 이용되며, 2층이나 진열실 뒤편에는 전 세계에서 몰려든 소수의 큰손 고객만을 위한 별도의 은밀한 공간이 마련되어 있다. 상점들 사이에는 (14세기의 수도원을 개조한) 포시즌스 호텔과 같은 몇몇 5성급 호텔이 들어서 있다. 이보다 훨씬 과시적인 것은 아르마니 메가스토어 및 호텔 복합빌딩 바로 건너편에 위치한 밀라노 그랑드 호텔이다. 743m²의 아르마니 소매인인 이 빌딩에는 아르마니 카사 가구 및 액세서리, 엠포리오 카페, 뉴욕의 노부 스시바 지점이 들어서 있고, 빌딩 최상층에는 5성급 아르마니 호텔이 들어서 있다.

비토리오 에마누엘레 2세 거리

폴리니	보기
솔라리스	모레스키
Jdc	인티미시미
H&M	카마치시마
첼리오	모렐라토
테라노바	카르피사
테제니스	알콧
펄라	나라
마젤라	야마마이
골든포인트	모티비
페니 블랙	베르젤리오
막스앤코	베르슈카
베네통	세포라
피카	리플레이
칼제도니아	망고
자라	바나나 리퍼블릭
맥켄지	갭
마릴레나	풋락커
고비	리우조
스와치	마리나 리날디
제옥스	루이사 스파뇰리
마시모 두티	오이쇼
디젤	스트레일리 오로
배깃	나딘
파드	시슬리

녹색도시

하이케 마이어

독일 프라이부르크

녹색도시: 개요

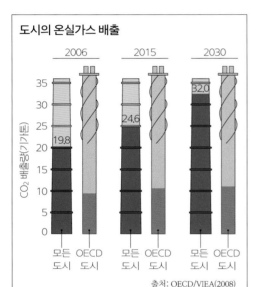

도시의 온실가스 배출

세계의 온실가스 배출은 지난 1970년대 초반 이후 개발도상국의 경제적 성장과 그에 따른 에너지 사용으로 인해 극적으로 증가해 왔다. 주거용 및 상업용 건물을 위한 전력과 열 생산은 온실가스 배출의 주요 요인이다. 많은 녹색도시는 에너지 효율적인 건축기준을 수립함으로써 열 손실을 줄이려고 할 뿐만 아니라, 현재의 열 생산방식에 대한 대안을 모색하고 있다. 또한 교통도 온실가스 배출의 또 다른 주요 요인이기 때문에 대중교통, 자전거 타기, 도보 이동이 장려되고 있다.

> **"녹색도시는 사람들이 보다 회복력 있는 도시환경을 지향하며 일하는 장소이다."**

도시는 생태적 보존과 지속가능성에 관련된 노력들의 최전면에 서 있다. 지난 수십 년 동안 크든 작든 모든 도시는 녹색도시로의 탈바꿈을 모색해 왔다. 이런 도시들은 기후변화와 관련된 문제에 직면한 도시를 돕기 위해 정치인, 도시계획가, 시민 등이 다 함께 보다 회복력 있는 기반시설, 제도 및 행태를 지향하며 노력해 오고 있다.

왜 도시는 기후변화에 대한 싸움에서 최전면에 서 있는가? 도시는 전체 대륙 면적의 약 2%밖에 차지하지 않지만, 전 세계 에너지 소비의 80%와 온실가스 배출의 75%를 차지하고 있다. 도시는 기후변화의 영향이라는 측면에서 환경발자국이 매우 크다. 도시의 지도자나 정치인들은 자신들이 기후변화와 관련된 문제를 해결하는 데 중요하다는 점을 더욱 강하게 인식하고 있다. 예를 들어, 도시는 기후변화의 문제를 다루는 데 국가정부보다 더 용이한 위치에 있을는지 모른다. 도시정부는 대개 중앙정부에 비해 보다 민첩하기 때문에, 도시 내 인구가 직면할 수 있는 기회와 위협에 보다 재빨리 대처할 수 있다. 도시는 작고 집약적인 곳이므로, 모빌리티를 향상시키거나 보다 지속가능한 에너지를 생산할 수 있는 혁신적 기술이 더욱 신속하게 실행될 수 있다. 또한 도시 거주자로 하여금 새로운 행태나 보다 지속가능한 라이프스타일을 채택하게 하는 것이 좀 더 용이하다. 결국 도시는 복잡한 시스템이므로 도시의 사회적, 물리적 기반시설은 기후변화에 대응하는 데 통합적인 대책을 수립할 수 있는 기회를 준다. 학자와 정책 입안자들은 기후변화의 부정적인 영향을 해결하는 데 국지적 행동이 결정적임에 동의한다.

위험에 빠진 도시

기후변화는 특히 도시에 거주하는 인구를 위협하고 있다. 기후변화에 관한 정부 간 패널(IPCC)에 따르면, 1906년부터 2005년 사이에 지구 기온은 1.3°F(0.74°C) 상승했다. 지표면의 평균기온은 1990년 이후 지난 20년 사이에 0.6°F(0.33°C)라는 놀라운 속도로 상승했다. 이런 기온변화의 결과로 해수면은 170mm 상승했다. 이런 변화는 기후 변동성을 높이고 기상이변을 야기한다. 도시화가 진전됨에 따라 보다 많은 도시가 고온현상과 열대야, 폭우, 극심한 가뭄, 위험한 범람, 해수면 상승 등의 다양한 기후변화를 경험하게 될 것이다. 이런 기상이변 이벤트는 도시의 사회적, 물리적 기반시설에 영향을 끼칠 것이다. 지난 2012년 10월 말 뉴욕시를 휩쓸었던 허리케인 샌디는 교통망과 전력 공급을 손상시켰을 뿐만 아니라 지역경제와 주민들의 생계에 심각한 타격을 입혔다. 뉴욕처럼 해발고도가 낮은 해안가의 도시는 기후변화의 영향에 훨씬 더 취약하다. 인구 1000만 명 이상의 메가시티

출처: OECD

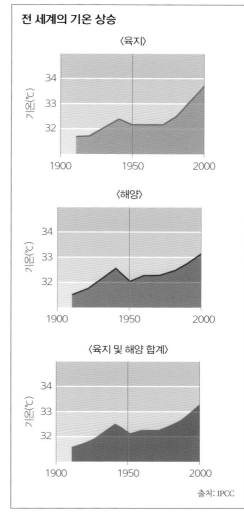

전 세계의 기온 상승

〈육지〉

〈해양〉

〈육지 및 해양 합계〉

출처: IPCC

는 특히 심각한 피해를 입게 될 것이다. 예를 들어, 2070년까지 침수의 피해를 입을 것으로 예상되는 해안가의 도시에는 콜카타, 다카, 광저우, 호찌민시, 상하이, 방콕, 랑군, 마이애미, 하이퐁 등이 포함된다. 이 중 마이애미를 제외한 모든 도시는 아시아의 개발도상국에 위치하고 인구규모가 매우 큰 도시들이다.

도시는 온실가스 배출에서 큰 비중을 차지하고 있기 때문에 기후변화에 대한 책임이 있다. 온실가스는 주로 도시에서 화석연료의 소비를 통해 배출된다. 도시지역에서 발생하는 온실가스는 전력 생산, 교통, 산업 생산, 빌딩이 소비하는 에너지 때문이다. 도시의 온실가스 배출 수준은 도시의 인구규모에 따라 크게 다를 뿐만 아니라, 그 도시가 얼마나 지속가능한 방식으로 에너지를 생산, 소비하려고 노력하는가에 따라서도 다르다.

도전에의 직면

많은 도시는 기후변화에 대응하려고 노력한다. 미국에서는 연방정부의 행동이 부재한 상태에서 1,054명의 시장이 각 도시가 교토의정서에서 정한 온실가스 배출 목표를 준수하기 위한 동의안에 서명했다. 크고 작은 도시가 이 운동에 함께 참여해 왔으며, 주정부나 연방정부가 자신들의 로컬 행동을 지지할 수 있는 입법의 수립, 의결을 촉구하고 있다. 1994년 이후 유럽에서는 지속가능한 도시 캠페인이 올보르 헌장의 실행을 촉구해 왔다. 이 헌장은 각 지역의 로컬 지속가능성 프로그램인 로컬 어젠다 21 프로세스의 수립과 시행을 요구한다. 그 동안 29개국에서 2,500개의 로컬 및 지역 정부가 이 헌장을 준수해 오고 있다. 2005년 이후 C40 네트워크는 온실가스 배출을 줄이기로 서명한 전 세계의 메가시티를 불러 모으고 있다. 이런 사례는 크고 작은 도시가 보다 푸른 미래를 위해 노력하고 있다는 것을 보여 준다.

녹색도시가 되기 위해서는 무엇이 필요한가? 정치인과 정책 입안자의 리더십이 도움이 된다. 지속가능한 삶의 방식을 뒷받침할 수 있는 계획과 정책이

도시에 영향을 끼치는 지구온난화

도시는 주로 기상 이변이나 기상 변동성의 상승을 통해 기후변화의 영향을 경험하게 될 것이다. 1906년부터 2005년 사이에 지구 평균기온은 1.3°F(0.74°C) 상승했다. 지구의 해수온도 또한 상승했다. 기후변화에 관한 정부 간 패널에 따르면, 기온 상승은 대체로 인간이 발생한 온실가스의 증가와 관련되어 있다.

중요하다. 도시의 라이프스타일 및 행태의 변화, 그리고 대안적인 도시 경제발전 방안이 필요하다. 이런 길로 나아가고 있는 몇몇 사례가 있다. 프라이부르크는 녹색도시 운동의 선구자이다. 포틀랜드와 쿠리치바 또한 마찬가지다. 이 장에서는 이외에도 여러 도시를 소개하고 있다.

녹색 비전과 녹색도시의 지속가능한 계획

독일 남부에 위치한 프라이부르크는 22만 명이 살고 있는 그림 같은 도시이다. 프라이부르크는 단순히 슈바르츠발트(삼림지대) 근처에 입지하고 있기 때문에 녹색도시인 것뿐만 아니라, 도시의 지도자와 정치인들이 이 도시를 세계에서 가장 지속가능한 곳으로 바꾸려는 야심찬 목표를 달성해 오고 있기 때문이기도 하다. 프라이부르크는 지속가능한 도시 발전이라는 개념으로 세계적인 명성을 얻고 있다. 이 도시는 2030년까지 탄소 배출량을 40% 감축하겠다는 목표를 달성하기 위해 환경, 경제, 사회 정책이 결합되어 있는 독자적인 대책을 실행하고 있다.

녹색도시가 되겠다는 프라이부르크의 노력의 시작은 지난 제2차 세계대전 직후로 거슬러 올라간다. 당시 도시계획가들은 파괴된 도시 중심부를 재건하는 데 중세의 전통을 따르기로 했다. 프라이부르크는 독일의 다른 도시와 반대로 자동차를 우선시한 현대적인 재개발 패러다임을 의도적으로 회피했다. 대신 이 도시는 좁은 도로와 골목이 지닌 매력적인 특성을 지켜 나가기로 했다. 1970년대 중반에는 인근 마을에 원자력발전소를 건설하려는 계획에 반대하는 적극적인 환경운동이 일어났다. 1980년대에 이르러 프라이부르크는 환경보호국을 설립한 최초의 도시 중 하나가 되었고, 1986년 체르노빌 원자력발전소의 재난 이후에는 태양에너지

기존의 주택단지 개발

연간 30,471t의 이산화탄소 배출

리젤펠트 지구

리젤펠트(Rieselfeld) 지구는 프라이부르크의 신흥 도시지구이다. 이 지구는 엄격한 생태 기준과 규정을 준수하기 위해 계획, 건설되었다. 이 그래프는 이산화탄소 배출을 축소하기 위해 고안된 조치를 기존의 주택단지 개발과 비교해서 나타낸 것이다. 이 지구는 고밀도의 저에너지 주택 기준, 열-전력 병합, 에너지 보존, 향상된 대중교통 시스템 등의 수단을 사용해 탄소 배출을 무려 50%까지 절감할 수 있다.

리젤펠트 개발

효율적 대중교통

저에너지 건축

에너지 보존

고밀도 주택

열-전력 병합

연간 15,845t의 이산화탄소 배출

출처: City of Freiburg

를 도입하겠다고 선언했다. 1996년에 프라이부르크 시의회는 2010년까지 탄소 배출을 25% 축소하겠다는 환경보호 결의안을 통과시켰다. 2009년 프라이부르크는 탄소 배출을 18%까지 축소했다. 이런 성과가 충분히 존경할 만함에도 불구하고, 프라이부르크는 10여 년 전에 수립한 목표를 달성하는 데에는 실패했다. 그러나 도시의 지도자와 정치인들은 포기하지 않았으며, 오히려 이보다 훨씬 높은 목표를 다시 수립했다. 그것은 2030년까지 탄소 배출을 40% 축소하겠다는 목표이다.

프라이부르크는 엄격한 도시계획과 환경보호 전략을 통해 녹색 비전을 실천해 오고 있다. 이 도시는 도보, 자전거, 대중교통과 같은 환경친화적 모빌리티를 장려하는 교통 및 운송 정책을 시행한다. 이 도시의 에너지 정책은 태양에너지, 풍력, 바이오매스 등 재생 가능한 자원의 사용을 장려하고 있고, 주거 개발에서 에너지 사용 기준을 정해 놓았다. 적극적인 태양에너지 사용 정책의 결과로 프라이부르크는 태양광 등과 관련된 환경산업의 본고장이 되었다. 프라이부르크는 도시의 성장과 주택시장에 대한 압력으로 인해 두 군데의 신흥 도시지구를 개발했지만 모두 엄격한 생태적 기준을 준수하도록 계획했다. 리젤펠트는 70ha의 넓은 도시지구로서 10만~12만 명의 인구가 거주할 수 있는데, 이 지구에서는 대중교통에 쉽게 접근할 수 있고 주택에 태양광과 태양열 기술을 적용하여 저에너지 기준을 준수하게 했다. 인근 바우반지구에는 5,000명이 거주하는데, 이 중 많은 사람들이 자동차를 이용하지 않고 도시계획 조항도 저에너지 건설 방법을 규정하고 있다. 이처럼 생태적으로 민감한 근린지구를 개발하는 것은 녹색도시의 비전을 성공으로 이끄는 데 중요하다. 현재까지 프라이부르크가 달성한 업적이 이를 보여 주고 있다. 예를 들어, 리젤펠트의 주택은 독일 내 기존의 주택에 비해 이산화탄소를 20% 적게 배출하고 있다.

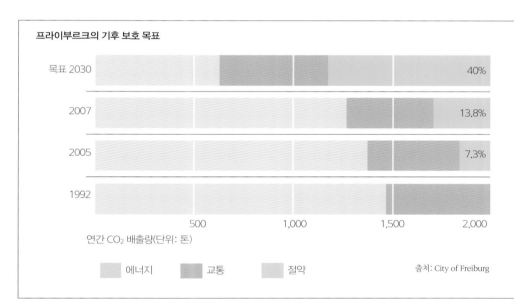

프라이부르크의 기후 보호 목표

목표 2030				40%
2007				13.8%
2005				7.3%
1992				

| 500 | 1,000 | 1,500 | 2,000 |

연간 CO₂ 배출량(단위: 톤)

에너지   교통   절약

출처: City of Freiburg

프라이부르크의 목표는 2030년까지 탄소 배출을 40% 감축하는 것이다. 프라이부르크는 1992년부터 2005년까지 탄소 배출량을 7.3% 감축했고, 2007년까지 거의 두 배에 달하는 14%를 감축했다. 이런 감축의 대부분은 재생 가능한 에너지 자원으로의 전환, 에너지 보존의 촉진, 그리고 보다 엄격해진 건축물 에너지 효율성 기준에 의한 결과였다. 또한 프라이부르크는 'CO₂-다이어트'라는 프로그램을 도입함으로써, 거주자가 자신의 탄소 배출량을 계산하고 이를 어떻게 감축할 수 있는지를 알려 주고 있다.

효율적인 대중교통   환경적 모빌리티   고밀도 주택   저에너지 주택   재생 가능한 자원

지속가능한 디자인과 교통

프라이부르크와 같은 녹색도시는 건조환경이 지속 가능한 발전을 촉진하는 방식에 상당히 주목하고 있다. 도시 내 건조환경의 배치방식과 건축물의 에 너지 사용 및 절감 방식은 녹색도시에서의 지속가 능한 건축을 구성하는 데 중요한 구성요소이다. 도 보, 자전거, 대중교통과 같은 대안적 교통수단의 사 용은 이동 패턴을 바꿀 뿐만 아니라 탄소 배출량의 감축에 기여한다. 그뿐만 아니라 재생 가능한 에너 지의 사용은 수입 원유에 대한 도시의 의존도를 낮 춘다.

지속가능한 도시계획은 근린지구 규모에서 시작된 다. 프라이부르크의 리젤페트나 스톡홀름의 하머비 시외스타드와 같은 생태 근린지구는 토지 이용을 교통계획과 통합해서 대중교통에 대한 용이한 접 근을 보장한다. 이처럼 조밀한 도시계획은 상이한 이용을 결합하는 데 초점을 둔다. 또한 생태 근린지 구는 도시 전역에 산재되어 있는 보다 작은 녹지대 를 근처의 자연보존지구와 연결함으로써 공공 녹 색공간을 통합하고 있다. 이와 같이 밀도 높고 생태 적으로 스마트한 근린지구는 거주자에게 매력적일 뿐만 아니라, 동물과 식물이 살 수 있는 공간도 제

녹색도시 계획

보다 지속가능한 주택을 계획, 건설하는 방식에는 여 러 가지가 있다. 지붕 위에서 모은 빗물은 세차나 정원 수로 사용할 수 있다. 태양에너지는 물을 데우는 데 이 용될 수 있다. 지붕 위에 소규모 풍력 터빈을 설치함 으로써 전력을 생산할 수도 있다. 단열유리는 열 손실 을 막을 수 있고, 에너지 효율이 높은 가전제품은 에너 지 사용을 줄인다. 녹색건축물의 높은 건설비용은 전 력 및 물 절약을 통해 보상받을 수 있다. 녹색 디자인

의 사례인 하머비 시외스타드(Hammerby Sjöstad)는 스톡홀름에 있는 환경친화적인 새로운 도시지구이다. 이곳의 주택은 고밀도의 블록으로 건축되었고, 주요 도로는 차량 출입이 통제된 공원으로 계획되어 있다. 건축물은 매우 많은 에너지를 소비하기 때문에, 녹색 건축기술과 재생 가능한 에너지 자원의 이용은 도시 지구의 탄소발자국을 줄이는 데 도움을 준다.

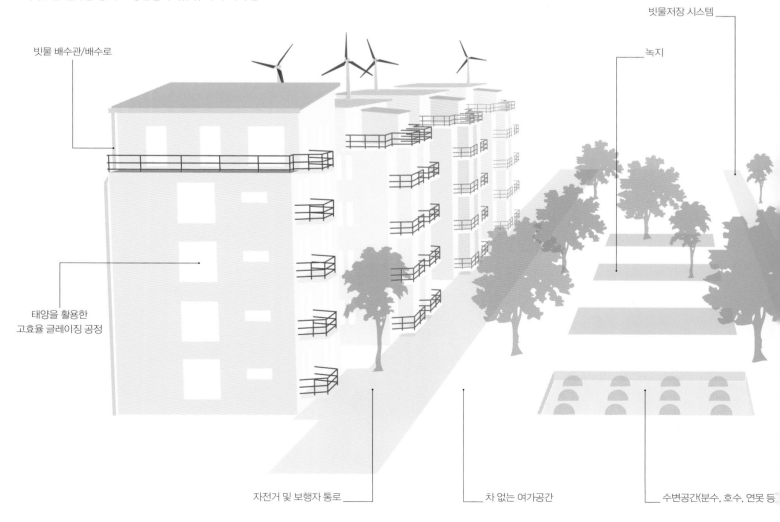

빗물저장 시스템

녹지

빗물 배수관/배수로

태양을 활용한 고효율 글레이징 공정

자전거 및 보행자 통로

차 없는 여가공간

수변공간(분수, 호수, 연못 등)

공한다.

녹색도시는 또한 건축방식과 건축물의 에너지 이용방식에 주목한다. 녹색건축은 지속가능한 재료나 화학성분 혹은 그 외의 오염물질이 없는 나무와 돌 등의 생태친화적 산물을 사용한다. 새로운 건축 기준은 에너지 절약이나 심지어 에너지 생산을 가능케 한다. 예를 들어, 프라이부르크는 태양에너지의 사용을 특별히 강조하고 있다. 프라이부르크는 탄소 배출량 감축 목표를 달성하기 위해 태양력을 이용하는 다양한 종류의 프로젝트를 지원한다. 400개 이상의 태양광 시설이 구축되어 있고, 태양열 기술을 통해 물을 가열하고 있으며, 많은 주택이 수동적 태양 설계를 이용해서 건축되어 있다.

건축물의 에너지 사용이 녹색도시가 탄소발자국을 줄이는 데 중요한 구성요소이지만, 도시가 모빌리티를 어떻게 관리하는가도 마찬가지로 중요한 요소이다. 프라이부르크, 스톡홀름, 코펜하겐, 포틀랜드, 그리고 브라질의 쿠리치바와 같은 녹색도시는 다양한 대안적 교통수단을 제공한다. 여기에는 도보와 자전거 같은 '슬로 교통'에서부터 버스, 경전철, 전차와 같은 여러 대중교통수단까지도 포함되어 있다.

녹색도시는 태양, 목재, 물 등의 재생 가능한 에너지를 사용하는 데 앞장서고 있다. 이들은 대체로 통합적이면서도 탈중심화된 해결방식을 실행하고 있다. 예를 들어, 스톡홀름의 하머비 시외스타드 지구의 경우 폐수로부터 열을 추출하고, 프라이부르크 인근의 작은 마을인 발트키르히에서는 목재 부스러기를 이용한 탈중심적 난방 시스템을 구축함으로써 고등학교와 전체 근린지구에 열을 공급하고 있다.

옥상의 풍력발전용 터빈

지붕에 태양광 패널 설치

고효율의 단열 벽

프라이부르크 내의 이동에서 대중교통, 자전거, 도보가 차지하는 비중

| | 29% | 9% | 11% | 35% | | 15% |
| 1982 | | | | | | |

| | 26% | 6% | 18% | 23% | 27% | |
| 1999 | | | | | | |

| | 24% | 5% | 20% | 24% | 27% | |
| 2020 예측치 | | | | | | |

차량
차량 공유
대중교통
도보
자전거

출처: City of Freiburg

대안 교통

프라이부르크와 같은 녹색도시는 개인용 자동차 기반의 교통을 대중교통, 자동차, 도보 등의 대안으로 전환시키려고 노력해 왔다. 심지어 프라이부르크는 지난 30년 동안의 도시성장으로 인해 주민의 모빌리티가 크게 증대되어 왔음에도 불구하고, 1982년부터 1999년까지 대안 교통의 사용을 크게 늘리는 데 성공했다. 이런 전환이 가능했던 핵심적인 요인은 토지이용 계획을 교통계획과 통합함으로써 보다 쾌적하고 이용하기에 편리한 대안 교통수단을 갖춘 압축도시(Compact City)를 만들어 낸 데 있다.

지속가능한 라이프스타일

녹색도시의 지속가능성은 도시에 거주하는 주민의 라이프스타일에 달려 있다. 라이프스타일과 소비습관은 인간이 환경에 영향을 미치는 방식에서 중요한 요소이다. 유럽연합의 '지속가능한 라이프스타일 2050' 프로젝트는 지속가능한 라이프스타일의 물적 발자국을 1인당 연간 8.8t(8,000kg)으로 정의한다. 물적 발자국에는 주택, 음식, 교통 등 개인이 소비하는 모든 자원이 포함된다. 물적 발자국의 유럽 평균치는 현재 29.7~44t(27,000~40,000kg)

에 달한다. 이를 상당히 줄이려면 지속가능한 라이프스타일 목표를 준수하는 것이 필요하며, 이를 위해서는 소비습관을 바꾸어야 한다. 보다 로컬화된 생산과 소비, 그리고 이른바 로컬 자원 순환의 조성 등의 바람직한 트렌드가 이미 나타나고 있다.

도시에서 일어나고 있는 또 하나의 트렌드는 바로 도시정원의 등장이다. 이는 종종 도시농업이라고도 불린다. 이 발상은 도시 내의 녹지대를 채소와 과일을 재배할 수 있는 공간으로 전환하는 것이다. 도시에서 재배된 농산물은 재배한 사람이 소비하거나 로컬 농부 시장에 판매되기도 한다. 로컬에서 재배

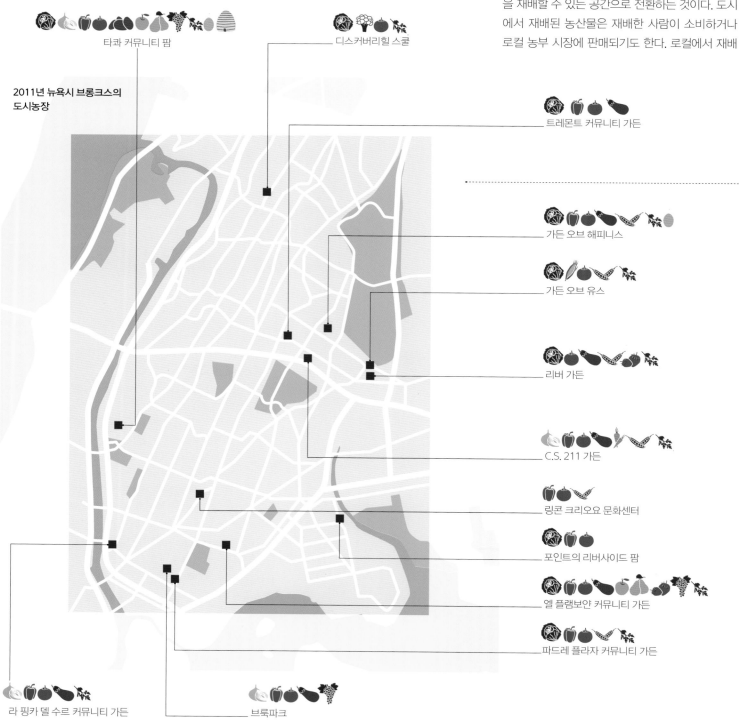

2011년 뉴욕시 브롱크스의 도시농장

타콰 커뮤니티 팜 · 디스커버리힐 스쿨 · 트레몬트 커뮤니티 가든 · 가든 오브 해피니스 · 가든 오브 유스 · 리버 가든 · C.S. 211 가든 · 링콘 크리오요 문화센터 · 포인트의 리버사이드 팜 · 엘 플램보얀 커뮤니티 가든 · 파드레 플라자 커뮤니티 가든 · 라 핑카 델 수르 커뮤니티 가든 · 브룩파크

된 농산물은 훨씬 신선하고 건강에 이로울 뿐만 아니라, 신선한 식품에 접근하기 어려운 도시 주민들이 이를 이용하기가 보다 쉬워진다. 디트로이트나 클리블랜드와 같이 점차 축소되고 있는 도시에 늘어나는 나대지는 상추, 장군풀, 감자 등의 농산물을 재배할 수 있는 곳으로 변모하고 있다. 디트로이트는 세계에서 가장 넓은 도시농업이 이루어지고 있다. 도시농업은 도시 주민이 자신의 물적 발자국을 줄이기 위해 어떻게 로컬 자원 순환 시스템을 만들어 낼 수 있는지를 보여 주는 좋은 사례이다.

지속가능성 지향적인 라이프스타일로의 변화 사례로서, 개인별 차량 소유를 포기하는 대신 차량 공유 프로그램에 참여하는 것을 들 수 있다. 차량 공유는 1990년대 중반 이후부터 큰 인기를 얻고 있다. 심지어 미국에서는 자동차가 매우 중요한 국가임에도 불구하고, 차량 공유를 통한 대안적 모빌리티가 점차 증가하고 있다. 이미 많은 도시에서는 로컬 자전거 공유 프로그램을 실시함으로써 주민이나 관광객이 자전거를 대여해서 이용할 수 있는 기회를 제공하고 있다. 예를 들어, 밀라노는 2008년에 자전거 공유 프로그램을 실시하고 있는데, 현재 도시 전역에 걸쳐 173군데에 3,000대 이상의 자전거가 마련되어 있다. 차량 및 자전거 공유 프로그램의 공통점은 이들이 로컬 라이프스타일과 소비습관을

바꾸려는 목적을 지닌 사회적 혁신이라는 점이다. 차량 공유 제도와 도시농업은 도시 내 라이브스타일이 변화하는 많은 사례 중 단 두 가지에 불과하다. 환경적 가치와 목표가 많은 다양한 방식으로 행태를 변화시키기 시작했다. 녹색 패션, 탄소 중립적 맥주, 지속가능한 로컬 푸드, 태양광에서 전력을 생산해서 운영되는 음악 클럽 등의 트렌드는 녹색 라이프스타일이 어떻게 뿌리내리는지를 보여 주고 있다.

도시농장 주요 재배작물

 푸성귀, 상추, 양배추

 브로콜리

 양파, 마늘

 고추

 옥수수

토마토, 토마티요

가지, 호박, 오이

 완두콩, 콩, 콩꼬투리

 당근

 감자

 사과

 배, 복숭아, 자두

 딸기

포도, 무화과

 허브

 계란

꿀

뉴욕 브롱크스의 도시농장

많은 도시에서 도시농장이 출현하고 있다. 예를 들어, 뉴욕의 브롱크스에서는 이미 150개 이상의 농장과 커뮤니티 정원이 조성되어 있다. 뉴욕식물원이 운영하는 프로그램인 '브롱크스 그린업'에 따르면 이 중 80%에서 식량을 생산하고 있다. 사람들은 매년 이 도시농장을 방문해서 둘러볼 수 있다. 브롱크스의 사례가 보여 주는 바와 같이, 뉴욕시의 근린지구는 점차 녹색으로 변모하고 있다. 브루클린에는 290개의 학교 및 커뮤니티 정원과 농장이 조성되어 있다. 맨해튼에는 이런 곳이 165개에 달한다. 빌딩 옥상의 텃밭에는 채소가 재배되고 있고, 주택 뒤편의 정원도 인기가 높다.

세계의 차량 공유

차량의 개인 소유를 포기하는 대신 차량 공유 프로그램에 가입하는 것이 점차 인기를 얻고 있다. 캘리포니아 버클리 대학의 교통 지속가능성 연구센터에 따르면, 전 세계에 걸쳐 170만 명이 43,550대에 달하는 차량 공유 프로그램을 이용하고 있다. 북아메리카의 경우 차량 공유 제도를 이용하는 가장 큰 집단은 뉴욕, 워싱턴, 샌프란시스코 등의 대도시에서 살고 있는 젊은이들이다. 유럽에서는 대개 도시 중심부에 여러 대의 차량이 마련되어 있어서 사용자가 유연하게 이용할 수 있게 되어 있다.

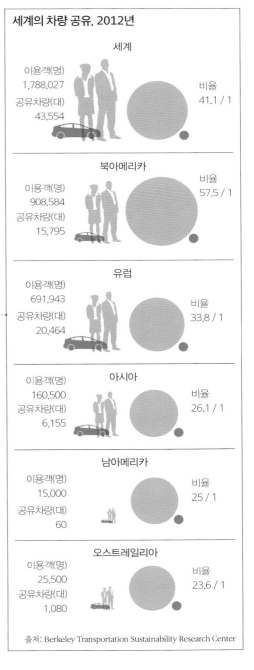

세계의 차량 공유, 2012년

세계
이용객(명) 1,788,027
공유차량(대) 43,554
비율 41.1 / 1

북아메리카
이용객(명) 908,584
공유차량(대) 15,795
비율 57.5 / 1

유럽
이용객(명) 691,943
공유차량(대) 20,464
비율 33.8 / 1

아시아
이용객(명) 160,500
공유차량(대) 6,155
비율 26.1 / 1

남아메리카
이용객(명) 15,000
공유차량(대) 60
비율 25 / 1

오스트레일리아
이용객(명) 25,500
공유차량(대) 1,080
비율 23.6 / 1

출처: Berkeley Transportation Sustainability Research Center

녹색경제를
향하여

녹색도시는 경제적 이익을 창출함으로써 도시경제를 대안적인 방식으로 발전시킬 수 있다. 녹색경제란 탄소 사용이 적고, 자원 효율성이 높으며, 사회적으로 포용적인 경제라고 정의된다. 녹색경제는 양적으로 더 많은 것을 추구하기보다는, 지속가능성에 초점을 두고 경제의 질적인 발전을 강조한다.

녹색도시는 지속가능한 도시계획과 기반시설에 대한 투자를 통해 수많은 경제적 이익을 창출할 수 있다. 지속가능한 기술을 발전시키고 생산하는 새로운 산업 부문이 부상한다. 그 결과 새로운 일자리가 창출되고 주민들이 경제적인 혜택을 누릴 수 있다. 예를 들어, 프라이부르크의 경우 녹색경제는 12,000명이 고용된 2,000개의 사업체로 이루어져 있다. 프라이부르크의 적극적인 태양에너지 정책으로 인해 태양에너지 부문만 하더라도 100개의 사업체에 2,000명의 직원들이 종사하고 있는데, 이는 국가 평균의 3~4배에 달하는 규모이다. 프라이부르크의 녹색경제는 새로운 기술을 개발하는 여러 연구 기관과 대학으로부터 도움을 받고 있다.
미국의 포틀랜드 또한 이와 유사한 사례이다. 포틀랜드는 지속가능한 건축을 장려하는 정책을 실행

녹색경제 부문

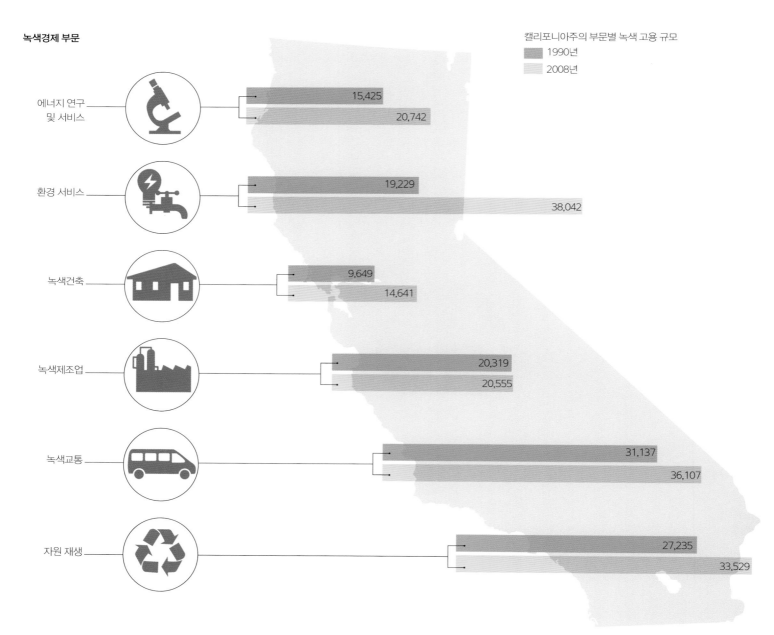

캘리포니아주의 부문별 녹색 고용 규모
- 1990년
- 2008년

에너지 연구
및 서비스
- 15,425
- 20,742

환경 서비스
- 19,229
- 38,042

녹색건축
- 9,649
- 14,641

녹색제조업
- 20,319
- 20,555

녹색교통
- 31,137
- 36,107

자원 재생
- 27,235
- 33,529

출처: UCB Center for Community Innovation, Berkeley

하고 있는데, 이로 인해 녹색건축 산업에 적극적인 기업들이 활기 넘치는 클러스터를 형성하여 성장을 거듭하고 있다. 이런 발전에서 핵심적인 것은 시민사회의 자원 활동가들이 주도하고 있는 녹색건축 기술지원 프로그램이다. 오늘날 이들의 녹색건축 프로그램은 기술지원, 금융 인센티브, 교육, 정책 개발에 초점을 두고 있다. 이 프로그램은 녹색건축과 관련된 기술 분야에서 로컬 경쟁력을 높이기 때문에 로컬 사업가가 경쟁에서 우위를 점유하고 있다.

녹색경제는 보다 지속가능한 상품과 서비스에 대한 혁신을 낳고 있을 뿐만 아니라, 고용기회 창출에도 크게 기여하고 있다. 캘리포니아 버클리 대학의 연구자들에 의한 녹색경제 규모 분석에 따르면, 이 분야에서 16만 3,616명의 직원이 종사하고 있다. 비록 녹색경제가 캘리포니아주 전체에서 차지하는 비중은 상대적으로 적지만 그 성장 속도는 매우 빠르다. 또한 녹색경제는 로스앤젤레스와 같은 대도시지역에 집중되어 있다. 녹색경제 부문에서의 혁신 창출이라는 측면에서 보면, 실리콘밸리와 같은

전통적인 첨단기술 분야 또한 지속가능성을 지향하며 변화하고 있다.

녹색경제를 창출하는 데에는 여러 가지 방식이 있다. 여기에는 로컬 화폐와 같은 가치를 창출하는 대안적이고 급진적인 노력에서부터 생태적인 산업지구를 계획, 조성하는 보다 전통적인 접근까지도 포함된다. 이런 노력의 공통점은 환경친화적 상품과 서비스에 대한 수요를 자극하고 생태친화적 혁신을 창출한다는 점에 있다.

녹색경제 부문(좌측)

녹색경제가 무엇이며 어떤 산업이 녹색경제에 포함되는가를 정의하는 것은 매우 어렵다. 전통 산업과 새로운 산업 모두 녹색경제에 포함될 수 있다. 새롭게 부상하는 신흥 산업에는 태양광이나 바이오 연료와 같이 환경적으로 민감하거나 에너지를 적게 사용하는 기술을 생산하는 산업이 포함될 수 있다. 그러나 상품 제조방식이나 서비스 공급방식을 전환하고 있는 전통 산업도 녹색경제의 일부분을 구성한다. 또한 에너지와 공공사업, 녹색건축, 폐기물 처리, 자원 재생, 교통과 같은 산업도 우리의 경제가 보다 지속가능한 미래를 지향하는 데 중요한 부분을 차지한다.

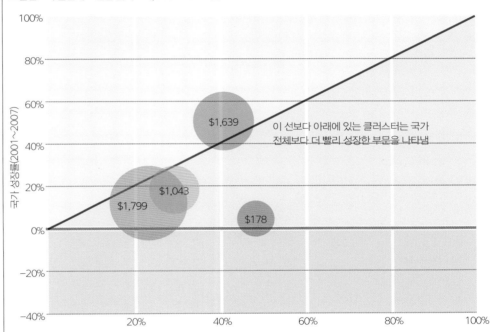

포틀랜드의 클린테크 산업 클러스터, 2001~2007년

국가 성장률(2001~2007)

이 선보다 아래에 있는 클러스터는 국가 전체보다 더 빨리 성장한 부문을 나타냄

포틀랜드의 성장률(2001~2007). 원의 크기는 2007년 부가가치의 규모를 나타냄.

출처: Portland Development Commission

⬤ 첨단제조업
⬤ 레크리에이션 및 아웃도어 전용 의류
⬤ 클린테크
⬤ 소프트웨어

포틀랜드의 녹색경제

포틀랜드는 오리건주에서 가장 큰 도시로 나이키와 인텔 등 세계적인 기업이 자리 잡고 있는 곳이다. 이런 대기업은 레크리에이션 및 아웃도어 전용 의류나 그 외의 최첨단 제조업에 전문화되어 있는 산업 클러스터 형성에 핵심적이다. 포틀랜드는 최근에 들어 녹색경제에 속하는 다양한 산업을 유치하고 있다. 이 도시의 경제개발자들은 이런 집중을 클린테크(cleantech) 산업 클러스터라고 부른다. 비록 포틀랜드의 클린테크 산업이 국가 평균보다는 다소 더디게 성장하고 있지만 포틀랜드가 부가가치에서 차지하는 비중이 매우 높기 때문에, 도시의 경제개발자들은 이를 중요한 목표 산업으로 삼고 있다.

신흥국의 녹색도시

프라이부르크나 포틀랜드와 같은 녹색도시는 선진국에 위치하고 있다. 이에 반해 신흥국에서 지속가능한 녹색도시를 발전시키는 것은 여전히 큰 과제로 남아 있다. 왜냐하면 많은 신흥국들은 도시화에 따른 높은 압력, 빈곤층의 높은 비중, 도시 거버넌스의 제약, 녹색 아이디어를 실행할 수 있는 자원의 부족 등에 직면해 있기 때문이다. 그러나 개발도상국의 도시가 보다 지속가능한 발전을 위해 변화하고 있다는 것을 보여 주는 사례도 많다.

브라질의 쿠리치바는 광범위한 급행버스 네트워크를 중심으로 한 교통체계로 여러 차례 수상한 경력

쿠리치바의 버스 시스템

쿠리치바는 1974년부터 시행된 혁신적인 급행버스 시스템인 '통합 교통 네트워크(Rede Integrada de Transporte)'로 유명하다. 이 시스템은 도시 전역에 편안하고 저렴하며 빠른 교통을 제공하고 있는데, 하루에 130만 명 이상의 승객이 이 시스템을 이용한다. 이 버스 시스템의 특징은 장애인이 보다 쉽게 버스를 이용할 수 있도록 버스정류장을 지상에서 높게 올린 후 튜브 형태로 만들었다는 점이다. 길게 제작된 버스는 전용노선으로 운행되며, 버스 간 운행 간격은 90초에 불과하다. 또한 이 시스템의 이용요금은 편리하고 저렴한 단일요금제로 되어 있기 때문에 도시 내 모든 계층이 효율적이면서도 대중적으로 이용하고 있다.

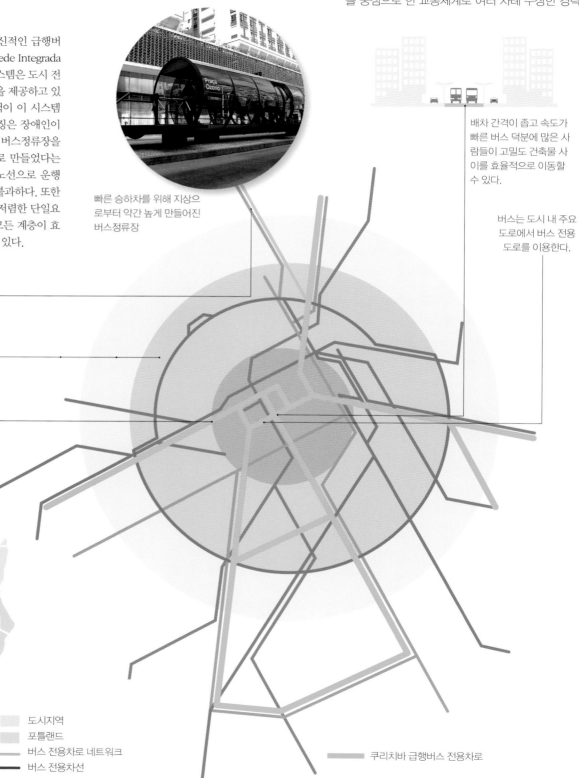

빠른 승하차를 위해 지상으로부터 약간 높게 만들어진 버스정류장

배차 간격이 좁고 속도가 빠른 버스 덕분에 많은 사람들이 고밀도 건축물 사이를 효율적으로 이동할 수 있다.

버스는 도시 내 주요 도로에서 버스 전용 도로를 이용한다.

버스와 노선은 알아보기 쉽게 다른 색깔로 구분되어 있다.

버스 노선은 도심에서 교외 쪽으로 일련의 동심원으로 조직되어 있다.

급행버스 노선은 도시 외부의 교통 시스템과 통합되어 있다.

도시지역

포틀랜드

버스 전용차로 네트워크

버스 전용차선

쿠리치바 급행버스 전용차로

을 갖고 있는 도시이다. 버스가 일반 도로망을 이용하게 함으로써 기반시설 건설비를 최소화했고, 튜브 형태의 버스정류장은 지상에서 약간 높게 만들어져 있다. 버스 시스템이 유연해서 (철도에 비해) 대규모 고정비용을 유발하지 않기 때문에 버스 이용요금을 낮게 책정하는 것이 가능하며, 이에 따라 도시 내의 거의 모든 주민들이 이를 이용할 수 있다. 쿠리치바의 버스 시스템은 멕시코시티, 자카르타, 쿠알라룸푸르 등 다른 도시에도 영향을 주었다. 급행버스 시스템을 도입한 결과, 쿠리치바는 도시의 모빌리티를 자동차 중심에서 버스 중심의 교통으로 성공적으로 전환했다. 오늘날 이 버스 시스템은 하루에 약 12,500회를 운행하면서 130만 명을 실어 나르고 있다. 또한 이 시스템은 쿠리치바의 주

민들이 교통비로 자기 소득의 10% 정도만 지출하게 함으로써 사회적 지속가능성 목표 달성도 추구한다.

중동의 경우 사막 한가운데에 녹색도시를 건설하려는 프로젝트가 진행 중이다. 아부다비는 약 47,500명의 주민이 거주할 수 있는 생태도시인 마스다르시티(Masdar City)를 계획하고 있다. 이 도시가 건설되면 도시가 필요로 하는 에너지를 오직 재생 가능한 천연자원(태양력)만으로 충당할 수 있게 된다. 이 도시계획은 태양에너지에서 생산된 전력으로 해수를 담수로 바꾸는 계획을 포함하고 있다. 도시의 건조환경은 전통적인 아랍 도시에서 영감을 받아 태양에 대한 노출을 최소화할 수 있게 계획되어 있다. 마스다르시티는 영국의 스타 건축가

인 노먼 포스터가 디자인한 것으로 2025년에 완공될 것으로 예상된다. 그러나 일부 비판가들은 마스다르시티의 건설은 단지 실험일 따름이며, 이 도시의 폐쇄공동체적 성격은 이런 유형의 녹색도시 모델이 일반화되는 데 도움이 되지 않는다고 비판한다. 신흥국과 개발도상국에서 녹색도시를 발전시키는 것은 미래에 직면할 중요한 도전이 될 것이다. 이런 국가에서 점차 더욱 많은 사람들이 도시지역에 거주하면, 이들은 매우 취약한 상태에서 기후변화의 결과에 직면하게 될 것이다. 국제사회는 이런 도시들이 환경적 위험과 피해에 대해 회복력을 갖도록 만드는 것이 가장 어려운 과업이 될 것이라고 인식하고 있다.

마스다르시티

아랍에미리트의 아부다비에 위치한 이 도시는 아부다비 정부의 자금으로 무바달라 개발회사의 자회사인 마스다르에 의해 생태도시로 개발될 것이다. 이 도시는 태양에너지를 이용해서 에너지 손실 제로를 목표로 하고 있다. 이 도시에는 국제재생가능에너지기구가 들어설 계획이기 때문에, 도시 개발자들은 마스다르시티가 수많은 녹색경제 행위자의 허브가 될 것이라는 기대를 갖고 있다. 과연 이 도시가 녹색도시라는 아이디어를 사막환경에서 구현할 수 있을지를 많은 사람들이 흥미롭게 지켜보고 있다.

기존 도시와 마스다르시티의 CO₂ 배출량 비교
기존 도시는 연간 110만t의 CO₂를 배출한다.

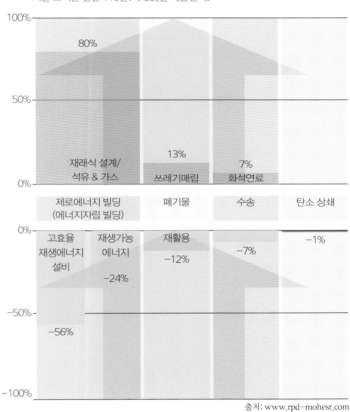

출처: www.rpd-mohesr.com

마스다르시티: 탄소 중립 도시 – CO₂ 배출량이 0이다.

마스다르시티 위치

소도시의
지속가능성

대도시의 녹색화는 근린지구 수준에서 논의되어야 한다. 전 세계의 수많은 소도시는 이런 작업이 어떻게 진행되고 있는지를 보여 주고 있다. 소도시는 국가 도시체계에서 중요한 역할을 하고 있다. 유럽의 일부 국가에서는 전체 인구의 절반 이상이 인구 5만 명 미만의 중소도시에 살고 있다. 미국이나 중국과 같은 국가의 소도시는 주변화된 지역에서 거점 역할을 하고 있다. 대체로 글로벌 네트워크에 속해 있는 대도시와는 달리, 소도시는 다양한 유형의 도전을 이겨 내기 위해 분투하고 있다.

대도시지역에 인접한 소도시 중 성장 중인 소도시는 대도시의 팽창을 막고 소도시의 정체성과 헤리티지를 지켜 내기 위해 노력하고 있다. 또한 대도시 지역에 인접한 소도시 중 쇠퇴 중인 소도시는 주민 수를 유지하기 위해 노력하고 있다. 많은 소도시의 정책가들은 주민들에게 일자리와 서비스를 제공함으로써 커뮤니티의 생명력을 지켜 내기 위해 분투하고 있다. 소도시가 보다 지속가능하고 안정적인 경제를 촉진하고, 기후변화 등 환경문제에 대처하며, 보다 공평한 사회를 만들기 위해 실행하고 있는 전략의 사례는 무수히 많다. 이탈리아, 독일, 스위스, 미국, 중국, 한국의 많은 소도시는 지속가능한 개발을 목표로 하는 여러 국제 네트워크에 가입하고 있다. 이런 사례로서 국제 슬로시티 운동, 에코시티 운동, 산골 도시 네트워크, 알프스 동맹, 공정

전 세계의 슬로시티, 2003년

괴크체아다
비제
타라클리
페르셈베
할페티
세페르히사르
아크야카
예니파자르
얄바츠
야시
코위찬베이   나라마타
세바스토폴
페어팩스
소노마
세지필드
카툼바
굴와   예이
마타카나

출처: Cittaslow International(2013)

슬로시티 운동

슬로시티 운동은 1990년대 말에 이탈리아의 3개 소도시 시장들이 슬로시티의 성격을 특정하기 위해 한자리에 모였던 것이 그 시초이다. 이 모임에 따르면 슬로시티는 삶의 질, 지속가능성, 로컬 자원의 이용, 로컬 생산의 장려를 중요시한다. 슬로시티는 자기의 역사와 문화를 중요시하며, 세계화와 경제의 역동적 변화로 인해 크고 작은 도시가 빠른 속도로 영향을 받는 것을 거부한다. 전 세계에 걸쳐 점차 많은 곳이 이런 목적에 초점을 둔 아이디어와 프로그램을 발전시키고 있다.

한국의 슬로시티

- 청송군(파천면)
- 담양군(창평면)
- 하동군(악양면)
- 장흥군(유치면)
- 제천시(수산면 박달재)
- 전주시(전주한옥마을)
- 남양주시(조안면)
- 상주시(함창읍, 공검면, 이안면)
- 신안군(증도)
- 완도군(청산도)
- 영월읍(김삿갓면)
- 예산군(대흥, 응봉면)

무역도시 운동 등을 들 수 있다. 이런 운동에 참여하고 있는 소도시는 특정한 지속가능성 목표를 달성하기로 약속했다. 이들은 국제 네트워크에 가입함으로써 상호 학습을 할 수 있고, 어떤 정책이 효과적인지에 대한 여러 아이디어를 얻을 수 있다.

슬로시티 운동은 인구 5만 명 미만의 소도시를 포괄하고 있다. 25개국에 걸쳐 166개의 소도시가 이 운동에 참여하고 있으며, 이들은 보다 조용하고 오염이 덜한 환경, 로컬 유산의 보전, 로컬 수공업품과 음식의 장려, 보다 지속가능한 경제 조성, 보다 덜 바쁜 일상생활 등을 달성하기 위해 정한 54가지 항목으로 이루어진 헌장을 실현하고 있다. 예를 들어, 이탈리아의 소도시 오르비에토는 전기버스의

이용을 통해 보다 지속가능한 대중교통 시스템을 만들어 냈다. 독일의 슈바르츠발트 근처에 위치한 소도시 발트키르히는 가족, 청소년, 이민자, 실업자를 지원하기 위한 사회 프로그램을 제공하는 곳으로 유명하다. 중국 최초의 슬로시티인 야시는 지속가능한 관광으로 탈바꿈하고 있다. 슬로시티 운동이 전 세계적인 명성을 얻은 까닭에, 점차 많은 소도시가 이런 슬로시티의 철학을 진지하게 검토하면서 지속가능성을 목표로 하는 다양한 정책을 실행 중이다.

소도시는 지속가능성 이슈에 대한 해결책을 제시하는 데 선구자가 될 수 있다. 독일 남부에 위치한 작은 마을인 빌트폴츠리드는 인구가 2,500명에 불

과하지만, 이곳은 자신들이 필요로 하는 에너지의 320%를 생산하고 있다. 그 결과 이 마을은 국가 전력망에 전력을 공급하는 대가로 무려 400만 유로에 달하는 수입을 얻고 있다. 이 정책은 이 마을이 에너지 독립이라는 목표를 수립했던 1999년부터 시작되었다. 이 마을은 바이오가스, 풍력, 태양광 등의 다양한 대체에너지를 개발해 왔다. 이 마을은 물을 재생 가능한 에너지 자원으로 사용하고 있고, 지역 내에서 구할 수 있는 목재를 사용해서 주차시설을 만들었다. 빌트폴츠리드는 통합적인 에너지 보호 노력으로 인해 2009년에 유럽에너지상을 수상했다.

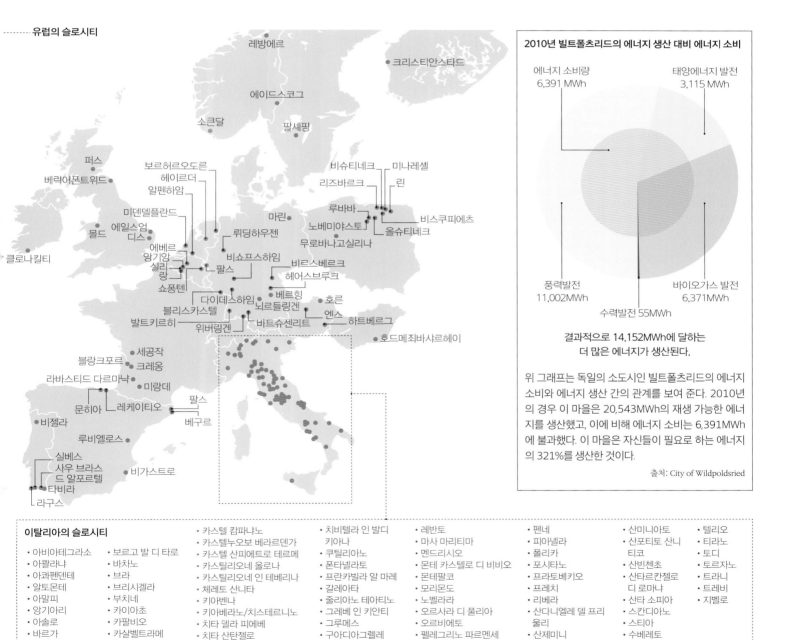

유럽의 슬로시티

레방에르
크리스티안스타드
에이드스코그
소큰달
팔셰핑
퍼스
베릭어폰트위드
보르허르오도른
헤이르더
알펜하암
미덴델플란드
에일스엄디스
몰드
에베르
앙기앙
실리링
쇼퐁텐
다이데스하임
블리스카스텔
발트키르히
위버링겐
세공작
블랑크포르
크레옹
라바스티드 다르마냑
미랑데
문히아
레케이티오
비젤라
루비엘로스
실베스
사우 브라스 드 알포르텔
타비라
라구스
팔스
베구르
비가스트로
비슈티네크
리즈바르크
미나레셀
린
루바바
노베미야스토
올슈티네크
비스쿠피에츠
무로바나고실리나
마린
뤼딩하우젠
비쇼프스하임
비르스베르크
헤어스브루크
베르힝
뇌르들링겐
바트슈센리트
엔스
호른
하트베르그
호드메죄바사르헤이
클로나킬티

2010년 빌트폴츠리드의 에너지 생산 대비 에너지 소비

에너지 소비량 6,391 MWh
태양에너지 발전 3,115 MWh
풍력발전 11,002MWh
수력발전 55MWh
바이오가스 발전 6,371MWh

결과적으로 14,152MWh에 달하는 더 많은 에너지가 생산된다.

위 그래프는 독일의 소도시인 빌트폴츠리드의 에너지 소비와 에너지 생산 간의 관계를 보여 준다. 2010년의 경우 이 마을은 20,543MWh의 재생 가능한 에너지를 생산했고, 이에 비해 에너지 소비는 6,391MWh에 불과했다. 이 마을은 자신들이 필요로 하는 에너지의 321%를 생산한 것이다.

출처: City of Wildpoldsried

이탈리아의 슬로시티

아비아테그라소	카스텔 캄파냐노	치비텔라 인 발 디 키아나	레반토	펜네	산미니아토	텔리오
아쿠알라냐	바차노	카스텔누오보 베라르덴가	마사 마리티마	피아넬라	산포티토 산니티코	티라노
아콰펜덴테	브라	카스텔 산피에트로 테르메	쿠틸리아노	멘드리시오	폴리카	토디
알토몬테	브리시겔라	카스틸리오네 올로나	폰타넬라토	몬테 카스텔로 디 비비오	포시타노	토르자노
아말피	부치네	카스틸리오네 인 테베리나	프란카빌라 알 마레	몬테팔코	프라토베키오	트라니
앙기아리	카이아초	체레토 산니타	갈레아타	모리몬도	프레치	트레비
아솔로	카팔비오	키아벤나	줄리아노 테아티노	노벨라라	리베라	지벨로
바르가	카살벨트라메	키아베라노/치스테르니노	그레베 인 키안티	오르사라 디 풀리아	산다니엘레 델 프리울리	
	보르고 발 디 타로	치타 델라 피에베	그루메스	오르비에토	산제미니	
		치타 산탄젤로	구아디아그렐레	펠레그리노 파르멘세	산타 소피아	
					스칸디아노	
					스티아	
					수베레토	
					산빈첸초	
					산타르칸젤로 디 로마냐	

지능형 도시

케빈 데수자

영국 런던

지능형 도시: 개요

> "지능형 도시는 정보와 자원을 통해 도시민이 그들의 삶의 질을 향상시킬 수 있게 해 준다."

다른 유기체처럼 도시는 환경으로부터의 신호를 처리할 수 있는 능력에 따라 번영하기도 실패하기도 한다. 전통적으로 도시 내 기반시설, 과정, 사건의 관리는 실시간 의사결정으로 자료를 이용할 수 있는 능력의 결여로 인해 비효율적이었다. 이는 엄청난 자원의 낭비와 기회의 탕진으로 이어졌다. 더 나아가 최근까지 대부분의 시민은 그들의 선출직 관리들이 고안한 프로그램의 수동적 수용자일 뿐이었다. 도시 계획가와 설계사들은 역사적으로 도시민을 위한 혁신에 집중해 왔으나, 그들과 함께 혁신을 추구하거나 더 나아가 그들에게 스스로를 혁신할 수 있는 자원과 능력을 제공해 주는 데에는 미흡했다.

오늘날 통신과 연산기술의 진보와 함께 도시는 보다 '지능화'되기 위해 자료와 정보를 이용한다. 이동통신기술의 적용과 인터넷 연결의 확산은 대부분의 사람들, 심지어 가장 빈곤한 사람들에게까지 정보 접근이 가능하도록 만들었다. 도시는 더 현명한 의사결정이라는 목표를 달성하는 데 필요한 실시간 자료처리를 가능하게 만들기 위해 다양한 유형의 기술을 물리적, 사회적 영역 내에 장착시키고 있다. 아울러 도시는 이전에는 공공부문에서 제공하지 않았던 자료를 자유롭게 이용할 수 있도록 하고 있다. 한편, 도시민들은 자신들의 환경의 미래를 만들어 나가는 데 더욱더 능동적인 역할을 수행하고 있다. 도시민들은 다양한 기능을 보다 현명한 방식으로 수행하는 것을 도와주는 모바일 앱을 만드는 것뿐만 아니라, 다른 도시민들로부터 문제와 해결책을 얻기 위해 온라인 플랫폼을 구축하기도 한다. 정보의 수집과 분석을 통해 도시의 상황인식 수준은 높아지고, 이는 도시민의 삶의 질을 향상시키는 데 목표를 둔 실시간 의사결정을 가능케 해 준다. 네트워크 컴퓨터회사 시스코(Cisco)와의 협력

1. 샌프란시스코
샌프란시스코는 SF 파크라 불리는 지능형 주차 시스템을 시행하고 있는데, 이를 통해 도시는 주차수요를 도시 전역에 적절히 배분할 수 있다. 인터넷과 스마트폰 앱은 도시민들이 주차할 지점과 가격정보를 제공한다.(지능형 주차)

2. 시카고
시카고는 세계에서 가장 큰 규모의 영상보안 시스템 중 하나인 '버추얼 실드(Virtual Shield)'를 가지고 있다. 이 통합 광섬유 네트워크는 실시간으로 범죄 관련 안전진단을 위해 영상을 확인 감독하는 무선감시전략 기반시설을 전개시킨다.(지능형 보안)

3. 뉴욕
뉴욕은 성장과 기업활동의 장려를 위해 무료로 공공에 개방된 무선 광대역 연결을 확대하기 위해 다양한 곳과 제휴하고 있다. (지능형 연결)

을 통해 도시생태지도(Urban EcoMap)를 만든 암스테르담의 사례를 생각해 보라. 인터넷 기반 도구인 도시생태지도는 탄소 배출의 측면에서 도시민들의 활동이 그 도시에 미치는 영향을 시각화할 수 있게 해 준다. 자료는 지구단위에서 시각화되어 표현되며, 보다 지속가능한 방식으로 활동을 수행함으로써 배출을 줄일 수 있는 제안이 제시된다. 런던과 같은 도시는 폐쇄회로텔레비전(CCTV)과 정교한 이미지 및 영상처리 기술을 이용하여 주위에서의 활동을 감시한다. 자동차로부터 도로, 심지어 도시민들이 착용하는 신분증에 이르기까지 다양한 인공물에 대한 감지기를 통해 도시는 실시간 의사결정의 지원을 위한 다양한 자료원으로부터의 자료들을 융합시킬 수 있다. 도시 망사형 네트워크와 같은 정보기술의 전개를 통해 도시는 사물과 사람 간 무선 인터넷 연결을 활용하여 상호 연결성을 강화한다. 서울과 같은 도시는 공공안전을 촉진시키고자 핵심 기반시설을 감시하기 위한 무선 망사형 네트워크를 이용해 왔다.

도시를 지능화하는 기술의 전개에서 가장 일반적인 영역은 희소한 자원에 대한 신중한 결정을 할 수 있게 만들어 주는 '에너지'이다. 싱가포르는 2006년에 스스로를 '지능형 국가'로 변모시키기 위한 10년 32억 달러의 종합계획에 착수했다. 스마트 검침 시스템은 에너지 소비에 대한 실시간 정보를 소비자에게 제공하며, 소비자가 그들의 행동을 고칠 수 있도록 해 준다. 스마트그리드 시스템(smart grid system)은 소비자로 하여금 사용하지 않은 에너지를 서비스 공급자에게 되팔아 그 에너지가 다른 곳으로 갈 수 있도록 해 준다.

이미 존재하는 도시들은 혁신적인 기술의 실행을 통해 보다 지능화되어 가는 경로에 있다. 이들 도시는 기반시설을 보강하고 처리작업을 자동화하며, 심지어 정보제공을 통해 도시민들에게 권한을 부여하고 있다. 우리는 '새로운' 지능형 도시, 즉 지능형 능력을 갖추고 새로 만들어진 도시의 개발 또한 확인하고 있다. 거대 전자회사 파나소닉에 의해 주도된 프로젝트인 후지사와시(도쿄 남서쪽으로 약 40km)의 사례를 생각해 보라. 이 도시는 1,000호 이상의 스마트 주택으로 구성될 예정인데, 각 주택은 자원의 소비를 최적화할 고성능 감지기와 정보기술을 제공하며, 도시에서 일어나는 일에 대한 실시간 정보를 거주자에게 제공한다. 주택은 지속가능한 방식으로 건설될 예정이며, 에너지 효율을 높이기 위한 가전제품의 현명한 이용을 촉진할 수 있도록 정보 네트워크를 활용한다.

지능형 도시는, 특히 도시가 직면하는 도전을 해결하기 위한 기술을 설계하는 데 관한 혁신의 온상이다. 이 장은 '지능형' 기술의 이용을 통해 해결할 수 있는 다양한 도전을 살펴본다.

4. 런던
런던은 런던 데이터스토어(London Data-store)를 통해 도시민들에게 공공데이터를 무료로 이용할 수 있게 하고 있다. 자료의 상당부분은 도시 서비스 관련 자료, 교통정체와 지하철 운행에 대한 업데이트 등으로 구성되어 있다.(지능형 접근)

5. 암스테르담
암스테르담의 위트레흐츠스트라트(Utrechtsestraat) 클리마트 스트레트(Climate Street)는 인기 있는 쇼핑과 상점의 거리인 위트레흐츠스트라트를 지속가능한 쓰레기 수거, 원격검침(smart meter), 전차정류장, 가로등 등이 있는 에너지 절전형의 환경을 고려하는 지역으로 개발하고자 하는 프로그램이다.(지능형 거리)

6. 서울
서울특별시는 '스마트워크센터' 계획을 개발해 공무원이 그들의 집 근처에 위치한 10개의 사무실에서 전문적 그룹웨어(groupware)와 원격회의 시스템을 이용하여 업무를 볼 수 있게 해 주고 있다.(지능형 업무)

7. 도쿄
도쿄는 쓰레기를 줄이고 쉽게 실행할 수 있는 지속가능한 에너지 절약수단을 통해 저탄소 역량과 동시에 재난 저항성을 향상시키는 '스마트 에너지 도시'로 변모해 가고 있다.(지능형 절약)

8. 싱가포르
위성위치확인시스템(GPS)이 탑재된 택시를 통한 싱가포르의 실시간 교통정보, 통합 대중교통 시스템, 전자 도로 혼잡통행료 징수(Electronic Road Pricing)는 대도시권 교통의 진전을 이루었다.(지능형 교통)

9. 시드니
시드니는 새로운 기술을 시행할 때 수반되는 혜택과 비용에 대한 정보를 수집하는 일련의 스마트그리드 기술을 시험하기 위해 '스마트그리드, 스마트시티'를 시행하고 있다.(지능형 계측)

지능형 도시 세계지도
지능형 도시는 실행 가능한 지식에 도달하기 위해 스스로의 환경 내부와 외부의 사물, 행위자, 사건으로부터 자료를 감지하며, 이는 도시의 공간, 과정, 실행, 도시민과 조직 그리고 현재와 미래의 관리에 영향력을 발휘한다. 다양한 운영 및 거버넌스 방식에 대한 자료가 널리 이용될 수 있게 해 주는 공개자료 프로그램이 여러 주요 도시들에 존재하며, 이를 통해 자원과 환경의 설계, 계획, 거버넌스에 이런 정보가 효율적으로 사용될 수 있는 잠재력을 극대화할 수 있다.

자료의 공개

지능형 도시는 기술의 다면적 이용을 통해 더 현명한 삶을 장려하고자 노력한다. 도시민들은 창의력, 전문성, 통찰력 등의 영향력을 발휘하기 위해 공공기관과 협력하여 일할 뿐만 아니라 다른 동료 거주자들과도 제휴하면서 그들의 도시를 위한 혁신적인 해결책을 만들어 내는 과정에서 적극적인 참여자이다. 이를 용이하게 만들기 위해 도시는 행정, 도시, 기반시설 및 서비스 시스템에 묻혀 있는 자료를 공개하고 있다. 자료를 개방하는 것은 창조계급이 지능형 도시공간을 설계할 수 있도록 해 준다. 이는 도시민들에게 모바일 앱에서부터 크라우드소싱 플랫폼에 이르기까지 창의적인 기술기반 해결책에 기여할 수 있는 기회를 제공해 준다.

런던은 극대효용을 위해 현재의 자원과 기술을 융합하는 데 선두를 달려왔다. 2010년에 런던은 런던 데이터스토어를 개시함으로써 정부자료를 대중에 공개했다. 런던광역시의 관리하에 런던 데이터스토어는 도시민들에게 도시기관이나 공무원으로부터 제공된 원 자료를 열람하고 이용할 수 있는 기회를 제공해 준다. 배포되는 정보는 범죄, 경제, 예산, 자원 우선순위 등에 대한 자료와 실시간 대중교통 정보이다. 그렇게 강력한 정보도구를 도시민에게 제공하는 이유는 두 가지이다. 자료원의 개방은 공공부문 관리들 사이에 투명성을 증대시키며 기업활동의 여건에 도움이 되는데, 이를 통해 비용 감축이라는 측면에서 도시는 혜택을 받을 수 있다. 런

런던 자전거 대여 앱

이것은 런던의 '바클레이스 사이클 하이어(Barclay's Cycle Hire)' 프로그램을 위한 빠르고 이용자 친화적인 앱이다. 도시민들은 이 앱을 이용하여 런던 중심부 400개 자전거 거치대 중 하나를 파악하여 자전거 대여소 간 경로를 얻고 미리 앱에 탑재되어 인터넷 접속 없이도 이용할 수 있는 지도를 활용할 수 있다.

그로스브너 스퀘어
11대 자전거 이용 가능
10대의 공간 비어 있음

자전거 이용 가능   거치공간 없음   자전거 없음

던의 개방형 자료체계로부터 기인한 기업활동의 중요한 한 형태는 다양한 전자장치에서 구동이 가능한 소프트웨어의 개발이다. 웹 개발자 매슈 서머빌은 런던 지하철에 대한 온라인 지도앱을 만들었는데, 불과 며칠 사이에 25만 건의 접속이 이루어졌다. 이와 마찬가지로, 전자공학자이자 자전거 애용자 벤 바커는 런던 데이터스토어로부터 얻은 정보를 이용하여 자전거지도를 만들었다. 이와 같은 지도는 대중들에게 정보를 쉽게 이용할 수 있고 이해할 수 있는 형식으로 제공하고자 하는 노력의 일환이다.

뉴욕시는 다양한 도시 서비스에 대한 자료를 대중들이 접근할 수 있게 하는 것뿐만 아니라, 이들 자료를 이용한 모바일 앱을 만드는 것에 인센티브를 제공한다. NYC 빅앱스(Big Apps) 대회(http://nycbigapps.com/)에서는 주차효율성을 찾고, 공지의 새로운 용처를 찾으며, 대중교통을 효율적으로 이용할 수 있게 하는 도구와 같은 다양한 종류의 창의적 해결책이 나온다. 더 나아가 뉴욕 시장 마이클 블룸버그는 도시자료를 가공하여 문제에 대해 창의적 해결책을 찾는 '마니아 부대(geek squad)'를 보유하고 있다. 뉴욕시의 정책 및 전략계획부(Office of Policy and Strategic Planning)에 계량적 및 분석적 능력이 높고 기술에 능통한 전문가로 구성된 이들 '마니아 부대'가 소속되어 있다. 그들은 도시가 매일 수집하는 광범위한 자료를 가공하여

의미를 부여한다. 도시민들은 여러 가지 중에서 도시 거버넌스를 진전시키는 기술을 만들기 위해 이자료를 적극 활용한다. 도시민들은 대중교통 이용 증가, 특정 지역에서의 범죄활동에 대한 인지도 증가, 지방정부를 위한 실시간 문제인식과 경로설정의 원활화, 쓰레기수거 최적화, 지방정부 비효율과 부패 감소 등을 위한 모바일 앱을 만들어 왔다. 모바일 앱을 통해 도시민들은 도시의 망에 직접 연결되고, 일상생활을 영위해 나가면서 보다 의미 있고 다채로운 방식으로 도시와 상호작용할 수 있게 되었다.

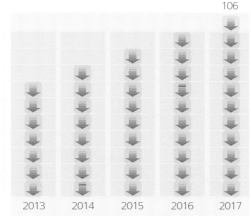

연간 앱 다운로드
다운로드(십억)
2017년까지의 추정치
출처: Berg Insight

앱의 이용 증가

휴대 가능함, 편리함, 신속한 정보 생산 때문에 사람들은 일상생활에서 점점 더 많이 앱을 이용한다. 지능형 생활의 측면에서 앱이 가장 호소력이 높은 부분은, 앱을 개인의 일상적 필요에 맞추어 개인화할 수 있다는 점이다. 이는 현명하고 지속가능한 생활방식으로 살기 위해 희생해야 하는 부분을 우리가 조율하고 유지해 나가기 더 쉬워졌다는 의미이다.

기반시설

스마트 기반시설 혁신은 대중의 요구에 부합하는 도시의 역량을 향상시킬 수 있다. 스마트 기반시설의 예로는, 얼마나 정체되고 어디서 가장 많은 사고가 발생할 것 같은지를 감독하고 그에 따라 권장 통행속도를 조정할 수 있는 도로, 수요 변화에 맞추어 하루 중의 다른 시간대에 다른 크기의 버스를 운행할 수 있는 버스 시스템, 수요를 맞추는 데 보다 나은 실시간 및 예측 정보를 가진 에너지 계측 시스템 등이 있다. 예를 들어, 실시간 및 예상 주차정보는 거주자의 좌절감을 줄이고 삶의 질을 높일 수 있다. 노면에 위치한 감지기는 주차공간이 비어 있는지를 파악하고, 운전자는 스마트폰의 앱을 통해 이 정보에 접근할 수 있다. 이것은 주차공간을 못 찾으면 어쩌나 하는 두려움으로 방문을 꺼렸을 많은 이

들에게 도시를 개방하며 그곳 상인들에의 접근성을 증대시켜 줌으로써 지역경제를 활성화할 수 있다. 주차공간을 찾기 위해 '블록을 뱅뱅 도는' 빈도의 감소는 이산화탄소 배출, 교통량, 차량 운행거리의 감소를 유도한다.

스마트 기반시설에 도시민들이 일상생활을 수행하면서 이용할 수 있는 정보기기가 내장되어 있다. 도시 내에서 지능이 내장되어 있는 정보기기의 예로, 텔레콤 이탈리아(Telecom Italia)가 만든 차세대 공중전화부스가 있다. 이것의 원조는 토리노의 토리노 공과대학 바로 바깥에 설치되었다. 공중전화부스는 전통적인 전화통화에 쓰일 수 있으나, 또한 이용자가 이 지역의 명소, 쇼핑, 공공서비스, 그리고

스마트 도로

도로 내 또는 인근의 무선감지기 네트워크는 도시교통 기반시설의 유지 및 개발에 유용하다. 무선감지기는 통행자의 안전과 경제적 효율성을 위해 노면상태, 터널 내 공기의 질, 기상조건 등을 감시한다.

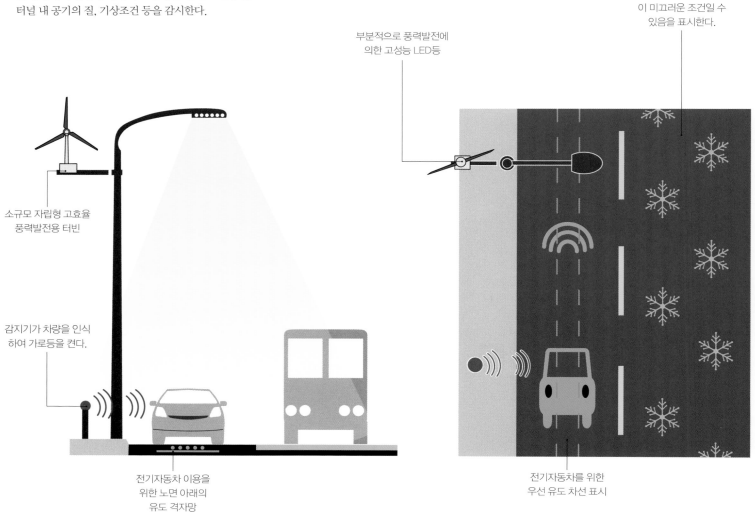

소규모 자립형 고효율 풍력발전용 터빈

감지기가 차량을 인식하여 가로등을 켠다.

전기자동차 이용을 위한 노면 아래의 유도 격자망

부분적으로 풍력발전에 의한 고성능 LED등

온도를 감지하는 노면이 미끄러운 조건일 수 있음을 표시한다.

전기자동차를 위한 우선 유도 차선 표시

심지어 사회관계망에 대한 정보를 검색할 수 있게 해 준다. 토리노의 방문객은 도시의 이곳저곳을 다니는 데 정적인 지도에 의존할 필요 없이 이들 공중전화부스를 통해 역동적이고 그 지점에 맞춤형인 실시간 정보에 접근할 수 있다.

도쿄의 금융기관은 고객이 전통적인 플라스틱 카드 대신 지문인식을 통해 거래를 수행할 수 있게 해 주는 스마트 현금자동입출금기(ATM)를 개발하고 있다. 고객은 손을 스캐너 위에 얹고 생년월일이나 핀 번호와 같은 인식암호를 입력함으로써 금융계좌에 접근할 수 있다. 이 기술은 몇 초 이내에 수백만 개의 인식 가능한 대상을 수천 개로 걸러 내기 위해 3개의 손가락 지문과 손바닥-정맥 자료의 조합을 맞추어 본 후 여러 서버에서의 병렬처리를 이용해 세밀한 패턴인식을 수행한다. 사람들이 소유품을 다 잃어버리거나 금융계좌에 접근이 어려운 상황이 발생할 수 있는 자연재해로부터 많은 영향을 받는 도쿄의 상황에서 지문의 이용은 금융계좌에 접근하는 데 보다 이용자 친화적이고 회복력이 큰 방법이다.

도시개발은 도시민의 일상생활에서의 여러 가지 측면과 미래세대의 삶에 영향을 주기 때문에, 지능형 기반시설을 설계하는 데 주의 깊게 살펴야 하는 부분은 도시민들로부터의 상향식 설계와 계획을 장려해야 할 필요성이다. 헬싱키는 보다 지속가능하고 혁신적인 미래의 선택을 위해 협동과 아이디어 개발을 장려하는 과정에 투자를 결정했다. 2009년 시트라(Sitra)의 핀란드 혁신펀드(Finnish Innovation Fund)와의 협업을 통해 헬싱키는 지속가능한 발전설계 공모전인 로투노(Low2No) 대회를 시작했다. 이 대회는 참여 팀들이 에너지 효율성, 저/무 탄소 배출, 높은 건축적·공간적·사회적 가치, 지속가능한 자재와 수단 등 네 가지 핵심 원리를 이용하여 건물을 설계하도록 했다. 이 대회는 건축공모전이나 아이디어에 대한 대회가 아니었다. 이것은 도시 내 지구 중 하나인 엣세사리(Jätkäsaari)에 대규모 건물단지를 설계하는 데 네 가지 핵심 원리에 기반을 둔 가장 지속가능한 개발계획을 만든 팀을 찾기 위함이었다.

주차예측

주차예측 시스템은 빈 공간을 셀 뿐만 아니라 언제 주차장이 비게 될지를 예측한다. 이는 이전의 주차 패턴과 같은 과거 자료와 스포츠 경기나 콘서트와 같은 현재 행사를 결합하는 알고리듬을 이용한다.

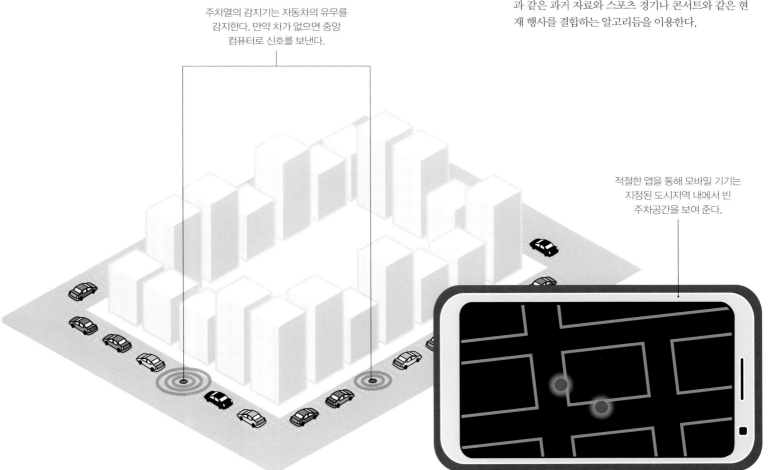

주차열의 감지기는 자동차의 유무를 감지한다. 만약 차가 없으면 중앙 컴퓨터로 신호를 보낸다.

적절한 앱을 통해 모바일 기기는 지정된 도시지역 내에서 빈 주차공간을 보여 준다.

지속가능성

지능형 도시는 보다 지속가능하도록 다양한 기술과 정책 혁신을 펼친다. 기술을 통해 개인과 조직은 그들의 개별적 활동이 국지적 환경에 어떤 영향을 미치는지를 감시한다. 실시간 정보의 제공을 통해 도시는 환경에의 부정적인 영향을 줄이도록 도시민과 조직이 그들의 행동을 바꾸는 것을 권장할 수 있게 해 준다. 정책적 개입은 도시민이 자원을 소비하고 접근하는 방식의 경제적 패턴 변화에 초점을 둔다.

혁신기술을 통해 지속가능성을 증진시키는 것은 2040년까지 국제적으로 알려진 지속가능한 도시가 되기 위한 암스테르담의 노력의 핵심이다. 중요한 정책 중 하나는 도심부의 인기 있고 번화한 거리인 위트레흐츠스트라트를 대상으로 하고 있다. 위트레흐츠스트라트 클리마트 스트레트 프로젝트는 2년 기간의 시험적 정책으로 도시의 가장 번화한 지역에서 탄소발자국을 줄이기 위해 전기 쓰레기 수거 차량, 스마트 계측, 에너지 표시, 전기차 충전대, 야간 가로등 조광, 상점의 전기시설을 통제하는 원격접속 등을 시행하고 있다. 위트레흐츠스트라트 클리마트 스트레트 정책의 주요한 목표는 도심부에 지속가능한 환경을 만들고, 에너지 소비에 대해 도시민을 교육하며, 지속가능 기술의 채택을 위한 기업활동과 협업을 장려하고자 하는 것이었다.

재래식 쓰레기 트럭에 대한 혁신적인 해결책으로서 전기 쓰레기수거 차량은 지속가능성의 측면에서 여러 가지 혜택을 제공한다. 그들은 오염, 즉 이산화탄소를 대기 중으로 배출하지 않으며 에너지 소비를 30%까지 줄일 수 있는 에너지 재생 제동장치와 같은 특수기능을 통해 에너지 효율적으로 설계되었는데, 이는 '가다 서다'를 반복하는 쓰레기 트럭의 이동에서 매우 중요한 부분이다. 전기 쓰레기수거 차량에는 고온과 험준한 지형에서의 작업에 도움이 되도록 특수 냉각장치가 장착되어 있다. 이 차량은 쓰레기통과 재활용 수거함 모두를 들어올

스마트 마이크로그리드

스마트 마이크로그리드(micro-grid)는 스마트그리드의 하위구성 요소이다. 그것은 시스템 내에서 소비자에로의 전기의 흐름을 만들어 내고 분배하고 조절한다. 이것은 재생가능 에너지원, 에너지 저장장치, 그리고 에너지 적재량과 에너지원 간의 균형을 유지시키는 지능형 전력장치에 의해 구동되는 배분 시스템을 통해 이루어진다. 이는 안정성을 높여 주고 탄화물 배출을 줄이며, 에너지원을 다양화하고 범역 내 커뮤니티를 위한 비용을 줄일 수 있게 해 준다.

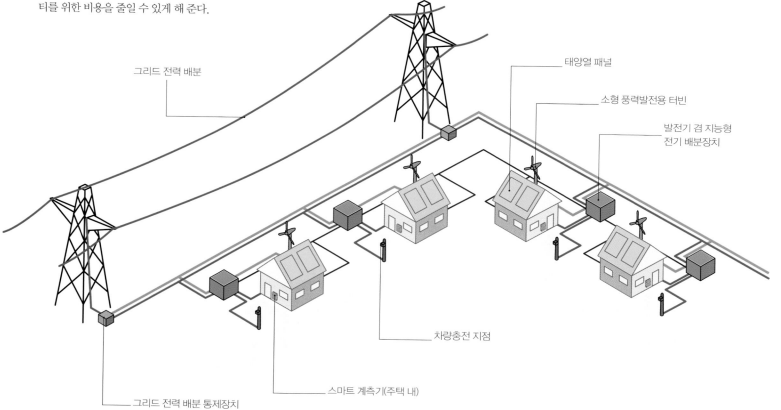

그리드 전력 배분

태양열 패널

소형 풍력발전용 터빈

발전기 겸 지능형 전기 배분장치

차량충전 지점

그리드 전력 배분 통제장치

스마트 계측기(주택 내)

—— 그리드로부터 공급되는 전력
—— 그리드로 역공급되는 전력
—— 공유전력

려 내용물을 쓰레기 압축기 안으로 던져 넣는다. 이런 특징들은 모두 에너지 소비와 환경에의 영향을 줄일 수 있도록 해 준다. 시험실시가 종료된 2011년에 암스테르담시는 에너지 절약을 통해 이산화탄소 배출량을 8% 감소시켰으며, 녹색에너지로의 전환을 통해 추가적으로 10%를 감소시켰음을 발표했다.

오스트레일리아의 시드니는 스마트시티(smart city)의 방향으로 전진하고 있다. 전력을 절약하고 국내에서 재생가능 에너지원을 만들기 위한 노력으로 오스트레일리아 정부는 뉴캐슬과 시드니에서 상용화 수준의 스마트그리드 프로그램을 시행했다. 스마트그리드는 소비자와 도시에 에너지 이용에 대한 실시간 정보에 접근할 수 있는 여건을 제공한다. 이 정보를 통해 이용자는 에너지를 소비하는 방식에서 그들의 행태를 바꿀 수 있게 된다. 만약 스마트그리드가 오스트레일리아 전역에 걸쳐 채택된

다면, 오스트레일리아는 연간 탄화물 배출을 3.5Mt만큼 감소시킬 수 있을 것으로 정부는 추정한다. 뉴사우스웨일스의 뉴캐슬과 스콘에서 60가구가 선정되어 시험용 마이크로그리드에 접속되었다. 마이크로그리드는 그 지역 내에서 상호 연결된 에너지원 간의 자족적 네트워크이다. 각 주택에는 작은 냉장고 정도 크기의 5kW 브로민화아연 전지가 외부에 설치되어 있다. 마이크로그리드는 한산한 시간대 동안 주 전기 네트워크로부터 전기를 끌어다 향후에 이용하기 위해 저장해 놓음으로써 그리드 내의 주택은 단전의 상황 등에서도 보호될 수 있고 태양열과 같은 다른 에너지원을 별도로 이용할 수도 있다. 에너지 효율성을 향해 나아가는 방향의 선상에서 시드니는 새로운 에너지 효율적인 LED 가로등을 이용한 오스트레일리아 최초의 도시가 되었다. 시드니 곳곳의 다양한 동네에서 진행된 18개월 동안의 시험 결과, 에너지 효율적인 가로등은 오염

물질 배출과 에너지 이용을 50%까지 줄일 수 있었다고 보고되었다. 700만 달러의 3년 기간 프로젝트의 하나로 에너지회사 GE와 UGL은 시드니 시청 앞의 조지 스트리트에 신형 LED등을 설치하기 시작했다. 도시가 스마트한 삶을 선택하는 방향으로 전념할 때 조그만 변화도 큰 차이를 만들어 낼 수 있음을 이 프로젝트는 보여 준다.

암스테르담 클리마트 스트레트, 위트레흐츠스트라트

에너지 절약형 전구를 이용한 지속가능한 가로등, 쓰레기 압축기를 장착한 태양열 동력 쓰레기통, 에너지 소비에 대한 피드백을 제공하는 에너지 표시기와 같은 혁신기술은 위트레흐츠스트라트의 기업가와 커뮤니티 구성원들이 에너지 이용 절감의 방향으로 전진하고자 하는 몇몇 방식의 예이다.

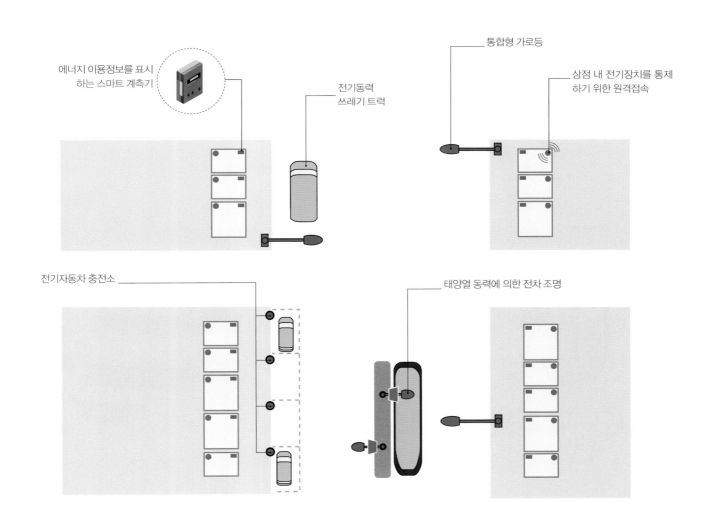

에너지 이용정보를 표시하는 스마트 계측기

전기동력 쓰레기 트럭

통합형 가로등

상점 내 전기장치를 통제하기 위한 원격접속

전기자동차 충전소

태양열 동력에 의한 전차 조명

모빌리티

통근은 사소한 문제가 아니다. 텍사스 교통연구소(Texas Transportation Institute)는 2015년 미국 전역에서 평균적인 통근자가 정체 때문에 900달러 규모의 연료와 시간을 허비하고 있는 것으로 추정했다(이는 2010년의 750달러보다 증가한 수치이다). 정체에서 소모되는 연료는 2015년에 25억 갤런으로 예상된다(2010년 19억 갤런에서 증가). 전 세계적으로 자동차의 수가 2020년에 10억에서 20억대로 두 배 증가한다는 사실을 고려하면 이 문제를 해결해야 한다는 압력은 높아진다. 더구나 세계보건기구(WHO)에 따르면, 매달 전 세계에서 교통사고로 10만 명이 사망하고 이 중 90%가 인간의 실수에 의한 것이라는 점을 고려할 때, 운전자 없는 자동차의 연구개발을 보고 있는 것은 놀라운 일이 아니다.

이 기술은 사고의 감소를 넘어 보다 효율적인 경로 선택을 통해 정체를 완화시키고 오염을 줄이는 등의 혜택을 지니고 있다. 대부분의 주요 자동차 제조업체는 레이저 또는 카메라 장애물 탐지를 기반으로 감응식 순항제어장치, 차선유지 시스템, 자율주차 시스템, 자동제동 등을 포함하는 무인자동차로 한 발 더 다가서는 기술을 이미 개발했다. 특히 BMW와 아우디는 유럽과 미국에서 무인차량의 시험을 마쳤다. 무인차량은 (목표물에 레이저광을 비추어 반사광을 분석함으로써 거리를 측정하는) LIDAR, 비디오카메라, GPS, 초음파감지기, 레이다감지기, 차량간 통신 시스템, 가속도계, 자이로스코프 등을 포함하는 기술의 종합체이다. 구글은 무인차량을 실현하기 위해 자동차의 다양한 감지기로부터의 정보를 처리하는 소프트웨어를 만드는 일

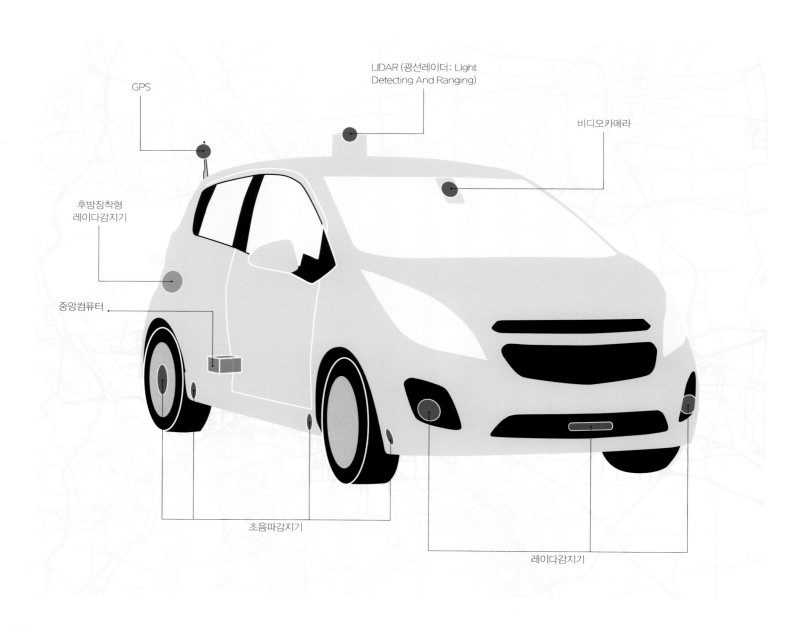

GPS

LIDAR (광선레이더: Light Detecting And Ranging)

비디오카메라

후방장착형 레이다감지기

중앙컴퓨터

초음파감지기

레이다감지기

에 투자를 하고 있다. 무인차량 개발의 핵심은 이미지와 패턴인식에서 현재의 기술수준을 진전시키는 것이다.

런던은 도시민의 모빌리티에서의 도전에 맞서기 위해 다양한 조치를 취하고 있다. 이 도시는 혼잡지구로 들어오는 차량에 하루 10파운드(16달러)의 표준비용을 부과하기 위해 자동 번호판 판독기를 활용한 혼잡세를 2003년에 시행했다. 런던의 혼잡세는 개인 차량의 이용을 감소시키고 이산화탄소 배출을 줄였으며, 런던 대중교통 시스템을 위한 기금을 늘렸다. 개인 자동차의 이용은 1980년대 중반의 수준으로 떨어졌다. 2003년에 런던은 기차, 전차, 버스로의 승객의 신속한 접근을 위해 오이스터(Oyster) 카드라 불리는 선불카드를 이용하여 도시 내 모든 유형의 대중교통에 쓸 수 있는 지불 시스템을 도입

했다. 오늘날 570만 명의 사람들이 매주 오이스터 카드를 이용하며, 버스와 지하철 지불의 80%가 오이스터 카드에 의해 이루어진다. 접근성을 높이고 교통량을 줄이기 위한 또 다른 노력으로 런던은 바클레이스 사이클 하이어(Barclay's Cycle Hire) 프로그램을 개발했다. 이 프로그램은 회원이나 비정기적 이용자가 온라인에서 등록하고 자전거를 빌린 후 하루 또는 한 주 중 아무 때나 반납할 수 있도록 해 준다. 2013년 4월 기준으로 2120만 건의 자전거 대여가 이루어졌다. 2012년 런던올림픽 기간 중에는 하루에 47,105건의 대여가 있었음을 프로그램은 보고하고 있다. 자전거 프로그램의 성공은 한 단계 높아진, 그리고 보다 지속가능한 이동성에의 요구에 부응하는 기술의 혁신적 이용의 한 예이다.

싱가포르는 도시민들이 도시 내에서 자동차 이용을 줄이도록 하는 다양한 재정정책 수단을 이용해 왔다. 도시민은 자동차를 구입할 권리를 얻기 위한 경매를 거쳐야 한다. 등록증을 위한 수수료는 연간 50,000~75,000달러에 이른다. 아울러 정부는 차량판매 가격에 엄청난 세금(대부분의 경우 100% 이상)을 부과한다. 싱가포르는 또한 도시 내 교통통제를 위해 도로이용 정도에 따라 차등화된 수준의 전자 도로통행세 시스템과 같은 기술을 활용하고 있다.

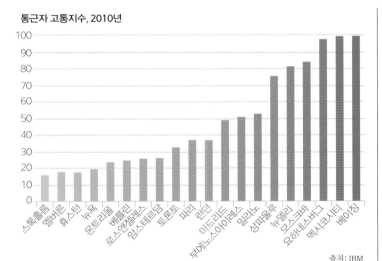

통근자 고통지수, 2010년

출처: IBM

도시에서의 운전문제와 지능형 해결책

IBM 세계통근자 고통조사(Global Commuter Pain Survey)는 1에서 100까지의 범위(100이 가장 부담스러움을 의미)에서 경제적으로 가장 중요한 세계도시들의 통근과 관련된 정서적, 경제적 고통의 순위를 매기고 있다. 특히 통근자의 고통은 저개발국의 신흥 개발도시들과 같은 몇몇 지역에서는 높았지만, 서구 도시의 경우는 교통 혼잡완화 대상으로 지정된 지역에의 기반시설 투자를 늘리고 대중교통 네트워크를 개선시킴에 따라 점차 줄어들고 있다.

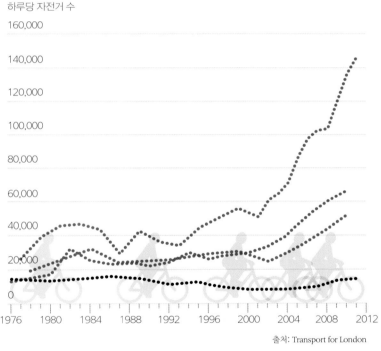

하루당 자전거 수

출처: Transport for London

•••• 런던 중심부
•••• 템스 조사선 (러니미드로부터 모든 템스강 교량 포함)
•••• 런던 내부
•••• 대 런던 경계

런던의 자전거 붐

런던은 자전거 접근성과 안전성의 개선에서 큰 진전을 이루었다. 사이클 하이어 프로그램에 더하여 바클레이스는 도심부 내에서 안전한 자전거 지구를 제공하는 것뿐만 아니라 런던의 내부와 외부를 연결하기 위해 개발한 사이클 슈퍼하이웨이(Cycle Superhighway)를 후원하고 있다.

기업활동

지능형 도시는 혁신기술의 개발을 위해 창조적이고 재능 있는 전문직 종사자를 유치하려는 적극적인 노력을 하고 있다. 이들 창조계급은 그 경제적 기능이 새로운 창조적인 콘텐츠를 만들어 내는 과학 및 공학, 설계, 교육, 예술, 엔터테인먼트 등의 종사자로 구성되어 있다. 도시 내에서 창조계급은 도시를 설계하고 혁신에 박차를 가하는 활동과 이벤트를 조직하며, 경제발전의 촉매제로 작용하는 기업문화의 촉진에 중요한 역할을 한다.

런던에서 캘리포니아의 실리콘밸리를 따라 모형화한 이스트런던테크시티(East London Tech City)는 시스코, 페이스북, 인텔, 구글, 보더폰과 같은 대형 기술업체를 유치했다. 올드 스트리트 회전교차

로 인근에 위치해 있으면서 기술에 초점을 둔 스타트업과 기존 회사의 수가 2008년 15개에서 2011년 200개로 성장했다. 정부개발 스타트업으로서 출발이 독특했던 테크시티는 5000만 파운드의 정부투자를 받았는데, 이는 이곳의 기술부문 범세계적 인지도를 높이고 이곳을 중요한 국제기술의 허브로 인식하게 만드는 데 기여했다. 많은 혁신이 테크시티의 개발로부터 발생했다. 시스코의 장비제조업체 텔레콤(Telecom)은 임페리얼 칼리지 런던, 유니버시티 칼리지 런던과 함께 '스마트 인프라' 연구센터를 만들었고, 인텔은 지역 내 기업들에게 새로운 기술을 시도해 볼 수 있는 기회를 제공하기 위해 고성능 컴퓨터 클러스터를 만들었다. 테크시티는 회사와 전문직 종사자가 더 큰 협동과 혁신을 위해

런던 도심지역

대 런던 지역

AMEE는 회사의 환경 측면에서의 성취도 정보에 대한 데이터베이스를 무료로 제공하는 환경자료 회사이다.

송킥(Songkick)은 라이브 음악 행사에 대한 개인맞춤형 정보를 제공해 주는 웹서비스이다.

런던시 인큐베이터는 초기 스타트업이 투자유치에 대한 준비를 할 수 있도록 도와준다.

랩(Lab)10은 미디어 창작 및 애니메이션 스튜디오이다.

도플러(Dopplr)는 만남을 조율하기 위해 이용자가 이동계획을 그들의 주소록에 있는 다른 이용자의 이동계획과 연계할 수 있도록 지원해 준다.

출처: www.techcitymap.com/index.html#/

이스트런던테크시티

유럽의 기술혁신 중심지가 되고자 하는 희망을 가지고 있는 이스트런던테크시티는 기술 스타트업의 클러스터이다.

함께 모이도록 만들어 주며, 이를 통해 미래에 더 많은 전문직 인재와 기술혁신을 끌어들일 것이다. 도시가 쇠락하는 희생물로 전락하지 않기 위해서는 스스로 기업가적 정신을 가져야 한다. 도시를 둘러싼 사회적, 경제적 환경이 변화함에 따라 도시는 이들 신호를 인식하고 그 함의를 이해하며 그에 대한 대응으로 필요한 혁신을 이루기 위해 선제적인 수단을 취해야 한다. 한때 쇠퇴 중이던 토리노는 오늘날 선도적인 지능형 도시로 발돋움했다. 피아트와 같은 주요 생산업체가 있는 이탈리아의 자동차 수도로서 토리노는 이탈리아 자동차산업의 쇠퇴기에 큰 고통을 겪었다. 자동차산업의 쇠퇴가 시작될 즈음 토리노의 지도자는 생산 측면에서, 그리고 주력산업을 넘어 어떤 산업을 제시할 것인가의 측면

에서 다양화의 필요성을 느끼게 되었다. '이탈리아의 자동차 수도'로서의 홍보 대신에 토리노는 주의를 돌려 혁신과 관련된 국제적 홍보, 도시계획, 투자 등에 힘썼다. 시당국은 아울러 음식 및 관광 부문의 개발에 대한 지원을 제공했다.

토리노가 목표와 지향점을 재조정하는 동안 이 도시는 이탈리아에서 가장 역동적인 도시 중 하나로 변모했다. 2012년 전국 평균보다 10% 이상 더 높은 1인당 GDP의 증가를 경험하면서 토리노는 현재 상승세에 있다. 많은 오래된 산업단지들이 쇼핑센터, 호텔, 미술관, 레스토랑과 같은 번화한 상업 지역으로 바뀌었다. 토리노는 스스로를 여러 가지 필요를 해결할 수 있는 원스톱 쇼핑 경험을 제공하는 업무의 '종합 패키지'로 홍보하고 있다. 이런 접

근은 하나의 거대한 사업만을 홍보하는 대신에 토리노가 가진 다양한 사업의 강점을 자랑한다. 이는 효과적임이 입증되었다. 토리노 공과대학은 졸업생이 지역경제에 기여할 수 있도록 유관한 기술을 습득하는 데 중요한 역할을 담당했으며, 투자자, 분야 전문가, 컨설턴트를 포함하는 자원의 네트워크 집합체를 스타트업에 지원함으로써 기업활동을 장려하는 교육, 상업 및 정부기관 간의 비영리 컨소시엄인 I3P 인큐베이터를 유치했다.

미국의 상위 10대 기술 스타트업, 2012년

미국은 세계에서 자본이 가장 풍부한 기술 스타트업의 본거지이다. 기술 스타트업은 생산에 도움이 되는 교육, 재능, 재정, 환경의 혼합물이다. 각 도시는 성공을 바라는 신생 기업가에게 매력적인 속성들을 가지고 있다.

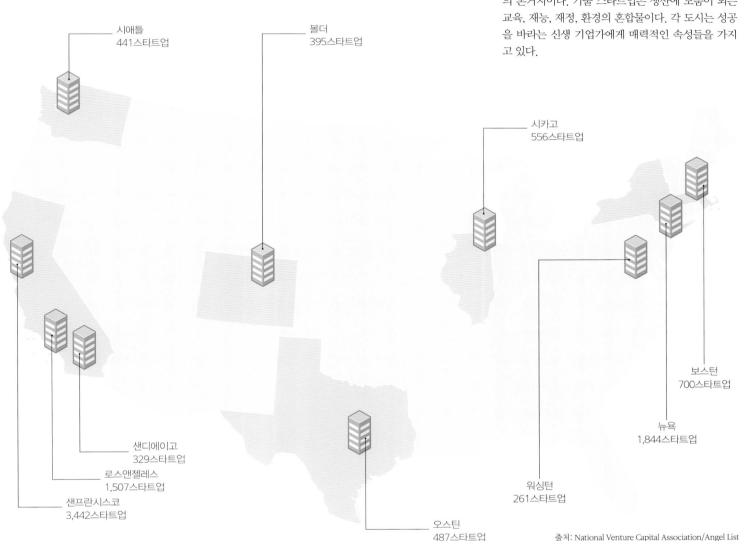

시애틀
441스타트업

볼더
395스타트업

시카고
556스타트업

샌디에이고
329스타트업

로스앤젤레스
1,507스타트업

샌프란시스코
3,442스타트업

보스턴
700스타트업

뉴욕
1,844스타트업

워싱턴
261스타트업

오스틴
487스타트업

출처: National Venture Capital Association/Angel List

삶의 질

지능형 도시는 도시민들이 높은 수준의 삶을 즐길 수 있도록 창의적으로 작동한다. 이 목표를 달성하는 데에는 도시 기반시설을 최신의 상태로 유지하는 기술의 이용이 결정적이다. 이를 위해서는 도시가 현재의 모습뿐만 아니라 도시의 미래상으로 원하는 것이 무엇인지도 고려할 필요가 있다. 현재 변화의 기간을 경험하는 도시의 변천 상황은 도시민들로부터 피드백을 구할 수 있는 실험 과정이라고 볼 수 있다.

빈의 경우를 살펴보자. 빈은 세계에서 가장 높은 삶의 수준을 가진 도시로 꾸준히 순위에 올라 있다. 2050년까지 이 도시는 오스트리아에서 가장 나이 많은 지역에서 가장 젊은 곳으로 엄청난 인구변화를 경험할 예정이다(현재는 전체 빈 인구의 20% 남짓이 60세 이상). 이런 인구변화에 부응하여 빈은 젊은 세대에게 보다 접근 가능하고 친화적으로 스스로를 만들어 가고 있다. '스마트시티 빈(Wien)' 프로젝트는 도시가 미치는 환경에의 영향을 감소시

스마트시티 빈

빈 시당국은 도시의 설계, 개발, 인식을 향상시키고 있다. 빈은 장기적 차원에서 기반시설, 에너지, 이동성의 개선을 만들어 감으로써 도시민을 위한 삶의 질 향상을 향해 가고 있다.

차 없는 주거지대
거주자는 차를 운행하거나 보유하지 않기로 약속한다. 대신에 그들은 도보, 대중교통 또는 자전거를 이용한다.

자전거 도시
종전의 노르트반호프(Nordbahnhof, 북역) 지역은 2025년까지 완전히 새로운 도시지구가 된다.

클루(CLUE)
유럽의 기후 중립적 도시지구(Climate Neutral Urban Districts)는 새로운 혁신기술과 건설기법을 이용하여 탄소발자국을 개선시킨다.

태양열 발전공장
빈 시민은 커뮤니티가 후원한 태양열 발전공장에 투자할 수 있는 기회를 제공받는다. 빈 시민의 태양열 발전공장(Vienna Citizens' Solar Power Plant)의 지분은 오스트리아의 어떤 개인이라도 취득 가능하다.

키고 급격히 변화하는 인구구성에 대한 계획을 수립하는 지능형 도시모형을 고안하는 데 주로 집중하고 있다. 이런 목표를 위한 한 가지 주요한 노력은 도시를 보다 자전거 친화적으로 만드는 것이다. 시정부는 빈에 자전거의 총 교통 분담률을 2015년까지 5.5%에서 10%로 두 배로 끌어올리겠다고 공약했다. 빈은 '자전거 친화적 거리'를 만들고자 하는 노력, 즉 첨두시간대에 하루에 7,000명 이상의 자전거 이용자가 발생하는 링-룬트-라트베크(Ring-Rund-Radweg)와 같은 주요 도로의 개선, 자전거 주차시설의 추가적인 확장(현재 3만 대분 이상 보유), 그리고 자전거와 대중교통의 조합에 대한 새로운 해법 등에 집중하고 있다. 특히 철도역에서의 자전거 주차시설에 대한 투자가 이루어지고 있다.

양호한 삶의 질을 유지하는 데 있어 중요한 부분은 도시가 거주민과 방문객에게 접근 가능하도록 유지되는 것이다. 높은 부동산 가격과의 싸움에 대한 혁신적 해결책을 만들어 내는 데 도쿄는 다른 도시보다 앞서 있다. 대부분의 도시와 같이 도쿄의 부동산은 비싸서 평균적 도시민이나 관광객의 접근을 어렵게 만든다. 그에 따라 호텔들은 캡슐 방식의 숙소를 제공하는 실험을 진행하고 있다. 도쿄에서 기존의 호텔방은 일박에 250달러에까지 이를 것이다. 이와 대조적으로 일박당 35달러 정도에 우리는 침대, 소형 텔레비전, 근거리 통신망(wi-fi), 알람시계, 바이오리듬에 맞추어 조정되는 이용자 설정이 가능한 조명을 갖춘 캡슐을 빌릴 수 있다. 기존의 호텔방에는 약 8개의 캡슐이 들어간다. 샤워와 여행가방의 보관을 위한 공용시설도 제공된다. 캡슐이 도시에의 접근을 증대시키는 수단을 제공하면서 이들의 인기는 증가하고 있다.

아스페른(Aspern)
유럽에서 가장 대규모 도시개발인 빈의 도시호반(Urban Lakeside)은 도시 안의 도시가 될 것이다. 2028년에 완공을 목표로 하고 있으며, 2만 명을 수용하고 2만 개의 일자리를 만들어 낼 8,500채의 주택을 자랑한다.

스마일(SMILE)
스마트 이동정보 및 발권 시스템(Smart Mobility Info and Ticketing System)은 오스트리아 전역에 걸쳐 대중교통 및 개인이동 서비스에 대한 종합적인 정보를 제공하는 다중 교통수단 이동 플랫폼이다.

마르크스복스(Marxbox)
미국그린빌딩위원회의 친환경 인증제도인 LEED (Leadership in Energy and Environmental Design) 황금인증을 받은 오스트리아 최초의 '녹색' 실험실 건물.

출처: smartcity.wien.at/site/

상위 50대 살기 좋은 도시, 2012년
머서(Mercer)의 삶의 질 조사로부터 정리

1	빈	오스트리아
2	취리히	스위스
3	오클랜드	뉴질랜드
4	뮌헨	독일
5	밴쿠버	캐나다
6	뒤셀도르프	독일
7	프랑크푸르트	독일
8	제네바	스위스
9	코펜하겐	덴마크
10	베른	스위스
10	시드니	오스트레일리아
12	암스테르담	네덜란드
13	웰링턴	뉴질랜드
14	오타와	캐나다
15	토론토	캐나다
16	베를린	독일
17	함부르크	독일
17	멜버른	오스트레일리아
19	룩셈부르크	룩셈부르크
19	스톡홀름	스웨덴
21	퍼스	오스트레일리아
22	브뤼셀	벨기에
23	몬트리올	캐나다
24	뉘른베르크	독일
25	싱가포르	싱가포르
26	캔버라	오스트레일리아
27	슈투트가르트	독일
28	호놀룰루	미국
29	애들레이드	오스트레일리아
29	파리	프랑스
29	샌프란시스코	미국
32	캘거리	캐나다
32	헬싱키	핀란드
32	오슬로	노르웨이
35	보스턴	미국
35	더블린	아일랜드
37	브리즈번	오스트레일리아
38	런던	영국
39	리옹	프랑스
40	바르셀로나	스페인
41	밀라노	이탈리아
42	시카고	미국
43	워싱턴	미국
44	리스본	포르투갈
44	뉴욕시	미국
44	시애틀	미국
44	도쿄	일본
48	고베	일본
49	마드리드	스페인
49	피츠버그	미국
49	요코하마	일본

리빙랩

지능형 도시는 새로운 기술을 활용한 실험이 손쉽게 진행될 수 있는 리빙랩(living lab)으로 스스로를 변화시켜 간다. 리빙랩은 개인과 조직이 새로운 기술을 시험하기 위한 현장실험을 수행하고 도시, 행정 시스템, 과정, 기반시설의 계획과 설계를 진전시키는 지식을 창출할 수 있는 환경으로서 도시를 받아들인다.

리빙랩은 혁신이 이용자 주도적 혁신으로 공동창조되는 실생활 시험 및 실험 환경이다. 리빙랩은 해결책의 개발을 위해 공동제작, 탐색, 실험, 평가를 활용한다. 이들 활동 각각은 다양한 결과물을 낳는 다양한 시나리오 속에서 실행될 수 있다. 리빙랩은 이용자, 생산자, 그리고 대중들에 의해 시험되고 세심하게 살펴지기 때문에 아이디어의 성공 잠재력을 높인다. 암스테르담은 유럽 최초의 리빙랩 중 하나인 암스테르담 리빙랩(Amsterdam Living Lab, ALL)을 개발했다. ALL은 교통혼잡을 감소시키기 위한 대규모 이동 관리와 같이 효율적인 서비스의 배급을 도와주는 지속가능한 아이디어를 개발하고, 지능형 환경과 피드백을 통해 보다 나은 에너지 효율성을 획득하며, 미디어의 도움을 통해 같은 도시 지역에 사는 사람들 사이에서 변화의 창출을 용이하게 하는 데 초점을 두고 있다. 암스테르담은 품격 있는 설계와 이용자의 실생활 행태 사이의 접점에 대한 이해에 리빙랩의 초점을 맞추고 있다. 아이디

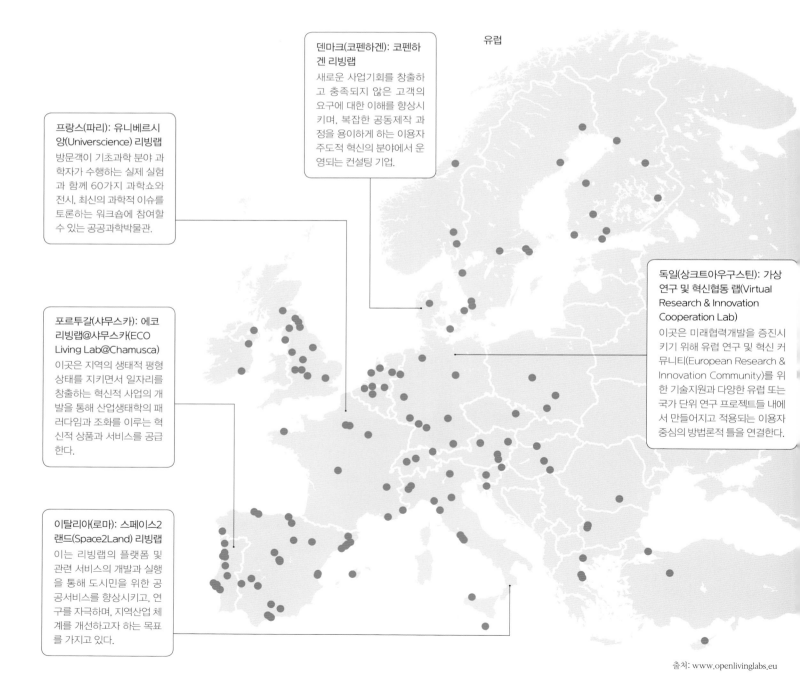

유럽

덴마크(코펜하겐): 코펜하겐 리빙랩
새로운 사업기회를 창출하고 충족되지 않은 고객의 요구에 대한 이해를 향상시키며, 복잡한 공동제작 과정을 용이하게 하는 이용자 주도적 혁신의 분야에서 운영되는 컨설팅 기업.

프랑스(파리): 유니베르시앙(Universcience) 리빙랩
방문객이 기초과학 분야 과학자가 수행하는 실제 실험과 함께 60가지 과학쇼와 전시, 최신의 과학적 이슈를 토론하는 워크숍에 참여할 수 있는 공공과학박물관.

독일(상크트아우구스틴): 가상 연구 및 혁신협동 랩(Virtual Research & Innovation Cooperation Lab)
이곳은 미래협력개발을 증진시키기 위해 유럽 연구 및 혁신 커뮤니티(European Research & Innovation Community)를 위한 기술지원과 다양한 유럽 또는 국가 단위 연구 프로젝트들 내에서 만들어지고 적용되는 이용자 중심의 방법론적 틀을 연결한다.

포르투갈(샤무스카): 에코 리빙랩@샤무스카(ECO Living Lab@Chamusca)
이곳은 지역의 생태적 평형 상태를 지키면서 일자리를 창출하는 혁신적 사업의 개발을 통해 산업생태학의 패러다임과 조화를 이루는 혁신적 상품과 서비스를 공급한다.

이탈리아(로마): 스페이스2랜드(Space2Land) 리빙랩
이는 리빙랩의 플랫폼 및 관련 서비스의 개발과 실행을 통해 도시민을 위한 공공서비스를 향상시키고, 연구를 자극하며, 지역산업 체계를 개선하고자 하는 목표를 가지고 있다.

출처: www.openlivinglabs.eu

어의 효용을 찾기 위한 이런 관심은 협동, 혁신, 기술을 통해 성공을 향해 가는 데 리빙랩을 필수적인 부분으로 만들고 있다.

리빙랩은 또한 아이디어를 크라우드소싱 방식으로 발굴하고 실험과 해결책 개발 과정에 도시민으로 하여금 적극적으로 참여하게 만든다. 암스테르담이 도시민들이 접하는 도전들에 지속적으로 직면함에 따라 커뮤니티 지도자들은 삶의 질을 향상시킬 수 있는 해법을 찾는 데 다양한 이해당사자를 참여시킬 새로운 방법을 개발한다. 암스테르담이 스마트 시티가 될 수 있을지는 협동과 기술을 통해 현재 진행 중인 커뮤니티의 문제들에 맞서는 혁신적인 방법을 찾으려는 열망과 헌신에 전적으로 달려 있다. 2010년 크라우드소싱 예비 시험조사에서 이 도시는 주의를 요구하는 다음의 세 가지 지역정책적 도전을 제시했다. 1) 암스테르담의 자전거 거치공간 문제, 2) 새로운 사업체를 유치하기 위한 빨간 신호등 지구(red light district)의 재설계와 용도변경, 3) 주택 소유자가 에너지를 생산할 수 있도록 설득하는 방법이 그것이다. 시는 커뮤니티 도전에의 해결책으로서 그리고 정책입안 도구로서 크라우드소싱의 타당성에 대한 실험으로 100개의 아이디어를 접수받아 그들의 유용성을 검토했다.

많은 경우에 연구개발 실험실에 존재하는 유형의 새로운 지식을 만들고 최신의 개념을 시험해야 하는 필요성 때문에 도시는 종종 학술기관과 파트너가 된다. 어떤 리빙랩은 대학 내에서 만들어지는 반면, 다른 랩은 새로운 아이디어를 열망하는 산업에 의해 후원된다. 싱가포르는 MIT와 팀을 이루어 싱가포르–MIT 연구기술연합(Singapore–MIT Alliance for Research and Technology, SMART)을 만들었다. 싱가포르 국립연구재단의 지원을 받은 이 프로젝트는 도시에 대한 수많은 도전을 해결하는 기술을 설계하는 데 전념하는 연구자를 500명 이상 유치했다.

남아프리카공화국(그레이엄스타운): 시야쿨라(Siyakhula) 리빙랩
이곳은 학교에 ICT를 보급함으로써 남아프리카공화국의 촌락지역으로 포괄적인 통신 서비스(인터넷, GSM 등)를 제공한다.

캐나다(퀘벡): 리빙랩 퀘벡
이 랩은 문화, 기술문화, 이동체로서의 사이버문화의 이용 및 이들과 건강 및 행복 간의 형성되는 상호 연관성에 기초한 연구 및 실험 센터이다.

중국(베이징): 이용자 행태 랩
이 랩은 이용자 행태, 심리, 데이터마이닝, 사회관계망 분석, 인간요인, 인간–기계 상호작용, 상호작용 및 그래픽디자인 분야 연구를 통해 중국 이동통신집단(China Mobile Communications Corporation)의 제품과 서비스에 대한 이용자의 경험을 향상시키기 위한 목적을 가지고 있다.

브라질(아마조나스): 아마조나스 리빙랩
아마조나스주 열대우림 바이오매스의 관리와 생산 과정에 초점을 맞추는 혁신기술플랫폼 네트워크. 이는 실제 상품과 서비스의 개발 향상을 위한 이용자 주도적 개방형 혁신을 도와준다.

타이완(타이베이): 리빙랩 타이완
이 랩은 리빙앱 응용프로그램을 시험하고 개방형 혁신 활동을 촉진하기 위해 지역 거주자 및 커뮤니티 단체와 함께 일을 추진해 나갈 수 있는 실험적 플랫폼을 타이베이의 민성(民生) 커뮤니티에 설치했다.

북아메리카

아프리카

아시아

남아메리카

2013년 세계의 리빙랩

유럽의 '오래된' 도시에서 출발한 리빙랩 운동은 이제는 모든 대륙에서 나타난다. 어떤 경우에는 대학 학과 안에, 또 다른 경우에는 학술기관과 제휴한 상업조직에 의해 만들어진 리빙랩은 인공두뇌학, 중소기업 발전, 생태적 질 저하 등 현대 도시생활에 영향을 미칠 수 있는 다양한 이슈를 탐색해 볼 수 있는 '현실세계' 환경을 제공한다.

역자 후기

아주 오래지 않은 과거에 자료가 매우 중요하던 시절이 있었다. 연구를 수행하는 과정에서 얻을 수 있는 자료들이 상당히 제한되어 있었기 때문에, 자료를 가지고 있는 사람들은 그만큼 정보 권력을 누릴 수 있었고, 자료가 없는 사람들은 자료를 얻기 위해서, 그리고 때로는 자료를 스스로 만들어 내기 위해서 많은 시간을 투자해야만 했다. 자료를 얻으면 연구의 반은 진행한 것이고 자료를 잘 얻을 수 있는 능력은 연구자의 중요한 역량이었다.

불과 얼마 지나지 않은 최근에는 초연결성으로 상징화되는 사회 속에서 곳곳에 자료가 넘쳐난다. 컴퓨터를 켜고 인터넷에 연결하면 지체 없이 자료의 바다로 입장한다. 때로는 찾고자 하는 유형의 자료들이 너무 다양하게 제공되고 있어서 어떤 것이 가장 적합한 것인지에 대한 판단이 어려울 때가 있다. 때로는 불쑥 나타나거나 얻게 된 자료들에 의해 연구가 휘둘리는 경험도 하게 된다. 이제는 자료를 얻는 것이 역량이 아니라 자료 속에서 원하는 정보를 발굴해 내는 능력이 중요한 역량으로 인정받는 시대이다.

자료의 선별성이 중요해질수록 정보전달이 보다 효과적으로 이루어져야 할 필요성은 더욱 높아진다. 컴퓨터에 익숙한 기성세대가 인터넷에서 정보를 검색하는 방식은 주로 구글이나 네이버 등의 검색엔진 혹은 포털을 통한 텍스트 검색인 반면, 연령대가 낮아질수록 검색엔진으로 유튜브를 이용하는 비율이 증가한다고 한다. 세대가 진행되면서 텍스트보다는 시각화 정보들에 대한 선호가 높아지고 있는 추세를 반영하는 결과일 것이다. 이러한 점에서 이 책은 도시에 대한 지식을 전달하는 데 여러 가지 시각화 방법을 동원하여, 텍스트보다는 이미지에 익숙한 젊은 세대 독자들에게 잘 어필할 수 있는 다양한 새로운 시도를 담고 있다.

여러 가지 시각화 방법들 가운데, 지리학 분야에서는 지도라고 하는 오랜 전통의 시각화 도구가 이용되어 왔다. 오늘날에는 지리학 이외의 여러 분야에서도 지도를 활용하고 있긴 하지만, 지리학에서는 가장 본질적인 주제를 담아내는 데 지도를 빼고는 이야기할 수는 없다는 점에서 지도는 지리학의 가장 핵심적인 도구이자 그 자체로서도 핵심적인 연구대상이라고 할 수 있다. 이러한 관점에 입각하여, 이 책에서는 지도를 중심으로 인류의 도시변천사를 풀어 나가고 있다. 지도는 물리적으로는 현실세계의 축소모형일 뿐이지만, 그 속에는 사람들의 삶과 사회의 변화, 도시의 성쇠와 인류의 진보 등 다양한 이야기가 담겨 있다.

이 책은 2014년 미국지리학회(AAG)에서 수여하는 Globe Book Award를 수상한 책이다. 매년 미국지리학회에서는 지리학의 대중적 이해에 가장 기여도가 높은 책을 선정하여 이 상을 수여하고 있으며, 그간 닐 스미스(Neil Smith), 마크 몬모니어(Mark Monmonier), 마이클 디어(Michael Dear) 등 이름만 들어도 알 수 있는 유명한 지리학자들이 이미 이 상을 수상한 바 있다. 지리학자들에게 언제나 중요한 과제 중 하나였던 지리학의 대중적 인식의 제고라는 측면에서 적어도 미국, 그리고 더 나아가서 영어권 국가들에서는 매우 성공적인 시도로 평가받고 있다는 사실을 반영하는 결과일 것이다.

이 책은 도시학 분야의 전공서와 일반인 대상의 교양서 사이의 중간지점에 자리를 잡고 있는 책으로 볼 수 있다. 이러한 자리매김의 의미는 이 책의 잠재적인 독자 대상층의 폭이 매우 넓다는 의미도 된다. 보통의 교양서보다는 도시에 대한 조금 더 전문적인 지식을 제공해 주는 기능을 함과 동시에 도시학 분야 전공학습의 출발점이 될 수도 있으며, 다양한 도시 유형과 그 속의 다양한 주제들을 필요에 따라 취사선택하여 읽을 수 있는 일종의 도시 백과사전의 역할도 할 수 있을 것 같다.

이 책이 '지리학적으로 생각하기'를 통해 독자들의 도시에 대한 이해에 신선함과 흥미를 불러일으켜 주기를 기대하면서, 이 책의 번역작업에 흔쾌히 동참하여 보다 완성도 높은 번역을 가능하게 해 주신 박경환, 지상현 두 분 교수님께 무한한 감사를 표한다. 아울러 이 책을 번역하고 출간하는 과정에서 여러 가지 측면에서 지원을 아끼지 않아 주신 푸른길의 김선기 사장님과 편집담당 이선주 씨께도 심심한 감사를 드린다.

2019년 1월
역자를 대표하여 손정렬

용어사전

거래비용(transaction cost) 어떤 종류의 경제활동을 수행하거나 참여하는 비용으로, 예를 들면 사고 싶은 특정한 물건을 찾는 기회비용, 중개인에게 지급하는 위탁수수료, 진행될 활동의 세부적인 부분을 지정하는 계약서를 작성하는 비용.

건조환경(built environment) 사람들이 살고 일하는 인간이 만든 공간 전체. 여기에는 건물과 도로뿐만 아니라 공원, 오픈스페이스, 기반시설, 엔터테인먼트와 소매시설 등의 서비스도 포함된다.

결절(node) 두 개 또는 그 이상의 연결선이 만나는 네트워크상의 점으로 정보를 받고 보내고 전달할 수 있다.

과도기적 상태(transitional state) 도시 용어로, 예를 들면 도시의 인구 특성 또는 경제적 안녕 등의 변화에 도시가 적응해 가는 기간이며, 기회와 동시에 위협이 존재하는 과정이다.

과두제(oligarchy) 소규모의 인구집단이 권력을 행사하는 통치구조의 한 형태로, 보통은 그들이 부를 통제하기 때문이지만 반드시 그런 것은 아니다.

교외화(suburbanization) 종종 과밀, 오염 또는 그 밖에 알려진 삶의 질에서의 불이익으로부터 벗어나기 위해 부유한 인구집단이 도시지역의 중심지에서 주변부로 이끌려 나가는 과정. 이에 따른 결과로는 빈곤한 사람들이 인구가 줄어든 도시 중심부에 남겨진 상태에서의 사회계급의 층화, 도시 스프롤, 사람들이 도시 중심부의 직장으로 통근함에 따른 교통량의 증가 등이 있다.

규모의 불경제(diseconomy of scale) 조직의 규모가 커지면서 야기되는 부정적 효과로, 규모의 경제의 반대.

기반시설(infrastructure) 조직이나 사회가 기능하기 위해 필요한 기본적 시설. 도시공간에서 물 공급, 하수도, 전기 공급, 도로 및 철도, 텔레커뮤니케이션 시스템을 포함한다. 생산적인 경제활동이 발생하기 위해 필요한 요소.

기업식 농업(agribusiness) 식용작물의 생산 및 배급 사업, 특히 집약농업과 화학비료 및 농약의 광범위한 이용에 기초한 대규모 기계화 영농을 이용한 사업.

길드(guild) 품질의 수준을 규정하고 공동의 이익을 보호하면서 특정한 교역의 관행을 통제하는 수공업자나 장인의 조합. 중세 유럽에서 길드는 특정한 교역에서 배타적 특권을 지니고 있었으며, 이는 도시정치에서 강력한 목소리를 낼 수 있었음을 의미한다.

노예제 생산양식(slave mode of production) 마르크스주의 이론에 따르면, 다양한 생산양식(특정 사회에서 획득되는 생산수단과 법적 및 사회적 구조의 결합)은 인류역사의 특정한 기간을 특성화한다. 고대 세계에서 노예제 생산양식은 사람들 중 어떤 계급(보통 전쟁에서 생포된 외국인)을 재산으로 인정하도록 하며 이들은 생산 노동력을 공급한다.

단일중심적(monocentric) 단일기원취락으로부터 성장한 도시에 이용되는 용어로, 몇 개의 고유한 공간적으로 분리된 도시 중심지의 점진적인 합병으로부터 형성된 도시인 '다중심' 도시와 대비된다. 일반적으로 서구 도시는 다중심적인 경향이 있는 반면, 개발도상국의 도시는 보통 좀 더 단일중심적이다.

도시국가(city-state) 그리스의 소아시아 도시국가나 르네상스기의 밀라노, 베네치아 등과 같이 고대와 그 후속 시대에 많은 도시는 소국가를 형성하기 위해 주변지역에 대한 권한과 통제를 행사했다.

도시화(urbanization) 일반적으로, 경제적 및 교육 기회에 의해 이끌려 인구가 촌락과 그 생활방식으로부터 도시로 이동하는 과정. 개발도상국에서 이 과정은 전례 없는 속도로 진행되고 있다.

디자인경관(designscape) 창의성, 상업적 활력, 문화적 탁월성 등을 투사하기 위해 특정 이미지를 만드는 눈에 띄는 종합건설 프로젝트를 통해 건조환경을 조성하는 계획 노력의 결과.

러다이트(Luddites) 미숙련 노동자에 의해 조작될 수 있는 기계의 도입, 그리고 그에 따른 생계의 위협에 저항하는 19세기 잉글랜드의 숙련 직물노동자의 운동.

로컬 자원 순환(local resource loops) 핵심 자원, 상품 및 서비스에 있어 지역의 자족도를 높이고자 하는 목표를 가진 협동 프로젝트로, 예를 들면 인접 지역을 급양하는 도시농장이나 특정 커뮤니티 안에서 상품과 서비스로 교환될 수 있는 지역 화폐.

망사형 네트워크(mesh network) 정보를 한 곳에서 다른 곳으로 전송하는 통신결절망으로 구성된 무선통신 네트워크. 네트워크 안에서 결절(예를 들어, 노트북 컴퓨터나 스마트폰)은 일련의 짧은 링크들을 따라 광범위한 지역에 정보를 공유할 수 있고, 만약 네트워크상에서 한 결절에 문제가 생기면 문제가 된 그 결절을 우회하는 다른 경로가 도출될 수 있다.

메가시티(megacity) 보통 인구 1000만 또는 그 이상을 가진 도시로 정의된다. 대다수의 메가시티는 개발도상국에 있다.

메트로폴리스(metropolis) '모(母)도시'라는 의미의 그리스어로, 메트로폴리스는 원래 식민지를 건설하기 위해 떠난 정착민이 출발한 도시이다. 현대의 메트로폴리스는 상당한 정치적, 경제적, 문화적 영향을 지역에 미치는 대도시라는 의미로 이용된다. 많은 국가는 메트로폴리스에 대해 행정적 함의를 지닌 고유한 정의를 가지고 있다.

바이오매스(biomass) 식물로부터 나와 연료로 이용될 수 있는 생물학적 물질. 나무가 명료한 예지만, 사탕수수 잔여물, 왕겨, 조류(algae) 등도 실질적 또는 잠재적인 바이오매스 연료원이다.

반이상향적(dystopian) '유토피아적'의 반대말로 삶의 여건이 이상향과는 거리가 먼 장소를 가리킨다. 범죄, 과밀, 환경의 질 저하, 경제 불평등, 노숙자 문제와 같은 측면을 강조할 때 때때로 도시에 적용된다.

배출요인(push factor) 예를 들어, 과밀이나 비옥한 땅의 결여처럼 사람들을 어떤 위치에서 떠나게 하는 환경.

배후지(hinterland) 엄밀히 말해 이는 항구가 선적을 위한 상품을 받는 지역을 의미한다. 보다 넓게는 도시권 주변에서 상업, 문화, 정치의 측면에서 도시의 영향 안에 있는 지역을 말한다.

변형산업(transforming industries) 완제품을 만드는 데 이용되는 중간재로 원자재를 가공하는 제조업 부문.

부르주아화(bourgeoisification) '젠트리피케이션'이라고도 불리며, 탈산업화 등의 결과로 원래의 기능을 상실한 노동계급 도시지역이 도시 내 다른 지역에서 가격에 의해 밀려난 중간계급 유입자의 주거 및 일과 관련된 필요에 맞추어 그 용도가 변경되는 과정이다.

생태발자국(ecological footprint) 에너지 소비와

폐기물 처리를 포함하여 개인적 또는 집합적 인간 활동의 환경에의 총 영향. 어떤 인구집단의 생태발자국을 계산하는 것은 그 인구집단의 생활방식이 생물권의 가용한 또는 잠재적인 자원에 비추어 지속가능한가를 평가할 수 있는 수단이다.

서비스 부문(service sector) 일반적으로 말해 이는 사람을 통해 어떤 종류의 서비스를 공급하는 경제 부문이다. 여기에는 공공행정, 보건 및 교육, 금융 및 법률 서비스, 소매, 미디어, 접객업이 포함된다. 1차 부문(농업, 어업, 광업) 및 2차 부문(제조업)과 구분하여 3차 부문이라고도 불린다.

선전주의(boosterism) 특정 도시의 장점을 '좋아 보이게 나타내는' 과정으로, 시장의 연설 혹은 떠들썩한 선전과 같은 단순히 수사적인 몸짓이거나, 국제 스포츠 행사를 유치하고 혹은 시선을 사로잡는 건물을 세우는 것처럼 시의 대규모 투자일 수도 있다.

시의원(alderman) 시 운영위원회의 구성원으로, 대중에 의해서보다는 종종 위원회 자체적으로 선임된 원로 구성원. 명칭은 영국에서 유래되었으나 현재 그곳에서는 더 이상 이용되지 않는다. 많은 미국 도시는 시의원들의 위원회에 의해 운영되고 있다.

시카고학파(Chicago School) 도시환경이 그곳에 사는 사람들의 문화와 행태에 미치는 영향을 검증하고 이론화한 1920년대와 1930년대 시카고 대학이 중심이 된 사회학자 집단. 시카고학파의 주목할 만한 구성원으로 루이스 워스(Louis Wirth), 프레더릭 클레먼츠(Frederic E. Clements), 로버트 파크(Robert E. Park)가 있다.

신도시주의(New Urbanism) 자동차에 특권을 부여하지 않는 걷기 좋은 동네, 자유롭게 접근할 수 있는 오픈스페이스, 혼합 주거유형, 근린시설, 지역업체와 서비스를 장려하는 도시설계운동. 이것의 목적은 도시 스프롤을 감소시키고 자기조직적이며 자치적인 커뮤니티를 만드는 것이다.

신자유주의(neoliberalism) 가장 최근에 만들어진 체제로, 경제에서 자유무역, 규제완화, 극도로 제한된 정부의 개입을 장려하는 자유방임 자본주의의 한 형태를 말한다.

아고라(agora) 고대 그리스 도시에서 아고라는 도시민들이 지배권력으로부터 공표를 듣거나 병역의 무를 보고하는 개방공간이다. 아고라는 또한 시장이었으며, 개방형 광장은 지중해 도시의 특성으로 남아 있다.

아크로폴리스(acropolis) '가장 높은 도시'라는 의미의 그리스어로, 아크로폴리스는 언덕 위에 세워진 요새화된 성이다. 지중해 지역의 많은 고대도시에서 나타나는 주요한 특징이며, 전시에는 도시민들에게 피난처가 된다. 가장 유명한 아크로폴리스는 아테네의 것이다.

엔클로저(enclosure) 16세기부터 잉글랜드의 공유지나 개방된 목초지에 울타리가 쳐지고 특정 토지소유자에게 권리가 주어지는 과정. 이는 토지를 더 큰 필지로 합병시켜 나갔으며, 농업노동자의 일상적인 권리를 제한하면서 농촌 인구가 일을 찾아 새로운 산업 중심지로 이주하는 데 기여했다.

온실가스(greenhouse gases) 복사열을 흡수하고 방출하는 지구 대기 중의 기체로 주로 이산화탄소와 메탄. 이것이 없으면 태양으로부터의 방사열은 대기 중에서 재순환되지 않고 지구로 다시 방사되지 않을 것이므로 지표는 눈에 띄게 시원해질 것이다. 화석연료의 사용은 대기 중 이산화탄소의 양을 늘리며, 그로 인해 지구온난화의 과정에 기여한다.

외부성(externality) 특정 활동에 참여하지 않은 제삼자에게 해당 활동이 영향을 미쳐서 그로부터 야기되는 비용 또는 혜택이다. 잘 알려진 예는, 산업 또는 농업 활동으로부터의 환경오염으로 이는 그러한 활동의 생산자나 상품의 소비자가 아닌 자에게 (사회적 또는 경제적) 비용을 부과한다.

인구통계(demographics) 인구를 연령, 성, 소득, 민족, 교육, 이동성 등의 측면에서 구분한 통계적으로 수량화할 수 있는 하위집단.

전원도시(garden city) 운동 19세기 후반 에버니저 하워드(Ebenezer Howard)에 의해 시작된 이 운동은 오픈스페이스와 그린벨트로 둘러싸인 인구 3만 명의 고도로 계획된 도시를 상상한 도시계획 개념이었다. 이 커뮤니티는 농업과 공업을 계획에 포함시켜 자족성을 가지도록 의도되었다.

주택도시(dormitory town) 다른 곳, 보통 더 큰 광역도시권에서 일하는 거주자를 위한 주거공간으로서만 기능하는 커뮤니티. 주택도시는 소매아웃렛 이외에는 지역 내 고용기회가 거의 없고, 주민들은 다른 곳으로부터 소득을 얻는다.

지정학(geopolitics) 지리적 이슈가 국가 간 정치적 관계에 미치는 영향에 대한 연구로 물리적 위치, 통신로에의 접근, 자연자원, 인구 특성 등을 고려하기도 한다.

창조계급(creative class) 새로운 아이디어, 새로운 기술, 새로운 창의적 콘텐츠를 만드는 경제적 기능을 담당하는 과학 및 공학, 건축 및 설계, 교육, 예술, 음악, 엔터테인먼트 분야의 노동자로 구성되는, 도시이론가 리처드 플로리다(Richard Florida)에 의해 알려진 인구집단.

컨테이너화(containerization) 운송과 유통을 위해 상품을 표준화된 규격의 철제상자 안에 포장하는 과정으로 항구도시 활동의 기계화를 가능케 하며, 1960년대 동안 리버풀과 로테르담과 같은 도시에서 고용패턴에 대규모의 변화를 야기했다.

클러스터링(clustering) 특정 부문 내에서 서비스와 상품을 제공하는 회사들이 상호 이익을 위해 특정 입지에 모이는 과정으로, 자립적인 과정이며 종종 시간이 흐르면서 이들 활동에 다른 입지가 배제되도록 작동하는 과정이기도 하다. '집적(agglomeration)'이라 불리기도 한다.

클린테크(cleantech) 재활용이 가능한 에너지원을 이용하고, 효율적이고 생산적이며, 쓰레기 발생과 오염을 줄이는 기술개발을 통칭하는 용어.

환어음(bill of exchange) 한쪽이 다른 쪽에 미래의 특정일에 일정액을 지급하도록 하는 구속력이 있는 계약. 중세 유럽에서 이런 제도의 도입은 안정적인 택배업에 의해 가능해졌으며, 대면접촉과 실제 현금의 운송 필요를 없애 줌으로써 교역을 촉진시켰다.

흡인요인(pull factors) 예를 들어, 고용기회나 더 나은 주거와 같이 사람들을 어떤 위치로 당기는 환경.

피한객(snowbird) 통상 플로리다, 애리조나, 캘리포니아 또는 카리브해 등 보다 따뜻한 남부에 있는 지방에서 늘 겨울 기간을 보내는 미국 북부 또는 캐나다의 사람.

참고문헌

선구적 도시

이미지 출처

p. 18: Toynbee, A. ed., 1967. *Cities of Destiny*. London: Thames & Hudson; Leontidou, L., 2011 (in Greek). *Ageographitos Chora [Geographically illiterate land]: Hellenic idols in the Epistemological Reflections of European Geography*. Propobos, Athens; Dimitrakos, D. & Karolides, P. 1950s (in Greek). *Historical Atlas*, vol. 1. D.&V. Athens: Loukopoulos Editions.

p. 19: Benevolo, L., 1993. *The European City*. Oxford: Blackwell; Pounds, N. J. G. 1990. *A Historical Geography of Europe*. Cambridge University Press.

p. 20: Pavsanias, 1974 edn. (in Greek) *Pavsanias' Hellenic Tour: Attica*. Papachatzis, N. D. (ed. 1974), Ekdotiki Athens; Travlos. I., 1960 (in Greek). *Urban Development of Athens*. Athens: Konstantinides- Michalas.

pp. 21-3: Travlos, I., 1960 (in Greek). *Urban Development of Athens*. Athens: Konstantinides-Michalas; Biris, C. 1966 (in Greek) *Athens - From the 19th to the 20th Century*. Athens: Foundation of Town Planning and History of Athens.

pp. 24-5: Based on Leontidou-Emmanuel L., "Working Class and Land Allocation: The Urban History of Athens, 1880-1980," PhD dissertation, London School of Economics, 1981, p. 66, 290; also Leontidou, L. *The Mediterranean City in Transition: Social Change and Urban Development* (Cambridge: Cambridge University Press, 2nd edn, 2006 [1990]), p. 55 Fig. 2.1, p. 150 Fig. 4.8; page 25 also: Couch, C., Leontidou, L. & Petschel-Held, G. (eds) 2007. *Urban Sprawl in Europe: Landscapes, Land-use Change and Policy*. Oxford: Blackwell.

p. 30: Based on Benevolo, L., 1993. *The European City*. Oxford: Blackwell; Pounds, N.J.G. 1990. *A Historical Geography of Europe*. Cambridge University Press; also Wikimedia commons: Andrei Nacu: http://upload.wikimedia.org/wikipedia/commons/b/bb/Roman_Empire_125.png

pp. 32-3: Adapted from Leontidou, L., 2011 (in Greek). *Ageographitos Chora [Geographically Illiterate land]: Hellenic Idols in the Epistemological Reflections of European Geography*. Athens: Propobos; Demand, N. H., 1990. *Urban Relocation in Archaic and Classical Greece: Flight and Consolidation*. Norman: University of Oklahoma Press; Dimitrakos, D. & Karolides, P.,1950s (in Greek). *Historical Atlas*, vol. 1. D.&V. Loukopoulos editions, Athens.

Text references and further reading

Bastea, E., 2000. *The Creation of Modern Athens: Planning the Myth*. New York: Cambridge University Press.

Couch, C., Leontidou, L. and Petschel-Held, G. (eds), 2007. *Urban Sprawl in Europe: Landscapes, Land-use Change and Policy*. Oxford: Blackwell.

Demand, N.H., 1990. *Urban Relocation in Archaic and Classical Greece: Flight and Consolidation*.

Norman: University of Oklahoma Press.

Diamantini, D. and Martinotti, G. (eds), 2009. *Urban Civilizations from Yesterday to the Next Day*. Napoli: Scriptaweb.

Lefebvre, H., 1991. *The Production of Space*. Oxford: Blackwell.

Leontidou-Emmanuel, L., 1981. *Working Class and Land Allocation: The Urban History of Athens, 1880-1980*. Ph.D Dissertation, University of London.

Leontidou, L., 1990/2006. *The Mediterranean City in Transition: Social Change and Urban Development*. Cambridge: Cambridge University Press.

Leontidou, L., 2009. "Mediterranean Spatialities of Urbanism and Public Spaces as Agoras in European Cities" in Diamantini, D. & Martinotti, G. (eds), 2009. *Urban Civilizations from Yesterday to the Next Day*. Napoli: Scriptaweb, 107-126.

Leontidou, L., 2011 (in Greek). *Ageographitos Chora [Geographically illiterate land]: Hellenic Idols in the Epistemological Reflections of European Geography*. Athens: Propobos.

Leontidou, L., 2012. "Athens in the Mediterranean 'Movement of the Piazzas': Spontaneity in Material and Virtual Public Spaces" in *City: Analysis of Urban Trends, Culture, Theory, Policy, Action*, vol. 16, no 3: 299-312.

Leontidou, L., 2013. "Mediterranean Cultural Identities Seen through the 'Western' Gaze: Shifting Geographical Imaginations of Athens" in *New Geographies* (Harvard University Press), vol. 5, 14.3.2013: 111-122; 27-28, 46-47.

Loukaki, A., 2008. *Living Ruins, Value Conflicts*. Aldershot: Ashgate.

Martinotti, G., 1993. *Metropoli: La nuova morfologia sociale della citta*. Bologna: Il Mulino.

Martinotti, G. and Diamantini, D., 2009. Preface in Diamantini, D. and Martinotti, G. (eds) *Urban Civilizations from Yesterday to the Next Day*. Napoli: Scriptaweb, 5-22.

Martinotti, G., 2012. "La fabbrica delle città, Postfazione" in Hansen, M. H. *Polis. Introduzione alla città-stato dell'antica Grecia* (trsl. McClintock, A.), Milano: UBE-Egea, pp. 221-259.

네트워크 도시

이미지 출처

p. 36: Abu-Lughod, J. L., 1989. *Before European Hegemony. The World System A.D. 1250-1350*. New York: Oxford University Press, p. 34: "Figure 1. The eight circuits of the thirteenth-century world system."

p. 38: Seibold G.,1995. *Die Manlich. Geschichte einer Augsburger Kaufmannsfamilie*. Sigmaringen: Jan Thorbecke Verlag.

p. 39: Hanham, A., ed., 1975. *The Cely Letters 1472-1488*. London: Oxford University Press.

p. 40: Bairoch, P., Batou, J., and Chèvre, P., 1988. *La Population des villes européennes: Banque de données et analyse sommaire des résultats,*

800-1850. Geneva: Librairie Droz.

p. 41: Lane, F. C., 1973. *Venice, A Maritime Republic*. Baltimore and London: Johns Hopkins University Press, pp. 339-41: "Merchant galley fleets in the fifteenth century."

p. 42: Melis, F., 1973. "Intensità e regolarità nella diffusione dell' informazione economica generale nel Mediterraneo e in Occidente alla fine del Medioevo" in *Mélanges en l'honneur de Fernand Braudel. Histoire économique du monde méditerranéen 1450-1650*. Toulouse: Edouard Privat, pp. 389-424/b.

p. 43: Laveau, G., 1978. *Een Europese post ten tijde van de Grootmeesters van de familie de la Tour et Tassis (Turn en Taxis)*. Brussels: Museum van Posterijen en van Telecommunicatie, p. 54: "Wegenkaart van de Internationale Post georganiseerd door de Tassis (1490-1520)."

p. 44: Dollinger, Ph., 1970. *The German Hansa*. Translated and edited by D. S. Ault and S. H. Steinberg. London: Macmillan.

p. 45: Verlinden, Ch., 1938. "La Place de la Catalogne dans l'histoire commerciale du monde méditerranéen médiéval" in *Revue des Cours et Conférences*, 1st series, 39.8: 737-54.

p. 46: Ryckaert, M., 1991. *Historische stedenatlas van België. Brugge*. Brussels: Gemeentekrediet, p. 172.

p. 47: Mack, M., 2007. "The Italian Quarters of Frankish Tyre: Mapping a Medieval City" in *Journal of Medieval History* 33: 147-65.

p. 48: Epstein, S. R., 2000. *Freedom and Growth. The Rise of States and Markets in Europe, 1300-1750*. London: Routledge, pp. 120-1.

p. 49: Spufford, P., 2002. *Power and Profit. The Merchant in Medieval Europe*. London: Thames & Hudson, p. 75: "Princes and their Paris palaces c. 1400."

p. 50: McNeill, W. H., 1976. *De pest in de geschiedenis*. Amsterdam: De Arbeiderspers, p. 6. Translated from McNeill, W. H., 1976. *Plagues and Peoples*. New York: Doubleday.

p. 51: Reith, R., 2008. "Circulation of Skilled Labour in Late Medieval and Early Modern Central Europe" in S. R. Epstein and M. Prak, eds., *Guilds, Innovation, and the European Economy, 1400-1800*. New York: Cambridge University Press, p. 120.

더 읽을거리

Grafe, R. and Gelderblom, O., 2010. "The Rise and Fall of Merchant Guilds: Re-thinking the Comparative Study of Commercial Institutions in Premodern Europe" in *Journal of Interdisciplinary History* 40.4: 477-511.

Hunt, E. S. and Murray, J. M., 1999. *A History of Business in Medieval Europe (1200-1550)*. Cambridge: Cambridge University Press.

Jacobs, J., 1969. *The Economy of Cities*. New York and Toronto: Random House.

Lane, F. C., 1973. *Venice, A Maritime Republic*.

Baltimore and London: Johns Hopkins University Press.

Lapeyre, H., 1955. *Une Famille de marchands: Les Ruiz. Contribution à l'étude du commerce entre la France et l'Espagne au temps de Philippe II*. Paris: Librairie Armand Colin.

Spufford, P., 2002. *Power and Profit. The Merchant in Medieval Europe*. London: Thames & Hudson.

Taylor, P. J., 2013. *Extraordinary Cities: Millennia of Moral Syndromes, World-systems and City/State Relations*. Cheltenham: Edward Elgar.

Taylor, P. J., Hoyler, M., and Verbruggen, R., 2010. "External Urban Relational Process: Introducing Central Flow Theory to Complement Central Place Theory" in *Urban Studies* 47.13: 2803-18.

Van der Wee, H., 1963. *The Growth of the Antwerp Market and the European Economy (Fourteenth-Sixteenth Centuries). II. Interpretation*. Louvain: Université de Louvain.

Verbruggen, R., 2011. "World Cities before Globalisation: The European City Network, A.D. 1300-1600." PhD thesis, Loughborough University.

제국도시
미미지 출처
p. 65: Kara, M., "The Analysis of the Distribution of the Non-Muslim Population and their Socio-Cultural Properties in Istanbul (Greeks, Armenians and Jews), in the Frame of 'Istanbul: European Capital of Culture 2010,'" Masters thesis, 2009.

p. 66: *Vatan* newspaper, October 17, 2010, http://ekonomi.haber7.com/ekonomi/haber/624733-istanbuldaki-kentsel-donusum-projeleri/

p. 67 United Nations, Department of Economic and Social Affairs, http://esa.un.org/unup/CD-ROM/Urban-Agglomerations.htm

더 읽을거리
Driver, F. and Gilbert, D., 1999. "Imperial Cities: Overlapping Territories, Intertwined Histories" in F. Driver and D. Gilbert, eds., *Imperial Cities: Landscape, Display and Identity*. Manchester: Manchester University Press, pp. 1-17.

Freely, J., 1998. *Istanbul: The Imperial City*. London: Penguin Books.

Hall, P., 1998. *Cities in Civilization*. New York: Pantheon Books.

Harris, J., 2007. *Constantinople: Capital of Byzantium*. London: Continuum Books.

Kirecci, M. A., 2011. "Celebrating and Neglecting Istanbul: Its Past vs. Its Present" in M. A. Kirecci and E. Foster, eds., *Istanbul: Metamorphoses in an Imperial City*. Greenfield, MA: Talisman House Publishers, pp. 1-17.

Kuban, D., 1996. "From Byzantium to Istanbul: The Growth of a City." *Biannual Istanbul* (Spring 1996): 10-42.

Mansel, P., 1996. *Constantinople: City of the World's Desire 1453-1924*. New York: St. Martin's Press.

Mumford, L., 1961. *The City in History*. New York: Harcourt.

Seger, M., 2012. "Istanbul's Backbone - A Chain of Central Business Districts (CBDs)" in S. Polyzos, ed. *Urban Development*. s.l.: InTech, pp. 201-16.

Other resources
Byzantine Constantinople: http://en.wikipedia.org/wiki/Constantinople

The Silk Road: http://en.wikipedia.org/wiki/Silk_Road

Via Egnatia: http://en.wikipedia.org/wiki/Via_Egnatia

산업도시
미미지 출처
p. 75: (bottom right) *Spinning the Web—The Story of the Cotton Industry*, http://www.spinningtheweb.org.uk/m_display.php?irn=5&sub=cottonopolis&theme=places&crumb=City+Centre

p. 76: Lancashire County Council: Environment Directorate: Historic Highways, http://www.lancashire.gov.uk/environment/historichighways/

p. 77: Chicago Urban Transport Network, Lake Forest College Library special collections, http://www.lakeforest.edu/library/archives/railroad/railmaps.php/

p. 84: Chicago Census map, http://www.lib.uchicago.edu/e/collections/maps/ssrc/

p. 85: Marr Map of Manchester Housing, 1904, Historical Maps of Manchester, http://manchester.publicprofiler.org/

p. 87: (top graph) Manufacturing output as share of world total, http://fullfact.org/factchecks/Growth_Labour_manufacturing-28817, original source UN National Accounts Database

p. 87: (bottom graphs) *Spinning the Web—The Story of the Cotton Industry*, UK imports of cotton piece goods 1937-64, http://www.spinningtheweb.org.uk/web/objects/common/webmedia.php?irn=200106; exports of cotton and manmade fibre piece goods 1851-64, http://www.spinningtheweb.org.uk/web/objects/common/webmedia.php?irn=2001062

Other resources
Historical Maps of Manchester, http://manchester.publicprofiler.org/

University of Manchester Library online map collection, http://www.library.manchester.ac.uk/searchresources/mapsandatlases/onlinemapcollection/

이성도시
미미지 출처
p. 94: Small graph, based on Harvey, D., 2003. *Paris: Capital of Modernity*. New York and London: Routledge.

p. 97: Sewer maps. Gandy, M., 1999. "The Paris Sewers and the Rationalization of Urban Space" in *Transactions of the Institute of British Geographers*, New Series, 24.1: 23-44.

p. 99: Growth of railways maps. Clout, H. D., 1977. *Themes in the Historical Geography of France*. New York: Academic Press.

Other resources
The City of Paris's official web site: www.paris.fr (in French)

Turgot map of Paris, 1739, http://edb.kulib.kyoto-u.ac.jp/exhibit-e/f28/f28cont.html; the Turgot map is a highly detailed street map of mid-18th century Paris, before the changes inaugurated by the French revolutionaries and Napoléon III.

University of Chicago Library web site "Paris in the 19th Century," with many maps of the city: www.lib.uchicago.edu/e/collections/maps/paris

"Paris Marville ca. 1870 & Today," a web site showing photographs taken by Charles Marville, a photographer engaged to record scenes of Paris before the city's redevelopment by Haussmann, together with what the places look like today: http://parismarville.blogspot.com/p/map.html

더 읽을거리
Ferguson, P. P., 1994. *Paris as Revolution: Writing the 19th Century City*. Berkeley, CA: University of California Press.

Gluck, M., 2005. *Popular Bohemia: Modernism and Urban Culture in Nineteenth-Century Paris*. Cambridge, MA: Harvard University Press.

Harvey, D., 2003. *Paris, Capital of Modernity*. New York and London: Routledge.

Kennel, S., 2013. *Charles Marville: Photographer of Paris*. Chicago: University of Chicago Press.

Sramek, P., 2013. *Piercing Time: Paris after Marville and Atget, 1865-2012*. Bristol: Intellect.

Truesdell, M., 1997. *Spectacular Politics: Louis-Napoleon Bonaparte and the Fête Impériale, 1849-70*. Oxford: Oxford University Press.

Weeks, W., 1999. *The Man Who Made Paris Paris: The Illustrated Biography of Georges-Eugene Haussmann*. London: London House.

세계도시
미미지 출처
p. 110: http://www.gsma.com/latinamerica/aicent-ipxs-vision

p. 111: CAPA Centre for Aviation, http://centreforaviation.com/data/

p. 112: Wall, R. S. and Knaap, G. A. v.d., 2011. "Sectoral Differentiation and Network Structure within Contemporary Worldwide Corporate Networks" in *Economic Geography* 87.3: 266-308.

p. 114: Emporis Skyline Ranking, http://www.emporis.com/statistics/skyline-ranking

참고문헌

p. 115: Lizieri,C. and Kutsch, N., 2006. *Who Owns the City 2006: Office Ownership in the City of London*. Reading: University of Reading Business School and Development Securities, pp. 27 + iii.

p. 116: Walker, D. R. F. and Taylor, P. J., 2003. "Atlas of Economic Clusters in London. Globalization and World Cities Research Network, http://www.lboro.ac.uk/gawc/visual/lonatlas.html

p. 117: Pain, K., 2006. "Policy Challenges of Functional Polycentricity in a Global Mega-City Region: South East England" in *Built Environment* 32.2: 194-205.

p. 118 Fiscal Policy Institute, 2008. "Pulling Apart in New York: an Analysis of Income Trends in New York State," http://www.fiscalpolicy.org/FPI_PullingApartInNewYork.pdf

p. 119: http://www.globalpropertyguide.com/Europe/United-Kingdom/Price-History

p. 120-1: http://www.plutobooks.com/display.asp?K=9780745327983

p. 123 Office of Travel and Tourism Industries, U.S. Department of Commerce, http://travel.trade.gov

더 읽을거리

Burn, G., 2000. "The State, the City and the Euromarkets" in *Review of International Political Economy* 6: 225-61.

Lai, K., 2012. "Differentiated Markets: Shanghai, Beijing and Hong Kong in China's Financial Centre Network" in *Urban Studies* 49.6: 1275-96.

Sassen, S. ,1999. "Global Financial Centers" in *Foreign Affairs* 78: 75-87

Wójcik, D., 2013. "The Dark Side of NY-LON: Financial Centres and the Global Financial Crisis" in *Urban Studies*. doi:10.1177/0042098012474513.

셀레브리티 도시
이미지 출처

pp. 128-9: County Business Pattern Industry Data, BLS 2008/County Business Pattern Industry Data, BLS 2007 (businesses) and 2008 (payroll); Currid-Halkett, E., 2010. *Starstruck: The Business of Celebrity*. New York: Faber & Faber.

p. 130: Currid-Halkett, E. and Ravid, G., 2012. "'Stars' and the Connectivity of Cultural Industry World Cities: An Empirical Social Network Analysis of Human Capital Mobility and its Implications for Economic Development" in *Environment and Planning A* 44.11: 2646-63.

p. 131: Lorenzen, M. and Täube, F. A., 2008. "Breakout from Bollywood? The Roles of Social Networks and Regulation in the Evolution of Indian Film Industry" in *Journal of International Management*, 14.3: 286-99; Lorenzen, M. and Mudambi, R., 2013. "Clusters, Connectivity and Catch-up: Bollywood and Bangalore in the Global Economy" in *Journal of Economic Geography* 13.3: 501-34.

pp. 132-3: Ravid G. and Currid-Halkett, E., 2013. "The Social Structure of Celebrity: An Empirical Network Analysis of an Elite Population" in *Celebrity Studies* 4.1 : 182-201.

pp. 135-7: Currid-Halkett, E. and Ravid, G., 2012. "'Stars' and the Connectivity of Cultural Industry World Cities: An Empirical Social Network Analysis of Human Capital Mobility and its Implications for Economic Development" in *Environment and Planning A* 44.11: 2646-63.

pp. 138-9: Currid, E. and Williams, S., 2010. "The Geography of Buzz: Art, Culture and the Social Milieu in Los Angeles and New York" in *Journal of Economic Geography* 10.3: 423-51.

더 읽을거리

Adler, M., 1985. "Stardom and Talent." *The American Economic Review* 74.1: 208-12.

Boorstin, D., 1962. *The Image*, New York: Atheneum.

Braudy, L., 1986. *The Frenzy of Renown: Fame and its History*. Oxford: Oxford University Press.

Currid, E., 2008. *The Warhol Economy: How Fashion, Art and Music Drive New York City*. Princeton, NJ: Princeton University Press.

Currid-Halkett, E., 2010. "Networking Lessons from the Hollywood A-list" in *Harvard Business Review*, October 25th.

Currid-Halkett, E., 2011. "How Kim Kardashian Turns the Reality Business into an Art" in *Wall Street Journal*, November 2nd.

Currid-Halkett, E., 2011 "Where Do Bohemians Come From?" in *New York Times*, Sunday Review, October 16th.

Currid-Halkett, E., 2012. "The Secret Science of Stardom." Salon.com, February 24th.

Currid-Halkett, E. and Scott, A., 2013. "The Geography of Celebrity and Glamour: Economy, Culture and Desire in the City" in *City, Culture and Society* 4.1: 2-11.

Gamson, J.,1994, *Claims to Fame: Celebrity in Contemporary America*. Berkeley, CA: University of California Press.

McLuhan, M., 1964. "The Medium is the Message" in *Understanding Media: Extensions of Man*. New York: Signet.

Mills, C. W., 1956. *The Power Elite*. Oxford: Oxford University Press.

Rosen, S., 1981. "The Economics of Superstars" in *American Economic Review* 71.5: 845-58.

메가시티
이미지 출처

p. 147: Demographia, 2013, http://www.demographia.com

pp. 150-1: Various sources, including U.S. Census Bureau data. Total number of slum dwellers estimated from various publications of Cities Alliances NGO; population density for Dharavi based on Nijman, J., 2010. "A Study of Space in Mumbai's Slums" in *Tijdschrift voor Economische en Sociale Geografie* 101: 4-17.

p. 153: Various sources including Globescan and MRC McLean Hazell, 2012. "Megacity

Challenges: A Stakeholder Perspective." Munich.

p. 154: Indira Gandhi Institute of Development Research, 2013, http://www.igidr.ac.in

p. 155: The World Bank, http://www.worldbank.org

인스턴트 도시
이미지 출처

pp. 164-5: Brazil, paved roads (1964), Professor Csaba Déak, Universidade de São Paulo, http://www.usp.br/fau/docentes/depprojeto/c_deak/CD/5bd/2br/1maps/m02rd64-/index.html; evolution of the road network (1973, 1980, 1991, 1997, and 2007), IBGE - Instituto Brasileiro de Geografia e Estatística. Atlas Nacional do Brasil 2010., ftp://geoftp.ibge.gov.br/atlas/atlas_nacional_do_brasil_2010/4_redes_geograficas/atlas_nacional_do_brasil_2010_pagina_282_evolucao_da_rede_rodoviaria.pdf

p. 166: Population of Brasilia-Anápolis-Goiania axis as percentage of Brazil, 1970-2010, IBGE—Instituto Brasileiro de Geografia e Estatística. Census—2010, http://www.ibge.gov.br/cidadesat/topwindow.htm?1; raw data for 1970-2000: Marcos Bittar Haddad, "Eixo Goiânia—Anápolis-Brasília: estruturação, ruptura e retomada das políticas públicas," Eixo Goiânia-Anápolis-Brasília: estruturação, ruptura e retomada das políticas públicas Seminário Nacional Governança Urbana e Desenvolvimento Metropolitano, 1-3 September 2010, UFRN, Natal, RN, Brasil, http://www.cchla.ufrn.br/seminariogovernanca/cdrom/ST1_Marcos_Haddad.pdf

p. 167: Data for 1959/1960 and 1969/1970: Bonato E. R. and Bonato, A. L. V., *A soja no Brasil: história e estatística* (Londrina, PR: Embrapa—Empresa Brasileira de Pesquisa Agropecuária/ CNPSo—Centro Nacional de Pesquisa de Soja, 1987), http://www.infoteca.cnptia.embrapa.br/handle/doc/446431; data for 1989/1990: Brasil. Ministério da Agricultura, Pecuária e Abastecimento. Companhia Nacional de Abastecimento—Conab. SIGABrasil—Sistema de Informações Geográficas da Agricultura Brasileira, http://www.conab.gov.br/OlalaCMS/uploads/arquivos/60b1081123ce2c30f1940d73a0ca3319.jpg; data for 1999/2000: Brasil. Ministério da Agricultura, Pecuária e Abastecimento. Companhia Nacional de Abastecimento—Conab. SIGABrasil—Sistema de Informações Geográficas da Agricultura Brasileira, http://www.conab.gov.br/OlalaCMS/uploads/arquivos/d73c1ab59b310194ebfba21dc8407175..jpg; data for 2009/2010: Brasil. Ministério da Agricultura, Pecuária e Abastecimento. Companhia Nacional de Abastecimento - Conab. SIGABrasil - Sistema de Informações Geográficas da Agricultura Brasileira, http://www.conab.gov.br/OlalaCMS/uploads/arquivos/13_08_19_17_37_07_brsoja2010.png

p. 171: GDF—Governo do Distrito Federal. Seduma—Secretaria de Desenvolvimento Urbano e Meio Ambiente; Greentec Tecnologia Ambiental. Zoneamento Ecológico-Econômico do DF. Subproduto 3.5—Relatório de potencialidades e vulnerabilidades. Subproduto 3.5—Relatório de potencialidades e vulnerabilidades, p. 77, http://www.zee-df.com.br/Arquivos%20e%20mapas/Subproduto%203.5%20-%2Relat%C3%B3rio%20de%20Potencialidades%20e%20Vulnerabilidades.pdf; Federal District, demographic density: GDF—Governo do Distrito Federal. Seduma—Secretaria de Desenvolvimento Urbano e Meio Ambiente. PDOT—Plano Diretor de Ordenamento Territorial do Distrito Federal; Documento técnico. Brasília, novembro de 2009. Mapa 5—Densidade Demográfica (densidade bruta ocupação), http://www.sedhab.df.gov.br/images/pdot/mapas/mapa5_densida_bruta_ocupacao.jpg

p. 172: Pesquisa de emprego e desemprego no Distrito Federal - PED. Brasil. Ministério do Trabalho/FAT; GDF/Setrab; SP/Seade; Dieese. Maio, 2010, p. 4, http://portal.mte.gov.br/data/files/FF8080812BA5F2C9012BA5F3890A05D1/PED_DF_ma_2010.pdf

p. 173: GDF. Seplan. Codeplan. Delimitação das Regiões Administrativas. PDAD/DF—2011: Nota metodológica. Brasília: 2012, p. 17, http://www.codeplan.df.gov.br/images/CODEPLAN/PDF/Pesquisas%20Socioecon%C3%B4micas/PDAD/2012/Nota%20Metodologica_delimitacao2013.pdf

p. 174: GDF. Ibram. Plano de manejo da APA do Lago Paranoá. Produto 3. Versão resumida revisada. Março de 2011. (Technum Consultoria). Mapa de Zoneamento Ambiental da APA do Lago Paranoá, p. 6, http://www.ibram.df.gov.br/images/Unidades%20de%20Conserva%C3%A7%C3%A3o/APA%20do%20Lago%20Parano%C3%A1/PLANO%20DE%20MANEJO%20PARANO%C3%81.pdf

p. 175: GDF—Governo do Distrito Federal. Seduma—Secretaria de Desenvolvimento Urbano e Meio Ambiente; Greentec Tecnologia Ambiental. Zoneamento Ecológico-Econômico do DF. Subproduto 3.5—Relatório de potencialidades e vulnerabilidades. Subproduto 3.5—Relatório de potencialidades e vulnerabilidades. Brasília: 2012, p. 46, Padrões de uso predominante do território com o limite das 19 Regiões Administrativas que possuem limites oficialmente definidos, http://www.zee-df.com.br/Arquivos%20e%20mapas/Subproduto%203.5%20-%20Relat%C3%B3rio%20de%20Potencialidades%20e%20Vulnerabilidades.pdf

초국적도시

이미지 출처

p. 179: MIA Passenger Services brochure, http://www.miami-airport.com/pdfdoc/MIA_Passenger_Services_brochure.pdf

p. 180: Average of aggregated figures for 1995-2000 and 2004-2009, U.S. Census.

p. 181: National origin of foreign-born population in Miami-Dade and Broward counties, 2010, U.S. Census.

p.182: Trading Economics, http://www.tradingeconomics.com

p.183: Nijman, J., 2011. *Miami: Mistress of the Americas.* University of Pennsylvania Press.

p. 184: U.S. Census Bureau, American Community Survey, 2007-2011, American Community Survey 5-Year Estimates, http://www.census.gov/geo/maps-data/data/tiger-data.html

p. 188: 2010 Cruise Lines International Association Destination Summary Report, http://cruising.org/regulatory/clia-statistical-reports

p. 189: Mastercard Global Destination Cities Index, http://insights.mastercard.com/wp-content/uploads/2013/05/Mastercard_GDCI_Final_V4.pdf

pp.190-1: Nijman, J., 2011. *Miami: Mistress of the Americas.* University of Pennsylvania Press.

p. 192: American Airlines: https://aacargo.com/learn/humanremains.html

p. 193: Aer Lingus, 2013, http://www.aerlingus.com/help/help/specialassistance/

창조도시

이미지 출처

p. 206: Global Language Monitor, http://www.languagemonitor.com/fashion/london-overtakes-new-york-as-top-global-fashion-capital/

더 읽을거리

Foot, J., 2001. *Milan Since the Miracle.* Oxford: Berg.

Knox, P., 2010. *Cities and Design.* London: Routledge.

녹색도시

이미지 출처

p. 212: OECD/VIEA, 2006; World Energy Outlook, 2008; see also p. 25 in http://www.unhabitat.org/pmss/getElectronicVersion.aspx?nr=3164&alt=1

p. 213: p. 25 in the UN Habitat report, http://www.unhabitat.org/pmss/getElectronicVersion.aspx?nr=3164&alt=1

pp. 214-15: City of Freiburg.

p. 217: City of Freiburg.

p. 218: http://online.wsj.com/article/SB10001424053111904888304576476302775374320.html#

p. 219: Transportation Sustainability Research Center, University of California at Berkeley.

p. 220: Chapple, K. 2008. *Defining the Green Economy: A Primer on Green Economic Development.* Center for Community Innovation, University of California, Berkeley.

p. 221: Portland Development Commission.

p. 223: www.rpd-mohesr.com

pp. 224-5: Cittaslow International, http://www.cittaslow.org

p. 225: City of Wipoldsried, http://www.wildpoldsried.de/index.shtml?Energie

더 읽을거리

Knox, P. L., and Mayer, H., 2013. *Small Town Sustainability: Economic, Social, and Environmental Innovation.* 2nd edn. Basel: Birkhäuser.

Beatley, T., 2012. *Green Cities of Europe.* Washington, D.C.: Island Press.

Birch, E. L., and Wachter, S. M., 2008. *Growing Greener Cities: Urban Sustainability in the Twenty-first Century.* Philadelphia: University of Pennsylvania Press.

Kahn, M. E., 2006. *Green Cities: Urban Growth and the Environment.* Washington, D.C.: Brookings Institution Press.

지능형 도시

이미지 출처

p. 231: EWeek/Berg Insight, http://www.eweek.com/mobile/mobile-app-downloads-to-hit-108-billion-in-2017/

p. 237: (left) Commuting pain, http://www-03.ibm.com/press/us/en/pressrelease/32017.wss#resource

p. 237: (right) Transport for London, http://www.tfl.gov.uk/assets/downloads/corporate/tfl-health-safety-and-environment-report-2011.pdf

p. 238: Techcity, http://www.techcitymap.com/index.html#/

p. 239: Top ten technology start-ups in the US, http://usatoday30.usatoday.com/tech/columnist/talkingtech/story/2012-08-22/top-tech-startup-cities/57220670/1

pp. 240-1: Smart City Vienna, https://smartcity.wien.at/site/en/

pp. 242-3: Living Labs, http://www.openlivinglabs.eu/livinglabs

더 읽을거리

Desouza, K. C., 2011. *Intrapreneurship: Managing Ideas within Your Organization.* Toronto, CA: University of Toronto Press.

Desouza, K. C. (Editor), 2006. *Agile Information Systems: Conceptualization, Construction, and Management.* Boston, MA: Butterworth-Heinemann.

Desouza, K. C. and Paquette, S., 2011. *Knowledge Management: An Introduction.* New York, NY: Neal-Schuman Publishers, Inc.

Desouza, K. C. and Flanery, T., 2013 "Designing, Planning, and Managing Resilient Cities: A Conceptual Framework" in *Cities*, 35 (December), 89-99.1.

Desouza, K. C. and Bhagwatwar, A., 2012. "Citizen Apps to Solve Complex Urban Problems" in *Journal of Urban Technology*, 19 (3), 107-136.

집필진

JANE CLOSSICK은 셰필드 대학교와 동 런던 대학교에서 건축가로 교육을 받았으며 런던과 맨체스터에서 실무를 담당해 왔다. 그녀는 2008년에 도시설계학 석사를 마쳤으며, 2010년에 캐스건축학교에서 Peter Carl의 지도하에 박사과정을 시작했다. 그녀의 박사학위연구는 런던에서 사회, 공간 및 정치 참여의 거시적 및 미시적 규모와 연결지어 소통의 구조를 살펴보는 것이다. 그녀는 또한 런던 메트로폴리탄 대학교에서 건축학 학부생을 대상으로 비판 및 맥락 연구 강좌를 강의한다. 그녀는 남편 Colin O'Sullivan, 어린 아들 Tomás와 함께 동 런던에 살며 일하고 있다.

LUCIA CONY-CIDADE는 브라질리아 대학교의 부교수이다. 지리학과 구성원으로서 그녀는 도시지리학과 브라질영토형성뿐만 아니라 연구프로젝트 준비에 대한 박사과정 세미나를 가르친다. 그녀는 코넬 대학교 도시 및 지역계획학과 방문연구원과 강사를 역임했다. 그녀는 Brasilia 50 anos: da capital a metrópole(UnB, 2010)의 공동 편집자이자 여러 북 챕터와 학술지 논문의 저자이다. 그녀는 전국과학기술개발협의회 연구원을 역임했고, 전국 도시 및 지역계획 대학원 및 연구위원회 구성원으로서 봉사했다(2009-2011).

ELIZABETH CURRID-HALKETT는 남가주 대학교 프라이스 공공정책 대학의 부교수이다. 그녀는 The Warhol Economy: How Fashion, Art and Music Drive New York City(Princeton University Press, 2007)와 Starstruck: The Business of Celebrity(Faber & Faber, 2010)의 저자이다. 그녀는 세계 주요 신문과 잡지에 자주 기고하는 평론가이다. 그녀의 연구는 New York Times, Wall Street Journal, Washington Post, Salon, Economist, Elle, New Yorker, Times Literary Supplement, Financial Times, BBC 등에 소개되었다. 그리고 여러 주류 및 학술 출판물에 글을 썼는데 대표적인 것으로 New York Times, Wall Street Journal, Los Angeles Times, Harvard Business Review 등이 있다. 그녀는 구글, 하버드 대학교, 92nd Street Y/Tribeca와 같은 곳들, 그리고 세계의 여러 다른 대학교와 그 밖의 장소에서 정기적으로 강연에 초청되었다. 그녀는 현재 미국 소비자 패턴과 과시적 소비의 전개에 대한 책 작업을 하고 있으며 프린스턴 대학교 출판사에서 발간될 예정이다. 그녀는 컬럼비아 대학교에서 박사학위를 받았다. 그녀는 남편 Richard, 아들 Oliver와 함께 로스앤젤레스에 살고 있다.

BEN DERUDDER는 겐트 대학교 인문지리학 교수이며 세계화 및 세계도시(GaWC) 연구 네트워크의 부소장이다. 유럽연합의 제7차 토대프로그램의 마리 퀴리 연구자로서 그는 현재 모내시 대학교 지리 및 환경과학부에도 소속되어 있다. 그의 연구는 넓게는 초국적 도시네트워크에 대한 개념화와 경험적 분석에, 보다 구체적으로는 그것의 교통 및 생산요소에 초점을 두고 있다. 초국적 도시네트워크에 대한 그의 연구는 우수 학술지들에 출간되었으며, 그는 Cities in Globalization(Routledge, 2006, with P.J. Taylor, P. Saey, and F. Witlox)과 International Handbook of Globalization and World Cities(Edward Elgar, 2012, with P.J. Taylor, F. Witlox, and M. Hoyler)를 포함하여 이 주제에 대한 많은 책을 공동 편집했다.

KEVIN C. DESOUZA는 애리조나 주립대학교 공공프로그램대학의 연구부학장이자 공공문제학부의 부교수이다. 그는 워싱턴 대학교, 런던정경대학교, 위트와테르스란트 대학교, 버지니아공과대학교, 류블랴나 대학교의 교원 또는 연구원의 지위를 가지고 있다. 그는 아홉 권의 책을 단독 또는 공동 집필하거나 편집했는데, 가장 최근의 책은 Intrapreneurship: Managing Ideas within Your Organization(University of Toronto Press, 2011)이다. 그는 150편의 논문을 소프트웨어공학으로부터 정보과학, 기술관리, 도시문제에 이르기까지 다양한 분야의 학술지에 출간했다. 그는 민간과 정부조직으로부터 170만 달러 이상의 연구비지원을 받았다. 더 많은 정보를 얻으려면 http://www.kevindesouza.net을 방문하라.

ANDREW HEROD는 조지아 대학교 지리학과의 석좌연구교수이다. 그는 세계화와 노동의 문제에 대해 주로 집필하지만 정치적 방식과 공간적 형태 간의 접점에도 관심을 가지고 있다. 그는 거의 40년 전에 처음 방문했던 때부터 사랑에 빠졌던 도시 파리에서 해외유학 프로그램을 운영한다.

MICHAEL HOYLER는 영국 러프버러 대학교 인문지리학 교수이며 세계화 및 세계도시(GaWC) 연구 네트워크의 부소장이다. 그는 세계화 속에서 도시와 대도시권의 변화에 관심이 있는 도시지리학자이다. 그의 최근 연구는 현대(세계)도시와 도시권 네트워크 형성에 대한 개념화와 경험적 분석에 초점을 두고 있다. 그는 공동편집한 Global Urban Analysis: A Survey of Cities in Globalization(Earthscan, 2011), The International Handbook of Globalization and World Cities(Edward Elgar, 2012), Cities in Globalization(Routledge, 2013), Megaregions: Globalization's New Urban Form?(Edward Elgar, 2014)을 포함하여 도시연구의 분야에서 폭넓게 출판을 해왔다.

PAUL KNOX는 버지니아공과대학교 석좌교수이자 도시 및 지역회복력에 대한 글로벌포럼 공동대표이다. 도시문제 및 계획학과의 구성원으로 그는 유럽 도시화와 도시 및 설계에 대한 강좌를 가르친다. 그는 Palimpsests: Biographies of 50 City Districts(Birkhauser, 2012), Cities and Design(Routledge, 2011), Urban Social Geography(with Stephen Pinch, Longman, 2010)를 포함하여 10여 권 이상 책의 저자 또는 편집자이다. 그는 일곱 개 국제학술지의 편집위원이자 Environment and Planning A와 Journal of Urban Affairs의 공동편집위원장을 역임했다. 그는 미국지리학회의 2008년 우수학술상을 포함하여 다수의 상을 수상했다.

LILA LEONTIDOU는 헬레닉 개방대학교 지리학 및 유럽문화학 교수이자 유럽문화연구주임이고 GEM연구단 단장이다. 그녀는 2012년부터 런던정경대학교의, 1986년의 존스홉킨스 대학교의 선임연구원이고, 그리스(AUTH와 NTUA, 1980년대 이래)와 영국(KCL, 1990년대 이래)에서 대학 정규직책을 가지고 있으며, 에게 대학교(1990년대)에서 그리스 최초의 지리학과 창립멤버(평의원이자 초대학과장)였다. 2002년에 그녀는 헬레닉 개방대학교로 옮겼고 그곳의 인문학부에서 두 차례 학장으로 선출되었다. 그녀는 그리스어, 영어, 프랑스어 등으로 출간했으며 그녀의 연구는 스페인어, 이탈리아어, 독일어, 일본어로 번역되었다. 그녀는 The Mediterranean City in Transition(Cambridge University Press, 1990/2006), Cities of Silence(in Greek, 1989/2001/2013), Geographically Illiterate Land(in Greek, 2005/ 2011)의 저자이며, Mediterra-

nean Tourism(Routledge, 2001)과 *Urban Sprawl in Europe*(Blackwell, 2007) 및 다른 8권 책의 공동편집자이다. 그녀는 또한 180편 이상의 논문, 교재, 모노그래프를 출간했다. 그녀는 4개의 국제학술지와 여러 개의 그리스 학술지 편집위원을 역임해왔다. 그녀는 세 가지 언어에 능통하며 또 다른 세 가지 언어를 읽는다.

GUIDO MARTINOTTI는 사회학과 도시연구에 새로운 이론적 방법론적 접근을 열었다는 점에서 '거장'이라 불리는 마지막 학자로 2012년 11월 5일 파리에서 별세했다. 그는 유럽연합에서 국제적 경력을 가진 가장 중요한 이탈리아 사회학자 중 하나로 사회과학 및 ESF 상임위원회 의장을 역임했으며, 미국에서는 미시간 대학교, 뉴욕 대학교, 캘리포니아 대학교 등에서 강의했다. Martinotti는 이탈리아(나폴리, 토리노, 파비아, 밀라노, 피렌체)와 프랑스의 대학교에서도 강의를 맡았다. 그는 퇴임 때까지 가르쳤던 밀라노-비코카 대학교와 유럽 사회학연구 연합체의 창립멤버였다. 그는 *Metropolis: The New Social Morphology of the City*(Il Mulino, 1993; trans. Princeton, 1993)의 저자이며, *The Metropolitan Dimension and Development of the New City Government*(Il Mulino, 1999)와 *Atlas of the Needs of the Milanese Suburbs*(Municipality of Milan, 2001)를 편집했고, *Education in a Changing Society*(Sage Publications, 1977)를 공동 편집했다.

HEIKE MAYER는 스위스 베른 대학교 지리연구소의 경제지리학 교수이자 지역경제발전센터의 공동소장이다. 그녀의 주요연구영역은 지역경제발전이며 특히 혁신의 역동성과 기업 활동, 장소 만들기, 지속가능성에 초점을 두고 있다. 그녀의 경력은 미국에서 시작되었는데 도시학 박사학위(포틀랜드주립대학교)를 마친 뒤 버지니아 공과대학교에서 정년보장 교수직을 역임했다. 그녀는 *Entrepreneurship and Innovation in Second Tier Regions*(Edward Elgar, 2012)의 저자이자, *Small Town Sustainability*(with Paul Knox, Birkhäuser, 2009)의 공저자이다.

JAN NIJMAN은 암스테르담 대학교 도시연구센터 소장이다. 그의 연구관심은 도시지리학, 세계화되는 도시, 도시발전/계획이며 지역적으로 북아메리카, 남부아시아, 서부유럽에 초점을 둔다. 그는 인도 도시에서 15년 이상의 현지조사 경험이 있으며, 그 중 대부분은 뭄바이에서였다. 북아메리카에서 그의 연구는 대부분 마이애미에 초점을 두었다. 그의 가장 최근 저서는 *Miami: Mistress of the Americas*(University of Penn Press, 2011)이다. 그는 구겐하임 회원을 역임했으며 현재 *National Geographic*의 Global Exploration Fund in Europe의 좌장을 맡고 있다.

ASLI CEYLAN ONER는 플로리다애틀랜틱 대학교 도시 및 지역계획학부 조교수이다. 그녀는 도시화와 도시의 역사적 발전 및 계획에 대한 대학원 및 학부과목을 가르친다. 그녀의 연구관심은 세계화, 세계도시의 계획과 거버넌스, 비교 도시화, 건조환경, 대도시권 성장 등이다. 그녀는 이들 주제와 관련된 학술지논문과 북 챕터를 출간했으며, 유럽과 미국의 여러 학술대회에 참여했다. 그녀는 세계화와 세계도시 연구 집단(GaWC)의 구성원이다.

MICHAEL SHIN은 UCLA 지리학 부교수이다. 그의 연구는 경제, 정치, 보건지리학의 질문들과 자료에 지리 공간적 정보기술을 적용한다. 그는 또한 UCLA의 지리공간정보시스템 및 기술 프로그램의 책임자이며 이탈리아와 이탈리아 정치에 대해 폭넓게 출간해왔다.

PETER TAYLOR는 노섬브리아 대학교(영국) 인문지리학 교수이자 세계화 및 세계도시(GaWC) 연구 네트워크의 초대 소장이다. 그는 30권 이상 책의 저자이거나 편집자이었는데, 가장 최근의 것으로 *Extraordinary Cities*(Edward Elgar, 2013), *Cities in Globalization*(Routledge, 2012), *Seats, Votes and the Spatial Organization of Elections*(European Consortium of Political Research, reprinted 2012), *International Handbook of Globalization and World Cities*(Edward Elgar, 2011), *Political Geography: World-Economy, Nation-State, Locality*(Longman, 2011, 6th ed.), *Global Urban Analysis: a Survey of Cities in Globalization*(Earthscan, 2011) 등이 있다. 그는 *Political Geography*와 *Review of International Political Economy*의 초대 편집 위원장이었다. 그는 영국학술원의 회원이자 미국지리학회로부터 우수연구상을 수상했으며, 오울루 대학교(핀란드)와 겐트 대학교(벨기에)로부터 명예박사학위를 수여받았다.

RAF VERBRUGGEN은 도시역사지리학 박사이다. 그는 러프버러 대학교(영국) 지리학과의 세계화 및 세계도시 연구네트워크에서 중세 후기 및 근세 초기 유럽 도시네트워크를 주제로 박사학위논문을 썼다. 그는 역사상의 세계화에 대해 몇 편의 논문을 공동 저술했다. 그는 현재 Flemish Youth Council(벨기에)에서 공간계획에 대한 정책 컨설턴트로 일하고 있다.

FRANK WITLOX는 에인트호번 공과대학교에서 도시계획학 박사학위를 취득하고 겐트 대학교의 경제지리학 교수로 있다. 그는 또한 ITMMA(앤트워프 교통해양관리연구소)의 방문교수이며 GaWC(세계화 및 세계도시)의 부소장이다. 2010년 이래로 그는 겐트 대학교 자연과학부 박사과정 주임이었다. 2013년 8월부터 그는 노팅엄 대학교 지리학부의 명예교수이다. 그는 룬드 대학교-헬싱보리 캠퍼스(스웨덴), 타르투 대학교(에스토니아), 충칭 대학교(중국)의 초청강연자였다. 그의 연구는 통행행태분석 및 모형화, 교통과 토지이용, 지속가능한 이동성 이슈, 업무통행, 국경을 넘는 이동성, 도시물류, 범세계적 커뮤니티 사슬, 세계화와 세계도시형성, 다중심 도시발전, 농업적 토지이용의 현대적 도전, 기업의 입지분석 등에 초점을 두고 있다.

찾아보기

찾아보기

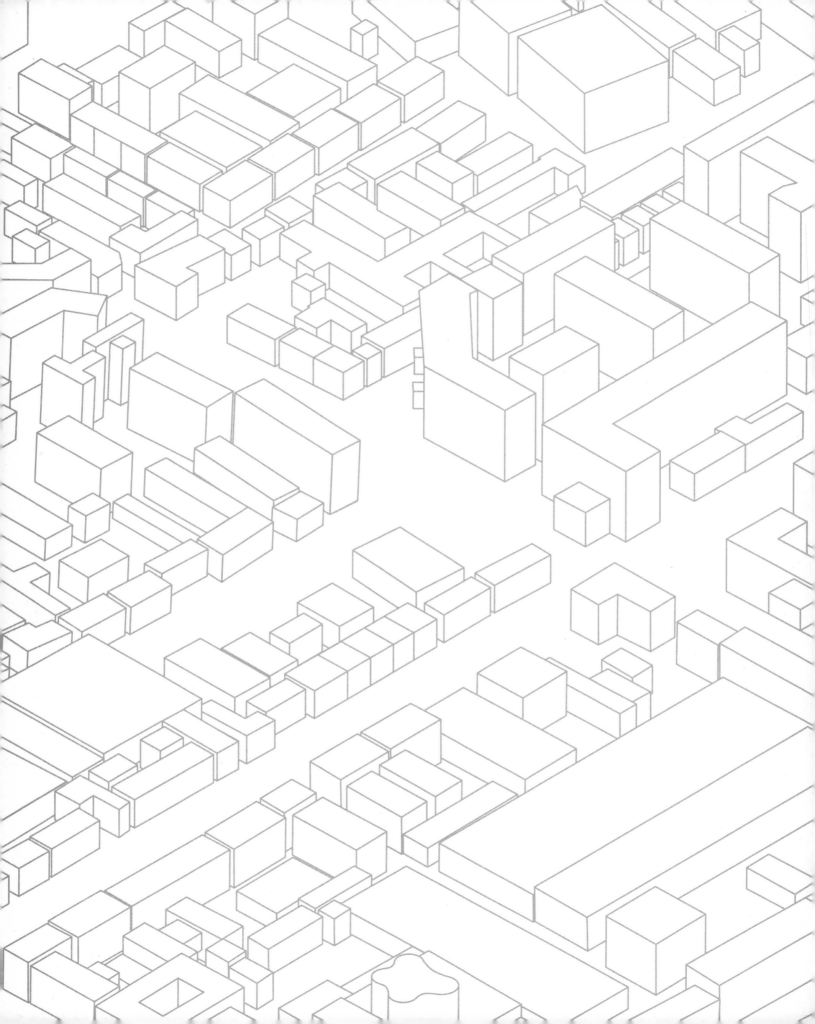